ABCET MOE-CHINA 教育部高等学校化工类专业教学指导委员会推荐教材

石油和化工行业"十四五"规划教材

分离工程

第三版

徐东彦　陶旭梅　叶庆国　主编

化学工业出版社

·北京·

内容简介

《分离工程》(第三版)简要介绍了分离过程的特征与分类、分离过程的研究内容与研究方法,在此基础上详细介绍了多组分分离基础、精馏、气体吸收和解吸、多组分多级分离的严格计算、分离过程及设备的效率与节能、其他分离方法(包括吸附、离子交换、液液萃取、膜分离)等内容。

本书重点突出,难点分散,以"实例—原理—模型—应用"逻辑进行教材内容的组织,应用性强。本书可作为高等院校化学工程与工艺专业本科生教材,亦可供从事化学工程、石油加工及气体分离、制药工程、环境工程等专业的技术人员参考。

图书在版编目(CIP)数据

分离工程 / 徐东彦,陶旭梅,叶庆国主编. -- 3 版.
北京 : 化学工业出版社,2025.6. -- (教育部高等学校化工类专业教学指导委员会推荐教材)(石油和化工行业"十四五"规划教材). -- ISBN 978-7-122-47848-1

Ⅰ. TQ028
中国国家版本馆 CIP 数据核字第 2025X4J572 号

责任编辑:徐雅妮　　　　　　　文字编辑:黄福芝
责任校对:赵懿桐　　　　　　　装帧设计:关　飞

出版发行:化学工业出版社
　　　　　(北京市东城区青年湖南街 13 号　邮政编码 100011)
印　　装:北京云浩印刷有限责任公司
787mm×1092mm　1/16　印张 22½　字数 572 千字
2025 年 7 月北京第 3 版第 1 次印刷

购书咨询:010-64518888　　　　售后服务:010-64518899
网　　址:http://www.cip.com.cn
凡购买本书,如有缺损质量问题,本社销售中心负责调换。

定　　价:69.00 元　　　　　　　版权所有　违者必究

序

化工是工程学科的一个分支，是研究如何运用化学、物理、数学和经济学原理，对化学品、材料、生物质、能源等资源进行有效利用、生产、转化和运输的学科。化学工业是美好生活的缔造者，是支撑国民经济发展的基础性产业，在全球经济中扮演着重要角色。化学工业处在制造业的前端，为制造业提供基础材料，是所有技术进步的"物质基础"，几乎所有的行业都依赖于化工行业提供的产品支撑。化学工业由于规模体量大、产业链条长、资本技术密集、带动作用广、与人民生活息息相关等特征，受到世界各国的高度重视。化学工业的发达程度已经成为衡量国家工业化和现代化的重要标志。

我国于2010年成为世界第一化工大国，主要基础大宗产品产量长期位居世界首位或前列。近些年，科技发生了深刻的变化，经济、社会、产业正在经历巨大的调整和变革，我国化工行业发展正面临高端化、智能化、绿色化等多方面的挑战，提升科技创新能力，推动高质量发展迫在眉睫。

党的二十大报告提出要坚持教育优先发展、科技自立自强、人才引领驱动，加快建设教育强国、科技强国、人才强国，坚持为党育人、为国育才。建设教育强国，龙头是高等教育。高等教育是社会可持续发展的强大动力。培养经济社会发展需要的拔尖创新人才是高等教育的使命和战略任务。建设教育强国，要加强教材建设和管理，牢牢把握正确政治方向和价值导向，用心打造培根铸魂、启智增慧的精品教材。教材建设是国家事权，是事关未来的战略工程、基础工程，是教育教学的关键要素、立德树人的基本载体，直接关系到党的教育方针的有效落实和教育目标的全面实现。为推动我国化学工业高质量发展，通过技术创新提升国际竞争力，化工高等教育必须进一步深化专业改革、全面提高课程和教材质量、提升人才自主培养能力。

教育部高等学校化工类专业教学指导委员会（简称"化工教指委"）主要职责是以人才培养为本，开展高等学校本科化工类专业教学的研究、咨询、指导、评估、服务等工作。高等学校本科化工类专业包括化学工程与工艺、资源循环科学与工程、能源化学工程、化学工程与工业生物工程、精细化工等，培养化工、能源、信息、材料、环保、生物、轻工、制药、食品、冶金和军工等领域从事科学研究、技术开发、工程设计和生产管理等方面的专业人才，对国民经济的发展具有重要的支撑作用。

2008年起"化工教指委"与化学工业出版社共同组织编写出版面向应用型人才培养、突出工程特色的"教育部高等学校化学工程与工艺专业教学指导分委员会推荐教材"，包括国家级精品课程、省级精品课程的配套教材，出版后被全国高校广泛选用，并获得中国石油和化学工业优秀教材一等奖。

2018年以来，新一届"化工教指委"组织学校与作者根据新时代学科发展与教学改革，持续对教材品种与内容进行完善、更新，全面准确阐述学科的基本理论、基础知识、基本方法和学术体系，全面反映化工学科领域最新发展与重大成果，有机融入课程思政元素，对接国家战略需求，厚植家国情怀，培养责任意识和工匠精神，并充分运用信息技术创新教材呈现形式，使教材更富有启发性、拓展性，激发学生学习兴趣与创新潜能。

希望"教育部高等学校化工类专业教学指导委员会推荐教材"能够为培养理论基础扎实、工程意识完备、综合素质高、创新能力强的化工类人才，发挥培根铸魂、启智增慧的作用。

教育部高等学校化工类专业教学指导委员会

前 言

　　《分离工程》为教育部高等学校化工类专业教学指导委员会推荐教材以及石油和化工行业"十四五"规划教材，获 2010 年中国石油和化学工业优秀教材一等奖。2009 年首次出版，2017 年为适应卓越工程师教育培养计划和工程教育专业认证的需要，并结合地方高校专业培养特色对第一版进行了修订。自出版以来，被国内 50 余所院校选作化工与制药类专业本科生教材。

　　自 2017 年第二版出版至今已经 8 年。在这期间，一流专业、一流课程与一流教材建设成为高等教育教学改革的重要内容之一。尤其是，党的二十大报告指出，积极稳妥推进碳达峰碳中和。"双碳"目标对分离科学与技术提出了更高的要求，也带来新的挑战。鉴于此，本次修订融入新发展理念，使教材内容能够反映当代分离科学与技术发展前沿，从而满足新时代教育需求。

　　本书由青岛科技大学分离工程课程教研组编写，徐东彦、陶旭梅、叶庆国主编，刘永卓和王婷参与了部分修订工作。本次修订在保持第二版框架和风格的前提下，主要作了以下修订更新：

　　1. 对教材中陈旧内容进行了删减，在第 3 章反应精馏部分新增有关工业应用的内容，在第 6 章新增循环精馏内容。

　　2. 在每章首页增加了思维导图，各章更新了数量不等的近 10 年相关文献，突出反映有关分离技术与应用的新进展。

　　3. 第二版中的工程案例为独立模块，此次修订在相应知识点处予以说明，突出理论与实际的联系，便于读者有针对性地学习。

　　4. 介绍了我国科学家在分离工程领域的重大研究成果及其对分离科学与技术进步的贡献，弘扬科学家精神，培养服务面向"化工+"的"报国之志"。

　　5. 为满足双语教学和数字化教学的需要，教研组还编写出版了配套英文版教材和数字教材，以及分离工程在线题库。

　　本书得到了青岛科技大学化工学院的大力支持，在此表示感谢！本书自出版以来得到了各兄弟院校的支持和鼓励，编者表示由衷的感谢！

　　限于编者的学识水平，书中难免存在疏漏和不足之处，敬请读者批评指正。

编　者

2025 年 3 月

第一版前言

分离工程是化学工程学科的重要分支，它是研究混合物分离与提纯的工程科学，它与化学工艺密切相关。分离工程是清洁工艺的重要组成部分，它一方面为化学反应提供符合质量要求的原料，清除对反应或催化剂有害的杂质，减少副反应，提高收率；另一方面又对反应产物进行分离提纯，以得到合格产品，并使未反应物料循环使用，对生成的废物进行末端治理。分离过程与技术在提高生产过程的经济效益、社会效益和产品质量中起到举足轻重的作用。

分离工程作为化工专业及其相关专业的一门骨干专业课程，具有应用性和实践性较强、内容涉猎面广、跨度大、知识点多的特点，其在化工生产实际中，在化工类及其相关专业的人才培养中有着重要的地位和作用。本教材适用于化工类本科专业，如化学工程、化学工艺、精细化工等，也可适用于其他相关专业，如石油加工、化学制药、制药工程、材料、冶金、食品、生化、原子能和环保等领域都广泛地应用分离过程。本书可作为工科高等院校化学工程与工艺及相关专业本科生的教材，亦可供从事化学工程、石油加工及气体分离、制药工程等方面的工程技术人员参考。

本教材定位为应用型教材，使用对象为教学研究型与教学型学校的学生，面向化工生产实际，面向就业，突出应用性；编写中遵循分离过程知识教学和学习规律，按照"掌握基本知识，注重应用联系，辅以能力培养"的目的，强调理论联系实际、工程与工艺结合，以培养学生分析和解决实际问题的能力；保留了成熟与经典的内容，增加了各种分离过程目前的研究动向，同时对一些新的有发展前景的和对开发新分离方法有启发性的分离方法做了简要介绍，以利于扩展学生的视野和思路，提高学生选择与开发分离方法的能力。通过本课程教学，使学生牢固掌握分离过程的基本原理及应用方法，熟练进行简化计算，了解多种数值计算方法，学会对实际分离过程的分析与综合，了解分离及相关工程研究的进展，学会针对工业实际正确选择分离过程及设备。

本书内容共分七章，分别介绍多组分分离基础、精馏、气体吸收和解吸、多组分多级分离的严格计算、分离过程及设备的效率与节能、其他分离方法等内容。本书由青岛科技大学叶庆国教授任主编，其中第1章和第2章由叶庆国编写，第3章和第4章分别由山东师范大学刘名礼和杜华编写，第5章由潍坊学院郭焕美和叶庆国编写，第6章和第7章由烟台大学的孙烈刚编写。此外，青岛科技大学王英龙负责本书英文专业词汇的翻译工作。最后，感谢阎淑芸、孙培生、梁永宁、胡莹和董先营等同学在插图绘制和书稿校验方面给予的帮助。

为了给教师的教学和学生的自习提供方便，与本书配套的《分离工程学习指导与习题集》也同时由化学工业出版社出版，相信会对提高教学活动的灵活性和教学效率有所帮助。凡选用本书作为教材的学校，可向本书作者叶庆国索取以下资料：《分离工程》电子教案和《分离工程》多媒体课件。

由于编写人员水平有限，书中不妥之处在所难免，衷心希望广大读者和有关专家学者予以批评指正。

编　者

2008 年 11 月

第二版前言

《分离工程》为教育部高等学校化工类专业教学指导委员会推荐教材，自 2009 年出版至今已有 8 年，被国内众多院校选作化工与制药类专业本科生教材，并荣获 2010 年中国石油和化学工业优秀教材一等奖。为切实配合国家新时期创新发展战略、卓越工程师教育培养计划和工程教育专业认证的需要，不断提高本科教学水平和教育质量，我们对本书第一版进行了认真的修订。

现代社会离不开化工分离技术，化工分离技术亦发展于现代社会。一方面，传统分离技术的研究和应用不断进步，分离效率提高，处理能力加大，工程放大问题逐步得到解决，新型分离装置不断出现；另一方面，为了适应技术进步提出了新的分离要求，膜分离技术、超临界萃取技术、吸附技术等现代分离技术的开发、研究和应用已成为分离工程研究的前沿课题。本次修订主体框架和主要内容没有变化，只是将第 7 章反应精馏移至第 3 章，删除了各院校不经常选用的化学吸收内容。教学重点仍然是传统分离过程，但增加了能反映当代分离过程科学技术进步的新成果和科技前沿，使学生既掌握扎实的分离工程基础知识，又树立开拓创新意识。本次修订更正了第一版中遗留的疏漏，统一了插图的格式，在每一章增加了工程案例，部分课后习题也增加了工程背景。通过工程案例和习题，培养学生基于问题的学习、基于项目的学习、基于案例的学习等多种研究性学习方法，强化学生的工程实践能力、解决复杂工程问题的能力，以及工程设计能力与工程创新能力，实现从知识课堂向能力课堂转变、从句号课堂向问号课堂转变，为学生多样化发展提供合适的舞台。

本书由青岛科技大学分离工程课程教研组编写，叶庆国、陶旭梅、徐东彦主编。此次修订是在本书第一版基础上完成的，在此向为第一版教材编写做出贡献的刘名礼、杜华、郭焕美、孙烈刚和王英龙老师表示感谢！葛纪军、辛戈、宋佳佳、姚飞洋、吴晓炜等在计算机模拟计算、插图的绘制和书稿校对方面给予了帮助，本书还得到了青岛科技大学化工学院的支持和鼓励，在此一并表示衷心的感谢！本书自出版以来得到了各兄弟院校的支持和褒奖，编者由衷地感谢大家的支持与鼓励。

凡选用本书作为教材的学校，可向化学工业出版社索取《分离工程》习题解答和多媒体课件。

由于本书内容涉及面广，加之编者水平有限，书中难免存在疏漏和不足之处，诚望专家和读者指正。

编　者
2017 年 1 月

目录

7 其他分离方法 /291

附录 名词术语中英文对照 /346

绪　论

本章思维导图

```
重要性 ┐
多样性 ┼─ 分离技术特性 ┐
复杂性 ┘              │                    ┌ 熵减
                      ├─ 绪论 ── 分离过程特征 ┼ 不能自发进行
                      │                    └ 分离剂 ┬ 能量分离剂(ESA)
机械分离 ┐            │                            └ 物质分离剂(MSA)
平衡分离 ┼ 传质分离 ┼─ 分离过程分类 ┘
速率分离 ┤            
         └ 耦合分离 ┘            分离程度表示方法 ── 分离因子
                                                   固有分离因子
```

本章学习要求

● **掌握内容**

分离过程的特征；分离因子的定义和应用。

● **熟悉内容**

传质分离过程的分类和特征；分离技术开发方法。

● **了解内容**

分离工程理论的形成；分离技术发展动态。

1.1 分离工程理论的形成和特性

1.1.1 分离工程理论的形成与完善

早在数千年前，人类就已经开始利用各种分离方法制作许多生活和社会发展中需要的物质。例如，利用日光蒸发海水结晶制盐；农产品的干燥；从矿石中提炼铜、铁、金、银等金属；火药原料硫黄和木炭的制造；从植物中提取药物；酿造葡萄酒时用布袋过滤葡萄汁；等等。这些早期的人类生产活动都是以分散的手工业方式进行的，主要依靠世代相传的经验和技艺，尚未形成科学的体系。

现代化学工业开始于18世纪产业革命以后的欧洲。当时，"三酸""两碱"等无机化学工业成为现代化学工业的开端。而19世纪以煤为基础原料的有机化工在欧洲也发展起来。在这些化工生产中需要将产品或生产过程中的中间体从混合物中分离出来。例如，当时著名的索尔维制碱法中使用了高达二十余米的纯碱碳化塔，同时应用了吸收、精馏、过滤、干燥等分离操作。随着大量的工业实践，人们逐渐认识到生产用的大装置中的化学或物理过程与实验室玻璃器皿中的现象有很大的不同。而在不同产品的生产过程中，却有许多过程遵循相似的原理。

19世纪末20世纪初大规模的石油炼制业促进了化工分离技术的成熟与完善。20世纪初提出的**单元操作**概念指出：任何化工生产过程不论规模如何，皆可分解为一系列单元操作的过程。1901年由英国学者戴维斯编著的世界上第一本《化学工程手册》中首先确定了**分离操作**的概念，作者在他多年的化工生产实践中，逐步将化工生产过程各步骤加以分类，归纳为若干共性单元操作。蒸发、精馏、吸收、结晶、透析等分离过程单元，在这本著作中均有阐述。1923年美国麻省理工学院W.K.刘易斯和W.H.麦克亚当斯合著的《化工原理》出版，推出了传质与分离单元操作的定量计算方法，分离工程的理论初见端倪。

20世纪20~30年代一批分离工程著作先后问世，包括C.S.鲁宾逊的《精馏原理》(1922年)和《蒸发》(1926年)、W.K.刘易斯的《化工计算》(1926年)、T.K.舍伍德的《吸收与萃取》(1937年)等著作，使分离工程的理论得到充实和完善。单元操作概念的建立对化学工程的发展起了重大作用。通过对单元操作所用设备的结构、操作特性、设计计算方法及应用开发等多方面的研究，为分离过程在化工工艺开发、化工过程放大、化工装置设计和化工生产中的正确应用提供了较为完整的理论体系和经济高效的分离设备，对促进化学工业的发展起到了重要的作用。

自20世纪50年代以来，通过对化学工程的深入研究，提出了"三传一反"(**动量传递、热量传递、质量传递**和**化学反应工程**)的概念，使分离工程建立在更基本的质量传递的基础上，从界面的分子现象和基本流体力学现象进行分离工程中各单元操作的基础研究，并用定量的数学模型描述分离过程，用于分析已有的分离设备，并用于设计新的过程和设备。

进入20世纪70年代以后，化工分离技术更加高级化，应用也更加广泛。随着科学技术的不断发展，最初的单元操作以及后继出现的单元操作逐步交叉、渗透、融合，形成了相对独立的分离过程领域，如生物分离技术、膜分离技术、环境化学分离技术、纳米分离技术、超临界流体萃取技术等。计算机技术的飞速发展，使得从较基础的理论角度出发对分离过程和设备进行研究成为可能，减小了误差和失真。一些复杂数学模型的开发用于分离过程的优化，使化工过程更趋成熟和完善。

21世纪，化工分离技术将面临一系列新的挑战，其中最主要的挑战来自能源、原料和环境保护三大方面。2020年，我国提出了力争在2030年使二氧化碳排放量达到峰值，2060年前实现碳中和的目标。目前，我国碳排放量达到100亿吨/年。二氧化碳的捕集、减排和回收利用，均离不开分离技术的创新。

1.1.2　工业生产中的分离过程

自然界的物料，无论是固体矿物、石油、空气、海水，还是取自动植物的各种物料都是混合物，对于这些天然物料，人们直接利用它们，或者采用化学或生物化学的方法将它们转化为需要的物质，绝大多数都需要先把它们分离成纯的物质。应用化学或生物化学方法得到的产物，通常也需要应用分离技术将它们分离成各种纯度的中间产品或产品。

作为重要的有机化工基础原料之一，对二甲苯（para-xylene，PX）是近年来产量增长最快的芳烃品种。PX是制造对苯二甲酸和对苯二甲酸二甲酯的中间体，两者都是制造聚酯纤维的原料。PX还可用作溶剂以及医药、香料、油墨等的生产原料，用途十分广泛。对二甲苯是二甲苯的三种异构体之一，三者的物理性质很相近。对二甲苯的生产流程和工业生产装置分别见图1-1和图1-2。制造二甲苯所用的石脑油原料，沸程通常在70～145℃之间。石脑油进入高温、高压重整反应器中发生反应，使烷烃为主的石脑油大部分转化为芳香族分子。典型的反应包括正己烷转化为环己烷之类的环化反应和环己烷转化为苯和氢之类的芳构化反应。芳香族产品为苯、甲苯、二甲苯异构体和高级芳香族的混合物。重整反应器中的催化剂必须用氢气保护以免失活。因氢气价格昂贵，故应在气液分离器中回收，以便循环使用。为了除去在环化和芳构化反应中产生的氢气，需要放空一部分循环气。从分离装置排出的部分液流，通过精馏塔以除去丁烷和轻组分。塔釜的物料进入液液萃取过程，在此烃类与一不互溶的溶剂如乙二醇相接触。这时，芳香族选择性地溶解于溶剂中，而烷烃和环烷烃（环状非芳香族）则不溶。含芳香族的溶剂送至再生塔中，将芳香族从溶剂中分离出来，然后将溶剂再循环至萃取装置。

图 1-1　对二甲苯的生产流程

继萃取之后还有两个精馏塔，第一塔用以从二甲苯和重芳香族中除去苯和甲苯，第二塔用以从混合二甲苯中除去重芳香族。然后将所得二甲苯异构体的混合物冷冻至冰点以下，生成对二甲苯晶体。因此通过离心分离或过滤分出晶体就可完成对位异构体与邻位、间位异构体的分离。对二甲苯熔化后作为产品，而清液则送至异构化反应器，在此得到三种二甲苯异构体的平衡混合物。在异构化反应器中有固体催化剂，也必须用高压循环氢气来保护。平衡

图 1-2　对二甲苯的工业生产装置

的二甲苯混合物再循环至结晶器中，用这种方法几乎全部二甲苯馏分都可转化为对二甲苯。

在该例中，有四种不同类型的分离过程：

① **气-液分离**（回收氢气）　多相流体可分离为组成不同的气相和液相，其中每一相可单独引走。对某些情况，则需要加热（蒸发）或减压（膨胀）以生成蒸气。

② **精馏**（脱丁烷塔、再生塔、甲苯-二甲苯分离塔、二甲苯回收）　分离是根据相对挥发度的不同，通过反复汽化和冷凝而达到的。

③ **萃取**（芳香族选择性地溶解于乙二醇中）　两种不互溶的液相接触时，待分离的物质在两相中溶解度不同。

④ **结晶**（对二甲苯回收）　通过液体的部分凝固而形成固相，所生成的两相具有不同的组成。

在醋酸乙烯酯生产工艺中［工程案例 1-1］，涉及分离操作的设备包括精馏塔、分相器、吸收塔和解吸塔等。

【工程案例 1-1】　乙烯气相氧化法生产醋酸乙烯酯

醋酸乙烯酯（又称为乙酸乙烯酯）是世界产量最大的 50 种化工产品之一，现有衍生物用途广泛。醋酸乙烯酯生产路线主要有乙烯气相氧化法和乙炔气相氧化法两种，其中乙烯气相氧化法由于工艺经济性优而占主导地位。乙烯气相氧化法是乙烯、乙酸和氧气在气相中反应生成醋酸乙烯酯，再通过吸收脱除 CO_2，初馏分出乙酸；闪蒸脱除溶解在反应液中的乙烯等气体，脱气的反应液经汽提、脱水等处理后送去精馏提纯。如图 1-3 和图 1-4 所示分别为醋酸乙烯酯的工艺流程及工业生产装置。

主要含乙烯的循环气用压缩机升压至稍高于反应压力，和新鲜乙烯充分混合后一同进入乙酸蒸发器 1 的下部，与蒸发器上部流下的乙酸逆流接触。已被乙酸蒸气饱和的气体从蒸发器的顶部出来，用过热蒸汽加热到稍高于反应温度后进入氧气混合器 2，与氧气急速均匀地混合，达到规定的含氧浓度，并严格防止局部氧气过量，以防爆炸。从氧气混合器导出的原料气，在配管中途添加喷雾状的碳酸钾溶液后，进入列管式固定床反应器 3。列管中装填钯-金催化剂，管间走中压热水，原料气在给定的温度、压力条件下与催化剂接触反应，放出的反应热被管间的热水所吸收，并汽化而产生中压蒸汽。

图 1-3　乙烯气相氧化法生产醋酸乙烯酯的工艺流程

1—乙酸蒸发器；2—氧气混合器；3—反应器；4—冷却系统；5—吸收塔；6—初馏塔；7—脱气槽；8—汽提塔；
9—脱水塔；10—水洗塔；11—CO_2 吸收塔；12—解吸塔；13—脱轻馏分塔；14—脱重馏分塔

图 1-4　乙烯气相氧化法生产醋酸乙烯酯的工业生产装置

反应产物含醋酸乙烯酯、CO_2、水和其他副产物，以及未反应的乙烯、乙酸、氧和惰性气体，从反应器底部导出。反应产物分步冷却到 40℃ 左右，进入吸收塔 5，塔顶喷淋冷乙酸，对反应气体中的醋酸乙烯酯加以捕集，从塔顶出来的未反应原料气，大部分经压缩机增压后，重新参加反应，小部分去循环气精制部分，脱除 CO_2 进行净化。反应生成的醋酸乙烯酯、水和未反应的乙酸一起作为反应液送至初馏塔 6，分出乙酸循环使用；塔顶出来的蒸汽经冷凝后送脱气槽 7 进行降压，并脱除溶解在反应液中的乙烯等气体。此气体也循环使用，脱气后的反应液经汽提、脱水等处理后送去精馏提纯。

来自吸收塔的小部分循环气，含 CO_2 达 15%～30%，先进入水洗塔 10，在塔中部再用乙酸洗涤一次，除去其中少量的醋酸乙烯酯，塔顶喷淋少量的水，洗去气体夹带的乙酸，以免在 CO_2 吸收塔中消耗过多的碳酸钾。水洗后的循环气一部分放空，以防止惰性气体的积累，其余部分进入 CO_2 吸收塔，在 0.6～0.8MPa、100～120℃ 条件下与 30% 的碳酸钾溶液逆流接触，以脱除气体中的 CO_2。经过吸收处理后的气体，CO_2 含量降至 4% 左右，经冷凝干燥除去水分后，再回循环压缩机循环使用。

反应液在脱气槽中分为两层，下层主要是水，送汽提塔 8 回收少量的醋酸乙烯酯，釜液作为废水排出。上层液为含水的粗醋酸乙烯酯，送脱水塔 9 进行脱水，然后进脱轻馏分塔 13 除去低沸物后，再进脱重馏分塔 14，塔顶蒸汽经冷凝后即得质量达聚合级要求的醋酸乙烯酯精品。纯醋酸乙烯酯的聚合能力很强，在常温下就能缓慢聚合，形成的聚合物易堵塞管道，影响正常操作。因此，在纯醋酸乙烯酯存放或受热的情况下，必须加入阻聚剂，如对苯二酚、二苯胺、乙酸铵等。

1.1.3　分离技术的特性

分离技术（separation technology）是化学工程的一个重要分支，任何化工生产过程都离不开这种技术。图 1-5 为一种典型的化工过程，从原料的精制、中间产物的分离、产品的提纯，到废水、废气的处理，都有赖于化工分离技术。分离操作一方面能为化学反应提供符合质量要求的原料，清除对反应或催化剂有害的杂质，减少副反应并提高收率；另一方面又对反应产物起着分离提纯的作用，以便得到合格的产品，并使未反应的反应物得到循环利用。此外，分离操作在环境保护和充分利用资源方面起着特别重要的作用。由此可说明分离过程在石油、化学工业和生物化工中的重要性，通常在基建投资中它占有 50%～90% 的比重。

图 1-5　化工生产中的分离过程

闭路循环系统是清洁工艺的重要方面，其核心是将过程所产生的废物最大程度地回收和循环使用，减少生产过程中排出废物的数量。生产工艺过程的闭路循环示意见图1-6。

图1-6　生产工艺过程的闭路循环示意
1—单元过程；2—处理

化工分离技术的应用领域十分广泛，且原料、产品和对分离操作的要求多种多样，这就决定了分离技术的多样性。分离技术按机理划分，可大致分为五类：生成新相以进行分离（如精馏、结晶），加入新相进行分离（如萃取、吸收），用隔离物进行分离（如膜分离），用固体溶剂进行分离（如吸附、离子交换）和用外力场或梯度进行分离（如离心萃取分离、电泳）等。它们的特点和设计方法有所不同。Keller于1987年总结了一些常用分离方法的技术成熟度和应用成熟度的关系（图1-7）。精馏、萃取、吸收、结晶等是当前使用最多的分离技术。

分离过程的支撑科学包括分离技术的基础理论、分离设备的基础理论、计算机的发展等多个方面，其中任何一个方面取得突破，分离技术相应也会取得突破性进展。分离技术与支撑科学的关系通过对图1-8的分析来加以解释。

图1-7　分离过程的技术和应用成熟度

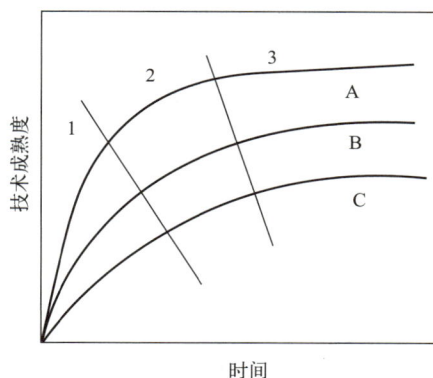

图1-8　技术成熟度与时间的关系

图1-8中，A、B、C三条曲线分别表示技术的不同发展阶段，其技术发展水平高低：阶段A＞阶段B＞阶段C，而区间1代表技术高速发展期，在这一阶段，技术高速发展；区间2为技术平稳发展期，这一阶段技术发展较区间1有所减慢，其主要工作集中于经验数据的理论表征；区间3为技术缓慢发展阶段，这是一个从经验向理论过渡的阶段，此时技术发展速度将大大降低。

分离技术的重要性和多样性决定了它的复杂性，即使对于精馏、萃取这些比较成熟的技术，多组分体系大型设备的设计仍是一项困难的工作，问题在于缺乏基础物性数据和大型塔器的可靠设计方法。

1.1.4　分离技术的发展动态

化工分离技术是化工绿色、低碳、洁净发展的重要领域。

1.1.4.1　绿色分离工程

绿色分离工程（green separation engineering）是指分离过程绿色化的工程实现。分离过程绿色化的途径有两种：一是对传统分离过程进行改进、优化，使过程对环境的影响最小，甚至于没有；二是开发及使用新型的分离技术，如膜分离技术、分步结晶技术、超临界萃取技术等。

（1）传统分离过程的绿色化

传统分离过程的绿色化主要是对过程（如精馏、干燥、蒸发等）利用系统工程的方法，充分考虑过程对环境的影响，以环境影响最小（或无影响）为目标，进行过程集成。由于分离过程的巨大能耗，最早引起人们关注的是过程的能量集成。国外学者以化工过程为对象，进行了不少研究。最早体现在 20 世纪 70 年代提出的换热网络问题（简称 HENs），HENs 主要针对过程的能量进行最小化。此后，El Halwagi 等 1989 年提出质量交换网络（简称 MENs），MENs 主要考虑过程产生的废物最少，而没有考虑过程产生的废物对环境的影响。1994 年，A. K. Hilaly 和 S. K. Sidar 提出废物削减（简称 WAR）算法，旨在用过程模拟的方法开发出预防污染的新方法。

（2）现代分离过程的绿色化

为了适应技术进步提出的新的分离要求，分离工程也处于不断发展之中。一方面，传统分离技术和应用不断进步，分离效率提高，处理能力加大，工程放大问题逐步得到解决，新型分离装置不断出现；另一方面，为了适应技术进步所得出的新的分离要求，对新分离方法的开发、研究和应用非常活跃，成为化学工程研究的前沿之一。这些分离技术中有些本身就是绿色技术的重要分支，如超临界技术，以无毒无害的超临界流体替代各种对人和环境有害的有机溶剂。而膜分离技术则是一种节能、高效、无二次污染的分离技术，在食品加工、医药、生物化工、精细化工等领域有其独特的适用性。

1.1.4.2　耦合分离技术

各种传统分离方法的耦合分离技术是在传统分离方法的基础上逐渐发展起来的，这些技术是化工分离的前沿，它既包括平衡分离方法的耦合、速率分离方法的耦合，也包括这两类方法间的耦合，还可以将反应和分离进行耦合，它们综合各自的优点并成功地应用于生产。

（1）反应过程与分离过程的耦合

为改善不利的热力学和动力学因素，减少设备和操作费用，节约资源和能源，分离过程和反应过程多种形式的耦合已被开发和应用。如化学吸收是反应和分离过程耦合的单元操作，可提高推动力和液相传质系数；化学萃取是伴有化学反应的萃取过程，溶质与萃取剂反应可提高过程推动力和速率；反应精馏是将反应和精馏结合成一个过程，形成了精馏技术中的一个特殊领域。反应精馏一方面成为提高分离效率而将反应和精馏相结合的一种分离操作，另一方面成为提高反应收率而借助于分离手段的一种反应过程。

（2）分离过程与分离过程的耦合

将不同分离过程耦合在一起构成复合分离过程，以集中原分离过程之所长，避其所短。

适用于特殊物系的分离。如萃取结晶是分离沸点相近的混合物的有效方法；吸附精馏是在同一设备中进行气-液-固三相的分离过程。

（3）过程的集成

精馏、吸收和萃取是最成熟和应用最广的传统分离过程，大多数化工产品的生产都离不开这些分离过程。在流程中合理组合这些过程，扬长避短，才能达到高效、低耗和减少污染，如共沸精馏与萃取集成或共沸精馏与萃取精馏集成。传统分离与膜分离过程集成，因为传统分离过程工艺成熟，生产能力大，适应性强，而膜分离过程不受平衡的限制，能耗低，适于特殊物系或特殊范围的分离。将膜技术应用到传统分离过程中，如吸收、精馏、萃取、结晶和吸附等过程，可以集各过程的优点于一体，具有广阔的应用前景。因此过程集成的目标是使生产工艺更清洁、能量消耗达到最小和经济效益获得最大。

1.2 分离过程的特征与分类

1.2.1 分离过程的特征

由**热力学第二定律**可知，几种物质混合在一起的过程是自发的、**混乱度**或**熵**（entropy）增加的过程，与之相反的逆过程，即将某种混合物分离成为互不相同的两种或多种不同组成的产品，是强制过程，熵减小，不能自发进行，则必须建立某种装置、系统或过程为该混合物提供相当的热力学功，以便产生分离作用。如将糖粒置于水中，糖粒便溶解在水中形成完全均匀的溶液；反之，要把糖水分为纯净的糖和水需要供给热量，使水分蒸发，水蒸气冷凝为纯水，糖在变浓的溶液中结晶成纯糖。图 1-9 为一般分离过程的示意图。

图 1-9 分离过程的示意图

分离过程的原料可以是一股或几股物料，但至少必须有两股不同组成的产品，这是由分离过程的基本性质决定的。分离作用是由于加入**分离剂**（媒介）而引起的，分离剂可以是**能量**分离剂（energy separating agent，ESA）或**物质分离剂**（mass separating agent，MSA），有时也可两种同时应用。ESA 是指传入系统或传出系统的热量或冷量，还有输入或输出的功，消耗能量驱动泵、压缩机使系统维持流动状态等；MSA 如吸收剂、溶剂、表面活性剂、过滤介质、吸附物质、离子交换树脂、液膜和固膜材料或另一种原料。当 MSA 与 ESA 共同使用时，还可有选择性地改变组分的相对挥发度，使某些组分达到尽可能高的分离程度，例如萃取精馏。分离剂常常可引起第二相物质的生成。例如在蒸发过程中，分离剂是提供给蒸发器的热量（能量），它使水先蒸发出来成为第二相（蒸汽）。

1.2.2 分离因子

1.2.2.1 定义

分离因子（separation factor）可表示任一分离过程所达到的分离程度，因为分离装置的目的在于生产不同组成的产品，故以实际产品组成之间的关系来定义分离因子。

$$\alpha_{i,j}^{s} = \frac{x_{i,1}/x_{j,1}}{x_{i,2}/x_{j,2}} \tag{1-1}$$

式中，$\alpha^s_{i,j}$ 为组分 i 对组分 j 的实际分离因子；$x_{i,1}$，$x_{i,2}$ 为组分 i 在分离产物 1 与分离产物 2 中的浓度；$x_{j,1}$，$x_{j,2}$ 为组分 j 在分离产物 1 与分离产物 2 中的浓度。组分 i 和 j 的实际分离因子就是分离产物 1 中该两组分的浓度比和分离产物 2 中相应浓度比之商，$\alpha^s_{i,j}$ 与组分浓度表示方法无关。

分离因子与 1 相差越远，则越能达到有效的分离。

$\alpha^s_{i,j}=1$，则表示组分 i 及 j 之间并没有被分离；

$\alpha^s_{i,j}>1$，组分 i 富集于 1 相，而组分 j 富集于 2 相；

$\alpha^s_{i,j}<1$，组分 i 富集于 2 相，而组分 j 富集于 1 相。

既然分离的程度可以偏离 1 的程度来判断，i、j 可任意指定，习惯上常选择组分 i、j 使其 $\alpha^s_{i,j}$ 大于 1。

基于产品的实际组成而获得的分离因子反映了相间传质过程的平衡组成的差别，以及分离所依据的基本物理现象所致的传质速率的不同，同时还能反映分离装置的结构的流动形式及分离流程的影响。

Qiu 等依据汽液平衡组成对甲基二氯硅烷-甲基三氯硅烷-苯、甲基二氯硅烷-甲基三氯硅烷-二甲基二氯硅烷等六种硅烷体系的分离因子进行了计算，研究了温度和组成对分离因子的影响，为其分离提纯提供了理论基础。Yang 等研究了利用改性半焦活性炭吸附分离 CH_4/N_2，通过计算各种改性活性炭的分离因子，预测其对混合气体中 CH_4 的选择吸附能力。

1.2.2.2　固有分离因子（理想分离因子）

$$\alpha_{i,j}=\frac{y_i/y_j}{x_i/x_j} \tag{1-2}$$

式中，y_i、x_i、y_j、x_j 分别为组分 i 和 j 的汽液平衡组成；$\alpha_{i,j}$ 称为固有分离因子（inherent separation factor），也称为相对挥发度，它不受分离设备的影响。

1.2.2.3　$\alpha^s_{i,j}$ 与 $\alpha_{i,j}$ 的关系

根据平衡组成而得的 $\alpha_{i,j}$ 与根据实际产品组成而得的 $\alpha^s_{i,j}$ 都可以用来分析分离过程。当用 $\alpha_{i,j}$ 来分析某一分离过程时，即将分离过程理想化，平衡分离过程仅讨论两组分的平衡浓度，速率控制过程只讨论在场的作用下的物理传递机理，把那些较复杂的、不易定量的因素归之于效率来说明实际过程与理想过程的偏差。即将实际分离设备所能达到的分离因子与理想分离因子之间的差别用级效率来表示，级效率＝$\alpha^s_{i,j}/\alpha_{i,j}$，如精馏，理想分离因子就是相平衡常数之比，或相对挥发度，而级效率则表达了实际情况与平衡时的差异程度。

1.2.3　传质分离过程

1.2.3.1　分离过程的分类

分离过程若按级数分可分为单级和多级；若按相态分则可分为固-固、固-液、固-气、气-液、液-液、气-气；而按分离过程中有无物质传递现象发生来划分，分离过程可分为**机械**分离和**传质**分离。

机械分离过程的分离对象是两相以上的混合物，通过简单地分相就可以分离，而相间并

无物质传递发生。例如，用过滤机或离心机将浆状物分成液相和固相。又如，用旋风除尘器分离出气体中的粉尘等。这类过程有过滤、沉降、离心分离、旋风分离和静电除尘等。

大多数分离装置所接受的原料是均相的，并涉及物质从原料向一股产品流的扩散，这一过程遵循物质传递原理，所以称为传质分离过程（mass transfer separation process），也称扩散分离过程。大多数扩散分离过程是不互溶的两相趋于平衡的过程，而两相在平衡时具有不同的组成，这些过程称为平衡分离过程，如蒸发、结晶、精馏和萃取等。另一类分离过程是通过某种介质，在压力、温度、组成、电势或其他梯度所产生的推动力下，依靠传递速率的差别来操作，这类过程称为速率控制过程，如超滤、反渗透和电渗析等。通常，速率控制过程所得到的产品，如果令其互相混合，就会完全互溶。

1.2.3.2　传质分离过程的分类

（1）**平衡分离**（equlibrium separation）

该法是借助分离剂（如热能、溶剂、吸附剂等）使原气体或液体的均相混合物系形成新的相界面的方法，常使用不互溶的两个相界面上的平衡关系进行分离。其分离基础是混合物中各组分在相平衡时两个相中的不同等的分配，即利用两相平衡组成不等的原理，常采用平衡级（理论板）作为处理手段，并把其他影响归纳于效率中，或采用传质系数表达过程有效程度。该过程通常要引入热能或物质，所以过程中耗能较多，操作费用较高。

根据两相状态不同，平衡分离过程可分为如下几类：

① 气液传质过程，如吸收、气体的增湿和减湿；

② 汽液传质过程，如液体的蒸馏和精馏；

③ 液液传质过程，如萃取；

④ 液固传质过程，如结晶、浸取、吸附、离子交换、色层分离、参数泵分离等；

⑤ 气固传质过程，如固体干燥、固体吸附等。

（2）**速率分离**（rate separation）

分离的机理是利用溶液中不同组分在某种推动力（如压力差、浓度差、温度差和电位差）作用下经过某种介质（如半透膜）时的传质速率（透过率、迁移率、扩散速率）差异而实现分离，这类过程的特点是所处理的物料和产品通常属于同一相态，仅有组成的差别。其工程处理方法一般是把现状和达到平衡之间的浓度梯度或压力梯度作为过程的推动力，而把其他影响参数都归纳于阻力之中，传质速率就成为推动力与阻力的商。

速率分离可分为膜分离和场分离两大类。

① **膜分离**　膜分离是利用液体中各组分对膜的渗透速率的差别而实现组分分离的单元操作。膜可以是固态或液态，所处理的流体可以是气体或液体，过程的推动力可以是压力差、浓度差或电位差。

② **场分离**　场分离包括电泳、热扩散、高梯度磁力分离等。如热扩散是以温度梯度为推动力，在均匀的气体或液体混合物中出现分子量较小的分子（或离子）向热端漂移的现象，建立起浓度梯度，以达到组分分离的目的。

传质分离过程的能量消耗，是构成单位产品成本较高的主要因素之一，因此降低传质分离过程的能耗，受到全球性普遍重视。膜分离和场分离是一类新型的分离操作，由于其具有节约能耗、不破坏物料、不污染产品和环境等突出优点，在稀溶液、生化产品及其他热敏性物料分离方面，有着广阔的应用前景。

（3）**耦合分离**（coupling separation）

各种传统分离方法的耦合分离技术是在传统分离方法的基础上逐渐发展起来的，这些技术是化工分离的前沿，它既包括平衡分离方法的耦合、速率分离方法的耦合，也包括这两类方法间的耦合，还可以将反应和分离进行耦合，如反应精馏、化学吸收、膜萃取、膜精馏、膜吸收等。

1.3 分离过程的研究内容与研究方法

1.3.1 研究内容

分离过程是借助一定的分离剂，实现混合物中组分的分级（fractionalization）、浓缩（concentration）、富集（enrichment）、纯化（purification）、精制（refining）与隔离（isolation）等的过程。因此分离过程（separation process）是将一混合物转变为组成互不相同的两种或几种产品的操作，而分离工程（separation engineering）是研究分离过程中分离设备的共性规律以及分离与提纯的科学。本门课程是以传质分离操作作为研究对象，应用物理化学、化工热力学、传递原理和化工原理中研究的基本原理和知识，研究和处理传质分离过程的开发和设计中遇到的工程问题，包括适宜分离方法的选择，分离流程和操作条件的确定和优化，传质分离设备的传质特性、选型和强化，传质操作和设备的设计计算，以及分离操作的实验研究方法等。主要掌握常用分离过程（精馏、特殊精馏、吸收）的基本理论、操作特点、简捷和严格的计算方法以及强化改进操作的途径，对一些新的分离技术有一定的了解。

1.3.2 研究方法

传质分离操作的开发是研究适宜分离方法的工业化途径，以期经济合理地实现规定的分离任务。分离过程开发应达到下列目的：

① 适宜的分离方法和流程，通常通过小试研究来实现分离方法的选择和分离流程的确定；

② 优化的工艺操作条件，通常是在小试数据的基础上，通过中试对工艺参数进行优化；

③ 合理的分离设备的选型，通过中试确定工业化过程的设备形式和几何尺寸。

化工新技术开发有三个关键环节：概念形成到课题的选定、技术与经济论证（可行性）和放大技术。其中，放大技术是研究开发的核心。放大技术可以采用数学模型方法、逐级经验放大、工程理论指导放大和参照类似工业装置放大等方法。对于一个缺乏参照系统的新的传质分离操作来说，前两种方法更为常用。

1.3.2.1 逐级经验放大法

步骤为首先进行小试，确定操作条件和设备形式。确定的依据是最终产品质量、产量和成本，并不考虑过程的机理。小试之后进行规模稍大的中试，以确定设备尺寸放大后的影响（放大效应），然后才能放大到工业规模的大型装置。当处理物料复杂或对选用的分离方法缺少经验时，放大把握不大，则上述每级试验放大倍数就小，往往需多级中间试验，耗资大，开发周期长。

1.3.2.2 数学模型法

此法基于对过程本质的深刻理解：①将复杂过程分解为多个较简单的子过程，再根据研究的目的进行合理的简化，得出物理模型；②应用物理基本规律及过程本身的特征方程对物理模型进行数学描述，得出数学模型；③对数学模型求解，通过试验确定方程中的模型参数；④应用计算机进行复杂过程的综合研究和寻优，得到最优结果，最后需进行中间试验检验结果的可靠性。

数学模型法尽管在方法的逻辑上合理，从方法论上说也很科学，与逐级经验放大方法相比，可以节省试验费用，缩短开发周期，结果比较可靠，但在化工中的实际应用至今仍然有限。主要原因在于化工过程太复杂，可靠又合理简化的数学模型难以建立。

实际上，上述两种开发方法是两个极端。对于待开发的过程和设备，如果极其复杂，对它们理解得极少，那往往需沿袭逐级经验放大法，试验将主要寻求设备的放大效应，得到放大判据。如果过程和设备都很简单，通过合理的分解和简化完全可能得到可靠的数学模型，当然应采用较科学的数学模型方法，则试验将主要验证数学模型，修正模型参数。

本章符号说明

英文

ESA——能量分离剂；
MSA——物质分离剂；
x——液相摩尔分数；
y——气相摩尔分数。

希文

α——分离因子；

ρ——密度，kg/m^3。

上标

s——实际。

下标

i, j——组分；
1, 2——产品。

习 题

1-1 石油化工、生物医药、冶金等过程工业的原料精制及中间产物分离、产品提纯离不开分离科学，它是获得优质产品、充分利用资源和控制环境污染的关键技术，因此分离工程是化学工程学科的重要学科，且在分离中存在一些专业的名词。请说明分离过程与分离工程的区别。

1-2 分离因子是表示任一分离过程所能达到的分离程度，分离因子为什么分为实际分离因子与固有分离因子？它们主要不同点是什么？

1-3 分离因子可用于量化分离过程的难易程度。简述怎样用分离因子进行判断。

1-4 分离是熵减的过程，需要外加分离剂，常用的分离剂分为能量分离剂（ESA）和物质分离剂（MSA），请根据实际应用比较使用 ESA 与 MSA 分离方法的优缺点。

1-5 物料的分离方法多种多样，为更好地了解各种方法的特点与应用，可以根据物理化学原理的不同，对传质分离过程怎样进行分类？

1-6 分离过程常借助分离剂将均相混合物变成两相系统，以实现低能耗完成物料的分离，并且根据体系的不同，应采用不同类型的分离剂，请举例说明分离剂的类型。

1-7 耦合分离技术近年来被充分重视，解决了一些传统分离技术难以完成的任务。请说明耦合及集成在分离过程中所起的作用与优势。

1-8 某同学在实验过程中需要对乙苯和三种二甲苯混合物进行分离，请根据所学知识对分离方法进行选择。

（1）通过列出间二甲苯和对二甲苯的有关性质，如沸点、熔点、临界温度、临界压力、偏心因子、偶极矩等，说明哪些性质的差别对该物系分离是最好的。

（2）有学生提出使用精馏方法分离间二甲苯和对二甲苯，但有学生不同意，试说明不同意的理由。

（3）工业上通常选择熔融结晶和吸附分离间二甲苯和对二甲苯，为什么？

1-9 聚乙烯醇是一种用途相当广泛的水溶性高分子聚合物，可用于制造聚乙烯醇缩醛、耐汽油管道、维尼纶合成纤维（聚乙烯醇缩甲醛纤维）、织物处理剂、乳化剂、纸张涂层、黏合剂、胶水等。查阅文献给出电石乙炔法生产聚乙烯醇的工艺，并画出工艺流程简图，同时说明该生产过程涉及哪些分离操作。

参 考 文 献

[1] 朱家文，房鼎业. 面向 21 世纪的化工分离工程 [J]. 化工生产与技术，2000，07（02）：1-6.

[2] 李军，卢英华. 化工进展前沿 [M]. 厦门：厦门大学出版社，2011：1-5.

[3] （美）西德尔，（美）亨利. 分离过程原理 [M]. 朱开宏，吴俊生，译. 上海：华东理工大学出版社，2007：3-4，23-28.

[4] 姜忠义，吴洪，唐韶坤. 从单元操作到分离过程 [J]. 化学工业与工程，2005，22（1）：56-59.

[5] Seader J D. Separation process principles [M]. New York：John Wiley & Sons，2010：1-4.

[6] 陈洪钫，刘家祺. 化学分离过程 [M]. 2 版. 北京：化学工业出版社，2014：1-10.

[7] 费维扬，罗淑娟，赵兴雷. 化工分离过程强化的特点及发展方向 [J]. 现代化工，2008，28（9）：1-4.

[8] 刘红，张彰. 化工分离工程 [M]. 北京：中国石化出版社，2013：1-5.

[9] 邓修，吴俊生. 化工分离工程 [M]. 北京：科学出版社，2013：4-11.

[10] Qiu Z M，Liu Z W，Hu P. Calculation of the separation factor for some silane systems [J]. Advanced Materials Research，2012，391-392（23）：1012-1016.

[11] Yang Z，Ning H，Liu J，et al. Surface modification on semi-coke-based activated carbon for enhanced separation of CH_4/N_2 [J]. Chemical Engineering Research and Design，2020，161：312-321.

[12] 陈立钢，廖丽霞. 分离科学与技术 [M]. 北京：科学出版社，2014：5-6.

[13] 沈绍传，姚克俭. 绿色化学与绿色分离工程 [J]. 林产化学与工业，2001，21（3）：83-86.

[14] 王鉴，柳荣伟，陈侠玲. 绿色化学推动分离工程技术的进步——绿色分离工程 [J]. 化工科技，2008，1（1）：57-60.

[15] 刘会洲，刘小平，陈欣，等. 绿色分离技术发展态势与展望 [J]. 过程工程学报，2019，19（增刊1）：25-34.

[16] 赵德明. 分离工程 [M]. 杭州：浙江大学出版社，2011：7-8.

[17] 魏刚. 化工分离过程与案例 [M]. 北京：中国石化出版社，2009：2-5.

[18] 李鑫钢，谢宝国，吴巍，等. 精馏过程大型化集成技术 [J]. 化工进展，2011，30（1）：40-46.

[19] 徐宝东. 化工过程开发设计 [M]. 北京：化学工业出版社，2014：1-4.

2

多组分分离基础

本章思维导图

本章学习要求

● **掌握内容**

多组分或复杂物系设计变量的确定；分离单元设计变量的确定；多组分非理想体系相平衡常数的计算；多组分物系的泡点方程、露点方程与计算；混合物相态的确定。

● **熟悉内容**

平衡常数与组成有关的泡、露点计算；烃类物质相平衡常数的求算；汽液平衡的分类与计算。

● **了解内容**

分离装置设计变量的确定；等温闪蒸和绝热闪蒸过程的计算；单级平衡分离的工业应用。

在生产上所遇到的各种分离操作中，处理多组分溶液比双组分溶液更为常见。因此，研究和解决**多组分分离**的设计及生产问题更有实际意义。在化工原理中，已对双组分溶液的分离过程进行过讨论。多组分溶液的分离所依据的原理及使用的设备与双组分分离相同，但由于系统的组分数目增多了，因此其有关的设计计算比双组分分离的计算要复杂得多。因此，本章将在双组分分离有关内容的基础上，讨论多组分分离的基本计算问题。

2.1 分离过程的变量分析及设计变量的确定

在设计包含质量传递和热量传递的分离装置过程中，核心任务是确定各个物理量的数值。因为这些物理量都是互相关联、互相制约的，所以其中只有少量可以被设定为设计变量，供设计者选择。赋值的变量是多好还是少优？解方程组时，了解什么条件下得**唯一解**（独立方程式数目＝未知数的数目）、**矛盾解**（独立方程式数目＞未知数的数目）、**无唯一解**（独立方程式数目＜未知数的数目）。如果指定的独立变量太少，设计就不能有结果（多组解），但指定的变量数目过多，设计也同样无法进行（矛盾解）。因此，设计的第一步不是选择变量的具体数值，而是要知道在设计时所需要指定的独立变量的数目，即**设计变量**（design variable）的数目。

2.1.1 设计变量

2.1.1.1 定义

分离过程涉及的独立变量数 N_v 多于描述该过程的独立方程数 N_c，两者的差值为应指定的独立设计变量数 N_i。

$$N_i = N_v - N_c \tag{2-1}$$

式中，N_v 为描述系统所需的**独立变量**总数；N_c 为各独立变量之间可以列出的独立方程数和给定条件的总数目，即**约束数**。

因此，必须指定若干个独立变量的数值，使方程中的未知变量数与独立的方程数相等，这组方程方能得到确切的解。设计者规定若干独立变量值以后，过程便被确定，其他独立变量值也就随之确定。

要确定 N_i，需正确确定 N_v 和 N_c，一般采用 1956 年郭慕孙发表在美国化学工程师学会杂志的方法，简称郭氏法。该法的特点是简单、方便，不易出错，因而一直沿用至今。

郭氏法的基本原则是将一个装置分解为若干进行简单过程的单元，由每一单元的独立变量数 N_v^e 和约束数 N_c^e 求出每一单元的设计变量数 N_i^e，然后再由单元的设计变量数计算出装置的设计变量数 N_i^u。设计变量数 N_i 又被分为**固定设计变量**（fixed design variables）数 N_x 和**可调设计变量**（available design variables）数 N_a。N_x 是指确定进料物流的那些变量（如进料组成和流量）以及系统的压力，这些变量常常由单元在整个装置中的地位，或装置在整个流程中的地位所决定，也就是说，实际上不是由设计者来指定，即使没有预先定好，也很容易看出或决定下来的量。而 N_a 才是真正由设计者来确定的，因此郭氏法的目的是确定正确的 N_a 值，并按工艺要求对各变量赋值。郭氏法适用于连续稳定流动过程，在过程中无化学反应，流体流动的动能和位能可忽略，与外界交换的机械能只限于轴功，平衡级是串联的。

2.1.1.2 独立变量与约束数

（1）**独立变量数**

系统的独立变量数（number of independent variables）可由出入系统的各物流的独立变量数以及系统与环境进行能量交换情况来决定。

① **单相物流**

$$N_v = f + R$$

式中，f 为自由度，指强度性质变量，如 x_i、T 等；R 为容量性质变量。

根据相律可以确定每一物流处于平衡状态时的自由度为

$$f = c - \pi + 2 = c + 1$$

式中，c 为组分数；π 为相数。相律所指的独立变量是指强度性质变量，即温度、压力和浓度，与系统的量无关，而要描述实际分离过程中的流动系统，则必须加上一个描述物流数量的物理量，则独立变量数为

$$N_v = f + 1 = c + 2$$

② **相平衡物流**　对由两个互成平衡的相所构成的物流，需要加上两个相的流率，则独立变量数为

$$N_v = f + 2 = c - 2 + 2 + 2 = c + 2$$

由上可见，不管是单相物流还是互成平衡的两相物流都可用 $c + 2$ 个独立变量来描述，其余情况可以类推。

在实际的分离过程中，处理的物系是流动系统，在过程中尚有热量和功的进出，因此设计变量数除强度性质的物理量和物流外，还要加上热量和功的变量数。

（2）**约束数**

约束数（number of constraint conditions）是在这些变量中可以列出的独立方程数和给定条件的总数目，可以依靠热力学第一定律和第二定律来计算，即由物料衡算、热量衡算和平衡关系写出变量之间的关系式。

① **物料平衡式**：总物料平衡式 1 个，c 个组分有 c 个组分物料平衡式，其中独立物料衡算式为 c 个。

② **能量平衡式**：一个系统为 1 个，不能对每个组分分别写。

③ **相平衡关系式**：$c(\pi - 1)$ 个。

相平衡关系是指处于平衡的各相温度相等、压力相等以及组分 i 在各相中的分逸度相等，一般仅考虑无化学反应的分离系统，故不考虑化学平衡约束数。

④ **化学平衡关系式**。

⑤ **内在关系**：约定的关系，如已知的等量、比例关系等。

2.1.2 单元的设计变量

2.1.2.1 无浓度变化的单元

无浓度变化的单元一般为辅助单元，如分配器、泵、加热器、冷却器、换热器、全凝器、全蒸发器等，因为这些单元中无浓度变化，故每一物流均可看成单相物流，每一物流有 $c + 2$ 个独立变量，通常考虑取流率、组成（$c - 1$ 个）、温度及压力。但当单元中有热交换设备和输送设备泵时，总独立变量数 N_v 还应包括说明热量 Q 和轴功 W 的变量；约束数 N_c

是物料平衡式、能量平衡式、物流的压力、温度等式及相平衡关系式等的总和数。对于系统的压力及有关进料物流的变量都为固定设计变量 N_x，一般都是给定的。如图 2-1 中的加热器。

$$N_v^e = 2(c+2)+1 = 2c+5$$

约束数：

物料平衡式　　c 个

能量平衡式　　1 个

所以

$$N_c^e = c+1$$

$$N_i^e = N_v^e - N_c^e = 2c+5-(c+1) = c+4$$

其中，$N_x^e = c+3$（即进料 $c+2$ 个，压力 1 个）；$N_a^e = 1$，为系统换热量或出换热器的温度。

对冷却器、泵等其他无浓度变化的单元情况类似。

图 2-1　无浓度变化的单元

图 2-1 中的换热器有四股物流，若冷物流有 c 种组分，热物流有 c' 种组分，两进料物流的独立变量数分别为 $c+2$ 和 $c'+2$。约束数 N_c 的考虑是，因冷热物流不直接接触（不混合），所以对热物料与冷物料可分别列出物料衡算式，则可列出（$c+c'$）个等式，并可列出一个热量衡算式。设计变量为 $c+c'+7$ 个，其中固定设计变量 $c+c'+6$ 个；两进料物流的流率、组成（$c-1$ 种）、温度及压力共 $c+c'+4$ 个，系统的压力为 2 个（因传热面两侧各有一个压力）；可调设计变量为 1 个，这一可调设计变量通常可指定一物流的出口温度或传热面积。

$$N_v^e = 2(c+2)+2(c'+2) = 2c+2c'+8$$

约束数：

物料平衡式　　$c+c'$ 个

能量平衡式　　1 个

所以

$$N_c^e = c+c'+1$$

$$N_i^e = N_v^e - N_c^e = 2c+2c'+8-(c+c'+1) = c+c'+7$$

$$N_x^e = c+2+c'+2+2 = c+c'+6$$

$$N_a^e = N_i^e - N_x^e = c+c'+7-(c+c'+6) = 1$$

2.1.2.2　有浓度变化的单元

有浓度变化的单元如混合器、分相器、部分蒸发器、部分冷凝器、简单平衡级等。在这些单元中，描述一股单相物流的独立变量数及互成平衡的两相物流的独立变量数都是 $c+2$。对于互成平衡的两股物流，如离开分相器的两股物料，也可以把它们看成是一股两相物流，因为互成平衡的两股物流间可列出 $c+2$ 个等式（压力相等，温度相等，c 种组分的化学位分别相等），因此和看成一股两相物流时的 N_i 值是一样的。计算 N_c 时，物料平衡式对各种情况都是 c 个，即对每一组分可写出一个衡算式。其他情况与无浓度变化相同。

图 2-2　有浓度变量的单元

如图 2-2 中绝热操作的简单平衡级，共有四股物流，但因 V_2 与 L_2 是互为平衡的物流，所以可以把它们看成是一股两相物流，故 $N_v^e = 3(c+2)$。因为可列出 c 个物料衡算式和 1 个热量衡算式，所以

$$N_c^e = c+1, \qquad N_i^e = 3(c+2) - (c+1) = 2c+5$$

也可视为四股单相物流来计算，可得到相同的结果。

其中，$N_x^e = 2c+5$，因为有两股进料，且进料之间以及进料压力与 n 级上的压力不相等，故 $N_a^e = 0$。

其他单元计算可见表 2-1。

表 2-1　各种单元的设计变量

单元名称	N_v^e	N_c^e	N_i^e	N_x^e	N_a^e
分配器	$3c+6$	$2c+2$	$c+4$	$c+3$	1
泵	$2c+5$	$c+1$	$c+4$	$c+3$	1
换热器	$4c+8$	$2c+1$	$2c+7$	$2c+6$	1
加热器	$2c+5$	$c+1$	$c+4$	$c+3$	1
冷却器	$2c+5$	$c+1$	$c+4$	$c+3$	1
全凝器	$2c+5$	$c+1$	$c+4$	$c+3$	1
全蒸发器	$2c+5$	$c+1$	$c+4$	$c+3$	1
混合器	$3c+6$	$c+1$	$2c+5$	$2c+5$	0
分相器	$3c+6$	$2c+3$	$c+3$	$c+3$	0
全凝器(凝液为两相)	$3c+7$	$2c+3$	$c+4$	$c+3$	1
部分蒸发器	$3c+7$	$2c+3$	$c+4$	$c+3$	1
部分冷凝器	$3c+7$	$2c+3$	$c+4$	$c+3$	1

单元名称	N_v^e	N_c^e	N_i^e	N_x^e	N_a^e
简单平衡级	$4c+8$	$2c+3$	$2c+5$	$2c+5$	0
带有传热的平衡级	$4c+9$	$2c+3$	$2c+6$	$2c+5$	1
进料级	$5c+10$	$2c+3$	$3c+7$	$3c+7$	0
有侧线出料的平衡级	$5c+10$	$3c+4$	$2c+6$	$2c+5$	1

从表 2-1 可以看出，无论是有浓度变化还是无浓度变化的单元，可调设计变量均与组分的数目 c 无关，组分数只在固定设计变量中出现。而且 N_a^e 都是一个很小的整数，即 0、1。因此，计算整个装置的 N_a 是比较方便的。

2.1.3 装置的设计变量

分离装置是由若干单元所组成的，如由多个平衡级、换热器和其他与分离装置有关的单元综合而得，则装置的 N_i^u 是否等于 $\sum N_i^e$。有两点值得注意：

① 在装置中某一单元以串联的形式被重复使用，则用**重复变量** N_r 以区别这种单元与其他单元的联结情况，每一种重复单元增加一个变量；

② 各个单元依靠单元之间的物流而联结成一个装置，因此必须从总变量中减去那些多余的相互关联的物流变量数，或者每一单元间物流附加 $(c+2)$ 个等式。

$$N_i^u = \sum N_v^e - \sum N_c^e + N_r - n(c+2) \tag{2-2}$$

$$N_i^u = \sum N_i^e + N_r - n(c+2) = \sum N_x^e + \sum N_a^e + N_r - n(c+2) \tag{2-3}$$

式中，n 为单元间物流的数目。

因为装置的 N_x^u 固定，指进入该装置的各进料物流（而不是装置内各单元的进料物流）的变量数以及装置中不同压力的等级数，因此它应比 $\sum N_x^e$ 少 $n(c+2)$。

$$N_x^u = \sum N_x^e - n(c+2) \tag{2-4}$$

$$N_i^u = N_x^u + N_a^u = N_x^u + N_r + \sum N_a^e \tag{2-5}$$

$$N_a^u = N_r + \sum N_a^e \tag{2-6}$$

应用郭氏法确定任何复杂的分离装置的独立变量数的步骤：

① 确定过程中的独立压力等级数。即不考虑由摩擦阻力而引起的微小压降时，装置内共有几个不同的压力等级。

② 以每一进料有 $c+2$ 个变量计算装置的进料变量总数，当某一进料的压力和进入单元的压力相等时，则在进料变量总数中减 1。

③ 计算整个装置的可调设计变量。等于各单元的可调设计变量与装置中串级单元数之和。

一般①②项是给定的条件，这两项之和即为固定变量数 N_x^u，而设计者所能指定的只是可调设计变量数 N_a^u，虽然确定变量可以采用不同的方案，但是所能指定的变量数只能是 N_a^u。

如进料级单元可以看成一个**分相器**和两个**混合器**的组合，此时 $N_r=0$，且分相器和混合器的 N_a^e 均为零，故进料板单元的 $N_a^u=0$。

侧线采出级是**平衡级**与**分配器**的组合，因为 $N_r=0$，分配器 $N_a^e=1$，平衡级的 $N_a^e=0$，所以 $N_a^u=1$。

由若干（N）平衡级串级而成的串级单元是最重要的一种组合单元，因为 $N_r=1$，而平衡级的 $N_a^e=0$，所以 $N_a^u=1$。

同样，由 N 个绝热操作的简单平衡级串联构成的简单吸收塔很容易得出：$N_a^u=1$，$N_i^u=2c+N+5$，$N_x^u=2c+N+4$。

【例 2-1】 分析图 2-3 所示的精馏塔的设计变量。该塔有一个进料口，设全凝器和再沸器。

解 计算如下：先将塔划分为各种不同的单元，共 6 个单元（包括两个串级单元），由表 2-1 求出 N_i^e，再求出 $\sum N_i^e$。

单　　元	N_i^e
全凝器	$c+4$
回流分配器	$c+4$
$N-(M+1)$ 级的平衡串级	$2c+(N-M-1)+5$
进料级	$3c+7$
$(M-1)$ 级的平衡串级	$2c+(M-1)+5$
再沸器（部分蒸发器）	$c+4$
合计	$10c+N+27$

图 2-3　精馏塔

由于进出各单元（联结各单元）共有 9 股物流，所以 $n=9$，而整个精馏装置的 $N_r=0$。

$$N_i^u=\sum N_i^e+N_r-n(c+2)=(10c+N+27)-9(c+2)$$
$$=c+N+9$$

其中，固定设计变量

$$N_x^u=(c+2)+N+2=c+N+4$$

可调设计变量　$N_a^u=N_i^u-N_x^u=5$

也可由表 2-1 求出各单元的 N_a^e，可得 $N_a^u=\sum N_a^e=5$，因为除进料级的 $N_a^e=0$ 外，其余均为 1，则很易求出 $N_x^u=N_i^u-N_a^u$。

对于**操作型**精馏塔，固定设计变量可规定为进料 $c+2$ 个，每级压力（包括再沸器）N 个，全凝器压力 1 个和回流分配器压力 1 个。而可调设计变量可规定为回流温度为泡点温度、总理论级数、进料位置、馏出液流率和回流比。

【例 2-2】 用郭氏法分析图 2-4 双塔共沸精馏流程的设计变量数。

解

N_x：

进料变量数（流率、温度、
压力、异丁醇物质的量）　　4

水蒸气
（流率、温度、压力）　　3

压力等级数　　1

合计　　8

N_a：

串级　　3

换热单元数　　2

合计　　5

图 2-4　双塔共沸精馏流程

可调设计变量的几种选择。①操作型：三个串级各自的级数；再沸器的蒸发速率；冷凝器的过冷温度。②设计型：异丁醇塔釜液中异丁醇的摩尔分数；水塔釜液中异丁醇的摩尔分数；异丁醇原料在异丁醇塔中的最适宜位置进料；再沸器的蒸发速率；冷凝器的过冷温度。

以上两例中的选择只能作为一般的情况。由于在比较复杂的装置中，变量数很多，而且各变量间又是相互制约的，根据具体要求对设计新塔和原有塔的新分离任务而言确定可调变量的方案是截然不同的，故设计者必须对所设计的分离过程的机理要有全面的了解，只有这样才能正确选择设计变量。

郭慕孙院士
—— 中国流态化理论的奠基人和开拓者、流态化技术工业应用的先行者

郭慕孙（1920 年—2012 年），出生于湖北汉阳，中国科学院院士，著名化学工程学家。1943 年毕业于上海沪江大学化学系，1947 年获美国普林斯顿大学化工系硕士学位。1956 年回国，历任中国科学院化工冶金研究所研究员、所长、名誉所长，中国颗粒学会名誉理事长。是中国流态化学科研究的开拓者，在流态化、化学反应工程、矿物冶炼等方面有着杰出成就。2008 年，被美国化学工程师协会评选为"化学工程百年开创时代"50 位杰出化工科学家之一，成为唯一获此殊荣的亚洲学者。

在普林斯顿大学学习期间，郭慕孙首次观测到液-固和气-固流态化的差异。1948 年，他的研究成果在美国《化工进展》上发表，在该论文中定义并区分了流态化"散式"和"聚式"两种不同类型，建立了颗粒与流体相互作用的流动参数统一关联式，丰富了流态化的基础理论，至今仍被广泛引用。1956 年回国后，参与筹建了中国科学院化工冶金研究所。自此，开创了我国在流态化领域的研究工作，首先提出了垂直系统中的广义流态化及加速运动下的广义流态化理论，形成了自己的特色，为我国流态化技术的发展奠定了基础。在应用方面，建立了我国第一个日处理 100 吨铁矿石流态化磁化焙烧的中试工厂，极大提高了贫矿加工冶炼效率，为我国的冶金工业做出了巨大贡献。

同时，郭慕孙组建了中国颗粒学会，主编出版了《流态化手册》，创办了《中国颗粒学报》。申请与组织在北京召开了第五届国际循环流化床会议和第十届国际流态化会议，带领中国的流态化学界走向世界。本教材中有关设计变量的确定采用的是郭慕孙于 1956 年发表在美国化学工程师学会杂志（AIChEJ）的方法，文章题目为 *A system for counting variables in separation processes*。该方法的特点是简单、方便，因而一直沿用至今。

2.2 相平衡关系的计算

在气相、液相、固相和超临界流体这四个相当中，任何两个或两个以上的相进行组合，其界面上将形成一种平衡状态。这种相间的平衡即称为相平衡（phase equilibrium）。通过界面进行分离，其原理就是利用待分离组分在相间的平衡关系。

对于双组分系统的温度-压力-组成的平衡关系，常常利用实验来测得，而多组分系统的相平衡关系用实验方法来测定就比较复杂。随着相平衡理论研究的深入，对双组分和多组分

系统的汽（气）液相平衡和液液相平衡已建立了一些定量的关系式，利用这些关系式，只需用少量的双组分的实验数据，这就大大地减少了实验工作量。

2.2.1 相平衡关系

2.2.1.1 相图

相图（phase diagram）主要用来表示两元或三元系统的相平衡关系，包括恒压下的 $t\text{-}x$ 图和 $y\text{-}x$ 图、恒温下的 $p\text{-}x$ 图等。

2.2.1.2 相平衡基本关系式

（1）汽液相平衡关系

根据多相平衡条件可推出汽、液相平衡条件是组分 i 在汽液两相中的**化学位**相等。

$$\mu_i^V = \mu_i^L \tag{2-7}$$

化学位在研究相平衡的理论推导中非常重要，但它的数值却难以确定。**逸度**（fugacity）和**活度**（activity）是由化学位导出的，而数值计算较容易。因此，工程上相平衡的实际计算多使用逸度和活度。故相平衡条件也可表示为组分 i 在汽、液两相中的逸度相等。

$$\hat{f}_i^V = \hat{f}_i^L \tag{2-8}$$

为把逸度和实测压力、温度、组成等物理量联系起来，引入**逸度系数**（fugacity coefficient）和**活度系数**（activity coefficient）。根据热力学基本关系，可得汽相逸度与汽相组成的关系为

$$\hat{f}_i^V = p\,\hat{\phi}_i^V y_i = \gamma_i^V f_i^{0V} y_i \tag{2-9}$$

式中，f_i^{0V} 为系统温度、压力下，纯 i 组分的汽相逸度；γ_i^V 为 i 组分的汽相活度系数；$\hat{\phi}_i^V$ 为系统温度、压力下，i 组分的汽相逸度系数。

液相逸度与液相组成的关系为

$$\hat{f}_i^L = p\,\hat{\phi}_i^L x_i = \gamma_i^L f_i^{0L} x_i \tag{2-10}$$

$$f_i^{0L} = p_i^0 \phi_i^0 \exp\frac{V_i^L (p - p_i^0)}{RT} \tag{2-11}$$

式中，f_i^{0L} 为 i 组分的标准态的液相逸度，对可凝性组分通常取纯 i 组分液体在系统温度、压力下的逸度，对不凝性组分，则取另一种标准态逸度；γ_i^L 为 i 组分的液相活度系数；$\hat{\phi}_i^L$ 为系统温度、压力下，i 组分的液相逸度系数；V_i^L 为 i 组分的液相摩尔体积，mL/kmol；p_i^0 为 i 组分在系统温度下的饱和蒸气压，MPa；$\exp\dfrac{V_i^L(p - p_i^0)}{RT}$ 为普瓦廷因子（Poynting factor）。

一般 V_i^L 较小，当 p 与 p_i^0 差别不大时，普瓦廷因子可以忽略不计，于是式（2-11）可简化为

$$f_i^{0L} = p_i^0 \phi_i^0 \tag{2-12}$$

当系统压力较低时（例如 0.1MPa），$f_i^{0L} = p_i^0$。

将式（2-9）和式（2-10）代入式（2-8）可得两个最常使用的汽液相平衡的基本关系式

$$p\,\hat{\phi}_i^V y_i = p\,\hat{\phi}_i^L x_i \quad 或 \quad p\,\hat{\phi}_i^V y_i = f_i^{0L}\gamma_i^L x_i \tag{2-13}$$

（2）液液平衡关系

$$\hat{f}_i^{\mathrm{I}} = \hat{f}_i^{\mathrm{II}} \tag{2-14}$$

式中，Ⅰ和Ⅱ分别表示液相Ⅰ和液相Ⅱ。用式（2-10）表示两液相中组分 i 的逸度，当两相中使用相同的基准态逸度时，**液液平衡**可表示为

$$\gamma_i^{\mathrm{I}} x_i^{\mathrm{I}} = \gamma_i^{\mathrm{II}} x_i^{\mathrm{II}} \tag{2-15}$$

式中，γ_i^{I}、γ_i^{II} 分别为液相Ⅰ和液相Ⅱ中组分 i 的活度系数；x_i^{I}、x_i^{II} 分别为液相Ⅰ和液相Ⅱ中组分 i 的摩尔分数。

2.2.1.3 相平衡常数 K_i

（1）定义

工程中常用**相平衡常数**（phase equilibrium constant）来表示相平衡关系。

汽液相平衡常数

$$K_i = \frac{y_i}{x_i} \quad 或 \quad y_i = K_i x_i \tag{2-16}$$

式中，K_i 为 i 组分在平衡的汽液两相中的分配情况，俗称**分配系数**。

对于液液平衡

$$K_i = \frac{x_i^{\mathrm{I}}}{x_i^{\mathrm{II}}} \tag{2-17}$$

（2）汽液相平衡常数 K 的计算方法

在精馏的操作分析、设计计算和优化中，相平衡常数 K 是最重要的性质，其适宜计算方法的选择对于结果的正确可靠和耗费计算机的计算时间起着决定性的影响。

① **状态方程法**

$$K_i = \frac{y_i}{x_i} = \frac{\hat{\phi}_i^{\mathrm{L}}}{\hat{\phi}_i^{\mathrm{V}}} \tag{2-18}$$

逸度系数可以从该物质的 $p\text{-}V\text{-}T$ 关系或实测数据计算。研究状态方程或实测 $p\text{-}V\text{-}T$ 数据，应用式（2-18）算得相平衡常数，即 K_i，而已知 K_i 则可由 x_i（y_i）求与之相平衡的 y_i（x_i）。这是工程计算中获取相平衡常数的一条常用途径。

$\hat{\phi}_i^{\mathrm{L}}$ 和 $\hat{\phi}_i^{\mathrm{V}}$ 若用状态方程来计算，则该状态方程必须同时适用于汽液两相，即用适当的同一状态方程直接计算汽、液相的逸度系数、逸度及其他热力学性质。常见的有 SRK 方程（Soave 改进的 Redlich 方程）、PR（Peng-Robinson）方程、SHBWR 方程（Starling-Han 改进的 BWR 方程）以及 L-K（Lee-Kesler）方程等，**此法适用于中压、液相非理想性不是很强的烃类系统（包括含非烃气体的轻烃混合物）的分离过程。**

② **活度系数法**

$$K_i = \frac{y_i}{x_i} = \frac{\gamma_i^{\mathrm{L}} f_i^{0\mathrm{L}}}{p \hat{\phi}_i^{\mathrm{V}}} \tag{2-19}$$

即通过适当的状态方程或实测 $p\text{-}V\text{-}T$ 数据求汽相逸度系数 $\hat{\phi}_i^{\mathrm{V}}$，如维里方程、RK 方程，而液相活度系数 γ_i^{L} 则由活度系数模型来计算，从而求得 K_i，这是求得相平衡常数的另一条途径。**该法用于压力不高、液相非理想性强的系统。**状态方程法与活度系数法计算相平衡常数的比较见表 2-2。

表 2-2　状态方程法与活度系数法的比较

方　法	优　点	缺　点
状态方程法	(1)不需要基准态 (2)只需要 p-V-T 数据,原则上不需有相平衡数据 (3)可以应用对比状态理论 (4)可以用在临界区	(1)没有一个状态方程能完全适用于所有的密度范围 (2)受混合规则的影响很大 (3)对于极性物质、大分子化合物和电解质系统很难应用
活度系数法	(1)简单的液体混合物的模型已能满足要求 (2)温度的影响主要表现在 f_i^{0L} 上,而不在 γ_i^L 上 (3)对许多类型的混合物,包括聚合物、电解质系统都能应用	(1)需用其他的方法获得液体的偏摩尔体积(在计算高压汽液平衡时需要此数据) (2)对含有超临界组分的系统应用不够方便,必须引入亨利定律 (3)难以在临界区内应用

2.2.1.4　相对挥发度

相对挥发度 (relative volatility) $\alpha_{i,j}$ 的定义是 i,j 两组分的相平衡常数之比。

$$\alpha_{i,j} = \frac{K_i}{K_j} = \frac{y_i/x_i}{y_j/x_j} = \frac{y_i/y_j}{x_i/x_j} \tag{2-20}$$

形式与式(1-2)固有分离因子相同,主要用于精馏过程,且随温度和压力的变化不敏感,若近似当作常数,能使计算简化。通常将 K 值大的当作分子,故 $\alpha_{i,j}$ 一般大于 1。当 $\alpha_{i,j}$ 偏离 1 时,便可采用平衡分离过程使均相混合物得以分离,$\alpha_{i,j}$ 越大越容易分离。

若 $\alpha_{i,j}=1$,表示汽液两相中 i、j 两组分的浓度之比相等,因此不能用一般的精馏方法来分离。可用 $\alpha_{i,j}$ 表示相平衡关系

$$K_i = \frac{\alpha_{i,j}}{\sum \alpha_{i,j} x_i}, \qquad y_i = \frac{\alpha_{i,j} x_i}{\sum \alpha_{i,j} x_i} \tag{2-21}$$

$$K_i = \alpha_{i,j} \sum \frac{y_i}{\alpha_{i,j}}, \qquad x_i = \frac{y_i/\alpha_{i,j}}{\sum y_i/\alpha_{i,j}} \tag{2-22}$$

所以在某些传质单元操作中,分离因子又有专用名称,如蒸馏或精馏中称作相对挥发度,萃取中称作选择性系数。对液液平衡情况,常用 $\beta_{i,j}$ 代替 $\alpha_{i,j}$,称为 相对选择性。

$$\beta_{i,j} = \frac{K_i}{K_j} = \frac{x_i^{I}/x_i^{II}}{x_j^{I}/x_j^{II}} \tag{2-23}$$

【例 2-3】 某精馏塔顶产品在 1.313MPa 和 6℃下以 $C_2^=$ 为对比组分,各组分的相对挥发度如下表所示,当塔顶产品是汽相出料时,求与其相平衡的回流液组成。

组分 i	C_1^0	$C_2^=$	C_2^0	$C_3^=$
$y_{i,D}$(摩尔分数)	0.0039	0.8651	0.1284	0.0026
$\alpha_{i,j}$	4.3925	1.0000	0.6729	0.1963

解　计算方法:用相对挥发度表示的汽液平衡关系为

$$x_i = \frac{y_i/\alpha_{i,j}}{\sum y_i/\alpha_{i,j}}$$

先计算 $y_i/\alpha_{i,j}$,然后再计算 $\sum y_i/\alpha_{i,j}$,结果如下表所示:

组分 i	$y_{i,D}$（摩尔分数）	$\alpha_{i,j}$	$y_i/\alpha_{i,j}$	$x_i = \dfrac{y_i/\alpha_{i,j}}{\sum y_i/\alpha_{i,j}}$（摩尔分数）
C_1^0	0.0039	4.3925	0.00089	0.00083
$C_2^=$	0.8651	1.0000	0.86510	0.80846
C_2^0	0.1284	0.6729	0.19082	0.17833
$C_3^=$	0.0026	0.1963	0.01325	0.01238
合计	1.000		1.07006	1.000

2.2.2 汽液平衡的分类与计算

2.2.2.1 汽液平衡的分类

根据分子间作用力的不同，汽相可分成以下三类。

（1）**理想气体的混合物**

此时分子间的作用力和分子本身所占的体积可以忽略，其 p-V-T 关系服从理想气体定律，$\hat{\phi}_i^V = 1$，$\hat{f}_i = p_i$，即式（2-9）简化为

$$p_i = p y_i \tag{2-24}$$

此式即我们熟知的理想气体混合物中 i 组分的逸度等于其分压的关系式。

（2）**理想的气体混合物**（或实际气体的理想溶液）

此时相同分子间的作用力和相异分子间的作用力相同，分子大小一样，在混合时体积具有加和性。对此气体混合物可以导得 $\hat{\phi}_i^V = \phi_i^V$，即式（2-9）简化为

$$f_i^V = \phi_i^V p y_i \tag{2-25}$$

式中，f_i^V 为纯组分 i 的气体在系统 p、T 条件下的逸度，显然 f_i^V 与混合物的组成无关。

（3）**实际气体**

此时相同分子和相异分子间的作用力不同，各组分分子的大小也不同，是最常见情况。

与此类似，液相也可分为**理想溶液**和**实际**溶液（与实际气体对应）两类，但不存在理想气体那样的溶液。对理想溶液，$\gamma_i = 1$，则式（2-10）简化为

$$\hat{f}_i^L = f_i^0 x_i = p_i^0 \phi_i^0 x_i \tag{2-26}$$

此式是一般化的拉乌尔定律，f_i^0 为纯液体 i 在溶液 p、T 条件下的逸度，忽略 Poynting 因子。

三类不同汽相和两类不同溶液可以组合成表 2-3 所示的五类汽液平衡系统，它们的相平衡常数计算式也列于其中，以后将分别予以进一步讨论。

表 2-3　汽液平衡的分类

液相	汽相		
	理想气体的混合物 $\hat{\phi}_i^V = 1, \phi_i^0 = 1$	理想的气体混合物 $\hat{\phi}_i^V = \phi_i^V$	真实气体混合物
理想溶液 $\gamma_i = 1$	(1)完全理想系 $p y_i = p_i^0 x_i$ $K_i = \dfrac{p_i^0}{p} = f(T,p)$	(2)理想系 $p y_i \phi_i^V = p_i^0 \phi_i^0 x_i$ $K_i = \dfrac{p_i^0 \phi_i^0}{p \phi_i} = f(T,p)$	$p y_i \hat{\phi}_i^V = p_i^0 \phi_i^0 x_i$ 实际不存在

液相	汽相		
	理想气体的混合物 $\hat{\phi}_i^V=1,\phi_i^0=1$	理想的气体混合物 $\hat{\phi}_i^V=\phi_i^V$	真实气体混合物
非理想溶液	(3)非理想系 $py_i=\gamma_i p_i^0 x_i$ $K_i=\dfrac{p_i^0\gamma_i}{p}=f(T,p,x_i)$	(4)完全非理想系 $py_i\phi_i^V=p_i^0\phi_i^0\gamma_i x_i$ $K_i=\dfrac{p_i^0\phi_i^0\gamma_i}{p\phi_i^V}=f(T,p,x_i)$	(5)高度非理想系 $py_i\hat{\phi}_i=p_i^0\phi_i^0\gamma_i x_i$ $K_i=\dfrac{p_i^0\phi_i^0\gamma_i}{p\hat{\phi}_i}=f(T,p,x_i,y_i)$

注：表中的基本关系式为 $p\hat{\phi}_i^V y_i=f_i^{0L}\gamma_i x_i=p_i^0\phi_i^0\gamma_i x_i$，忽略 Poynting 因子，$f_i^{0L}=p_i^0\phi_i^0$。

2.2.2.2 汽液平衡常数的计算

从式(2-18)可知，计算汽液平衡常数（vapor-liquid phase equilibrium constant）主要应解决如何计算逸度系数和活度系数，这部分内容在化工热力学中有详细的介绍，这里简要介绍计算方法。

（1）逸度系数的计算

逸度系数可以通过气体状态方程、p-V-T 实验数据、普遍化关系来计算，可根据情况任选一种。但用状态方程和普遍化关系来计算汽相逸度系数较多。

① 纯组分的逸度系数基本关系

$$\ln\phi_i=\int_0^p(Z_i-1)\frac{\mathrm{d}p}{p} \tag{2-27}$$

采用普遍化关系，当 $V_r\geqslant2$ 时

$$\ln\phi_i=\frac{p_r}{T_r}(B^0+\omega B^1) \tag{2-28}$$

其中

$$B^0=0.083-\frac{0.422}{T_r^{1.6}},\qquad B^1=0.139-\frac{0.172}{T_r^{4.2}}$$

当 $V_r<2$ 时

$$\ln\phi_i=\ln\phi_i^0+\omega\ln\phi_i^1 \tag{2-29}$$

其中，$\ln\phi_i^0$、$\ln\phi_i^1=f(T_r,p_r)$ 可查相应的热力学图。

② 混合物的逸度系数基本关系

$$\ln\hat{\phi}_i=\int_0^p(\bar{Z}_i-1)\frac{\mathrm{d}p}{p} \tag{2-30}$$

a. 两项式维里方程

$$Z=\frac{pv}{RT}=1+\frac{Bp}{RT} \tag{2-31}$$

对物质的量为 n 的气体混合物，在 T、p、$n_{j\neq i}$ 为常数时，对 n_i 微分，并代入式(2-30)积分得

$$\ln\hat{\phi}_i=\left[2\left(\sum_j y_j B_{ij}\right)-B_m\right]\frac{p}{RT} \tag{2-32}$$

其中

$$B_m=\sum_i\sum_j y_i y_j B_{ij},\qquad \frac{Bp_c}{RT_c}=B^0+\omega B^1$$

对二元混合物

$$B_m=y_1^2 B_{11}+2y_1 y_2 B_{12}+y_2^2 B_{22}$$

式中，B_{11}、B_{22} 分别为纯 1、纯 2 组分的第二维里系数；B_{12} 为 1 组分对 2 组分的交叉第二维里系数。按混合物性计算，即 B_{ij} 用混合规则求，需先求 T_{cij}、p_{cij}、ω_{ij}。

  b. 范德华方程

$$p=\frac{RT}{\nu-b}-\frac{a}{\nu^2} \tag{2-33}$$

  按以上类似方法，可导出相应的混合物中 i 组分的汽相逸度系数

$$\ln\hat{\phi}_i=\frac{b_i}{\nu_m-b_m}-\ln\left[Z_m\left(1-\frac{b_m}{\nu_m}\right)\right]-\frac{2\sqrt{a_m a_i}}{RT\nu_m} \tag{2-34}$$

其中

$$a_i=\frac{27R^2 T_{c,i}^2}{64p_{c,i}},\qquad\qquad b_i=\frac{RT_{c,i}}{8p_{c,i}}$$

$$a_m=\left(\sum y_i\sqrt{a_i}\right)^2,\qquad\qquad b_m=\sum y_i b_i$$

  c. R-K 方程

$$p=\frac{RT}{\nu-b}-\frac{a}{T^{1/2}\nu(\nu+b)} \tag{2-35}$$

$$\ln\hat{\phi}_i=\ln\frac{\nu_m}{\nu_m-b_m}+\frac{b_i}{\nu_m-b_m}-\frac{2\sum\limits_k y_k a_{ij}}{RT^{3/2}b_m}\ln\left(\frac{\nu_m+b_m}{\nu_m}\right)$$
$$+\frac{a_m b_i}{RT^{3/2}b_m^2}\left[\ln\frac{\nu_m+b_m}{\nu_m}-\frac{b_m}{\nu_m+b_m}\right]-\ln\frac{p\nu_m}{RT} \tag{2-36}$$

其中

$$a_{ij}=\frac{0.42748R^2 T_{c,i}^{2.5}}{p_{c,i}},\qquad b_i=\frac{0.0867RT_{c,i}}{p_{c,i}}$$

$$b_m=\sum_i y_i b_i,\qquad\qquad a_m=\sum_j\sum_i y_i y_j a_{ij}$$

  d. BWR 方程

$$p=RT\rho+\left(B_0 RT-A_0-\frac{C_0}{T^2}\right)\rho^2+(bRT-a)\rho^3+a\alpha\rho^6+\frac{c\rho^3}{T^2}(1+\gamma\rho^2)\exp(1-\gamma\rho^2) \tag{2-37}$$

式中，A_0、B_0、C_0、a、b、c、γ 和 α 为方程常数；ρ 为密度，$\rho=\dfrac{1}{\nu}$。

$$RT\ln\hat{\phi}_i^{\text{v}}=RT\frac{\rho_m RT}{p}+[(B_{0m}+B_{0i})RT\times2(A_{0m}A_{0i})^{1/2}-2(C_{0m}C_{0i})^{1/2}T^{-2}]\rho_m$$
$$+\frac{3}{2}[RT(b_m^2 b_i)^{1/3}-(a_m^2 a_i)^{1/3}]\rho_m^2+\frac{3}{5}[a_m(a_m^2 a_i)^{1/3}+a_m(a_m^2\alpha_i)^{1/3}]\rho_m^5$$
$$+\frac{3(c_m^2 c_i)^{1/3}\rho_m^2}{T^2}\left[\frac{1-\exp(-\gamma_m\rho_m^2)}{\gamma_m\rho_m^2}-\frac{\exp(-\gamma_m\rho_m^2)}{2}\right]$$
$$-\frac{2c_m\rho_m^2}{T^2}\left(\frac{\gamma_i}{\gamma_m}\right)^{\frac{1}{2}}\left[\frac{1-\exp(-\gamma_m\rho_m^2)}{\gamma_m\rho_m^2}-\frac{1+\gamma_m\rho_m^2}{2}\exp(-\gamma_m\rho_m^2)\right] \tag{2-38}$$

  在用 R-K 和 BWR 方程求逸度系数前，首先应解 R-K 方程或 BWR 方程求出 ν 或 ρ，它们为三次方程或近似三次方程，解出三个实根。对 ν 来讲，最大的代表汽相根，最小的代表液相根，中间根无物理意义；对 ρ 则相反，最大的代表液相根，最小的代表汽相根。三次方程可用迭代法求解，ν 或 ρ 的初值一般按经验选取。

【例 2-4】 按完全理想系处理并用范德华方程计算乙烯在 311K 和 3444.2kPa 下的汽液平衡常数（实测值 $K_{\overline{C_2}}=1.726$）。

解 由手册查得乙烯的临界参数：$T_c=282.4K$；$p_c=5034.6kPa$。乙烯在 311K 时的饱和蒸气压 $p^0_{C_2^=}=9117.0kPa$。

（1）汽相按理想气体、液相按理想溶液计算汽液平衡常数

$$K_{C_2^=}=\frac{p^0_{C_2^=}}{p}=\frac{9117.0}{3444.2}=2.647$$

（2）用范德华方程计算汽液平衡常数

① 用下列公式计算参数 a_i 和 b_i 及汽相混合参数 a_m、b_m：

$$a_i=\frac{27R^2T_{c,i}^2}{64p_{c,i}}, \qquad b_i=\frac{RT_{c,i}}{8p_{c,i}}$$

$$a_m=\left(\sum y_i\sqrt{a_i}\right)^2, \qquad b_m=\sum y_ib_i$$

② 由下列范德华方程计算摩尔体积 ν 和压缩因子 Z_m：

$$\nu^3-\left(b+\frac{RT}{p}\right)\nu^2+\frac{a}{p}\nu-\frac{ab}{p}=0$$

该方程有三个根，计算汽相摩尔体积时取数值最大的根，计算液相摩尔体积时取数值最小的根。

$$Z_m=\frac{p\nu}{RT}=\frac{\nu}{\nu-b}-\frac{a}{RT\nu}$$

③ 将上述结果代入逸度系数表达式：

$$\ln\hat{\phi}_i=\frac{b_i}{\nu_m-b_m}-\ln\left[Z_m\left(1-\frac{b_m}{\nu_m}\right)\right]-\frac{2\sqrt{a_ma_i}}{RT\nu_m}$$

即可求出汽相逸度系数。

根据上述公式，相应的计算过程如下：

$$a=a_i=\frac{27R^2T_c^2}{64p_c}=\frac{27\times(8.314\times1000)^2\times282.4^2}{64\times5034.6\times1000}=4.619\times10^5$$

$$b=b_i=\frac{RT_c}{8p_c}=8.314\times1000\times282.4/(8\times5034.6\times1000)=0.0583$$

$$\nu^3-0.81\nu^2+0.134\nu-0.00782=0$$

求解得最大根与最小根分别为 $\nu^V=0.6117$，$\nu^L=0.1131$，则

$$Z^V=\frac{p\nu^V}{RT}=3444.2\times1000\times0.6117/(8.314\times1000\times311)=0.8148$$

$$Z^L=\frac{p\nu^L}{RT}=3444.2\times1000\times0.1131/(8.314\times1000\times311)=0.1506$$

$$\ln\hat{\phi}_i^L=\frac{b_i}{\nu_m^L-b_m}-\ln\left[Z_m\left(1-\frac{b_m}{\nu_m^L}\right)\right]-\frac{2\sqrt{a_ma_i}}{RT\nu_m^L}$$

$$=\frac{0.0583}{0.1131-0.0583}-\ln\left[0.1506\times\left(1-\frac{0.0583}{0.1131}\right)\right]-\frac{2\times4.619\times10^5}{8.314\times1000\times311\times0.1131}$$

$$=1.06387+2.617378-3.158966=0.522282$$

故 $$\hat{\phi}^{\mathrm{L}}=1.68587$$

同样可得 $$\hat{\phi}^{\mathrm{V}}=0.8405$$

因此 $$K=\frac{y_i}{x_i}=\frac{\hat{\phi}^{\mathrm{L}}}{\hat{\phi}^{\mathrm{V}}}=2.0$$

（2）活度系数的计算

若 $\gamma_i>1$，则称为对拉乌尔定律有正偏差；反之，$\gamma_i<1$ 为负偏差。

大多数非烃类混合物，都表现为正偏差，少数由于有缔合现象或属于电解质溶液，发生负偏差。一般可以液相中分子间的作用力来估计偏差的正负。

目前，还不能准确地定量计算活度系数，对于双组分系统，主要通过实验测定，也可采用某些公式计算；对于三组分或更多组分的非理想溶液，实验数据很少，活度系数主要用公式估算。

热力学已经导出如下总过剩自由焓（又称超额过剩自由焓）与活度系数的关系

$$\frac{G^E}{RT}=\sum_i(x_i\ln\gamma_i)\quad 或\quad \ln\gamma_i=\left[\frac{\partial(nG^E/RT)}{\partial n_i}\right]_{T,p,n_{j\neq i}} \tag{2-39}$$

只要知道 G^E 的数学模型，就可通过组分 i 的物质的量 n_i 求偏导数得到 γ_i 的表达式。

① 范拉尔方程（van-Laar）

$$\ln\gamma_1=\frac{A_{12}}{\left(1+\dfrac{A_{12}x_1}{A_{21}x_2}\right)^2},\quad \ln\gamma_2=\frac{A_{21}}{\left(1+\dfrac{A_{21}x_2}{A_{12}x_1}\right)^2} \tag{2-40}$$

式中，A_{12}、A_{21} 为系统端值常数。

【讨论】

a. A 的物理意义：

$$A_{12}=\lim_{x_1\to0}\ln\gamma_1=\ln\gamma_1^\infty,\quad A_{21}=\lim_{x_2\to0}\ln\gamma_2=\ln\gamma_2^\infty$$

活度系数方程中均含有一些特定的参数，它们必须由实测平衡数据推算得到。用二元系的一对无限稀释活度系数 γ_1^∞ 和 γ_2^∞ 确定参数，是一个比较简便的方法。但是由于无限稀释活度系数的测定或推算的精度尚存在问题，所以用由此求得的参数来预计全浓度范围的活度系数，正确性也存在问题。

b. 由 $\ln\gamma_i$ 计算 A_{12}、A_{21}：

$$A_{12}=\ln\gamma_1\left(1+\frac{x_2\ln\gamma_2}{x_1\ln\gamma_1}\right)^2,\quad A_{21}=\ln\gamma_2\left(1+\frac{x_1\ln\gamma_1}{x_2\ln\gamma_2}\right)^2$$

c. 当 $A_{12}=A_{21}=A$ 时，此二元系统称为对称系统，方程可变为单参数的对称方程

$$\ln\gamma_1=A_{12}x_2^2=Ax_2^2\qquad \ln\gamma_2=A_{21}x_1^2=Ax_1^2$$

d. 当 $A_{12}=A_{21}=0$ 时，$\gamma_i=1$ 为理想体系；

当 $A_{12}<0$，$A_{21}<0$ 时，$\gamma_i<1$ 为负偏差非理想体系；

当 $A_{12}>0$，$A_{21}>0$ 时，$\gamma_i>1$ 为正偏差非理想体系。

A 可用来判别实际溶液与理想溶液的偏离度。

e. 范拉尔方程在多数情况下均能较适应和符合试验数据。但其使用也有一定的限制，即 A_{12}、A_{21} 为不同的符号，而 $x_1/x_2=|A_{21}|/|A_{12}|$ 时，式（2-40）中的分母相互抵消为

零，式（2-40）不能求解，这种情况虽然很少会遇到，但方程式的中断是它的缺点，为此得到改进的范拉尔方程如下

$$\ln\gamma_1 = A_{12}Z_2^2\left[1 + 2Z_1\left(\frac{A_{12}A_{21}}{|A_{12}A_{21}|} - 1\right)\right] \tag{2-41}$$

$$\ln\gamma_2 = A_{21}Z_1^2\left[1 + 2Z_2\left(\frac{A_{12}A_{21}}{|A_{12}A_{21}|} - 1\right)\right] \tag{2-42}$$

式中，$Z_1 = \dfrac{|A_{12}|x_1}{|A_{12}|x_1 + |A_{21}|x_2}$；$Z_2 = 1 - Z_1$。

当 A_{12} 和 A_{21} 同符号时，式（2-41）、式（2-42）即等同于式（2-40）。

② **马格勒斯**（Margules）方程

$$\ln\gamma_1 = x_2^2[A_{12} + 2x_1(A_{21} - A_{12})] \quad \text{或} \quad \ln\gamma_2 = x_1^2[A_{21} + 2x_2(A_{12} - A_{21})] \tag{2-43}$$

式中，A_{12} 和 A_{21} 的意义与范拉尔方程相同。

同理可推导得 $A_{12} = \lim\limits_{x_1 \to 0} \ln\gamma_1$，$A_{21} = \lim\limits_{x_2 \to 0} \ln\gamma_2$，即

$$A_{12} = \frac{x_2 - x_1}{x_2^2}\ln\gamma_1 + \frac{2\ln\gamma_2}{x_1}, \qquad A_{21} = \frac{x_1 - x_2}{x_1^2}\ln\gamma_2 + \frac{2\ln\gamma_1}{x_2}$$

三元溶液的活度系数

$$\ln\gamma_1 = x_2^2[A_{12} + 2x_1(A_{21} - A_{12})] + x_3^2[A_{13} + 2x_1(A_{31} - A_{13})] + x_2x_3[A_{21} + A_{13} - A_{32} + 2x_1(A_{31} - A_{13}) + 2x_3(A_{32} - A_{23}) - c(1 - 2x_1)] \tag{2-44}$$

式中，c 表示三元系性质的特征常量，是 c_{123} 的简写，须用三元系的实验数据来确定。因此，不能单用两元系数据来正确推断三元系的活度系数。但一般系统可取 $c = 0$，或由实验数据测定。

$$c = \frac{A_{21} - A_{12} + A_{23} - A_{32} + A_{31} - A_{13}}{2} \tag{2-45}$$

式中，A_{ij} 为有关的双组分溶液之端值常数。可查阅手册，顺序轮回替换下标，用 2 代 1，用 3 代 2，用 1 代 3，便可求 γ_2 及 γ_3。

用马格勒斯方程计算的三组分溶液的活度系数是一个近似值。活度系数不仅是组成 x_i 的函数，而且是压力和温度的函数。严格说来，上式仅在恒温、恒压下适用。由于压力对活度系数影响甚小，计算结果可在不同压力下使用。

当 $x_3 = 0$ 时，式（2-44）即变成求双组分溶液的活度系数方程。

范拉尔方程和马格勒斯方程有悠久的历史，仍有实用价值，特别是定性分析方面。其优点为数学表达式简单；容易从活度系数数据估计参数；对于非理想性强的二元混合物包括部分互溶物系，也经常能得到满意的结果。缺点是不能用二元数据正确推断三元系的活度系数，不能用于多元系相平衡计算。且二元系的范拉尔方程和马格勒斯方程一般认为只有当方程中两个参数之比小于 1.6，两个参数值小于 3.0（即无限稀释活度系数小于 20）时，此两方程才适用。

③ **威尔逊**（Wilson）方程

$$\ln\gamma_i = 1 - \ln\sum_{j=1}^{n} x_j\lambda_{ij} - \sum_{k=1}^{n}\frac{x_k\lambda_{ki}}{\sum\limits_{j=1}^{n} x_j\lambda_{kj}} \tag{2-46}$$

$$\lambda_{ij} = \frac{V_i^L}{V_j^L} \exp\left(-\frac{g_{ij} - g_{ii}}{RT}\right) \tag{2-47}$$

对于二元溶液
$$\ln\gamma_1 = 1 - \ln(x_1 + x_2\lambda_{12}) - \left[\frac{x_1}{x_1 + x_2\lambda_{12}} + \frac{x_2\lambda_{21}}{x_1\lambda_{21} + x_2}\right] \tag{2-48}$$

式中，λ_{ij} 为威尔逊参数；g_{ii} 和 g_{ij} 是组分 i 和 j 的二元交互作用能量参数，J/kmol；V_i^L 和 V_j^L 是纯液体 i 和 j 的摩尔体积，m^3/kmol。将式（2-48）下标 1 和 2 交换可得到 γ_2 的计算式。

【讨论】

a. 当 $x_1 \to 0$ 时，$\ln\gamma_1^\infty = 1 - \ln\lambda_{12} - \lambda_{21}$；当 $x_2 \to 0$ 时，$\ln\gamma_2^\infty = 1 - \ln\lambda_{21} - \lambda_{12}$。

b. 当 $\lambda_{12} = 1$、$\lambda_{21} = 1$ 时，为理想体系；当 $\lambda_{12} > 1$、$\lambda_{21} < 1$ 时，为正偏差非理想体系。λ 可用来判别实际溶液与理想溶液的偏离度。

c. $g_{ij} = g_{ji}$，但 $\lambda_{ij} \neq \lambda_{ji}$。

三元溶液的活度系数

$$\ln\gamma_1 = 1 - \ln(x_1 + x_2\lambda_{12} + x_3\lambda_{13}) - \left[\frac{x_1}{x_1 + x_2\lambda_{12} + x_3\lambda_{13}}\right.$$
$$\left. + \frac{x_2\lambda_{21}}{x_1\lambda_{21} + x_2 + x_3\lambda_{23}} + \frac{x_3\lambda_{31}}{x_1\lambda_{31} + x_2\lambda_{32} + x_3}\right] \tag{2-49}$$

威尔逊方程具有以下几个特点：

第一，仅需用有关二元系的参数 λ_{ij} 和 λ_{ji} 即能预测多元系的活度系数；

第二，适用范围广，对酮、醇、醚、腈、酯类，以及含水、硫、卤化物的互溶系统，均有较高的正确度；

第三，λ_{ij} 基本上与温度无关，因此方程中包括了温度对活度系数的影响；

第四，不能预计液液系统和部分互溶系统的活度系数。

因此，该方程的计算结果较好。虽较繁复，但随着计算机辅助计算的广泛应用，目前威尔逊方程使用较多。

④ **有规双液**（non-random two liquid，NRTL）方程

$$\ln\gamma_1 = x_2^2\left[\frac{\tau_{21}G_{21}^2}{(x_1 + x_2G_{21})^2} + \frac{\tau_{12}G_{12}}{(x_2 + x_1G_{12})^2}\right] \tag{2-50}$$

将上式中的下标 1 和下标 2 交换可得到 γ_2 的计算式。

多元溶液的活度系数方程

$$\ln\gamma_1 = \frac{\sum_{j=1}^{c}\tau_{ij}G_{ij}x_j}{\sum_{k=1}^{c}G_{ik}x_k} + \sum_{j=1}^{c}\frac{x_jG_{ji}}{\sum_{k=1}^{c}G_{jk}x_k}\left(\tau_{ji} - \frac{\sum_{l=1}^{c}x_i\tau_{jl}G_{jl}}{\sum_{k=1}^{c}G_{jk}x_k}\right) \tag{2-51}$$

式中，$\tau_{ij} = (g_{ij} - g_{ii})/(RT)$，$g_{ij} - g_{ii}$ 为组分 i 和 j 的二元交互作用能量参数；$G_{ij} = \exp(-\alpha_{ij}\tau_{ij})$，$\alpha_{ij}$ 为模型参数，通常在 $0.2 \sim 0.47$ 之间，可由二元实验数据求得，在无实验数据时可从有关手册上查得其近似值。

NRTL 方程具有与威尔逊方程的第二、第三个特点类同的性质，而且还适用于液液平衡，不过需要有关二元系三个模型参数（τ_{ij}、τ_{ji} 和 α_{ij}）才能预计多元系的相平衡。经验表明，对于汽液相平衡的预计精度比威尔逊方程稍差一点，但对含水系统的预计精度很好。

李胜男等采用 Rose 汽液平衡釜测定 101.3kPa 下丙酮-丁酮醇、丙酮-二丙酮醇二元体系的汽液相平衡数据，并使用 Wilson、NRTL 和 UNIQUAC 模型对测定的实验数据进行关联，得到相应的二元交互参数。对该体系的汽液相平衡进行预测，预测值和实验值吻合良好，说明 3 种模型都能准确描述该体系的相平衡行为。

⑤ UNIFAC 基团贡献法　基团贡献法的原理是把纯物质和混合物的物性看成是构成它们的基团对此物性贡献的加和。通过系统实验测定、数据的收集和数据库的建立，从而拥有大量可供应用的数据；选用热力学原理进行关联拟合应用于活度系数的计算。在化工生产上遇到的化合物很多，但构成这些化合物的基团只有数十个，因此从基团参数出发来推算混合物的物性具有应用广泛和灵活的特点。

UNIFAC 的基团参数基本上与温度无关，目前已拥有约 100 个基团，在 300～425K 范围内实际应用的基团配偶参数是 414 个，该法可用于汽液平衡数据推算，其汽相摩尔分数的计算值与实验值的平均绝对偏差为 0.01。如果预计 γ_i 所需的基本数据均具备，γ_i 的预计精度已达一定水平，误差一般小于 10%～15%，至少据此 γ_i 算出的相平衡常数，可以用来判别该混合物是否适合用精馏操作来分离。对于多元系中含量较少又不起重要作用的组分，用这种活度系数模型估算也较合适，可以节省平衡数据测定的工作。本方法还可用于液液平衡、汽液平衡、无限稀释活度系数、过量焓、固液平衡等的数据和加压条件下汽液平衡（1MPa 以下）数据的推算。但此法不能用于同分异构体的推算，否则就得把整个异构体分子作为基团，这时就失去了基团贡献的意义。如安维中等提出基于 UNIFAC 法预测聚乙二醇合成工艺中环氧乙烷（EO）-聚乙二醇（PEG）体系的汽液平衡数据，为工业反应器的数学建模和安全评价等提供理论依据。Paduszyński 等利用修订的 UNIFAC 法估算哌啶离子液体体系中水的活度系数，计算值与实验值的平均偏差几乎为零，参数拟合精确度较高。

（3）相平衡常数的估计

① 烃类系统的列线图法　相平衡常数是温度、压力和汽液组成的函数，无论用状态方程还是用活度系数模型，其计算工作量都很大，必须借助于计算机辅助计算。但对完全理想系和理想系而言，K_i 仅是 T、p 的函数，计算可以大大简化。如烃类物系在化工中十分重要，汽液两相均较接近于理想溶液，可仅考虑 p、T 对 K_i 的影响。迪普里斯特（Depriester）以 BWR 方程为基础，经广泛的实验和理论推算，做出了轻烃类的 p-T-K 列线图，见图 2-5，这些图虽然没有假设理想溶液这个条件，但在图上所示的有限的压力范围内，组成对 K 值的影响很小，仍然把 K 看成是 T、p 的函数，平均误差为 8%～15%，适用于 0.8～1MPa（绝对压）以下的较低压区域。压强高时，宜采用前面介绍的计算法。

② 相平衡常数经验式　对于组成对相平衡常数的影响不很明显的体系，可以将其表示为温度和压力的函数

$$\ln K_i = a_i + \frac{b_i}{T} + c_i \ln p \tag{2-52}$$

由于压力对相平衡常数的影响远比温度的影响小，所以在分离过程的计算中，当压力变化不大时，可以将相平衡常数只表示为温度的函数。例如在精馏塔计算中，采用在全塔平均压力下的相平衡常数表示时不会造成显著的误差。相平衡常数和温度的关系一般采用下列几种形式

$$K_i = A_{i,0} + A_{i,1}T + A_{i,2}T^2 + A_{i,3}T^3 \qquad (2\text{-}53)$$

$$\ln K_i = B_{i,1} - \frac{B_{i,2}}{T + B_{i,3}} \qquad (2\text{-}54)$$

$$\sqrt[3]{\frac{K_i}{T}} = C_{i,0} + C_{i,1}T + C_{i,2}T^2 + C_{i,3}T^3 \qquad (2\text{-}55)$$

式（2-53）～式（2-55）中，$A_{i,j}$、$B_{i,j}$、$C_{i,j}$ 为各经验式的系数，有两种来源，一种是由实验数据直接回归而得，另一种是由各种计算相平衡常数方法的计算值回归而得。既达到了加速计算的目的，又基本上不失应用原有相平衡常数计算方法的准确性。

(a) 高温段

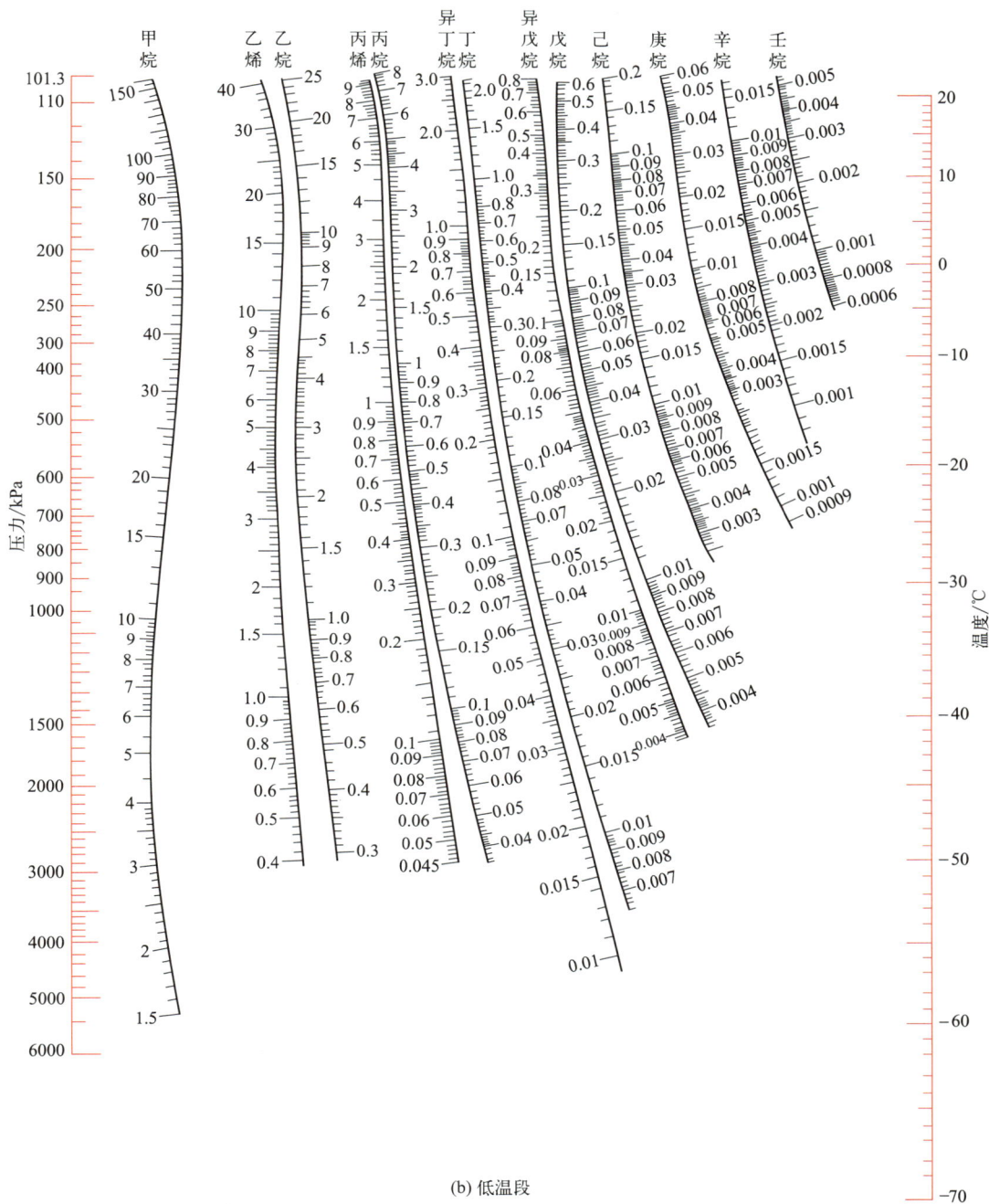

(b) 低温段

图 2-5　**Depriester p-T-K 图**

【**例 2-5**】　计算在 0.1013MPa 和 378.47K 下苯（1）-甲苯（2）-对二甲苯（3）三元系，当 $x_1=0.3125$、$x_2=0.2978$、$x_3=0.3897$（摩尔分数）时的 K 值（汽相为理想气体，液相为非理想溶液），并与完全理想系的 K 值比较。已知三个二元系的 Wilson 方程参数。

$$g_{12}-g_{11}=-1035.33 \qquad g_{12}-g_{22}=977.83$$
$$g_{23}-g_{22}=442.15 \qquad g_{23}-g_{33}=-460.05$$
$$g_{13}-g_{11}=1510.14 \qquad g_{13}-g_{33}=-1642.81 \qquad （单位：J/mol）$$

在 $T=378.47K$ 时液相摩尔体积为：

$V_1^L=100.91\times10^{-3}\,m^3/kmol$　　$V_2^L=117.55\times10^{-3}\,m^3/kmol$　　$V_3^L=136.69\times10^{-3}\,m^3/kmol$

安托因公式（p_i^0 单位 Pa，T 单位 K）为：

苯　　　　　　　　$\ln p_1^0=20.7936-2788.51/(T-52.36)$

甲苯　　　　　　　$\ln p_2^0=20.9065-3096.52/(T-53.67)$

对二甲苯　　　　　$\ln p_3^0=20.9891-3346.65/(T-57.84)$

解　$T=378.47K$ 时，

苯　　　　　　　$\ln p_1^0=20.7936-2788.51/(378.47-52.36)$,　$p_1^0=207.48kPa$

甲苯　　　　　　$\ln p_2^0=20.9065-3096.52/(378.47-53.67)$,　$p_2^0=86.93kPa$

对二甲苯　　　$\ln p_3^0=20.9891-3346.65/(378.47-57.84)$,　$p_3^0=38.23kPa$

Wilson 方程参数求取：

$$\lambda_{12}=\frac{V_1^L}{V_2^L}\exp\left(-\frac{g_{12}-g_{11}}{RT}\right)=\frac{100.91\times10^{-3}}{117.55\times10^{-3}}\times\exp\left(-\frac{-1035.33}{8.314\times378.47}\right)=1.193$$

$$\lambda_{21}=\frac{V_2^L}{V_1^L}\exp\left(-\frac{g_{12}-g_{22}}{RT}\right)=\frac{117.55\times10^{-3}}{100.91\times10^{-3}}\times\exp\left(-\frac{977.83}{8.314\times378.47}\right)=0.854$$

$$\lambda_{23}=\frac{V_2^L}{V_3^L}\exp\left(-\frac{g_{23}-g_{22}}{RT}\right)=\frac{117.55\times10^{-3}}{136.69\times10^{-3}}\times\exp\left(-\frac{442.15}{8.314\times378.47}\right)=0.7472$$

$$\lambda_{32}=\frac{V_3^L}{V_2^L}\exp\left(-\frac{g_{23}-g_{33}}{RT}\right)=\frac{136.69\times10^{-3}}{117.55\times10^{-3}}\times\exp\left(-\frac{-460.05}{8.314\times378.47}\right)=1.346$$

$$\lambda_{13}=\frac{V_1^L}{V_3^L}\exp\left(-\frac{g_{13}-g_{11}}{RT}\right)=\frac{100.91\times10^{-3}}{136.69\times10^{-3}}\times\exp\left(-\frac{1510.14}{8.314\times378.47}\right)=0.457$$

$$\lambda_{31}=\frac{V_3^L}{V_1^L}\exp\left(-\frac{g_{13}-g_{33}}{RT}\right)=\frac{136.69\times10^{-3}}{100.91\times10^{-3}}\times\exp\left(-\frac{-1642.81}{8.314\times378.47}\right)=2.283$$

$$\ln\gamma_1=1-\ln(x_1+\lambda_{12}x_2+\lambda_{13}x_3)-\left(\frac{x_1}{x_1+\lambda_{12}x_2+\lambda_{13}x_3}+\frac{\lambda_{21}x_2}{\lambda_{21}x_1+x_2+\lambda_{23}x_3}+\frac{\lambda_{31}x_3}{\lambda_{31}x_1+\lambda_{32}x_2+x_3}\right)$$

$$=1-\ln(0.3125+1.193\times0.2978+0.457\times0.3897)-\left(\frac{0.3125}{0.3125+1.193\times0.2978+0.457\times0.3897}\right.$$

$$\left.+\frac{0.854\times0.2978}{0.854\times0.3125+0.2978+0.7472\times0.3897}+\frac{2.283\times0.3897}{2.283\times0.3125+1.346\times0.2978+0.3897}\right)$$

$$=-0.09076$$

所以　　　　　　　　　　　　　　　$\gamma_1=0.9132$

$$\ln\gamma_2=1-\ln(x_1\lambda_{21}+x_2+x_3\lambda_{23})-\left(\frac{x_1\lambda_{12}}{x_1+\lambda_{12}x_2+\lambda_{13}x_3}+\frac{x_2}{\lambda_{21}x_1+x_2+\lambda_{23}x_3}+\frac{\lambda_{32}x_3}{\lambda_{31}x_1+\lambda_{32}x_2+x_3}\right)$$

$$=1-\ln(0.3125\times0.854+0.2978+0.3897\times0.7472)-\left(\frac{0.3125\times1.193}{0.3125+1.193\times0.2978+0.457\times0.3897}\right.$$

$$\left.+\frac{0.2978}{0.854\times0.3125+0.2978+0.7472\times0.3897}+\frac{0.3897\times1.346}{2.283\times0.3125+1.346\times0.2978+0.3897}\right)$$

$$=0.0188$$

所以　　　　　　　　　　　　　　　$\gamma_2=1.1994$

$$\ln\gamma_3=1-\ln(x_1\lambda_{31}+x_2\lambda_{32}+x_3)-\left(\frac{x_1\lambda_{13}}{x_1+\lambda_{12}x_2+\lambda_{13}x_3}+\frac{\lambda_{23}x_2}{\lambda_{21}x_1+x_2+\lambda_{23}x_3}+\frac{x_3}{\lambda_{31}x_1+\lambda_{32}x_2+x_3}\right)$$

$$=1-\ln(0.3125\times2.283+0.2987\times1.346+0.3897)-\left(\frac{0.3125\times0.457}{0.3125+1.193\times0.2978+0.457\times0.3897}\right.$$

$$+\frac{0.7472\times0.2978}{0.854\times0.3125+0.2978+0.7472\times0.3897}+\left.\frac{0.3897}{2.283\times0.3125+1.346\times0.2978+0.3897}\right)$$

$$=-0.0961$$

所以 $\gamma_3=0.9084$，故

$$K_1=\frac{\gamma_1 p_1^0}{p}=\frac{0.9132\times207.48}{101.3}=1.8704$$

$$K_2=\frac{\gamma_2 p_2^0}{p}=\frac{1.1994\times86.93}{101.3}=1.0293$$

$$K_3=\frac{\gamma_3 p_3^0}{p}=\frac{0.9084\times38.23}{101.3}=0.3428$$

而完全理想系

$$K_1=\frac{p_1^0}{p}=\frac{207.48}{101.3}=2.048$$

$$K_2=\frac{p_2^0}{p}=\frac{86.93}{101.3}=0.8581$$

$$K_3=\frac{p_3^0}{p}=\frac{38.23}{101.3}=0.3774$$

2.3　多组分物系的泡点和露点计算

泡点（bubble point）温度（压力）是在恒压（温）下加热液体混合物，当液体混合物开始汽化出现第一个气泡时的温度（压力），简称泡点。

露点（dew point）温度（压力）是在恒压（温）下冷却气体混合物，当气体混合物开始冷凝出现第一个液滴时的温度（压力），简称露点。

根据泡点、露点的概念，精馏塔塔顶温度即为对应塔顶汽相组成的露点，塔釜温度即为对应塔釜液相组成的泡点。由于气体中出现的露点液和液体中出现的泡点气泡，其物质量仅为原混合物的极为微小部分，因而物系形成了第一个液滴和第一个气泡后，原有物系组成并未改变。在露点和泡点下均会出现汽液两相，可以通过泡点、露点的计算，了解在该温度下的汽液平衡组成。

2.3.1　泡点温度和压力的计算

2.3.1.1　泡点计算与有关方程

泡点计算在精馏计算中大量反复进行，用来确定塔级温度和塔的操作压力。如果液体混合物有 c 个组分，其组成为 x_1、x_2、$\cdots$、x_c，由相律可知当处于汽液平衡时自由度为

$$f=c-\pi+2=c$$

该系统有 c 个独立变量。即只要给定 c 个变量，整个系统就规定了，由于由 c 个组分构成的溶液其独立变量数为 $(c-1)$ 个，所以在一般的计算中除已知混合物的组成外，还必须已知一个压力或温度，可以利用相平衡关系计算。

(1) 相平衡关系

$$y_i = K_i x_i \tag{2-56}$$

(2) 浓度总和式

$$\sum_{i=1}^{c} y_i = \sum_{i=1}^{c} K_i x_i = 1 \tag{2-57}$$

$$\sum_{i=1}^{c} x_i = \sum_{i=1}^{c} \frac{y_i}{K_i} = 1 \tag{2-58}$$

(3) 相平衡常数关联式

$$K_i = f(T, p, x_i, y_i) \tag{2-59}$$

共有方程数为 $2c+2$，变量数为 $3c+2$（K_i，x_i，y_i，T，p），故设计变量数为 c，因此给定操作压力 p（或操作温度 T）和 $c-1$ 个 x_i，则上述方程有唯一解。因为上述方程对 T 和 y_i 均是非线性的，需用迭代法求解。

2.3.1.2　计算方法

(1) 平衡常数与组成无关的泡点计算

从汽液平衡的热力学分析可知，混合物中 i 组分的相平衡常数 K_i 是系统温度 T、压力 p 和平衡的汽液相组成 y_i 和 x_i 的函数，如果按严谨的汽液平衡模型计算 K_i 值，其工作量很大，只能借助于计算机进行。为适应手工计算的需要，通常均作简化处理。对于石油化工中常见的烃类系统，由于组成对 K_i 的影响较小，因而在简化计算中可将 K_i 近似为 $K_i = f(T, p)$，对烃类物系可采用 $p\text{-}T\text{-}K$ 列线图；当汽相为理想气体，液相为理想溶液时可用式(2-60)。

$$K_i = \frac{p_i^0}{p} = \frac{1}{p} \exp\left(A_i - \frac{B_i}{T + C_i}\right) \tag{2-60}$$

式中，系数 A_i、B_i、C_i 为组分 i 的安托因常数。

① 手算　计算思路：

$$\text{设 } T(p) \xrightarrow[\text{调整 } T(p)]{p(T), x_i \text{ 已知}} \text{求 } K_i \longrightarrow y_i = K_i x_i \longrightarrow \sum K_i x_i - 1 \leqslant \xi \overset{\text{是}}{\underset{\text{否}}{\longrightarrow}} \begin{array}{l} T_B = T \text{ 或 } p_B = p \\ y_i = K_i x_i \end{array}$$

ξ 为试差的允许偏差，手算中一般取 $0.01 \sim 0.001$。

按初设温度 T 所求得的 $\sum K_i x_i$ 值若大于 1，说明 K 值偏大，由式(2-57)可知所设温度偏高，$T > T_B$；反之若小于 1，则表明所设温度偏低。如果已知操作温度求泡点压力，此时是已知 T，应设 p，其计算步骤仍按上述进行。其计算结果 $\sum K_i x_i$ 值大于 1，因 K 与 p 成反比，说明所设的压力 p 偏小。虽然可以根据该法来定性调整所设的温度或压力，但它不能定量地表达应调整多少，为避免盲目性，加速试差过程的收敛可用下法，将 $\sum K_i x_i$ 表示为

$$\sum K_i x_i = K_G \left(\sum \frac{K_i}{K_G} x_i\right) = K_G \sum \alpha_{i,G} x_i$$

式中，下标 G 表示对 $\sum K_i x_i$ 值影响最大的组分；$\alpha_{i,G}$ 表示 i 组分对 G 组分的相对挥发度，在一定的温度范围内 $\alpha_{i,G} \approx$ 常数。

$$\frac{1}{K_G} \sum K_i x_i = 常数$$

亦即对各次试差

$$\left(\frac{1}{K_G} \sum K_i x_i\right)_n = \left(\frac{1}{K_G} \sum K_i x_i\right)_{n-1}$$

n 为试差序号，为使第 n 次试差时 $(\sum K_i x_i)_n = 1$，则

$$K_{G,n} = \Big(\frac{K_G}{\sum K_i x_i}\Big)_{n-1} \tag{2-61}$$

由该 $K_{G,n}$ 便可以从 K 图读出第 n 次试差时应假设的温度 $T_n(p_n)$，按上述方法通常经过 2～3 次试算便可求得解。

对压力的迭代式为

$$f(p) = \sum K_i x_i - 1 = 0$$

若为完全理想体系，则 $K_i = p_i^0/p$，代入式（2-57）得到可直接计算泡点压力的公式：

$$p_B = \sum_{i=1}^{c} p_i^0 x_i \tag{2-62}$$

对汽相为理想气体、液相为非理想溶液的情况，用类似的方法得到：

$$p_B = \sum_{i=1}^{c} \gamma_i p_i^0 x_i \tag{2-63}$$

【例 2-6】 一烃类溶液，其组成（摩尔分数）为 $x_{C_2^=} = 0.5352$，$x_{C_2^0} = 0.1235$，$x_{C_3^=} = 0.3175$，$x_{C_3^0} = 0.0238$，求该溶液在 $p = 3.5\text{MPa}$ 下的泡点温度 T_B 和平衡汽相组成 y_i。

解 设 $T_1 = 25℃$，将由烃类的 $p\text{-}T\text{-}K$ 图读得的 $p = 3.5\text{MPa}$、$T_1 = 25℃$ 时各组分的 K_i 值列于下表，经第一次试差，$(\sum K_i x_i)_1 = 1.1343 > 1$。取 $C_2^=$ 作为关键性组分 G，由此求得

$$K_{G,2} = K_{C_2^=,2} = \frac{K_{C_2^=,1}}{(\sum K_i x_i)_1} = \frac{1.60}{1.1343} = 1.411$$

查 $p\text{-}T\text{-}K$ 图得：在 $p = 3.5\text{MPa}$ 下，$K_{C_2^=} = 1.411$ 时，$T_2 = 17℃$。再查 $p\text{-}T\text{-}K$ 图得 $p = 3.5\text{MPa}$、$T_2 = 17℃$ 时各组分的 K_i，然后计算

$$\sum K_i x_i = 0.9920$$

因 $|\sum K_i x_i - 1| = 0.008 < 0.01$，所以 $T_B = 17℃$，即为泡点温度。将经圆整的平衡汽相组成 y_i 列于下表最后一栏。由上计算可看出，仅需调整一次便可结束计算。

组分 i	x_i（摩尔分数）	$T_1 = 25℃$		$T_2 = 17℃$		$T_B = 17℃$
		K_i	$K_i x_i$	K_i	$K_i x_i$	y_i（摩尔分数，圆整值）
$C_2^=$	0.5352	1.60	0.8563	1.411	0.7550	0.7611
C_2^0	0.1235	1.10	0.1359	0.962	0.1188	0.1198
$C_3^=$	0.3175	0.42	0.1334	0.35	0.1111	0.1120
C_3^0	0.0238	0.365	0.0087	0.30	0.0071	0.0071
合计	1.0000		1.1343		0.9920	1.0000

② 计算机计算 计算机技术现已被成功地应用到分离过程。平衡常数 K_i 可以用很多模型进行严谨计算。当相平衡常数 K_i 可表示为温度 T 的函数时，求定压下的泡点温度用牛顿-拉夫森（Newton-Raphson）迭代法求解。泡点方程为

$$F(T) = \sum K_i x_i - 1 = 0 \tag{2-64}$$

求导可得

$$F'(T) = \sum x_i \frac{dK_i}{dT}$$

迭代公式

$$T_{n+1} = T_n - \frac{F(T_n)}{F'(T_n)} \tag{2-65}$$

式中，下标 n 表示迭代序号。设一温度初值 T，由 $K = f(T)$ 关联式求出各组分的 K 值后，

便可按上述公式计算，通常允许偏差 ξ 取 10^{-4}。

也可用 Richmond 迭代法

$$T_{n+1}=T_n-\cfrac{2}{\cfrac{2f'(T_n)}{f(T_n)}-\cfrac{2f''(T_n)}{f'(T_n)}} \tag{2-66}$$

（2）**平衡常数与组成有关的泡点计算**

当系统非理想性较强时，$K_i=f(T,p,x_i,y_i)$，需计算混合物中 i 组分的逸度系数或活度系数，而 $\hat{\phi}_i^{\mathrm{V}}$ 是 y_i 的函数，γ_i 是 x_i 的函数，在 y_i 或 x_i 未求得之前无法求得 $\hat{\phi}_i^{\mathrm{V}}$ 或 γ_i 值，于是计算时还需对 $\hat{\phi}_i^{\mathrm{V}}$、$\gamma_i$ 进行试差。对泡点计算，由于已知 x_i，除需迭代泡点温度或压力外，还需对 $\hat{\phi}_i^{\mathrm{V}}$ 进行试差。迭代思路为：

设 $T(p)$ $\xrightarrow{p(T),x_i \text{ 已知}}$ 计算 ϕ_i^0,γ_i,p_i^0 $\xrightarrow{\text{设 } \hat{\phi}_i=1}$ 求 $K_i \rightarrow y_i=K_ix_i \rightarrow \hat{\phi}_i \rightarrow \sum K_ix_i-1\leqslant\xi$ $\xrightarrow{\text{是}}$ $\begin{matrix}T_{\mathrm{B}}=T \text{ 或 } p_{\mathrm{B}}=p\\ y_i=K_ix_i\end{matrix}$

比较不变

调整 $T(p)$ 否

由于汽相组成 y_i 通过 $\hat{\phi}_i$ 起作用，其影响一般不大，当 p 较低时，y_i 的影响更小。计算框图见图 2-6。由于 p 和 x_i 给定，故 K_i 主要受温度影响。温度通过 p_i^0 起作用，若 p_i^0 用安托因方程计算，$\ln K_i$ 与 $1/T$ 成近似线性关系，故收敛判据为

$$G(1/T)=\ln\sum K_ix_i=0 \tag{2-67}$$

用 Newton-Raphson 法能较快地求得泡点温度。

图 2-6 泡点温度（压力）计算框图

曾健等提出了一种新的泡点计算方法，该法使目标函数与自变函数的关系变为单调函数的线性关系，即使目标函数线性化，从而消除了极值点和拐点。由于形式简单，技术也简单，收敛非常迅速，一般经过 2~4 次迭代即可达到收敛精度，且初值范围大。Oprisiu 等提出采用 QSPR 方法来预测二元液体混合物的泡点温度。陈惜明等以常压条件下甲醇-水体系为例，应用标准遗传算法计算低压条件下的汽液相平衡。实验结果表明，遗传算法计算过程稳定，能快速地收敛到目标解，误差较小。近年来对泡点压力出现了 Asoodeh 等用经验公式和 P-V-T 数据来估算的研究。

2.3.2　露点温度和压力的计算

露点计算在精馏计算中用来确定汽相产品的分凝器温度或压力，也可用来确定各塔级温度，尤其当物料中各组分的挥发性差别较大时，用露点计算确定塔级温度收敛稳定性更好一些。露点计算也分为露点温度和露点压力计算两类，此时汽相组成 y_i 给定。当压力指定，求开始凝出第一滴露珠时的温度为露点温度 T_D 计算；当温度指定，求恒温增压到结出第一滴露珠时的压力为露点压力 p_D 计算。两者均需确定此露珠的组成 x_i。

2.3.2.1　露点计算与有关方程

① 相平衡关系

$$y_i = K_i x_i \tag{2-56}$$

② 浓度总和式

$$\sum_{i=1}^{c} y_i = \sum_{i=1}^{c} K_i x_i = 1 \tag{2-57}$$

$$\sum_{i=1}^{c} x_i = \sum_{i=1}^{c} \frac{y_i}{K_i} = 1 \tag{2-58}$$

③ 相平衡常数关联式

$$K_i = f(T, p, x_i, y_i) \tag{2-59}$$

2.3.2.2　计算方法

（1）平衡常数与组成无关的露点计算

① **手算**　计算思路：

设 $T(p) \xrightarrow{p(T), y_i \text{ 已知}}$ 求 $K_i \longrightarrow x_i = y_i/K_i \longrightarrow \sum \frac{y_i}{K_i} - 1 \leqslant \xi \xrightarrow{\text{是}} \begin{array}{l} T_D = T \text{ 或 } p_D = p \\ x_i = y_i/K_i \end{array}$
调整 $T(p)$ ↑　　　　　　　　　　　　　　否 ↓

ξ 为试差的允许偏差，手算中一般取 0.01~0.001。

按初设温度 T 所求得的 $\sum x_i - 1 < 0$，表明所设温度偏高，$T > T_D$；反之，若 $\sum x_i - 1 > 0$，则表明所设温度偏低。达到允许误差时，所设温度即为所求的露点。

在露点计算中为加速试差过程的收敛，可采用与泡点计算类似的调整方法，将 $\sum(y_i/K_i)$ 表示为

$$\sum \frac{y_i}{K_i} = \frac{1}{K_G}\left(\sum \frac{y_i}{K_i/K_G}\right) = \frac{1}{K_G}\sum \frac{y_i}{\alpha_{i,G}}$$

式中，下标 G 表示对 $\sum(y_i/K_i)$ 值影响最大的组分；$\alpha_{i,G}$ 表示 i 组分对 G 组分的相对挥发度，在一定的温度范围内 $\alpha_{i,G} \approx$ 常数。

$$K_G \sum \frac{y_i}{K_i} = 常数$$

亦即对各次试差

$$\left(K_G \sum \frac{y_i}{K_i} \right)_n = \left(K_G \sum \frac{y_i}{K_i} \right)_{n-1}$$

n 为试差序号，为使第 n 次试差时 $\left(\sum \frac{y_i}{K_i} \right)_n = 1$，则

$$K_{G,n} = \left(K_G \sum \frac{y_i}{K_i} \right)_{n-1} \tag{2-68}$$

同理对露点压力计算的迭代式为

$$f(p) = \sum \frac{y_i}{K_i} - 1 = 0 \tag{2-69}$$

若为完全理想体系，由于 $K_i = p_i^0 / p$ 代入式(2-69)，得到可直接计算露点压力的公式

$$p_D = \left(\sum_{i=1}^c \frac{y_i}{p_i^0} \right)^{-1} \tag{2-70}$$

对汽相为理想气体、液相为非理想溶液的情况，用类似的方法得到

$$p_D = \left(\sum_{i=1}^c \frac{y_i}{\gamma_i p_i^0} \right)^{-1} \tag{2-71}$$

【例 2-7】 已知某乙烷塔，塔操作压力为 2.9MPa，塔顶采用分凝器，并经分析得塔顶汽相产品组成（摩尔分数）为：

组　　　分	甲烷(1)	乙烷(2)	丙烷(3)	异丁烷(4)	合计
组成 y_{iD}(摩尔分数)/%	1.48	88	10.16	0.36	100

求塔顶温度。

解　由于塔顶采用分凝器，塔顶温度即为对应塔顶汽相组成的露点。设 $t = 20℃$，$p = 2.9MPa$，查图得：

$$K_1 = 5.4, \quad K_2 = 1.2, \quad K_3 = 0.37, \quad K_4 = 0.18$$

所以

$$\sum x_i = \sum \frac{y_i}{K_i} = \frac{0.0148}{5.4} + \frac{0.88}{1.2} + \frac{0.1016}{0.37} + \frac{0.0036}{0.18} = 1.031 \neq 1$$

选乙烷为参考组分，则

$$K_i = K_G \sum x_i = 1.031 \times 1.2 = 1.24$$

由 $K_2 = 1.24$，$p = 2.9MPa$，查图得 $t = 22℃$

$$K_1 = 5.6, \quad K_2 = 1.24, \quad K_3 = 0.38, \quad K_4 = 0.19$$

所以

$$\sum x_i = \sum \frac{y_i}{K_i} = \frac{0.0148}{5.6} + \frac{0.88}{1.24} + \frac{0.1016}{0.38} + \frac{0.0036}{0.19} = 0.999 \approx 1$$

故塔顶温度为 22℃。

② **计算机计算**　露点方程为

$$F(T) = \sum \frac{y_i}{K_i} - 1 = 0 \tag{2-72}$$

$$F'(T) = -\sum\left(\frac{y_i \, \mathrm{d}K_i}{K_i^2 \, \mathrm{d}T}\right)$$

$$T_{n+1} = T_n - \frac{F(T_n)}{F'(T_n)} \tag{2-65}$$

或

$$\phi(T) = \ln\sum\frac{y_i}{K_i} = 0 \tag{2-73}$$

$$\phi'(T) = \frac{f'(T)}{\sum\dfrac{y_i}{K_i}}$$

$$T_{n+1} = T_n - \frac{\sum x_i \ln\sum x_i}{F'(T)} \tag{2-74}$$

（2）平衡常数与组成有关的露点计算

求算露点，由于已知 y_i，则除需迭代露点温度或压力外，还需对 γ_i 进行试差，迭代思路如下。

设 $T(p)$ $\xrightarrow{p(T), y_i \text{ 已知}}$ 计算 $\phi_i^0, \hat{\phi}_i, p_i^0$ $\xrightarrow{\text{设 } \gamma_i=1}$ 求 $K_i \to x_i = y_i/K_i \to \gamma_i \to \sum\dfrac{y_i}{K_i}-1 \leqslant \xi \xrightarrow{\text{是}} \begin{matrix} T_\mathrm{D}=T \text{ 或 } p_\mathrm{D}=p \\ x_i = y_i/K_i \end{matrix}$

比较不变

调整 $T(p)$ ⟶ 否

计算框图见图 2-7。

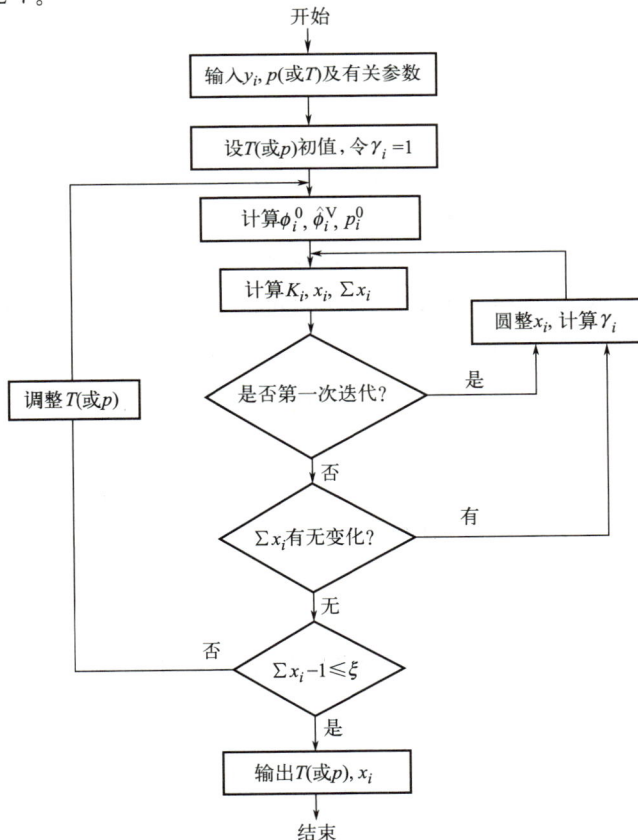

图 2-7 露点温度（压力）计算框图

2.4 单级平衡分离过程计算

单级平衡过程在石油化工生产中广泛应用，如石油炼制。化工产品分离都要借助于大量的精馏塔、吸收塔和萃取精馏塔等传质设备，这些设备的正常操作首先要解决的是塔顶、塔釜温度和塔的操作压力的确定，塔顶用冷凝冷却剂、塔釜用加热剂的选取，以及对相对挥发度较大物系的预分离问题等，每个问题的解决都离不开单级平衡分离过程的计算。

单级平衡分离（single stage equilibrium separation）是指两相经一次紧密接触达到平衡后随即分离的过程，由于平衡两相的组成不同，因而可起到一个平衡级的分离作用。

平衡蒸馏又称闪蒸，是连续、稳态的单级蒸馏过程，该过程使进料混合物经加热、冷却或降压部分汽化、冷凝得到含易挥发组分较多的蒸汽和含难挥发组分较多的液体，即一个平衡级过程。在分离流程中常遇到的部分汽化和冷凝，绝热闪蒸以及部分互溶系统精馏塔顶蒸汽冷凝后的分层过程均属这类单级分离过程。它们的计算依据是假设物系于出口处汽液两相达到了平衡，其分离效果相当于一个平衡级。除非组分的相对挥发度非常大，一般来说单级分离所达到的分离程度是不大的，因此闪蒸和部分冷凝通常作为辅助操作。由于用于精馏和吸收的塔设备可以认为是由若干单级平衡分离设备所构成，因此，单级分离的计算方法是计算多级平衡分离的基础。

2.4.1 混合物相态的确定和闪蒸计算的类型

2.4.1.1 混合物的相态的确定

单级平衡分离中通过闪蒸过程分离成相互平衡的汽相和液相物流。因此在进行闪蒸计算时，需判断混合物在指定温度和压力下是否处于两相区，为此需对进料混合物作检验以确定其相态。由上面计算泡点、露点温度的原理可以推出：

$$\sum K_i z_i \begin{cases} =1 & T=T_B & \text{进料处于泡点，} \nu=0 \\ >1 & T>T_B & \text{进料可能为汽液两相区，} \nu>0 \\ <1 & T<T_B & \text{进料为过冷液体} \end{cases}$$

$$\sum (z_i/K_i) \begin{cases} =1 & T=T_D & \text{进料处于露点，} \nu=1 \\ >1 & T<T_D & \text{进料可能为汽液两相区，} \nu<1 \\ <1 & T>T_D & \text{进料为过热蒸气} \end{cases}$$

得出可能同时含有蒸气和液体混合物相状态的判据，以检验平衡时是否确实存在两相。该判据也可用来判断在一个封闭的化工设备中混合物处的相态。表 2-4 为混合物相状态确定的判据。

表 2-4　混合物相状态确定的判据

$\sum K_i x_i$	<1	=1	>1	>1	>1
$\sum (y_i/K_i)$	>1	>1	>1	=1	<1
相状态	过冷液体	饱和液体	汽、液混合物	饱和蒸气	过热蒸气

从图 2-8 的二元溶液的 T-x 相图上也可看出，计算闪蒸时，所指定的温度应在泡点和露

点之间，这样才会出现汽液两相，否则只会是单相不必进行等温闪蒸的计算。若 $\sum(z_i/K_i)<1$，所指定的温度高于露点。若 $\sum K_i z_i<1$，所指定的温度低于泡点，则所指定的温度下不可能实现闪蒸。

只有 $\sum(z_i/K_i)>1$ 和 $\sum K_i z_i>1$ 时，混合物处于汽液两相区（$0<\nu<1$），需要进行等温闪蒸的计算。此外也可分别用泡露点方程计算闪蒸压力下的泡露点温度，若 $T_D>T>T_B$，则闪蒸成立。

2.4.1.2　闪蒸计算类型

图 2-9 是表示平衡闪蒸（flash evaporation）或部分冷凝的简图。通过阀门后的压力可能降低，也可能不降低。实际过程中当需要传热时，通常是在单独逆流热交换器中进行的，在简图中 Q 值可以是零、正值或负值，根据不同的闪蒸类型进料可以是液体混合物或气体混合物。

图 2-8　二元溶液的 **T-x** 图

图 2-9　平衡闪蒸或部分冷凝的简图

闪蒸过程的计算方程（MESH equations）如下。

（1）物料衡算——M 方程，c 个

$$Fz_i=Vy_i+Lx_i \qquad (2\text{-}75)$$

式中，F、V、L 分别表示进料、汽相出料和液相出料的流率；z_i、y_i 和 x_i 为相应的组成。

（2）相平衡——E 方程，c 个

$$y_i=K_i x_i \qquad (2\text{-}56)$$

（3）摩尔分数加和式——S 方程，2 个

$$\sum_{i=1}^{c} y_i = \sum_{i=1}^{c} K_i x_i = 1 \qquad (2\text{-}57)$$

$$\sum_{i=1}^{c} x_i = \sum_{i=1}^{c} \frac{y_i}{K_i} = 1 \qquad (2\text{-}58)$$

（4）热量平衡式——H 方程，1 个

$$Q+FH_F=VH_V+LH_L \qquad (2\text{-}76)$$

式中，H_F、H_V、H_L 分别表示进料、汽相出料和液相出料的摩尔焓值。

方程总数为 $2c+3$，变量数为 $3c+8$（$F,T_F,p_F,T,p,V,L,Q,z_i,y_i,x_i$），因此需规定设计变量数为 $c+5$，其中进料变量数为 $c+3$（F,T_F,p_F,z_i），根据其余 2 个变量的规定方法可将闪蒸计算分为表 2-5 的五类，其中等温闪蒸和绝热闪蒸在化工生产中最常见。

表 2-5　闪蒸计算类型

规定变量	p,T	$p,Q=0$	$p,Q\neq0$	p,L(或 e)	p(或 T),V(或 ν)
闪蒸形式	等温	绝热	非绝热	部分冷凝	部分汽化
输出变量	Q,V,L,y_i,x_i	T,V,L,y_i,x_i	T,V,L,y_i,x_i	Q,T,V,y_i,x_i	Q,T(或 p),L,y_i,x_i

2.4.2　等温闪蒸

2.4.2.1　等温闪蒸过程

气体混合物的部分冷凝和液体混合物的部分汽化如图 2-10 所示，所谓等温闪蒸是指闪蒸罐的温度 T 与闪蒸后气体和液体的温度是相等的，而闪蒸温度 T 不一定与闪蒸前原料的温度相等。两类计算如下。

（1）已知 F、z_i、T、p，指定工艺条件，求：V、y_i、L、x_i、Q。

图 2-10　等温闪蒸过程

液化率
$$e=\frac{\text{液化的量}}{\text{总加入量}}=\frac{L}{F} \tag{2-77}$$

汽化率
$$\nu=\frac{\text{汽化的量}}{\text{总加入量}}=\frac{V}{F} \tag{2-78}$$

$$e+\nu=1 \tag{2-79}$$

（2）已知 F、z_i、p、$\nu(e)$，指定汽化率求操作条件，求：T、y_i、x_i、V（L）、Q。

2.4.2.2　基本计算公式

由于进、出口量是相等的及出口处的汽液两相达到平衡，因而可通过物料平衡式(2-75)、相平衡式(2-56)、浓度总和式(2-57)与式(2-58)和相平衡常数关联式(2-59)来计算。

方程中共有 $4c+5$ 个变量，方程数仅为 $3c+3$，所以设计变量数为 $c+2$。当 F、z_i、T 和 p 指定后，上列方程组具有唯一解，可计算出平衡的汽、液相的量 V、L 和组成 y_i、x_i。当进料量 F 为 1kmol/h 时，汽相的量 V 即为汽化率 ν。如指定 F、z_i、p 和 e，通过计算可求出加热或冷却的温度 T 及平衡的汽、液相组成 y_i、x_i。此非线性方程组均需用迭代法求解。

将式(2-75) 和式(2-56) 联立并结合汽化率和液化率可得关系方程

$$x_i=\frac{z_i}{(1-e)K_i+e}=\frac{z_i}{\nu K_i+(1-\nu)} \tag{2-80}$$

$$y_i=\frac{K_iz_i}{(1-e)K_i+e}=\frac{K_iz_i}{1+\nu(K_i-1)} \tag{2-81}$$

2.4.2.3　计算方法

（1）汽液平衡常数与组成无关

① 第一类计算　计算思路：

$$\text{设 } e \text{ 或 } \nu \xrightarrow{p,T \text{ 已知}} \text{计算 } K_i \longrightarrow \begin{array}{c} \text{计算 } x_i \\ \text{或计算 } y_i \end{array} \longrightarrow \begin{array}{c} \sum x_i - 1 \leqslant \xi \\ \text{或} \sum y_i - 1 \leqslant \xi \end{array} \xrightarrow{\text{是}} \text{计算 } V,L,x,y$$

调整 e 或 ν ← 否

注意 e、ν 的初值的选取不能使 x_i 或 $y_i = z_i$。

当指定 T、p（K_i 确定）和 z_i 由式（2-80）或式（2-81）求解 e 或 ν 时，由于需求解高度非线性方程，为避免试差计算的盲目性，可采用计算机计算中常用的迭代求根法，如 Newton-Raphson 法，按该法的迭代公式对 ν 可写出

$$\nu_{n+1} = \nu_n - \frac{F(\nu_n)}{F'(\nu_n)} \tag{2-82}$$

闪蒸方程

$$F(\nu) = \sum x_i - 1 = \sum \frac{z_i}{1 + \nu(K_i - 1)} - 1 = 0 \tag{2-83}$$

$$F'(\nu) = -\sum \frac{z_i(K_i - 1)}{[1 + \nu(K_i - 1)]^2}$$

或

$$F(\nu) = \sum y_i - 1 = \sum \frac{K_i z_i}{1 + \nu(K_i - 1)} - 1 = 0 \tag{2-84}$$

$$F'(\nu) = -\sum \frac{K_i z_i(K_i - 1)}{[1 + \nu(K_i - 1)]^2}$$

按指定的 T、p 求出 K_i 值并假设 ν 的初值 ν_1，便可以计算 $F(\nu)$、$F'(\nu)$，并求出下次迭代用的 ν_2 值，依次重复进行直至 $|F(\nu)|$ 小于指定的允许偏差 ε_ν 为止。

同样需注意 ν 的初值的选取，以免发散，可取 $\nu = (T - T_B)/(T_D - T_B)$ 为初值，此外，应选择适宜的迭代方法，而同一迭代方法若采用不同的目标函数对收敛速度和稳定性有很大影响。

式（2-83）和式（2-84）闪蒸方程均能用于求解汽化率，它们是 c 级多项式，当 $c > 3$ 时可用试差法和数值法求根，但收敛性不佳，这是因为此函数与 ν 的关系不是单调变化的，中间有极值，$\nu = 1$（或 $\nu = 0$）是它的假根，为应用牛顿切线法，式（2-83）应设初值 $\nu = 1$，式（2-84）应设初值 $\nu = 0$。由式（2-81）减去式（2-80）可得更通用的闪蒸方程

$$\sum y_i - \sum x_i = 0 \tag{2-85}$$

将关系方程式（2-80）和式（2-81）代入式（2-85）得

$$F(\nu) = \sum (y_i - x_i) = \sum \frac{z_i(K_i - 1)}{1 + \nu(K_i - 1)} = 0 \tag{2-86}$$

该式接近于一线性单调收敛函数，称为 Rachford-Rice 方程，有很好的收敛特性，对初值 ν_1 的选择并无特殊要求，无论在 ν 根的左方或右方均能迅速求得解，可选择 Newton-Raphson 迭代法求解，迭代方程仍为式（2-82）。导数方程为

$$F'(\nu) = -\sum \frac{z_i(K_i - 1)^2}{[1 + \nu(K_i - 1)]^2}$$

采用该法迭代一般从 $\nu = 0.5$ 开始，当 $|F(\nu)| < 0.0001$ 时终止迭代可达到足够的精度，其闪蒸计算框图如图 2-11 所示。近年 Okuno R 和 Yinghui L 等对 Rachford-Rice 方程进行了修改，使其用于多组分闪蒸的计算机模拟。

图 2-11 闪蒸计算框图

【例 2-8】 某混合物含丙烷（1）0.451（摩尔分数，余同）、异丁烷（2）0.183、正丁烷（3）0.366，在 $t=94℃$ 和 $p=2.41\text{MPa}$ 下进行闪蒸，试估算平衡时混合物的汽化率及汽相和液相组成。已知 $K_1=1.42$，$K_2=0.86$，$K_3=0.72$。

解 设 $\nu=0.5$，由 $t=94℃$，$p=2.41\text{MPa}=2410\text{kPa}$，$K_1=1.42$，$K_2=0.86$，$K_3=0.72$ 得

$$\sum \frac{z_i}{K_i}=\frac{0.451}{1.42}+\frac{0.183}{0.86}+\frac{0.366}{0.72}=1.039>1$$

$$\sum K_i z_i=1.42\times0.451+0.86\times0.183+0.72\times0.366=1.061>1$$

故混合物处于两相区，可进行闪蒸计算。

$$F(\nu)=\sum(y_i-x_i)=\sum \frac{z_i(K_i-1)}{1+\nu(K_i-1)}=0$$

$$F(\nu)=\frac{0.451\times(1.42-1)}{1+0.5\times(1.42-1)}+\frac{0.183\times(0.86-1)}{1+0.5\times(0.86-1)}+\frac{0.366\times(0.72-1)}{1+0.5\times(0.72-1)}=0.0098$$

$$F'(\nu)=-\sum \frac{z_i(K_i-1)^2}{[1+\nu(K_i-1)]^2}$$

$$=-\frac{0.451\times(1.42-1)^2}{[1+0.5\times(1.42-1)]^2}-\frac{0.183\times(0.86-1)^2}{[1+0.5\times(0.86-1)]^2}-\frac{0.366\times(0.72-1)^2}{[1+0.5\times(0.72-1)]^2}$$

$$=-0.0973$$

$$\nu_{n+1}=\nu_n-\frac{F(\nu)}{F'(\nu)}=0.5-\frac{0.0098}{-0.0973}=0.601$$

$$F(\nu)=\frac{0.451\times(1.42-1)}{1+0.601\times(1.42-1)}+\frac{0.183\times(0.86-1)}{1+0.601\times(0.86-1)}+\frac{0.366\times(0.72-1)}{1+0.601\times(0.72-1)}$$

$$=0.0006\approx0$$

故 $\nu = 0.601$

由 $x_i = \dfrac{z_i}{1+\nu(K_i-1)}$，$y_i = K_i x_i$，得

$$x_1 = \frac{0.451}{1+0.601\times(1.42-1)} = 0.360,\quad x_2 = \frac{0.183}{1+0.601\times(0.86-1)} = 0.200$$

$$x_3 = 1-x_1-x_2 = 1-0.360-0.200 = 0.440 \quad \text{或} \quad x_3 = \frac{0.366}{1+0.601\times(0.72-1)} = 0.440$$

$$y_1 = 1.42\times0.360 = 0.511,\quad y_2 = 0.86\times0.2 = 0.172$$

$$y_3 = 0.72\times0.440 = 0.317 \quad \text{或} \quad y_3 = 1-y_1-y_2 = 1-0.511-0.172 = 0.317$$

② **第二类计算** 计算思路：

设 T $\xrightarrow{p\text{ 已知}}$ 计算 K_i $\xrightarrow{\nu\text{ 或 }e\text{ 已知}}$ 计算 x_i 或 y_i $\longrightarrow$ $\begin{array}{c}\sum x_i - 1 \leqslant \xi\\ \text{或} \sum y_i - 1 \leqslant \xi\end{array}$ $\xrightarrow{\text{是}}$ 计算 V、L、x、y

调整 T 或 p ——— 否

为有助于收敛，选用 Rachford-Rice 方程核实假定值是否正确为佳。此外，可用下式估计 T

$$K_G(T_{n+1}) = \frac{K_G(T_n)}{1+dF(T_n)} \tag{2-87}$$

式中，K_G 为基准组分的平衡常数；d 为**阻尼因子**，$d \leqslant 1.0$。

在单级平衡分离过程中，部分物料发生了相变化，有热量放出或吸收，原料和产物的焓值、温度也有可能变化。因此，单级平衡分离过程的计算除了和平衡计算有关外，还涉及物料的焓值的计算。在上述两类计算中加热或冷凝的热量，均可由式（2-76）的热量衡算得到，即

$$Q+FH_F = VH_V+LH_L$$

若设为理想溶液，其 H_F、H_V、H_L 可由纯物质的焓加和求得，则

$$H_F = \sum z_i H_{i,F} \tag{2-88}$$

$$H_V = \sum y_i H_{i,V} \tag{2-89}$$

$$H_L = \sum x_i h_i \tag{2-90}$$

式中，$H_{i,F}$、$H_{i,V}$、h_i 分别表示进料、汽相出料和液相出料各纯组分的焓值，可由一些手册上的焓图查读。如果溶液为非理想溶液，则还需要混合热数据。

（2）汽液平衡常数与组成有关的闪蒸计算

当 K_i 不仅是温度和压力的函数而且是组成的函数时，计算更繁复，由于 $K_i = f(T, p, x_i, y_i)$，因此需先按 $K_i = f(T, p)$ 初估 x_i 和 y_i，迭代求 ν 至收敛，再估算新的一组 x_i 和 y_i，并计算 K_i，重新迭代 ν，直至 x_i 和 y_i 没有变化为止。计算思路如下：

设 e 或 ν $\xrightarrow{p,T\text{ 已知}}$ 计算 $K_i = f(T,p)$ $\longrightarrow$ 计算 x_i 或 y_i $\longrightarrow$ $\begin{array}{c}\sum x_i - 1 \leqslant \xi\\ \text{或} \sum y_i - 1 \leqslant \xi\end{array}$ $\xrightarrow{\text{是}}$

调整 e 或 ν ——— 否

$\longrightarrow$ 计算 $K_i = f(T,p,x,y)$ $\longrightarrow$ 计算 x_i 或 y_i $\longrightarrow$ $\begin{array}{c}\sum x_i - 1 \leqslant \xi\\ \text{或} \sum y_i - 1 \leqslant \xi\end{array}$ $\xrightarrow{\text{是}}$

调整 e 或 ν ——— 否

等温闪蒸在化工生产中有着广泛的应用，[工程案例 2-1] 介绍了等温闪蒸单级平衡分离在乙苯脱氢生产苯乙烯工艺过程中的应用情况。

【工程案例 2-1】 单级平衡分离在乙苯脱氢生产苯乙烯工艺过程中的应用

苯乙烯是重要的基本有机化工原料，广泛用于生产塑料、树脂和合成橡胶。乙苯脱氢制苯乙烯是目前工业上生产苯乙烯的主要工艺路线。该路线包括苯与乙烯在催化剂作用下经烷基化反应生产乙苯，反应产物经提纯后进一步在脱氢催化剂作用下反应生产苯乙烯，反应产物经提纯得到合格的苯乙烯产品。乙苯生产苯乙烯的乙苯脱氢工业装置和脱氢工段流程图分别如图 2-12 和图 2-13 所示。原料乙苯和回收乙苯混合后用泵连续送入乙苯蒸发器 1，经乙苯加热器 2，在混合器 3 中与过热蒸汽混合达到反应温度，然后进入脱氢反应器 4 中进行脱氢反应。脱氢后的反应气体含有大量的热能。经废热锅炉 5 回收热量后被冷却的反应气体再进入水冷凝器 6 冷凝，未冷凝的气体再经盐水冷凝器 7 进一步冷凝，两个冷凝器冷凝下来的液体进入油水分离器 9 沉降分离出油相和水相，油相送入储槽 10 中并加入一定量的阻聚剂，然后送精馏工段提纯，水相送入汽提塔回收有机物。盐水冷凝器未冷凝的气体经气液分离器 8 后，不凝气体引出作燃料用。

图 2-12 大庆石化年产 10 万吨乙苯脱氢装置

图 2-13 乙苯脱氢工段流程

1—乙苯蒸发器；2—乙苯加热器；3—混合器；4—脱氢反应器；5—废热锅炉；6—水冷凝器；
7—盐水冷凝器；8—气液分离器；9—油水分离器；10—阻聚剂添加槽；11—乙苯蒸出塔；
12—苯-甲苯回收塔；13—苯-甲苯分离塔；14—苯乙烯粗馏塔；15—苯乙烯精馏塔

粗苯乙烯（油相）首先被送入乙苯蒸出塔 11，塔顶蒸出的乙苯、苯、甲苯经冷凝器冷凝后，一部分回流，其余送入苯-甲苯回收塔 12，将乙苯与苯、甲苯分离。回收塔釜得到的乙苯送脱氢工段，塔顶得到的苯、甲苯经冷凝后部分回流，其余再送入苯-甲苯分离塔 13。苯-甲苯分离塔顶可得到苯，塔釜可得到甲苯。乙苯蒸出塔釜液主要含苯乙烯及少量乙苯和焦油等，将其送入苯乙烯粗馏塔 14，将乙苯与苯乙烯、焦油分离，塔顶得到含少量苯乙烯的乙苯，可与粗乙苯一起作为乙苯蒸出塔进料。塔釜液则送入苯乙烯精馏塔 15，塔顶可得到纯度达 99%（摩尔分数）以上的苯乙烯，塔釜为含苯乙烯 40%（摩尔分数）左右的焦油残渣，进入蒸发釜中可进一步回收苯乙烯返回精馏塔。

在以上的案例中，气液分离器 8 是一个闪蒸分离器。它的作用是将乙苯脱氢产物中的 H_2、CH_4、C_2H_4、C_2H_6、CO、CO_2 等气体与苯、甲苯、乙苯、苯乙烯、水等液体组分分离开。

2.4.3 绝热闪蒸

2.4.3.1 绝热闪蒸过程及其计算内容

流量为 F、组成为 z_i 的液相进料于压力 p_1、温度 T_1 下经阀门在绝热情况下减压至 p_2，将有一部分液体依靠进料本身携带的热量汽化，而系统温度降至 T_2，由于上述过程是在绝热情况下（$Q=0$）进行的，因而节流前后混合物的焓 $H_1=H_2$，节流生成的汽相和剩余液相分离时假设达到平衡。所以该过程称为 等焓节流，又称 绝热闪蒸（adiabatic flash），如图 2-14 所示。

等焓节流和等温闪蒸都能产生汽液平衡相，属单级平衡分离，但所用的分离剂不同。用郭氏法的设计变量来分析绝热闪蒸过程，它相当于一个分相器，其可调设计变量为零。即当进料的温度、压力、流率和组成一定后，如果节流后的压力被确定，则节流后的状态就被确定了，此时温度 T_2、汽相量 V、组成 y_i 和液相量 L、组成 x_i 都随之被确定。故该过程的设计变量数为 $c+3$，一般是已知节流前物料的流量、组成、压力、温度和节流后的压力，要求计算节流后的温度和在这温度下产生的汽液两相的组成和量。

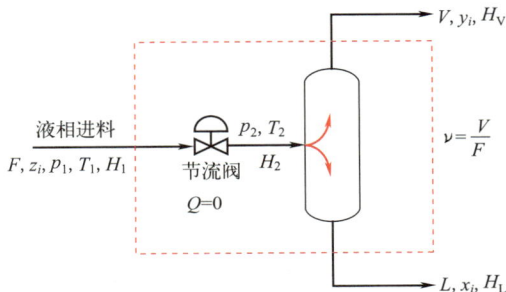

图 2-14 绝热闪蒸过程

2.4.3.2 基本计算公式

绝热闪蒸的计算目的是确定闪蒸温度和汽液相组成和流率。原则上仍可通过物料平衡式(2-75)、相平衡式(2-56)、浓度总和式(2-57)与式(2-58)、相平衡常数关联式(2-59)和焓平衡方程联立求解。

因为节流前后混合物的焓相等，可得焓平衡方程为

$$H_1=H_2 \tag{2-91}$$

对闪蒸罐能量平衡

$$FH_2=VH_V+LH_L$$

将汽化率 ν 代入上式得

$$H_2=\nu H_V+(1-\nu)H_L \tag{2-92}$$

$$\nu^*=\frac{H_2-H_L}{H_V-H_L}=\frac{H_1-H_L}{H_V-H_L} \tag{2-93}$$

式中，H_1、H_2、H_V 和 H_L 分别为节流前后汽相出料和液相出料混合物的摩尔焓。绝热闪

蒸为等焓过程，故可应用式(2-93)计算汽化率。在压力为 p_2 时，式(2-93)中的 H_2、H_V 和 H_L 均为温度 T_2 的函数，因此假设 T_2 值后可计算出相应的汽化率值。

若为理想溶液，可按式(2-88)～式(2-90)计算相应的焓值，同样存在式(2-80)和式(2-81)的关系方程。

2.4.3.3 计算方法

（1）作图法

思路：先假设一个 T_2（T_2 应在泡点温度 T_D 与露点温度 T_B 之间），这样可按闪蒸来计算产生的汽液两相组成和量，得出 T-v 关系，即闪蒸曲线，然后再由进出料热焓相等原则来校核 T_2，即等焓平衡线，交点为 (T_2, v)。

① 闪蒸曲线（T-v 曲线）

a. 试差求 p_2 下的 T_D、T_B；

b. 在 T_D、T_B 之间设 T_2'、T_2''、…，试差求 v_1、v_2、…。

② 等焓平衡线

a. 在上述 T_D、T_B 之间所设 T_2'、T_2''、… 下，由求出的 x_i、y_i 并根据 p_2、T_2 查出 $H_{i,V}$、$H_{i,L}$，求出 H_V、H_L。

$$v_1^* = \frac{H_1 - H_L}{H_V - H_L}$$

b. 作 T_2-v^* 等焓平衡线，交点为 (T_2, v)，由此求出 V、L、x_i、y_i，见图 2-15。

图 2-15 等焓节流汽化率与温度的关系

【例 2-9】 某乙烯、乙烷和丙烯混合物，其组成（摩尔分数）为：乙烯 0.2、乙烷 0.4 和丙烯 0.4。现将温度为 10℃、压力为 2.0265MPa 的饱和液体等焓节流到 0.816MPa。求节流后的温度、汽化率和汽液相组成。

解 先计算 0.816MPa 下该物系的泡露点温度。

解得 0.816MPa 下物系的泡点温度为 -32℃，露点温度为 -10℃。

在 -32～-10℃ 间设三个 T_2 温度（-16℃、-20℃、-26℃），按等温闪蒸来计算汽化率及汽液相组成。结果见下表：

组分	z_i①	K_i	$vK_i+(1-v)$	x_i①	y_i①
-16℃，$v=0.725$					
乙烯	0.2	2.8	2.305	0.0868	0.2430
乙烷	0.4	1.65	1.471	0.2719	0.4486
丙烯	0.4	0.48	0.623	0.6421	0.3082
合计	1.0			1.0008	0.9998
-20℃，$v=0.545$					
组分	z_i	K_i	$vK_i+(1-v)$	x_i	y_i
乙烯	0.2	2.6	1.872	0.1068	0.2778
乙烷	0.4	1.51	1.278	0.3130	0.4256
丙烯	0.4	0.43	0.689	0.5803	0.2495
合计	1.0			1.0001	0.9999

−26℃，ν=0.297					
组分	z_i	K_i	$\nu K_i+(1-\nu)$	x_i	y_i
乙烯	0.2	2.35	1.402	0.1428	0.3355
乙烷	0.4	1.35	1.104	0.3623	0.4892
丙烯	0.4	0.354	0.808	0.4950	0.1752
合计	1.0			1.0001	0.9999

① 组分组成为摩尔分数。

利用泡点 ν=0、露点 ν=1 和上述三点数据在坐标图上作闪蒸曲线，如图 2-16 所示。

已知 10℃、2.0265MPa 下各纯组分的液相焓为 $H_{乙烯}=11720\text{J/mol}$，$H_{乙烷}=11050\text{J/mol}$，$H_{丙烯}=13010\text{J/mol}$，则

$$H_1=\sum z_i H_i$$
$$=0.2\times11720+0.4\times11050+0.4\times13010$$
$$=11968(\text{J/mol})$$

图 2-16 ［例 2-9］附图

按式（2-93）计算 −10℃（露点温度）、−16℃、−20℃、−26℃ 和 −32℃（泡点温度）下的 ν^* 值，结果见下表。其中 $H_{i,\text{V}}$、h_i 分别为汽相出料和液相出料各纯组分的焓值，均根据相应的温度和压力从手册中查得。

−10℃（露点温度），$\nu^*=0.1162$						
组分	x_i①	$h_i/(\text{J/mol})$	$H_\text{L}/(\text{J/mol})$	y_i①	$H_{i,\text{V}}/(\text{J/mol})$	$H_\text{V}/(\text{J/mol})$
乙烯	0.0645	9965	642.74	0.200	17585	3517
乙烷	0.2162	9421	2036.82	0.400	19460	7784
丙烯	0.7194	11080	7970.95	0.400	26730	10692
合计	1.0001		10650.51	1.000		21993
−16℃，$\nu^*=0.1866$						
组分	x_i	$h_i/(\text{J/mol})$	$H_\text{L}/(\text{J/mol})$	y_i	$H_{i,\text{V}}/(\text{J/mol})$	$H_\text{V}/(\text{J/mol})$
乙烯	0.0868	9833	810	0.2430	17515	4255
乙烷	0.2719	8668	2357	0.4486	19319	8667
丙烯	0.6421	10447	6708	0.3082	26520	8173
合计	1.0008		9875	0.9998		21095
−20℃，$\nu^*=0.2361$						
组分	x_i	$h_i/(\text{J/mol})$	$H_\text{L}/(\text{J/mol})$	y_i	$H_{i,\text{V}}/(\text{J/mol})$	$H_\text{V}/(\text{J/mol})$
乙烯	0.1068	8910	952	0.2778	17470	4853
乙烷	0.3130	8165	2556	0.4256	19220	9084
丙烯	0.5803	10025	5817	0.2495	26380	6582
合计	1.0001		9325	0.9999		20519

组分	x_i	h_i/(J/mol)	H_L/(J/mol)	y_i	$H_{i,V}$/(J/mol)	H_V/(J/mol)
乙烯	0.1428	8478	1210	0.3355	17397	5837
乙烷	0.3623	7788	2822	0.4892	19064	9325
丙烯	0.4950	9492	4698	0.1752	26340	4615
合计	1.0001		8730	0.9999		19777

表头: $-26℃$, $\nu^*=0.2931$

组分	x_i	h_i/(J/mol)	H_L/(J/mol)	y_i	$H_{i,V}$/(J/mol)	H_V/(J/mol)
乙烯	0.200	8210	1642	0.400	17250	6900
乙烷	0.400	7540	3016	0.486	18860	9166
丙烯	0.400	9150	3660	0.114	26220	2989
合计	1.000		8318	1.000		19055

表头: $-32℃$（泡点温度）, $\nu^*=0.3399$

① 组分组成为摩尔分数。

在图 2-16 上绘出等焓平衡线，两条曲线的交点为节流后的温度，即 T_2 为 $-26℃$，汽化率 ν 为 0.293。前面等温闪蒸的计算已得出节流后 $-26℃$ 的汽液相组成。

（2）手算或计算机计算

这种方法主要基于节流前后焓值相等的原理。假设节流后的温度为 T_2，可计算出相应的焓值 H_2，只要 $H_2=H_1$，所设 T_2 即为节流后的温度，得出 T_2 后，其他未知量便可求解。因此，所有的问题归结为寻找使 $H_2=H_1$ 方程成立的 T_2。

计算思路：

已知 $p_1,T_1 \longrightarrow H_1 \xrightarrow{\text{设}T_2} K_2 \xrightarrow{\text{N-R 迭代}} \nu \longrightarrow x_i,y_i \xrightarrow{H_V,H_L} H_2 \longrightarrow H_2-H_1 \leqslant \xi \xrightarrow{\text{是}} 结束$
调整 T_2 （否）

本计算为两层迭代循环，内层为 ν 循环，用 Newton-Raphson 迭代求解汽化率 ν，收敛精度 $|F(\nu)|<0.005$。外层则为 T_2 循环，也可用正割法调整节流后的温度，但需两点温度：

$$T_{2,n}=\frac{T_{2,n-2}F(T_{2,n-1})-T_{2,n-1}F(T_{2,n-2})}{F(T_{2,n-1})-F(T_{2,n-2})} \tag{2-94}$$

$$F(T_2)=H_2-H_1=0 \tag{2-95}$$

收敛精度
$$\left|\frac{(H_2-H_1)}{H_1}\right|<0.005 \tag{2-96}$$

正割法计算绝热闪蒸的框图见图 2-17。

该法适合于宽沸程混合物的闪蒸计算。所谓宽沸程混合物，是指构成混合物的各组分的相对挥发度相差悬殊，在很宽的温度范围内，易挥发组分主要在汽相中，而难挥发组分主要留在液相中。进料热焓的增加将使平衡温度升高，但对汽相流率 V 和液相流率 L 几乎无影响。因此宽沸程的热量衡算更主要地取决于温度，而不是 ν。根据序贯算法迭代变量的排列原则，最好是使内层循环中迭代变量的收敛值成为下次内层循环运算的最佳初值，因此对于宽沸程闪蒸，由于 ν 对 T 的取值不敏感，所以 ν 作为内层迭代变量较为合理。

此外，估计新的闪蒸温度，除用正割法外，仍可用前述的牛顿法。

对于窄沸程闪蒸，由于各组分的沸点相近，因而热量衡算主要受汽化潜热的影响，反映

指定独立变量值 F、z_i、p_1、T_1、p_2

由焓图计算
$$H_1 = \sum_{i=1}^{c} H_i z_i$$

$n=1$

设 T_2 和 ν 的初值

由 p-T-K 图查读 T_2、p_2 下的 K_i 值,$1 \leqslant i \leqslant c$

ν-循环

计算
$$F(\nu) = \sum_{i=1}^{c} \frac{z_i(K_i-1)}{(K_i-1)\nu+1}$$
$$F'(\nu) = \sum_{i=1}^{c} z_i \left[\frac{(K_i-1)}{(K_i-1)\nu+1} \right]^2$$

$$\nu_{n+1} = \nu_n - \frac{F(\nu)}{F'(\nu)}$$

$|F(\nu)| < 0.005$? 否 是

$$x_i = \frac{z_i}{(K_i-1)\nu+1}$$
$$y_i = K_i x_i \quad 1 \leqslant i \leqslant c$$

由焓图查得 T_2、p_2 下 $H_{i,V}$ 和 $H_{i,L}$ 值
$$H_V = \sum_{i=1}^{c} H_{i,V} y_i \qquad H_L = \sum_{i=1}^{c} H_{i,L} x_i$$

$H_2 = \nu H_V + (1-\nu) H_L$

$F(T_2) = H_2 - H_1$

T_2-循环

$$T_{2,n} = \frac{T_{2,n-2} F(T_{2,n-1}) - T_{2,n-1} F(T_{2,n-2})}{F(T_{2,n-1}) - F(T_{2,n-2})}$$

设 $T_{2,n}$

$n \leqslant 2$? 是 否

$n = n+1$

$\left| \dfrac{H_2 - H_1}{H_1} \right| < 5 \times 10^{-3}$? 否 是

结束

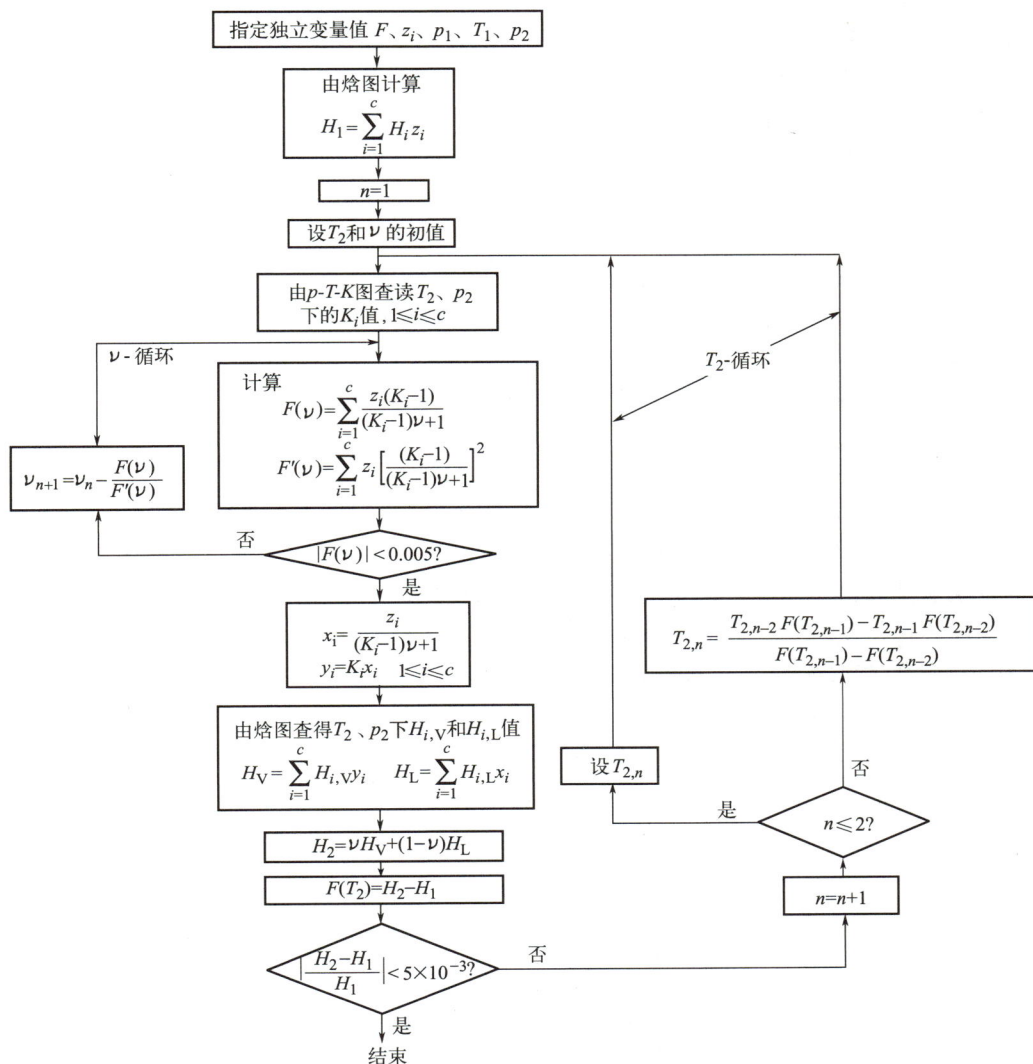

图 2-17　正割法计算绝热闪蒸框图

在受汽相摩尔分数的影响,改变进料热焓会使汽液相流率发生变化,而平衡温度没有太明显的变化。显然,应该通过热量衡算计算 ν(即 V 和 L),解闪蒸方程式确定闪蒸温度。并且,由于收敛 T 值对 ν 值不敏感,故应在内层循环迭代 T,外层循环迭代 ν。

绝热闪蒸也经常作为单级平衡分离手段在化工生产中得以应用。国内许多 CO_2 汽提尿素装置采用绝热闪蒸技术后可以使高压吨尿素蒸汽消耗由 980kg 降至 830kg,其工艺的核心是在汽提塔和精馏塔之间增加 1 台绝热闪蒸罐。此外,在化工深冷分离工艺中,物流通过在冷箱中节流后再闪蒸实现分离(参见[工程案例 2-2])。

【工程案例 2-2】　单级平衡分离在裂解气深冷分离中的应用

裂解气深冷分离是裂解气分离的重要方法之一,因过程采用了 $-100℃$ 以下的低温冷冻系统,所以称深冷。原理是利用裂解气中各种烃的相对挥发度不同,在低温下把氢气以外的烃类都冷凝下来,然后在精馏塔内进行多组分精馏分离,因此这一方法实质是冷凝精馏过

程。典型的深冷分离流程有顺序分离流程、前脱乙烷流程和前脱丙烷流程等三种，不论是哪一种流程，其中乙烯的回收、富氢提取与提纯就采用了多次闪蒸操作。在生产中，脱甲烷塔系统为了防止低温设备散冷，减少其与环境接触的表面积，常把节流膨胀阀、高效板式换热器、气液分离器等低温设备封闭在一个由绝热材料做成的箱子中，此箱称为冷箱。

在深冷分离过程中，当压力为3.3MPa、温度为-100℃时，尾气中乙烯含量接近1.5%（摩尔分数），为了减少乙烯损失，降低乙烯成本，保证乙烯质量，要尽量对这部分乙烯进行回收。将低温高压尾气在冷箱中降温，节流再降温，将其中的乙烯冷凝下来。如再进一步降温，不但可回收更多的乙烯，而且可将一部分甲烷也冷凝下来，这样尾气中氢的浓度提高了，即可得富氢，这一过程就是通过一个多级闪蒸流程实现的。当冷箱放在脱甲烷塔之后时，称为后脱氢（又称后冷）；当冷箱放在脱甲烷塔之前时，称为前脱氢（又称前冷）。与之相应组成的工艺流程，称为后脱氢工艺流程与前脱氢工艺流程。

（1）后脱氢工艺

后脱氢工艺主要包括尾气中乙烯回收和富氢提取两部分，主要通过闪蒸过程来完成，工艺流程如图2-18所示。来自脱甲烷塔1的塔顶CH_4-H_2尾气经分凝器流入回流分离罐2（其中含有约3%~4%的乙烯），再进入一级换热降温后进入一级闪蒸分离罐3分离成汽、液两相，凝液主要是乙烯和甲烷，经换热后即为富含乙烯循环气回压缩机压缩回收乙烯；汽相中主要是CH_4-H_2，去二级换热经冷凝冷却进入二级闪蒸分离罐4仍然分离成汽、液两相，汽相为富氢（含氢70%左右）去提纯，液体节流降温到-140℃左右，在二级换热器中换热后，得到富含甲烷的残气，去作燃料。这是多级闪蒸在工业生产中的一个具体应用。

图2-18 后脱氢工艺流程示意图

1—脱甲烷塔；2—回流分离罐；3—一级闪蒸分离罐；4—二级闪蒸分离罐

（2）前脱氢工艺

前脱氢工艺流程也是由乙烯回收与富氢提取两部分组成，工艺流程如图2-19所示。进料在冷箱7中经逐级分凝，经过四级串联闪蒸分离罐3~6，每次把冷凝下来的重组分作为脱甲烷塔1的四股进料，其中较先冷凝的必然是重组分，作为脱甲烷塔相对底部进料，较后冷凝的是相对较轻的组分，从脱甲烷塔的上部进料口进料。在第四级闪蒸分离罐中大部分氢留在气相，作为富氢回收。由于脱甲烷塔进料中脱除了大部分氢，进料中氢含量下降，即提高了CH_4/H_2摩尔比，尾气中乙烯含量下降。这样前脱氢工艺实际上起到了回收乙烯与提取富氢两个作用。

图 2-19　前脱氢工艺流程示意图

1—脱甲烷塔；2—回流罐；3~6—闪蒸分离罐；7—冷箱

由于前脱氢进料中的重组分逐级被冷凝，比将气体全部送入脱甲烷塔节省了冷量。多股进料对脱甲烷塔的操作比单股进料好，重组分进塔的下部，轻组分进塔的上部，这等于进料前已作了预分离，减轻了脱甲烷塔的分离负荷。此外，由于温度可降至−170℃左右，所以富氢的浓度可高达 90%~95%（摩尔分数），这些优点都优于后脱氢工艺流程，不过它的操作控制比较复杂和困难。图 2-20 所示为乙烯冷箱工业装置。

图 2-20　乙烯冷箱工业装置

英文

A——端值常数；

A，B，C——安托因方程常数；相平衡常数经验式常数；

B——第二维里系数，m^3/h；

a，b——范德华方程、R-K方程常数；

c——组分数；

d——阻尼因子；

e——液化率；

F——进料流率（或数量），$kmol/h$（或$kmol$）；目标函数；

f——逸度，Pa；自由度；指强度性质变量；

G——自由焓，J；目标函数；

g——交互作用能量参数，$J/kmol$；

H——摩尔焓值，$J/kmol$；

K——相平衡常数；

L——液相流率，$kmol/h$；

n——物质的量，mol；

N——平衡级数或理论板数；

N_i——设计变量数；

N_v——独立变量数；

N_c——约束关系数或独立方程数；

N_a——可调设计变量数；

N_x——固定设计变量数；

N_r——重复变量数；

p——压力，Pa；

Q——系统和环境间传递的热量，J/h；

R——气体常数，$8.315J/(mol \cdot K)$；容量性质变量；

T——温度，K；

V——汽相流率，$kmol/h$；摩尔体积，m^3/mol；

W——系统和环境间传递的轴功，J/h；

x——液相摩尔分数；

y——汽相摩尔分数；

Z——压缩因子；

z——进料摩尔分数。

希文

α——相对挥发度；分离因子；模型参数；

β——选择性系数；

γ——活度系数；

λ——威尔逊参数；

μ——化学位；

ν——汽化率；

π——系统的相数；

ξ——收敛标准；

ϕ——逸度系数；

ω——偏心因子。

上标

E——过剩性质；

e——单元；

L——液相；

u——装置；

V——汽相；

$\wedge$——在混合物中；

0——饱和状态；基准状态；

I、II——两液相。

下标

B——泡点；

c——临界状态；

D——露点；

F——进料；

G——基准组分；

i、j、k——组分；

n——迭代次数；

L——液相；

m——混合物；

r——对比性质；

V——汽相；

$1,2$——组分。

习 题

2-1 精馏塔是化工过程中常用的分离单元，因此了解精馏塔的设计变量数很有必要，试用郭氏法分析普通双组分精馏塔的设计变量数。若塔顶冷凝器为全凝器，回流液为饱和液体，塔釜为部分蒸发器，加料压力与塔压相同。

2-2 在设计分离过程装置时，第一步需要知道设计变量。若某工程师需要为工厂设计如图所示的吸收-解吸流程设计，则该装置的设计变量数为多少？

2-3 实验室中有一吸收塔在 1.06MPa 下操作。用该吸收塔处理组成为甲烷 70.0%（均为摩尔分数）、乙烷 12.0%、丙烷 8.0%、正丁烷 6.0%、正戊烷 4.0% 的混合气体。其进料温度和吸收剂的进塔温度均为 32℃，进料流率为 100kmol/h，吸收剂为不挥发油，其中含有在循环中未脱除完全的 2.0% 正丁烷和 1.0% 正戊烷。试列举出几种设计变量的规定方案。

习题 2-2 附图

2-4 活度系数是指活度与浓度的比例系数。在电解质溶液中由于离子之间的相互作用，电解质的总浓度不能代表其有效浓度，需要引进一个经验校正系数，即活度系数，以表示实际溶液与理想溶液的偏差。二元系统乙酸乙酯（1）-水（2）在 70℃ 时的 NRTL 方程参数 $\tau_{12}=0.03$，$\tau_{21}=4.52$；特性参数 $\alpha_{12}=0.2$。求该温度下 $x_1=0.4$ 时，γ_1 及 γ_2 各为多少。

2-5 由于绝大部分体系是非理想溶液，为进行定量的热力学分析与计算，溶液中的各组分浓度必须以活度代替。由正辛烷（1）、乙苯（2）和 2-乙氧基乙醇（3）所组成的溶液，其组成为：$x_1=0.25$（均为摩尔分数），$x_2=0.52$，$x_3=0.23$。试求总压为 0.1MPa 达到平衡时该溶液中各组分的活度系数。已知 0.1MPa 时有关各端值常数如下：$A_{12}=0.085$，$A_{21}=0.085$，$A_{23}=0.385$，$A_{32}=0.455$，$A_{13}=0.700$，$A_{31}=0.715$，$c=-0.03$。

2-6 在聚乙烯醇生产中，每生产 1t 聚乙烯醇约产生 1.68t 的醋酸甲酯。由于醋酸甲酯的工业用途有限，目前聚乙烯醇厂均将醋酸甲酯分解为醋酸和甲醇回收使用，已知甲醇与醋酸甲酯在常压下形成含醋酸甲酯 0.61（摩尔分数）的均相共沸物，其沸点为 54℃，要将其分离，需计算表中组成的活度系数，试用范拉尔方程进行计算（共沸点 $x_i=y_i$）。

x_1（摩尔分数）	0.0	0.1	0.5	0.65	0.7	0.9	1.0
x_2（摩尔分数）	1.0	0.9	0.8	0.35	0.3	0.1	0.0

2-7 若上题中甲醇与醋酸甲酯的均相共沸物用水作萃取剂将其分离，需计算醋酸甲酯对甲醇的相对挥发度。系统温度为 60℃，已知醋酸甲酯（1）-甲醇（2）-水（3）三元体系各相应二元体系的端值常数 $A_{12}=0.447$，$A_{21}=0.411$，$A_{23}=0.36$，$A_{32}=0.22$，$A_{13}=1.3$，$A_{31}=0.82$，醋酸甲酯和甲醇的饱和蒸气压分别为 $p_1^0=0.1118$MPa，$p_2^0=0.0829$MPa，试用三元 Margules 方程推算出在 60℃ 时 $x_1=0.1$，$x_2=0.1$，$x_3=0.8$（均为摩尔分数）的三元体系中醋酸甲酯对甲醇的相对挥发度 α_{12}。

2-8 在学习本章知识后，老师布置的任务是给出组分 1 和组分 2 所构成的二元系统的基础数据，要求学生对该体系进行热力学数据计算，当处于汽-液-液平衡时，两个平衡的液相（α 相和 β 相）组成为 $x_1^{\alpha}=0.05$，$x_1^{\beta}=0.05$（摩尔分数），两个纯组分的饱和蒸气压此时分别为 $p_1^0=0.065$MPa，$p_2^0=0.075$MPa，此对称系统的范拉尔常数（用 ln 表示）为 $A=3.272$。

求：（1）组分 1 在 β 相和组分 2 在 α 相中的活度系数 γ_1^β 和 γ_2^α；（2）平衡压力；（3）平衡汽相组成。

2-9　某工厂用一塔釜压力为 2.626MPa、温度为 76℃的精馏塔分离液相混合物，其组成如下表所示，如取 $i\text{-}C_4^0$ 为对比组分，各组分的相对挥发度如表所示，求与塔釜液体呈平衡状态的汽相组成。

组分 i	$C_2^=$	C_2^0	$C_3^=$	C_3^0	$i\text{-}C_4^0$	C_5^0
$x_{i,w}$（摩尔分数）	0.002	0.002	0.680	0.033	0.196	0.087
$\alpha_{i,j}$	6.435	4.522	2.097	1.913	1	0.322

2-10　在工业生产中，苯与甲苯是重要的基本有机化工原料，二者的性质相似，但苯的沸点为 80.1℃，甲苯的沸点为 110.6℃，因此可以根据其相对挥发度的差异，利用精馏技术分离得到高纯度的苯和甲苯。已知苯和甲苯的饱和蒸气压与温度的关系数据，如下表所示。试利用拉乌尔定律和平均相对挥发度分别计算在 101.33kPa 总压下苯-甲苯混合液的汽液平衡数据，并作出 $t\text{-}x\text{-}y$ 图。该溶液可视为理想溶液。

$t/℃$	80.1	85	90	95	100	105	110.6
p_1^0/kPa　p_A^0	101.33	116.9	135.5	155.7	179.2	204.2	240.0
p_B^0	40.0	46.0	54.0	63.3	74.3	86.0	101.11

2-11　某实验需要用到在 40℃时环己烷（1）-苯（2）系统的 $p\text{-}x\text{-}y$ 图，请根据下列条件进行绘制。若蒸气可考虑看成理想气体，而液相的活度系数可由下列关系式计算：

$$\ln\gamma_1 = 0.458x_2^2, \qquad \ln\gamma_2 = 0.458x_1^2$$

40℃时，$p_1^0 = 0.0243\text{MPa}$，$p_2^0 = 0.0241\text{MPa}$。

2-12　利用化工模拟软件，采用 PR 和 SRK 状态方程计算由两个丁烷异构体和四个丁烯异构体组成的混合物的相平衡常数 K，混合物的温度为 104.4℃、压力为 1.9MPa，将计算值与下列实验值进行比较。

组分	异丁烷	异丁烯	正丁烷	1-丁烯	反式-2-丁烯	顺式-2-丁烯
平衡常数 K	1.067	1.024	0.922	1.024	0.952	0.876

2-13　欲求脱丁烷塔塔釜温度，工厂技术人员通过釜液取样分析该混合物的组成为 0.05 乙烷，0.30 丙烷，0.65 正丁烷（摩尔分数），操作压力下各组分的平衡常数可按下式进行计算。$K_{乙烷} = 0.13333t + 4.6667$，$K_{丙烷} = 0.6667t + 1.13333$，$K_{正丁烷} = 0.02857t + 0.08571$，$t$ 的单位为℃。

2-14　某公司乙烯装置采用顺序分离流程，其中脱乙烷塔随装置负荷的逐年提升，个别参数大幅偏离正常值，影响了产品收率、质量及相关系统的平稳运行。为对其进行优化，需确定塔顶分凝器出口温度。该塔操作压力 2.625MPa，经分凝器后汽相出料，其组成如下表所示：

组分 i	C_1	$C_2^=$	C_2^0	$C_3^=$
$y_{i,D}$	0.0039	0.8651	0.1281	0.0026

2-15 某工厂欲对精馏塔操作进行改造，需要确定冷凝器的压力，分析塔顶蒸气的组成为：乙烷 0.15（摩尔分数），丙烷 0.20，异丁烷 0.60，正丁烷 0.05。要求 75％的物料在冷凝器中液化，若离开冷凝器的温度为 26.7℃。求冷凝器的压力。

2-16 催化装置的稳定塔又叫脱丁烷塔，主要是为了脱除粗汽油中的液化石油气组分，现有一脱丁烷塔，塔顶压力为 2.3MPa，采用全凝器，分析全凝器出口产品组成为：

组分	甲烷	乙烯	乙烷	丙烷
$x_{i,D}$（摩尔分数）	0.0132	0.8108	0.1721	0.0039

试确定该塔的塔顶温度。

2-17 试求下列气体混合物在绝对总压为 101.3kPa 下的露点，并列举你所用的文献。

（1）含有 60％氯化氢和 40％水蒸气（摩尔分数）的气体混合物。

（2）含有 50％氯化氢、20％氮和 30％水蒸气的气体混合物。

2-18 某位学生做实验时将 30mol 甲苯、40mol 乙苯和 30mol 水配成液体混合物，在压力为 101.3kPa 下缓慢加热汽化。所产生的蒸气与留下的液体保持接触并保持相平衡，他根据所学知识估算出了完全汽化时的温度，请你加以计算。

可将甲苯与乙苯的混合物看成理想溶液，饱和蒸气压数据如下。

已知 Antoine 方程：

水　　　　　$\ln p_1^0 = 11.6834 - \dfrac{3816.44}{T - 46.13}$

甲苯　　　　$\ln p_1^0 = 9.3635 - \dfrac{3096.52}{T - 53.67}$

乙苯　　　　$\ln p_3^0 = 9.3993 - \dfrac{3279.47}{T - 79.47}$

$$(p/1 \times 10^5 \text{Pa}；T/\text{K})$$

2-19 进料热状态使从进料级上升的蒸汽量及下降液体量发生变化，从而影响到平衡级数以及整个精馏塔的热负荷，直接影响设备费用和操作费用。某精馏塔的操作压力为 0.1MPa，其进料组成为：

组分 i	正丁烷	正戊烷	正己烷	正庚烷	正辛烷
组成(摩尔分数)	0.05	0.17	0.65	0.10	0.03

试求：（1）露点进料的进料温度；（2）泡点进料的进料温度。

2-20 化工生产中可以根据设备的出料数据判断生产是否正常，某工厂的检测员检测到某设备的汽相混合物的组成及平衡常数如下：

组分	A	B	C
组成(摩尔分数)	0.35	0.2	0.45
$K_i(T,℃；p,\text{MPa})$	$0.15T/p$	$0.02T/p$	$0.01T/p$

（1）求 $p = 2$MPa 时，混合物的露点，误差判据可取 0.001。

（2）上述混合物若温度为 50℃，试分析是否有液相存在。

2-21 多组分精馏的计算方法与二元体系的算法类似。现有一个分离 A、B、C 三组分的普通精馏塔，塔顶设置分凝器，已知其汽相产品组成为：$y_A = 0.45$（摩尔分数），$y_B = 0.52$，$y_C = 0.03$。为保证分凝器能用水冷（取汽相产品的露点为 40℃），试分别按完全理想体系和非理想体系计算分凝器的操作压力最小是多少，并计算平衡的回流液组成。

已知 A、B、C 三组分的饱和蒸气压可分别按下式计算：

$$\ln p_A^0 = 20.7662 - \frac{2911.32}{T - 56.51}; \ \ln p_B^0 = 20.9062 - \frac{3096.52}{T - 53.67}; \ \ln p_C^0 = 20.9118 - \frac{3328.57}{T - 63.72}$$

式中，p_{i_0} 的单位为 Pa；T 的单位为 K。

2-22 在精馏过程中，物系只有处于两相平衡区才能完成气体与液体的传质，实现一定程度的分离，判断下列混合物是否处于两相平衡区：

（1）1013kPa、298K 下，乙烷、乙烯、丙烯含量分别为 0.25、0.70 和 0.05（摩尔分数）；

（2）689.5kPa、356.5K 下，丙烷、正丁烷、正戊烷和正己烷含量分别为 0.0719、0.1833、0.3098 和 0.4350。

2-23 化学工程与工艺专业的学生到炼油厂实习，看见一个储存炼厂气的球罐，产生了如果到冬天该球罐是否产生液化现象的思考，于是测定了该球罐的压力为 2.33MPa，温度为 −18℃，并取样进行组成分析见下表，请通过计算加以说明。

组分	甲烷	乙烯	乙烷	丙烯	合计
组成（摩尔分数）/%	7.84	76.85	9.16	6.15	100.00

2-24 丙烷的沸点为 −42.09℃，正丁烷的沸点为 −0.5℃，正戊烷的沸点为 36.1℃，正己烷的沸点为 69℃，这四种物质的沸点差异较大，试用闪蒸计算初步分离的程度。已知该混合物含丙烷(1)10kmol/h、正丁烷(2)20kmol/h、正戊烷(3)30kmol/h、正己烷(4)40kmol/h，在 $T = 366.5$K 和 $p = 689.5$kPa 下进行闪蒸，试估算平衡时混合物的汽化率及汽相和液相组成。

2-25 一种混合液含正丁烷 0.4、正戊烷 0.3 和正己烷 0.3（均为摩尔分数），总压力为 1.013×10^3kPa。试求：（1）混合液的泡点及平衡的汽相组成；（2）122℃下部分汽化的汽化率及汽、液相组成（压力仍为 1.013×10^3kPa）。

2-26 某乙烯装置采用的是顺序低压脱甲烷塔 C_2 后加氢流程，由于脱乙烷塔再沸器的生产能力的限制，生产负荷达不到设计能力，需确定该塔釜液在 22℃时的汽化率，以进行再沸器的改造。该塔的进料组成和 22℃时平衡常数如下：

组分 i	$C_2^=$	C_2^0	$C_3^=$	C_3^0	$i\text{-}C_4^0$	C_5^0
z_i（摩尔分数）	0.002	0.002	0.680	0.033	0.196	0.087
K_i	6.2	4.0	1.45	1.25	0.5	0.11

已知其汽化率 v 和进料组成、平衡常数关系为 $\sum \dfrac{z_i}{1 + (K_i - 1) v} = 1$，试确定其汽化率。

2-27 用精馏分离某一气体混合物，其组成为甲烷 0.8%，乙烯 81%，乙烷 18%，丙烯 0.2%（摩尔分数），该混合物在压力 2.33MPa 和温度 −18℃下，用盐水进行冷凝。为满足冷凝条件，请计算冷凝后的液化率 e 和汽液相组成。

2-28 苯、甲苯、二甲苯均是化工生产过程中的重要原料，现有一组成为 60%（摩尔分数）

苯、25%甲苯和15%对二甲苯的100kmol液体混合物，在101.3kPa和100℃下闪蒸。试计算液体和气体产物的量和组成。假设该物系为理想溶液，用安托因方程计算蒸气压。已知：

苯 $\quad\quad\quad \ln p_1^0 = 20.7936 - 2788.51/(T - 52.36)$

甲苯 $\quad\quad \ln p_2^0 = 20.9065 - 3096.52/(T - 53.67)$

对二甲苯 $\quad \ln p_3^0 = 20.981 - 3346.65/(T - 57.84)$

2-29 某厂将流量为100kmol/h的烃类溶液在70℃、4052kPa压力下等温部分汽化。已知该溶液组成如下表所示。

组 分	甲烷	正戊烷	正己烷	合 计
z_i（摩尔分数）	0.2	0.5	0.3	1.0

计算汽化率和平衡两相组成。为了维持等温，每小时需要提供多少热量？

2-30 推导出确定 ν 的直接迭代方程：

$$\nu = 1 - \sum_{i=1}^{c} \frac{z_i}{1 + \dfrac{K_i \nu}{1 - \nu}}$$

（1）从 $\sum_{i=1}^{c} x_i = 1$ 开始，推导这个方程；（2）从 $\sum_{i=1}^{c} y_i = 1$ 开始，推导类似的方程；

（3）从 $\sum_{i=1}^{c} x_i = 1$ 和 $\sum_{i=1}^{c} y_i = 1$ 推导一个方程；（4）哪个方程收敛性能最好？

2-31 实验课上老师将组成为乙烯0.25，乙烷0.35，丙烯0.40（摩尔分数）的液体混合物进行闪蒸。以10℃、1519.5kPa的液体进入绝热闪蒸罐，在1013kPa下闪蒸。计算闪蒸罐温度，汽化率和蒸气、残液的组成。

2-32 已知混合物组成为

组 分	乙烷	丙烷	正丁烷	正戊烷
x_i（摩尔分数）	0.08	0.22	0.53	0.17

原料压力为2.0MPa，泡点进料。绝热瞬时降压到1.3MPa，试求等焓节流的汽化率与温度的关系。

2-33 应用等焓节流可以达到节约能耗、降低成本的效益。某厂将原处于2.2MPa泡点下的混合物经节流阀进行等焓节流，阀后的压力为1.36MPa。已知某混合物组成为：

组 分	C_2^0	C_3^0	$n\text{-}C_4^0$	$n\text{-}C_5^0$	合计
组成（摩尔分数）	0.08	0.22	0.53	0.17	1.00

试求阀后的温度、汽化率以及汽、液相组成。

参 考 文 献

[1] 陈洪坊,刘家祺. 化工分离过程 [M]. 2版. 北京：化学工业出版社,2014：55-59,37-47.

[2] 勒海波,等. 化工分离过程 [M]. 北京：中国石化出版社,2008：8-18.

[3] 刘红,张彰. 化工分离工程 [M]. 北京：中国石化出版社,2013：5-14.

[4] Ravi R，Rao D P. Phase rule and the degree of freedom analysis of processes［J］. Industrial Engineering Chemistry Research，2005，44（26）：10016-10020.

[5] 徐东彦，叶庆国，陶旭梅. 分离工程（英文版）［M］. 北京：化学工业出版社，2011：16-23，38-39.

[6] Kwauk M. A system for counting variables in separation processes［J］. AIChE Journal，1956，2（2）：240-248.

[7] Seader J D. Separation process principles［M］. John Wiley & Sons，2010：31-41，51-82，176-183.

[8] （美）约翰 M. 普劳斯尼茨，（德）吕迪格 N. 利希滕特勒，（葡）埃德蒙多·戈梅斯·德阿泽维多. 流体相平衡的分子热力学［M］. 陆小华，刘洪来，译. 北京：化学工业出版社，2006：11-12，76-102，151-153.

[9] 陈钟秀，顾飞燕，胡望明. 化工热力学［M］. 北京：化学工业出版社，2012：106-121.

[10] Wilson G M. Vapor-liquid equilibrium. XI. A new expression for the excess free energy of mixing［J］. Journal of the American Chemical Society，1972，86（2）：127-130.

[11] Renon H，Prausnitz J M. Local compositions in thermodynamic excess functions for liquid mixtures［J］. AIChE Journal，1968，14（1）：135-144.

[12] Fredenslund A. Vapor-liquid equilibris using UNIFAC［M］. Amsterdam：Elsevier，1977：14-30.

[13] 安维中，郭丹，李佳，等. UNIFAC 法预测环氧乙烷-聚乙二醇体系的汽液相平衡［J］. 化学工程，2013，41（12）：39-42.

[14] Paduszyński K，Domańska U. Extension of modified UNIFAC（Dortmund）matrix to piperidinium ionic liquids［J］. Fluid Phase Equilibria，2013，353（37）：115-120.

[15] Soave G. Equilibrium constants from a modified Redliclr Kwong equation of state［J］. Chemical Engineering Science，1972，27（6）：1197-1203.

[16] 郭天民. 多元气-液平衡和精馏［M］. 北京：石油工业出版社，2004：126-136，161-169，173-184.

[17] 曾健，胡文励. 一种新的泡点计算方法［J］. 天然气化工，1995，20（1）：52-57.

[18] Oprisiu I，Varlamova E，Muratov E，et al. QSPR approach to predict nonadditive properties of mixtures. Application to bubble point temperatures of binary mixtures of liquids［J］. Molecular Informatics，2012，31（31）：491-502.

[19] Asoodeh M，Kazemi K. Estimation of bubble point pressure：Using a genetic integration of empirical formulas［J］. Energy Sources Part A Recovery Utilization & Environmental Effects，2013，35（12）：1102-1109.

[20] Asoodeh M，Bagheripour P. Estimation of bubble point pressure from PVT data using a power-law committee with intelligent systems［J］. Journal of Petroleum Science and Engineering，2012，90/91：1-11.

[21] 赵德明. 分离工程［M］. 杭州：浙江大学出版社，2011：27-38.

[22] McCabe W L，SmithJ C，Harriott P. Unit operations of chemical engineering 7th Ed［M］. McGraw-Hill Education（ISE Editions），2008：348-349.

[23] 邓修，吴俊生. 化工分离工程［M］. 北京：科学出版社，2013：35-37.

[24] Okuno R，Johns R T，Sepehrnoori K. A new algorithm for Rachford-Rice for multiphase compositional simulation［J］. SPE Journal，2010，15（2）：313-325.

[25] Li Y，Johns R T，Ahmadi K. A rapid and robust alternative to Rachford-Rice in flash calculations［J］. Fluid Phase Equilibria，2012，316：85-97.

[26] 魏刚. 化工分离过程与案例［M］. 北京：中国石化出版社，2009：35-42.

[27] 李胜男，王清莲，张鹏，等. 丙酮-丁酮醇、丙酮-二丙酮醇二元汽液相平衡［J］. 福州大学学报（自然科学版），2024，52（1）：98-104.

[28] 陈惜明，唐伟珊，瞿周，等. 基于遗传算法的双组分体系汽液相平衡计算［J］. 淮北师范大学学报（自然科学版），2019，40（3）：38-43.

[29] 陈惜明，唐伟珊，瞿周，等. CO_2 汽提尿素装置绝热闪蒸技术及应用研究［J］. 氮肥与合成气，2017，45（10）：11-13.

3

精　馏

本章思维导图

```
                                                                 清晰分割估算塔顶、塔釜组成
关键组分与非关键组分                                              计算塔顶、塔釜温度，求平均相对挥发度
分配组分与非分配组分      概念                   多组分         Fenske公式求 N_m
清晰分割与非清晰分割                            精馏简        非清晰分割校核组成
                       求解方法                 捷计算        Underwood公式求 R_m
        摩尔流率                  多组分         (FUG法)        经验法求 N
        组成分布         特点     精馏过程                     确定适宜进料位置
        温度分布                 分析
                                                                        萃取剂性质
 均相       二元系                                              原理     原溶液性质
 非均相                   共沸物特征                                     萃取剂浓度
            三元系                                                              定性
                                                    萃取剂选择性与选择方法        定量
                       共沸物组成计算      共沸                           进料性质影响
            共沸剂选择                    精馏        塔内流量分布          回流比影响
                       共沸精馏流程        精馏                           萃取剂挥发度影响
 均相                                                          简捷计算   依据
 非均相               共沸精馏流程                                       脱溶剂浓度下的物料衡算
共沸剂用量                                                                萃取剂进料位置及温度
 物料衡算             共沸精馏计算                            流程设计特点   萃取剂用量
 平衡级数                                                       萃取精馏与共沸精馏比较
                                                溶盐精
          原理及过程分析        反应           馏和加        盐效应及其对汽液平衡的影响
          流程及工艺条件        精馏           盐萃取        溶盐精馏原理
          特点及基本要求                       精馏          加盐萃取精馏原理及流程
```

本章学习要求

● **掌握内容**

关键组分、清晰分割、非清晰分割、分配组分和非分配组分的含义；多组分精馏清晰分割的物料衡算，恩特伍德法最小回流比的计算，最少平衡级数及塔顶和塔釜组分分配的计算；共沸精馏、萃取精馏、溶盐精馏、反应精馏的原理与特点。

● **熟悉内容**

多组分精馏塔内流量、液相浓度和温度分布特点；非清晰分割的物料衡算；特殊精馏过程分离剂的选择；特殊精馏流程特点。

● **了解内容**

特殊精馏过程的简捷计算；精馏曲线的特点及其应用；特殊精馏的工业应用与发展。

精馏（distillation）是化学工业中应用最广泛的关键共性技术，广泛应用于石油、化工、化肥、制药、环境保护等行业。从技术和应用的成熟程度考虑，目前仍然是工厂的首选分离方法，有 90%～95% 的产品提纯和回收是由精馏实现的。化工及石油化工行业中乙烯、丙烯、丁烯等重要化工原料由催化裂化或热裂化再经精馏分离获得，而苯、甲苯、二甲苯等则可由原油经精馏和萃取分离获得。这些基本化工原料年产量达 1.3 亿吨。在我国，精馏是目前应用最广、占总能耗最大的化工分离过程。但由于精馏技术能耗高，大型化节能技术正面临挑战。近年来，随着相关学科的渗透、精馏学科本身的发展以及全球经济化的冲击，我国精馏技术正向新一代转变，以迎接所面临的挑战。在"碳中和""碳达峰"的战略目标下，基于过程强化的新型分离技术是未来的重点发展方向。

精馏是根据溶液中各组分相对挥发度的差异，通过液体多次部分汽化、蒸汽多次部分冷凝，进行汽液相间传质，借助"回流"技术实现混合液高纯度分离的多级分离操作，即同时进行多次部分汽化和部分冷凝的过程。精馏单元操作的分离要求是：首先形成第二相，使液相和汽相共存于分离塔中并能在每一级互相接触；其次是各组分具有不同的相对挥发度，使它们能以不同程度在两相间分配；最后可借助于重力或者其他机械方法使两相分离。很明显所产生的第二相是利用能量分离剂（蒸发或冷凝）产生的，混合物中不存在与进料所不同的其他组分。有时由于混合物中各组分的物理性质的特殊性需加入各种分离剂，必须采用特殊精馏如共沸精馏、萃取精馏、溶盐精馏等方法才可能完成规定的分离要求及提高分离效率。实现精馏操作的主体设备是精馏塔。

3.1 多组分精馏

多组分精馏是化工生产中广泛应用的一种分离方法，例如烃类裂解气的分离，苯乙烯的精制均用多组分精馏。尽管多组分精馏与二元精馏的基本原理是相同的，然而由于组分的增多计算过程变得复杂。多组分精馏的计算方法有简捷计算法和严格计算法两种。本节讨论多组分精馏的简捷计算法，该法具有快速、方便的优点。对于初步设计，为严格计算提供初始条件，建立优化设计条件的参数研究以及为了确定优化的分离顺序进行综合研究等，采用简捷法计算已能满足要求。对于要求更高的场合，可采用精确度更高的多组分精馏严格计算法进行计算，这部分内容将在第 5 章中介绍。

3.1.1 多组分精馏过程分析

3.1.1.1 关键组分

（1）轻、重关键组分

对于普通精馏塔，可调设计变量数为 5。当指定回流比、回流状态和适宜进料位置后，尚有两个可调设计变量可用来指定馏出液中某一个组分的浓度和釜液中某一组分的浓度。对于二元精馏来说，分别指定馏出液和釜液一个组分的浓度，就确定了馏出液和釜液的全部组成。而对于多组分精馏，由于剩余设计变量数仍为 2，只能指定两个组分的浓度，其他组分的浓度具体值的确定仍很困难。

由设计者指定浓度或提出分离要求的两个组分称为关键组分（key component），这两个组分在设计中起着重要作用。关键组分的组成确定后，其他组分的组成也相应定下来。两个关键组分中相对挥发度大的（即沸点低的）组分叫**轻关键组分**（LK）；相对挥发度小的（沸点高的）组分叫**重关键组分**（HK）。

关键组分以外的组分称为非关键组分。比轻关键组分相对挥发度更大或更轻的组分称为**轻非关键组分**（LNK），简称轻组分。比重关键组分相对挥发度更小或更重的组分称为**重非关键组分**（HNK），简称重组分。

在精馏的设计或操作控制中，关键组分对物系的分离起着决定作用。轻关键组分指在塔釜液中对该组分的浓度有严格限制，并在进料液中比该组分轻的组分及绝大部分的该组分应从塔顶采出。重关键组分指在塔顶馏出液中对该组分的浓度有严格限制，并在进料液中比该组分重的组分及绝大部分的该组分应在塔釜液中采出。

有时规定轻重关键组分的**回收率**（分离度）。回收率指轻（重）关键组分在塔顶（釜）产品中的量占进料量的百分数。

LK 在塔顶回收率

$$\varphi_{LK,D} = \frac{Dx_{LK,D}}{Fz_{LK}} \times 100\% \qquad (3\text{-}1)$$

HK 在塔釜回收率

$$\varphi_{HK,w} = \frac{Wx_{HK,w}}{Fz_{HK}} \times 100\% \qquad (3\text{-}2)$$

如果将精馏中的各个组分按相对挥发度递降顺序排列，一般一对轻重关键组分的相对挥发度是相邻的，也可不相邻，比轻关键组分还轻的组分从塔顶蒸出的分率和比重关键组分还重的组分从塔釜排出的分率分别比轻重关键组分要高。若相邻的轻重关键组分之一含量太少，可选与它邻近的某一组分为关键组分。关键组分的选择原则如下：

① **相邻产品**，分离要求主要是在相对挥发度相邻的组分之间分割为两个产品，较轻的组分为 LK，较重的组分为 HK，例如在脱甲烷塔中，进料有 H_2、C_1^0、$C_2^=$、C_2^0 四个组分，分割点在 $C_1^0/C_2^=$ 之间，因此选择甲烷为轻关键组分、乙烯作为重关键组分；

② **保证目的产品**，某几个组分为目的产品，回收率已确定，以此作为关键组分，如脱乙烷塔 $C_2^=$、$C_2^0/C_3^=$、C_3^0，取产品乙烷和丙烯为关键组分；

③ **原料分布与含量**，紧靠分离点一侧的两个组分之间如果相对挥发度差别不大，贴近分割点的组分含量远小于另一组分，选择含量大的组分为关键组分。

以上原则很难同时满足，因此具体应用时应根据实际情况遵循相应的原则进行选择。

（2）分配组分与非分配组分

塔顶、塔釜同时出现的组分为**分配组分**（distribution component）。只在塔顶或塔釜出现的组分为**非分配组分**。关键组分必定是分配组分。非关键组分不一定是非分配组分。

一个精馏塔的任务是使轻关键组分尽量多地进入塔顶馏出液，重关键组分尽量多地进入釜液。

（3）清晰分割与非清晰分割

根据分离要求确定关键组分后，还不能直接确定非关键组分在馏出液和釜液中的含量。为了进行物料衡算，先将问题简化。一般规定轻关键组分在馏出液中的含量和重关键组分在釜液中的含量。若假设轻重关键组分是相邻组分，并且馏出液中不含有比重关键组分还重的组分，釜液中不含有比轻关键组分还轻的组分，则这种情况称为**清晰分割**（sharp separation）。清晰分割是一种**理想**情况，当轻重关键组分为相邻组分，且与关键组分相对挥发度接近的非关键组分的量不大时，或者非关键组分的相对挥发度和两关键组分的相对挥发度相差很大时，可以近似按清晰分割处理。或者说轻组分在塔顶产品的回收率为 1，重组分在塔釜产品的回收率为 1，即轻组分全部从塔顶馏出液采出，重组分全部从塔釜釜液排出，非关键组分均为非分配组分。

在实际精馏过程中，尤其是对于组分数多、各组分的相对挥发度较接近、关键组分又不一定是相邻组分的情形，不能按清晰分割处理。在轻重关键组分为相邻组分时，馏出液中除了重关键组分以及比它轻的非关键组分外，还含有比它重的组分；釜液中除了轻关键组分以及比它重的组分外，还含有比它轻的组分。当轻重关键组分为非相邻组分时，两关键组分间的各组分会在馏出液和釜液中出现。这两种分配情况称为非清晰分割。

3.1.1.2　多组分精馏过程的复杂性

（1）求解方法

二元精馏，设计变量值被确定后，就很容易用物料衡算式、汽液平衡式和热量衡算式从塔的任何一端出发逐级计算，无需试差。而多组分精馏，由于不能指定馏出液和釜液的全部组成，相平衡、进料和产品组成以及平衡级数的计算都需要用试差法计算。如要进行逐级计算，必须先假设一端的组成，然后通过反复试差求解。

（2）摩尔流率

二元精馏除了在进料级处液体流量有突变外（图 3-1），各级的摩尔流率基本为常数。

对多组分精馏，以苯-甲苯-异丙苯精馏塔为例加以讨论。液、汽流量有一定的变化，但液汽比 L/V 却接近于常数（图 3-2），原因是各组分的摩尔汽化潜热相差较大。

图 3-1　二元精馏流量、温度、浓度分布

图 3-2　苯-甲苯-异丙苯精馏塔内汽、液流量和温度分布

（3）**温度分布**

温度分布无论几元总是从再沸器到冷凝器单调下降。

二元精馏在精馏段和提馏段中段温度变化最明显。对多元精馏，由图 3-2 可知，在接近塔顶和接近塔釜处及进料点附近，温度变化最快，这是因为在这些区域中组成变化最快，而泡点和组成密切相关。

（4）**组成分布**

二元精馏的组成分布与温度分布一样，在精馏段和提馏段中段组成变化明显，而多组分精馏，在进料级处各个组分都有显著的数量，而在塔的其余部分由组分性质决定，其分布见表 3-1。

表 3-1　多组分精馏塔内组分的分布情况

组　　分	邻近进料级上部几个级	邻近进料级下部几个级	邻近塔釜的几个级	邻近塔顶的几个级	总趋势
轻组分	有恒浓区	→0	≈0	迅速上升	由塔釜往上而上升
轻关键组分	—	汽相有波动		汽相出现最大值	
重关键组分	液相有波动	—	出现最大值	—	由塔顶往下而上升
重组分	→0	有恒浓区	迅速增浓	≈0	

重组分在塔釜产品中占有相当大的分率，由塔釜往上，由于分馏的结果，汽、液相中重组分的摩尔分数迅速下降，但在到达加料级之前，汽、液相中重组分的摩尔分数会降到某一极限值，因为加料中有重组分存在，这一数值在到达加料级前基本保持恒定（恒浓区）。轻组分在塔顶占有很大分率，由于分馏作用，由塔顶往下汽、液相轻组分急剧下降到一个恒定的极限值，直到加料级为止。

关键组分摩尔分数的变化不仅与关键组分本身有关，同时还受非关键组分浓度变化的影响。总的趋势是轻关键组分的摩尔分数沿塔釜往上不断增大，而重关键组分则不断下降（这和双组分精馏的情况类似）。但在邻近塔釜处，由于重组分的摩尔分数迅速上升，结果使两个关键组分的摩尔分数下降，此为重关键组分在加料级以下摩尔分数出现一个最大值的原因。在邻近塔顶处，轻组分的迅速增浓，使两个关键组分的摩尔分数下降，这是轻关键组分在汽相中的摩尔分数在加料级以上出现最大值的原因。

在加料级往上邻近的几个级处，重组分由加料级下面的极限值很快降到微量，这一分馏作用对轻的组分产生影响，在这几个级的摩尔分数上升较快，液相中重关键组分的摩尔分数在加料级以上不是单调下降而是有一波动，同理在加料级以下，汽相中轻关键组分的摩尔分数在该处有所上升。

影响 L、V 的几个因素：

① 通常精馏塔自下至上物料的分子量和摩尔汽化潜热渐降，则沿塔向上的摩尔流率应有增加的趋势；

② 沿塔向上，温度渐降，蒸汽上升中需被冷却，若冷却靠液体的汽化，则导致向上流量增加；

③ 液体沿塔向下流动时必须被加热，若加热靠蒸汽冷凝，将导致向下流量的增加。

塔内流量变化是上述三个因素的总效应，难以得出一个通用规律。但在很大程度上，这些因素相互抵消。因此，恒摩尔流假定有其实用性。

流量变化是 L 与 V 同方向变化，故 L/V 变化很小，所以，对分离影响很小。

由上得重要结论：精馏塔中，温度分布主要反映物流的组成，而总的级间流量分布则主要反映热量衡算的限制。其反映精馏过程的内在规律，在精馏的操作、设计中有着广泛的应用。

对精馏塔内传质过程进行分析可以知道：①塔内存在温度差、组分浓度差、汽液对流；②热力学化学位与温度有关，各层塔级温度不同、化学位不同；③由于存在化学位差、组分浓度差（传质推动力）、温度差和汽液对流流动，在各层塔级发生扩散、传质、动量传递，同时也发生传热和混合，且在有限时段内不能达到平衡。

3.1.1.3　精馏的类型

（1）间歇精馏

间歇精馏（batch distillation）又称分批精馏，通常用于产量小而附加值高或所处理物料需要分批进行，或原料或产品纯度经常改变，或一塔多用仅改变操作压力的场合。要从多组分混合物中分离出多个纯组分产品，采用连续精馏则需要多个分离塔，而采用分批精馏则在一个塔中进行即可。分批精馏过程是不稳态过程，塔内组成、温度都随时间而变化。其操作时可以恒定压力改变回流比或恒定塔釜温度改变操作压力，控制釜温略低于物料热分解或聚合的温度。也可通过多参数最优化控制，即对回流比、操作压力和汽相负荷进行优化控制。分批精馏采用填料塔，其持液量为板式塔的 $1/4 \sim 1/3$。这一特点可使各主馏分间切割清晰，中间馏分减少，主馏分有较高的回收率。

（2）连续精馏

连续精馏（continuous distillation）是化工分离过程中最常见的精馏方法。根据其物系挥发难易程度及对产品回收率要求等因素，又可以有下列各种流程。

① 只有精馏段的精馏塔　如图 3-3（a）所示，产品为易挥发组分，回收率要求不高。如空气分离中的粗氩塔，在空分主精馏塔的上塔靠下部位，从氩含量约 10%（均为体积分数）处抽出一股汽相物料进入粗氩塔塔釜，粗氩塔回流的液相从底部流出，仍返回空分上塔。因此，这是一个只有精馏段的精馏塔。

(a) 只有精馏段
的精馏塔

(b) 只有提馏段
的精馏塔

(c) 具有精馏段和
提馏段的精馏塔

图 3-3　连续精馏流程

粗氩塔塔顶汽相与来自空分主精馏塔塔釜的富氧液换热，从而粗氩塔塔顶温度也即塔顶压力是确定的。这样，粗氩塔的压差也是固定不变的。在此压差下，对于筛板塔只能是40～70块理论塔板，塔顶粗氩中含氧量为2%～5%，而大多数使用氩气的场合都要求几乎无氧和氮的高纯度氩。因此，从粗氩塔顶得到的粗氩，还需要进行催化加氢除氧，生成的水再用分子筛吸附干燥，然后再进入精氩塔精馏，以去除其中杂质氮和过量的氧，在精氩塔釜部获得氧含量小于0.002‰（质量分数）的高纯氩气产品。在粗氩塔的压差下，若采用低压降的高效规整填料，则有可能安装相当于180多级理论塔板的填料，粗氩塔顶气体再经精氩塔，即可获得氧含量低于0.002‰（质量分数）的高纯氩。这样就可以取消传统制氩时的下游加氢脱氧工艺，既省投资，又消除了加氢工艺存在的危险性，从而实现无氢制氩。

② **只有提馏段的精馏塔** 如图3-3（b）所示，适用于产品为难挥发组分且回收率要求不高的场合。例如通过水的精馏获得重水的塔。重水在普通水中是难挥发组分，且原料水的价格低廉，无需特别提高回收率以节省原料。

③ **具有精馏段和提馏段的精馏塔** 如图3-3（c）所示，在塔中某一位置，其液相组分与进料组分大致相同连续进料。塔顶、塔釜同时连续引出合格产品。进料口以上称精馏段，进料口以下称提馏段。精馏段使易挥发组分得以提纯，提馏段使易挥发组分从液相中提馏出来，增加易挥发组分的回收率。对于难挥发组分正好相反，在提馏段中提高其纯度，在精馏段中提高其回收率。

④ **精馏塔级联装置** 对于进料浓度低以及相对挥发度接近1的物系，当要获得高纯度产品时，需要相当多理论塔级数。这时采用单塔，塔高会相当高且实际上不可能实现，这种情况可以采用一系列的塔系或称为级联装置，如图3-4所示。或者当采用单塔压降太大时，也可采用级联装置，例如获得重水的水精馏，或其他同位素或同分异构体的精馏。级联装置的特点是各塔的直径可依次缩小，即进料的塔最大，到最后出产品的塔最小。级联装置的总体积要比单塔的体积小，但理论级数要比单塔所需理论级数多。

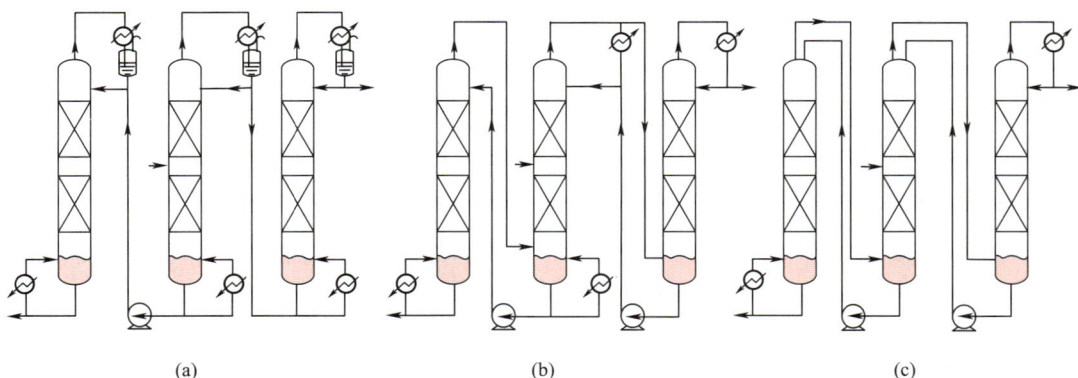

(a)　　　　　　　　　　(b)　　　　　　　　　　(c)

图3-4　级联装置

级联装置各塔间连接方式可以有不同方案，设计时应根据具体情况加以选择。图3-5列出了三种方案，即塔釜液体作为下塔进料［图3-5（a）和（b）］；塔釜蒸汽作为下塔进料［图3-5（c）和（d）］；塔釜液体经换热后作为下塔进料［图3-5（e）和（f）］。这些不同的级间连接方式，严格说来，在 $x\text{-}y$ 图上能显示出区别，但实际上对于相对挥发度接近1的物系，其差别极小。例如，工业上典型的裂解气深冷分离过程有三种不同的流程（参见［工程

(a) 塔釜液体直接作为下塔进料，下塔蒸汽冷凝后回前塔塔釜

(b) 塔釜液体直接作为下塔进料，下塔蒸汽直接回前塔塔釜

(c) 塔釜蒸汽冷凝后作为下塔进料，下塔蒸汽冷凝后回前塔塔釜

(d) 塔釜蒸汽冷凝后作为下塔进料，下塔蒸汽直接回前塔塔釜

(e) 塔釜液体经换热后作为下塔进料，下塔蒸汽冷凝后回前塔塔釜

(f) 塔釜液体经换热后作为下塔进料，下塔蒸汽直接回前塔塔釜

图 3-5　级联装置各塔间的连接方式

案例 3-1]）。除了常规精馏外，在乙二醇生产工艺中还采用减压精馏装置进行分离，以减少乙二醇的缩合（参见 [工程案例 3-2]）。

【工程案例 3-1】　裂解气深冷分离过程

裂解气的深冷分离流程是比较复杂的，设备较多，水、电、汽的消耗量也比较大。当以轻石脑油为裂解原料时，裂解气的组成见表 3-2，裂解气深冷分离工业装置见图 3-6。典型的深冷分离流程有顺序分离流程、前脱乙烷流程和前脱丙烷流程等三种。

表 3-2　裂解气的组成

组分	H_2	C_1^0	$C_2^{\equiv}$	$C_2^{=}$	C_2^0	$C_3^=$	C_3^0	$C_4^=$	$C_4^{==}$	C_4^0	C_5	合计
组成(体积分数)/%	14.6	27.9	0.6	30.9	5.7	10.5	0.7	2.5	4.3	0.2	2.1	100

（1）顺序分离流程

顺序分离流程就是将裂解气按各组分相对挥发度大小（碳原子数的多少），由轻到重逐一分离，其分离流程见图 3-7，裂解气经过离心式压缩机 Ⅰ～Ⅲ 段压缩，压力达到 1.01MPa，送入碱洗塔，脱去 H_2S、CO_2 等酸性气体。碱洗后的裂解气经过压缩机的 Ⅳ、Ⅴ 段压缩，压力达到 3.74MPa，经冷却至 15℃，去干燥塔用 3A 分子筛脱水，使裂解气的露点温度达到 -70℃ 左右。

图 3-6　裂解气深冷分离工业装置

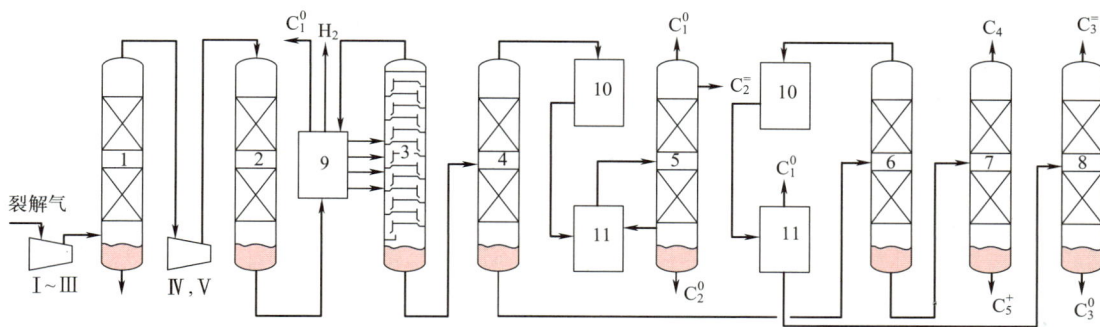

图 3-7　裂解气深冷分离顺序分离流程（未标注再沸器和冷凝器）

1—碱洗塔；2—干燥塔；3—脱甲烷塔；4—脱乙烷塔；5—乙烯塔；6—脱丙烷塔；
7—脱丁烷塔；8—丙烯塔；9—冷箱；10—脱炔反应器；11—绿油塔

干燥后的裂解气经过一系列冷却冷凝，在前冷箱中分出富氢和四股馏分，富氢经过换热提供冷量后经过甲烷化作为加氢脱炔用氢气；四股馏分进入脱甲烷塔的不同塔板，轻馏分温度低进入上层塔板，重馏分温度高进入下层塔板，在脱甲烷塔塔顶脱去甲烷馏分。塔釜液是 C_2 及以上馏分，进入脱乙烷塔，塔顶分出 C_2 馏分。

由脱乙烷塔塔顶来的 C_2 馏分经过换热升温，进行气相加氢脱乙炔，在绿油塔用乙烯塔来的侧线馏分洗去绿油（低级烯烃聚合物），再经过 3A 分子筛干燥，然后送去乙烯塔。

在乙烯塔的上部第八块塔板处侧线引出纯度为 99.9%（均为摩尔分数）的乙烯产品。塔釜液为乙烷馏分，送回裂解炉作裂解原料，塔顶脱出甲烷、氢（在加氢脱乙炔时带入，也可在乙烯塔前设置第二脱甲烷塔，脱去甲烷、氢后再进乙烯塔分离）。

脱乙烷塔釜液进入脱丙烷塔，塔顶分出 C_3 馏分，塔釜液为 C_4 以上馏分含有二烯烃，易聚合结焦，故塔釜温度不宜超过 100℃，并须加入阻聚剂。为了防止结焦堵塞，此塔一般有两个再沸器，以供轮换检修使用。

由脱丙烷塔蒸出的 C_3 馏分经过加氢脱丙炔和丙二烯，然后在绿油塔脱去绿油和加氢时带入的甲烷、氢，再入丙烯塔进行精馏，塔顶蒸出纯度为 99.9% 丙烯产品，塔釜液为丙烷馏分。

脱丙烷塔的釜液在脱丁烷塔分成 C_4 馏分和 C_5 及以上的馏分，C_4 和 C_5 及以上馏分分别送往下步工序，以便进一步分离与利用。

（2）前脱乙烷分离流程

前脱乙烷分离流程的分离顺序是首先以乙烷和丙烯作为分离界限，将裂解气分成两部分，一部分是氢气、甲烷、乙烯、乙烷组成的轻馏分；另一部分是丙烯、丙烷、丁烯、丁烷和 C_5 及 C_5 以上烃组成的重馏分。然后再将这两部分各自分离。

裂解气经压缩、脱酸性气体、干燥后，于 3.43MPa、20℃ 进入脱乙烷塔，从塔顶脱出 C_2 及 C_2 以下馏分，塔釜采出 C_3 及 C_3 以上馏分。塔顶馏分经干燥、换热、冷却到 -65℃ 后进入脱甲烷塔。脱甲烷塔操作压力为 3.2MPa，塔顶（含有 4% 的乙烯）尾气进入冷箱回收乙烯，提取富氢。脱甲烷塔釜液为 C_2 馏分，经加氢脱炔后进入乙烯塔。流程如图 3-8 所示。

图 3-8　裂解气前脱乙烷分离流程（未标注再沸器和冷凝器）

1—碱洗塔；2—干燥塔；3—脱乙烷塔；4—加氢脱炔；5—脱甲烷塔；
6—冷箱；7—乙烯塔；8—脱丙烷塔；9—丙烯塔；10—脱丁烷塔

【工程案例3-2】　**环氧乙烷加压水合法制乙二醇**

乙二醇是最简单和最重要的二元醇，可进行酯化反应、脱水反应、氧化反应、醚化反应及共聚反应等，主要用作生产聚酯纤维、塑料、薄膜、防冻剂和冷却剂的原料，还大量用于生产增塑剂、松香酯、干燥剂、柔软剂等多种化工产品。环氧乙烷水合法是国内外乙二醇工业化生产主要采用的工艺路线。

$$\underset{O}{CH_2 - CH_2} + H_2O \longrightarrow \underset{OH}{CH_2} - \underset{OH}{CH_2}$$

在工业生产中，环氧乙烷与约 10 倍（摩尔比）的过量水反应，使用酸催化剂时，反应在常压、50～70℃ 液相中进行；也可不用催化剂，在 190～230℃、2～3MPa 条件下进行。目前国内乙二醇工业化生产采用环氧乙烷直接水合即加压水合法的工艺路线，扬子石化年产20 万吨乙二醇装置和吉林化工园区乙二醇装置分别如图 3-9、图 3-10 所示，环氧乙烷加压水合制取乙二醇的工艺流程如图 3-11 所示。

图 3-9　扬子石化年产 20 万吨乙二醇装置

图 3-10　吉林化工园区乙二醇装置

原料环氧乙烷和水混合后与水合反应产物换热后连续送入水合反应器 2 以及一、二效反应器 3、4 进行水解反应，此时环氧乙烷全部转化为混合醇，生成的乙二醇水溶液含量约为10％（质量分数）。水解后的产物首先送入脱水塔 5，塔顶蒸出水，经冷凝器冷凝后，一部

图 3-11　环氧乙烷加压水合制取乙二醇工艺流程

1—混合器；2—水合反应器；3——效反应器；4—二效反应器；

5—脱水塔；6—乙二醇精馏塔；7——缩乙二醇精馏塔

分回流，其余送入混合器 1 重复使用，脱水塔釜液进入乙二醇精馏塔 6，塔顶得到的乙二醇经冷凝后部分回流，其余作为乙二醇产品。乙二醇精馏塔釜液再送入一缩乙二醇精馏塔 7，其塔顶可得到一缩乙二醇，塔釜为多缩乙二醇。在分离流程中，为减少乙二醇的缩合，脱水塔、乙二醇精馏塔和一缩乙二醇精馏塔的塔顶冷凝器连接真空泵，采用减压精馏分离操作，产品总收率可达 88%。

3.1.2　多组分精馏的简捷（群法）计算法

简捷法（short-cut method）计算只解决分离过程中平衡级数、进料与产品组成间的关系，而不涉及级间的温度与组成的分布。该计算将多组分溶液简化为一对关键组分的分离，物料衡算按清晰分割计算，求得塔顶和塔釜的流量和组成，用芬斯克（Fenske）公式计算最少平衡级数 N_m，用恩特伍德（Underwood）公式计算最小回流比 R_m，再按实际情况确定回流比 R，用吉利兰（Gilliland）关联图求得平衡级数 N。因此，简捷法一般简称为 FUG 法。

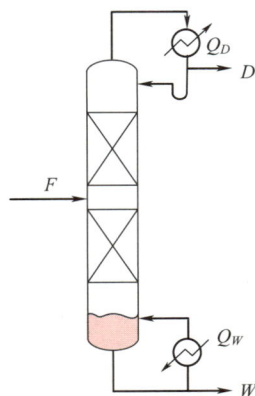

普通多组分精馏塔（图 3-12）和普通双组分精馏塔一样，具有一股进料，没有侧线采出、中间冷凝器和中间再沸器。但是，多组分精馏和二元精馏不同的是，通常工艺条件并不规定（也不能规定）所有组分的分离要求，只规定馏出液中某一组分的含量和塔釜液中另一组分的含量不能高于其规定值，而并不规定其他组分在馏出液和釜液中的含量。因此，多组分精馏计算应首先确定关键组分，估算非关键组分在馏出液和釜液中的分配，从而进行回流比的计算和平衡级数的计算。

图 3-12　普通多组分精馏塔

精馏塔的**物料衡算**是精馏计算的基础，精馏塔设计中第一个步骤就是物料衡算。多组分精馏塔的物料衡算包括全塔总物料衡算和各个组分的物料衡算，通过物料衡算，可以求出馏出液和釜液的流量、组成与进料流量、组成间的关系，馏出液的组成是最小回流比计算的基础数据之一，同时还用于冷凝器的计算，釜液的组成是再沸器计算的基础数据之一。这两个组成数据又是计算最少平衡级数所必需的数据。

3.1.2.1 清晰分割的物料衡算

物料按清晰分割处理只是一种**理想状态**，这对于相对挥发度相差较大的组分才能适用。清晰分割时塔顶馏出液中没有重组分，塔釜釜液中没有轻组分，只有两个关键组分为分配组分。计算清晰分割情况下的总变量数，如图 3-12 的普通精馏塔，设组分数为 c，因只有 LK 和 HK 在塔顶和塔釜交叉，总变量数为

$$
\begin{array}{ll}
F、z_i、D、W & c+3 \\
x_{i,D}、x_{i,W} & c+2 \\
\hline
 & N_v = 2c+5
\end{array}
$$

可列出的方程式的数目为

物料平衡式 $\quad Fz_i = Dx_{i,D} + Wx_{i,W} \qquad\qquad\qquad c$

归一方程 $\quad \sum z_i = 1,\ \sum x_{i,D} = 1,\ \sum x_{i,W} = 1 \qquad 3$

$$
N_c = c+3
$$

设计变量 $\qquad N_i = N_v - N_c = 2c+5 - (c+3) = c+2$

现在已知 F、z_i 和塔顶、塔釜的一个组分的浓度，即已知 $c+2$ 个变量。因此对于清晰分割可用一般的物料平衡式求解。

根据进料量和组成，按工艺要求选好一对关键组分，建立全塔物料衡算式，然后分别得精馏段和提馏段操作线方程。

在清晰分割条件下，轻组分在塔釜不出现，即对比 LK 还轻的组分应有

$$
\begin{array}{ll}
w_i = 0 \\
d_i = f_i & (1 \leqslant i \leqslant \mathrm{LK}-1)
\end{array}
\tag{3-3}
$$

式中，f_i、d_i、w_i 分别为进料、馏出液、釜液中组分 i 的摩尔流率。

由于比 HK 还重的组分（重组分）在馏出物中不出现，则

$$
\begin{array}{ll}
d_i = 0 \\
w_i = f_i & (\mathrm{HK}+1 \leqslant i \leqslant c)
\end{array}
\tag{3-4}
$$

各物流的总流率为其中各组分的流率之和。馏出液流率 D 为

$$
D = \sum_{i=1}^{\mathrm{LK}-1} d_i + d_{\mathrm{LK}} + d_{\mathrm{HK}} = \sum_{i=1}^{\mathrm{LK}-1} f_i + d_{\mathrm{LK}} + d_{\mathrm{HK}}
\tag{3-5}
$$

釜液流率 W 为

$$
W = \sum_{i=\mathrm{HK}+1}^{c} w_i + w_{\mathrm{LK}} + w_{\mathrm{HK}} = \sum_{i=\mathrm{HK}+1}^{c} f_i + w_{\mathrm{LK}} + w_{\mathrm{HK}}
\tag{3-6}
$$

根据分离要求，可由式(3-5)和式(3-6)求得清晰分割时馏出液和釜液的流率，进而可求得其组成。馏出液中轻重关键组分和轻组分的摩尔分数为

$$
x_{\mathrm{LK},D} = \frac{Fz_{\mathrm{LK}} - Wx_{\mathrm{LK},W}}{D} = \frac{f_{\mathrm{LK}} - w_{\mathrm{LK}}}{D}
\tag{3-7}
$$

$$
x_{\mathrm{HK},D} = \frac{Fz_{\mathrm{HK}} - Wx_{\mathrm{HK},W}}{D} = \frac{f_{\mathrm{HK}} - w_{\mathrm{HK}}}{D}
\tag{3-8}
$$

$$
x_{\mathrm{LNK},D} = \frac{Fz_{\mathrm{LNK}}}{D} = \frac{f_{\mathrm{LNK}}}{D}
\tag{3-9}
$$

釜液中轻重关键组分和重组分的摩尔分数为

$$x_{HK,w} = \frac{Fz_{HK} - Dx_{HK,D}}{W} = \frac{f_{HK} - d_{HK}}{W} \tag{3-10}$$

$$x_{LK,w} = \frac{Fz_{LK} - Dx_{LK,D}}{W} = \frac{f_{LK} - d_{LK}}{W} \tag{3-11}$$

$$x_{HNK,w} = \frac{Fz_{HNK}}{W} = \frac{f_{HNK}}{W} \tag{3-12}$$

假定为恒摩尔流，则精馏段操作线方程为

$$y_{i,n+1} = \frac{L_n}{V_{n+1}} x_{i,n} + \frac{D}{V_{n+1}} x_{i,D} = \frac{R}{R+1} x_{i,n} + \frac{1}{R+1} x_{i,D} \tag{3-13}$$

提馏段操作线方程为

$$y_{i,m+1} = \frac{\overline{L_m}}{\overline{V_{m+1}}} x_{i,m} + \frac{W}{\overline{V_{m+1}}} x_{i,w} = \frac{L+qF}{L+qF-W} x_{i,m} + \frac{V}{L+qF-W} x_{i,w} \tag{3-14}$$

q 定义为每千摩尔进料汽化成饱和蒸汽时需要的热量与进料的千摩尔汽化潜热之比。

$$q = \frac{\text{饱和蒸汽的焓} - \text{进料的焓}}{\text{饱和蒸汽的焓} - \text{饱和液体的焓}} = \frac{H - h_F}{H - h} \tag{3-15}$$

多组分精馏物料衡算的分离指标有 20 种，每种的计算方法均不同。谷里鹏等推导给出了 20 种指标下清晰分割假设物料衡算中采出流量的计算通式。分离指标间接地给出了精馏原料的分离因素。常见清晰分割的物料衡算按所给定条件不同分为以下四种情况。

① 给定馏出液中轻关键组分 LK 的摩尔分数 $x_{LK,D}$ 和釜液中重关键组分 HK 的摩尔分数 $x_{HK,w}$。轻、重关键组分的物料衡算为

$$\begin{aligned} d_{LK} &= Dx_{LK,D} \\ d_{HK} &= f_{HK} - Wx_{HK,w} \end{aligned} \tag{3-16}$$

$$\begin{aligned} w_{LK} &= f_{LK} - Dx_{LK,D} \\ w_{HK} &= Wx_{HK,w} \end{aligned} \tag{3-17}$$

全塔物料衡算为
$$F = D + W \tag{3-18}$$

将式(3-16) 和式(3-17) 分别代入式(3-5) 和式(3-6)，然后和式(3-18) 联立求解，可得

$$D = \frac{\sum_{i=1}^{LK-1} f_i + f_{HK} - Fx_{HK,w}}{1 - x_{LK,D} - x_{HK,w}} \tag{3-19}$$

$$W = \frac{\sum_{i=HK+1}^{c} f_i + f_{LK} - Fx_{LK,D}}{1 - x_{LK,D} - x_{HK,w}} \tag{3-20}$$

设进料中组分 i 的摩尔分数为 z_i，则

$$f_i = Fz_i$$

于是

$$D = F\frac{\sum_{i=1}^{LK-1} z_i + z_{HK} - x_{HK,w}}{1 - x_{LK,D} - x_{HK,w}} \tag{3-21}$$

$$W = F\frac{\sum_{i=HK+1}^{c} z_i + z_{LK} - x_{LK,D}}{1 - x_{LK,D} - x_{HK,w}} \tag{3-22}$$

② 给定馏出液中重关键组分的摩尔分数 $x_{HK,D}$ 和釜液中轻关键组分的摩尔分数 $x_{LK,W}$。馏出液和釜液的流率为

$$D = F \frac{\sum_{i=1}^{LK} z_i - x_{LK,W}}{1 - x_{HK,D} - x_{LK,W}} \tag{3-23}$$

$$W = F \frac{\sum_{i=HK}^{c} z_i - x_{HK,D}}{1 - x_{HK,D} - x_{LK,W}} \tag{3-24}$$

③ 给定馏出液和釜液中轻关键组分的摩尔分数 $x_{LK,D}$ 和 $x_{LK,W}$，馏出液和釜液的流率为

$$D = F \frac{z_{LK} - x_{LK,W}}{x_{LK,D} - x_{LK,W}} \tag{3-25}$$

$$W = F \frac{x_{LK,D} - z_{LK}}{x_{LK,D} - x_{LK,W}} \tag{3-26}$$

④ 给定馏出液中轻关键组分的摩尔分数 $x_{LK,D}$ 和轻关键组分的回收率 φ_{LK}。根据回收率的定义

$$\varphi_{LK} = \frac{D x_{LK,D}}{F z_{LK}} \times 100\% = \frac{d_{LK}}{f_{LK}} \times 100\% \tag{3-27}$$

可推导得馏出液和釜液的流率为

$$D = F \frac{z_{LK}}{x_{LK,D}} \varphi_{LK} \tag{3-28}$$

$$W = F - D$$

【例 3-1】 某精馏塔进料中含 (1) $n\text{-}C_6^0$ 0.33、(2) $n\text{-}C_7^0$ 0.33、(3) $n\text{-}C_8^0$ 0.34，要求馏出液中 $n\text{-}C_7^0$ 的含量不大于 0.015，釜液中 $n\text{-}C_6^0$ 的含量不大于 0.011（以上均为摩尔分数）。若进料流率为 100kmol/h，试按清晰分割求馏出液和釜液的流率及组成。

解 根据分离要求，设 $n\text{-}C_6^0$ 为轻关键组分，$n\text{-}C_7^0$ 为重关键组分。

$$x_{HK,D} = x_{2,D} = 0.015, \qquad x_{LK,W} = x_{1,W} = 0.011.$$

总物料衡算，由式（3-23）和式（3-24）得

$$D = F \frac{\sum_{i=1}^{LK} z_i - x_{LK,W}}{1 - x_{HK,D} - x_{LK,W}} = 100 \times \frac{0.33 - 0.011}{1 - 0.015 - 0.011} = 32.75 (\text{kmol/h})$$

$$W = F \frac{\sum_{i=HK}^{c} z_i - x_{HK,D}}{1 - x_{HK,D} - x_{LK,W}} = 100 \times \frac{0.33 + 0.34 - 0.015}{1 - 0.015 - 0.011} = 67.25 (\text{kmol/h})$$

或 $\qquad W = F - D = 100 - 32.75 = 67.25 (\text{kmol/h})$

组分物料衡算，由清晰分割可知

$$d_3 = 0$$

$$d_2 = D x_{2,D} = 32.75 \times 0.015 = 0.49 (\text{kmol/h})$$

$$d_1 = D - d_2 - d_3 = 32.75 - 0.49 - 0 = 32.26 (\text{kmol/h})$$

$$w_1 = W x_{1,W} = 67.25 \times 0.011 = 0.74 (\text{kmol/h})$$

$$w_2 = f_2 - d_2 = 100 \times 0.33 - 0.49 = 32.51 (\text{kmol/h})$$

$$w_3 = W - w_1 - w_2 = 67.25 - 0.74 - 32.51 = 34.00 (\text{kmol/h})$$

馏出液和塔釜液中各组分流率及组成列于表 3-3。

表 3-3 [例 3-1] 物料衡算表

编号	组分	f_i/(kmol/h)	z_i(摩尔分数)/%	d_i/(kmol/h)	$x_{i,D}$(摩尔分数)/%	w_i/(kmol/h)	$x_{i,W}$(摩尔分数)/%
1	正己烷	33	33	32.26	98.5	0.74	1.1
2	正庚烷	33	33	0.49	1.5	32.51	48.3
3	正辛烷	34	34	0	0	34.00	50.6
合计		100	100	32.75	100.0	67.25	100.0

【例 3-2】 某乙烯精馏塔的进料组成如表 3-4 所示。已知原料流率为 190.58kmol/h，要求馏出液中乙烯摩尔分数不小于 0.9990，釜液中乙烯摩尔分数不大于 0.0298。试用清晰分割计算馏出液和塔釜液流率及组成。

表 3-4 [例 3-2] 原料组成及其流率表

编 号	1	2	3	4	5	合计
组分	甲烷	乙烯	乙烷	丙烯	丙烷	
流率/(kmol/h)	0.038	167.730	22.107	0.686	0.019	190.58
z_i(摩尔分数)/%	0.02	88.01	11.60	0.36	0.01	100.00

解 设乙烯为轻关键组分，乙烷为重关键组分。已知

$$x_{LK,D} = x_{2,D} = 0.9990, \quad x_{LK,W} = x_{2,W} = 0.0298$$

作物料衡算，由式(3-25) 得

$$D = F \frac{z_{LK} - x_{LK,W}}{x_{LK,D} - x_{LK,W}} = 190.58 \times \frac{0.8801 - 0.0298}{0.9990 - 0.0298} = 167.20 (\text{kmol/h})$$

$$W = F - D = 190.58 - 167.20 = 23.38 (\text{kmol/h})$$

或

$$W = F \frac{x_{LK,D} - z_{LK}}{x_{LK,D} - x_{LK,W}} = 190.58 \times \frac{0.9990 - 0.8801}{0.9990 - 0.0298} = 23.38 (\text{kmol/h})$$

组分物料衡算，因可视为清晰分割，所以

$$w_1 = d_4 = d_5 = 0$$
$$d_1 = f_1 = 0.038 \text{kmol/h}$$
$$w_4 = f_4 = 0.686 \text{kmol/h}$$
$$w_5 = f_5 = 0.019 \text{kmol/h}$$
$$d_2 = D x_{2,D} = 167.20 \times 0.9990 = 167.033 (\text{kmol/h})$$
$$w_2 = W x_{2,W} = 23.38 \times 0.0298 = 0.697 (\text{kmol/h})$$
$$d_3 = D - d_1 - d_2 - d_4 - d_5$$
$$= 167.20 - 0.038 - 167.033 - 0 - 0 = 0.129 (\text{kmol/h})$$
$$w_3 = f_3 - d_3 = 22.107 - 0.129 = 21.978 (\text{kmol/h})$$

物料衡算结果列于表 3-5。

表 3-5 ［例 3-2］物料衡算表

编号	组分	$d_i/(\text{kmol/h})$	$x_{i,D}$(摩尔分数)/%	$w_i/(\text{kmol/h})$	$x_{i,w}$(摩尔分数)/%
1	甲烷	0.038	0.02	0	0
2	乙烯	167.033	99.90	0.697	2.98
3	乙烷	0.129	0.08	21.978	94.01
4	丙烯	0	0	0.686	2.93
5	丙烷	0	0	0.019	0.08
合计		167.200	100.00	23.380	100.00

【例 3-3】 已知脱丙烷塔的原料组成如下表所示。要求馏出液中正丁烷的浓度≤0.005（均为摩尔分数），釜液中丙烷的浓度≤0.010，求馏出液及釜液的组成。

序 号	1	2	3	4	5	6	合计
组分	C_1	C_2	C_3	C_4	C_5	C_6	
摩尔分数/%	26	9	25	17	11	12	100

解 取 100kmol/h 进料为基准，根据题意 C_3 和 C_4 分别为轻、重关键组分。
总物料衡算，由式(3-23) 和式(3-24) 得

$$D = F\frac{\sum\limits_{i=1}^{LK} z_i - x_{LK,W}}{1 - x_{HK,D} - x_{LK,W}} = 100 \times \frac{0.26 + 0.09 + 0.25 - 0.01}{1 - 0.005 - 0.010} = 59.898(\text{kmol/h})$$

$$W = F\frac{\sum\limits_{i=HK}^{c} z_i - x_{HK,D}}{1 - x_{HK,D} - x_{LK,W}} = 100 \times \frac{0.17 + 0.11 + 0.12 - 0.005}{1 - 0.005 - 0.010} = 40.102(\text{kmol/h})$$

或 $W = F - D = 100 - 59.898 = 40.102(\text{kmol/h})$

组分物料衡算，由清晰分割可知

$$x_{3,D} = \frac{Fz_{LK} - Wx_{LK,W}}{D} = \frac{100 \times 0.25 - 40.102 \times 0.01}{59.898} = 41.06\%$$

$$x_{1,D} = \frac{Fz_1}{D} = \frac{100 \times 0.26}{59.898} = 43.41\%$$

$$x_{2,D} = \frac{Fz_2}{D} = \frac{100 \times 0.09}{59.898} = 15.03\%$$

$$x_{4,W} = \frac{Fz_{HK} - Dx_{HK,D}}{W} = \frac{100 \times 0.17 - 59.898 \times 0.005}{40.102} = 41.65\%$$

$$x_{5,W} = \frac{Fz_5}{W} = \frac{100 \times 0.11}{40.102} = 27.43\%$$

$$x_{6,W} = \frac{Fz_6}{W} = \frac{100 \times 0.12}{40.102} = 29.92\%$$

馏出液和塔釜液中各组分流率及组成列于表 3-6。

表 3-6 ［例 3-3］ D 和 W 中各组分流率及组成表

组　分	z_i（摩尔分数）	$x_{i,D}$（摩尔分数）	$x_{i,W}$（摩尔分数）	d_i/(kmol/h)	w_i/(kmol/h)
C_1	0.26	0.4341	0	26	0
C_2	0.09	0.1503	0	9	0
C_3	0.25	0.4106	0.010	24.593	0.41
C_4	0.17	0.005	0.4165	0.2995	16.702
C_5	0.11	0	0.2743	0	11
C_6	0.12	0	0.2992	0	12
合　计	1.00	1.0000	1.0000	59.90	40.10

3.1.2.2　芬斯克（Fenske）法计算最少平衡级数 N_m

芬斯克公式是基于全回流时所需平衡级数最少的概念，通过交替使用操作线方程和相平衡方程而推导出来的。如图 3-13 所示，全回流操作是精馏操作的一种<mark>极限</mark>情况。此情况下，不采出馏出液和塔釜液，在稳定操作的情况下，也没有进料。回流比为无穷大，此时精馏塔需要的平衡级数最少。全回流可调设计变量数等于 3，回流状态一定，可由两个关键组分的分离要求确定此时完成分离所需平衡级数。

在全回流时，平衡级的序号从上往下计数，应有 $L_n = V_{n+1}$。作 n 级至塔顶范围的组分 i 的物料衡算

$$L_n x_{i,n} = V_{n+1} y_{i,n+1}$$

联立前面两式得精馏塔任意一个平衡级全回流时的操作线方程为

$$x_{i,n} = y_{i,n+1}$$

即无论是精馏段还是提馏段，对任一级，来自下面塔级的上升蒸汽与该级溢流下去的液体的组成相同。相平衡关系为

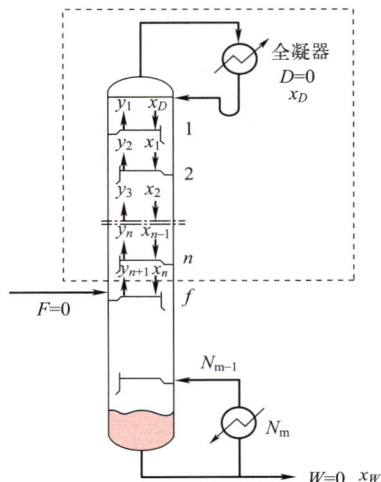

图 3-13　全回流操作

$$y_{i,n} = K_{i,n} x_{i,n}$$

式中，$y_{i,n}$ 为离开第 n 个平衡级的汽相中组分 i 的摩尔分数；$x_{i,n}$ 为离开第 n 个平衡级的液相中组分 i 的摩尔分数；$K_{i,n}$ 为第 n 个平衡级的组分 i 的汽液相平衡常数。

对于任一组分 i，塔顶为全凝器，$x_{i,D} = y_{i,1}$。从塔顶起第一个平衡级：

平衡关系　　　　　　　$y_{i,1} = K_{i,1} x_{i,1}$ 　　　　　　　　　　　　(a)

操作关系　　　　　　　$x_{i,1} = y_{i,2}$ 　　　　　　　　　　　　　　(b)

联立（a）、（b）两式得

$$y_{i,1} = K_{i,1} y_{i,2}$$ 　　　　　　　(c)

同样，对于第二个平衡级可得

$$y_{i,2} = K_{i,2} x_{i,2}$$ 　　　　　　　(d)

将式（d）代入式（c）得

$$y_{i,1} = K_{i,1} K_{i,2} x_{i,2}$$ 　　　　　　　(e)

以此类推，对第 N 个平衡级则有

$$y_{i,1} = K_{i,1} K_{i,2} \cdots K_{i,N-1} K_{i,N} x_{i,N} \tag{f}$$

同理，对另一组分 j 应有

$$y_{j,1} = K_{j,1} K_{j,2} \cdots K_{j,N-1} K_{j,N} x_{j,N} \tag{g}$$

式（f）除以式（g）得

$$\frac{y_{i,1}}{y_{j,1}} = \frac{K_{i,N}}{K_{j,N}} \times \frac{K_{i,N-1}}{K_{j,N-1}} \times \cdots \times \frac{K_{i,2}}{K_{j,2}} \times \frac{K_{i,1}}{K_{j,1}} \times \frac{x_{i,N}}{x_{j,N}} \tag{h}$$

根据相对挥发度的定义 $\alpha_{i,j} = \dfrac{K_i}{K_j}$，为简便起见，$\alpha$ 下角中略去 i 对 j 的符号，只注明平衡级的序号以表明其条件。对于全凝器，$x_{i,D} = y_{i,1}$，$x_{i,N} = x_{i,W}$。因此式（h）可写为

$$\frac{x_{i,D}}{x_{j,D}} = \alpha_N \alpha_{N-1} \cdots \alpha_2 \alpha_1 \frac{x_{i,W}}{x_{j,W}} \tag{3-29}$$

$$\left(\frac{x_{i,D}}{x_{i,W}} \right) \left(\frac{x_{j,W}}{x_{j,D}} \right) = \prod_{k=1}^{N} \alpha_{i,j,k} \tag{3-30}$$

当已知各个平衡级的相对挥发度时，由式（3-30）可以根据组分 i 和组分 j 的分离要求，求最少平衡级数 N_m。但是，为了计算各级的相对挥发度，必须知道各级的温度和各级间物流的组成。因此，在简捷计算中采用近似方法处理。若在全塔范围内的相对挥发度变化不大，则各级的相对挥发度可用下列几何平均值表示

$$\alpha_{i,j} = \left(\prod_{k=1}^{N} \alpha_{i,j,k} \right)^{\frac{1}{N}} \tag{3-31}$$

于是，式（3-30）变为

$$\left(\frac{x_{i,D}}{x_{i,W}} \right) \left(\frac{x_{j,W}}{x_{j,D}} \right) = \alpha_{i,j}^{N_m} \tag{3-32}$$

所以

$$N_m = \frac{\lg \left[\left(\dfrac{x_{i,D}}{x_{i,W}} \right) \left(\dfrac{x_{j,W}}{x_{j,D}} \right) \right]}{\lg \alpha_{i,j}} = \frac{\lg \left[\left(\dfrac{x_i}{x_j} \right)_D \Big/ \left(\dfrac{x_i}{x_j} \right)_W \right]}{\lg \alpha_{i,j}} \tag{3-33}$$

由于过程中一般给出产品中关键组分的浓度或分离要求，所以通常设组分 i 为轻关键组分，组分 j 为重关键组分。式（3-33）变为

$$N_m = \frac{\lg \left[\left(\dfrac{x_{LK,D}}{x_{LK,W}} \right) \left(\dfrac{x_{HK,W}}{x_{HK,D}} \right) \right]}{\lg \alpha_{LK,HK}} = \frac{\lg \left[\left(\dfrac{x_{LK}}{x_{HK}} \right)_D \Big/ \left(\dfrac{x_{LK}}{x_{HK}} \right)_W \right]}{\lg \alpha_{LK,HK}} \tag{3-34}$$

由芬斯克方程可知，**最少平衡级数**取决于两关键组分的分离要求及其相对挥发度，而非关键组分只是通过对关键组分间的相对挥发度的影响对最少平衡级数起作用。

式（3-34）中的平均相对挥发度在实际计算中经常采用简化求法，取塔顶、进料和塔釜，或塔顶和塔釜条件下相对挥发度的几何平均值。

$$\alpha_{平均} = \sqrt[3]{\alpha_D \alpha_F \alpha_W} \tag{3-35}$$

$$\alpha_{平均} = \sqrt{\alpha_D \alpha_W} \tag{3-36}$$

当塔顶与塔釜相对挥发度的比值小于 2 时，可取其算术平均值。

芬斯克公式还可表示为

$$N_m = \frac{\lg\left[\left(\dfrac{d}{w}\right)_{LK}\bigg/\left(\dfrac{d}{w}\right)_{HK}\right]}{\lg\alpha_{LK,HK}} \tag{3-37}$$

当轻重关键组分的分离要求以回收率的形式规定时，用芬斯克方程进行最少平衡级数和关键组分在塔顶、塔釜的分配的计算是最简单的，无需试差计算。若 $\varphi_{LK,D}$ 表示轻关键组分在馏出液中的回收率，$\varphi_{HK,W}$ 表示重关键组分在釜液中的回收率，则有

$$d_{LK} = \varphi_{LK,D}f_{LK}, \qquad w_{LK} = (1-\varphi_{LK,D})f_{LK} \tag{3-38}$$

$$d_{HK} = (1-\varphi_{HK,W})f_{HK}, \qquad w_{HK} = \varphi_{HK,W}f_{HK} \tag{3-39}$$

$$N_m = \frac{\lg\left[\dfrac{\varphi_{LK,D}\varphi_{HK,W}}{(1-\varphi_{LK,D})(1-\varphi_{HK,W})}\right]}{\lg\alpha_{LK,HK}} \tag{3-40}$$

式(3-33)、式(3-34)、式(3-37) 和式(3-40) 即著名的芬斯克公式。

【讨论】

在使用芬斯克公式时应注意以下几点。

① 上式是对组分 LK、HK 推导的结果，既能用于双组分，也能用于多组分精馏。对多组分精馏，用一对关键组分来求，其他组分对它们分离的影响反映在 α_{LH} 上。所以关键组分选取不同，N_m 不同，只有按一对关键组分所计算的 N_m 值，才能符合产品的分离要求。

② N_m 与进料组成和状态无关，也与组成的表示方法无关。采用芬斯克公式计算最少平衡级数，既能用于全塔，也能单独用于某一塔段。

③ 随分离要求的提高，轻关键组分的分配比加大，重关键组分的分配比减小；α_{LH} 下降，N_m 增加。

④ 全回流时所需 N 最小，所以全回流通常作为精馏塔开工操作和调节的主要手段，也常用于塔级和填料传质效率的研究和测定。

⑤ 全回流下的物料分布（即非清晰分割法）。

在实际生产中，比轻关键组分还轻的组分，在釜内仍有微量存在，重组分在塔顶馏出液中也有微量存在。非清晰分割物料分布假定在一定回流比操作时，各组分在塔内的分布与在全回流操作时的分布相同，这样就可以采用 Fenske 公式去反算非关键组分在塔顶、塔釜的浓度。全回流时可调设计变量数为 3，故当回流状态、N_m 以及某一组分在塔顶、塔釜的分配情况确定时，其余组分的分配情况便确定，且其余组分的分离度只取决于此 N_m 下各自的相对挥发度。所以，可利用此 N_m 来计算其他非关键组分在全回流时在塔顶、塔釜的分配情况。

由式(3-32) 可推出

$$\left(\frac{d_i}{w_i}\right) = (\alpha_{i,r})^{N_m}\left(\frac{d_r}{w_r}\right) \tag{3-41}$$

式中，下角 i 为非关键组分；下角 r 为关键组分或参考组分；$\alpha_{i,r}$ 为 i 相对于 r 的相对挥发度。

根据给出的关键组分的分离要求由简捷法可求得 N_m，然后由式(3-41) 求出任意组分 i 的 $\dfrac{d_i}{w_i}$ 值，将其与 $f_i = d_i + w_i$ 联立即能求出各个组分在塔顶、塔釜的分配情况。d_i 和 w_i 还可直接由下面两式求得

$$w_i = \frac{f_i}{1 + \left(\dfrac{d_{HK}}{w_{HK}}\right)(\alpha_{i,HK})^{N_m}} \tag{3-42}$$

$$d_i = \frac{f_i \left(\dfrac{d_{HK}}{w_{HK}}\right)(\alpha_{i,HK})^{N_m}}{1 + \left(\dfrac{d_{HK}}{w_{HK}}\right)(\alpha_{i,HK})^{N_m}}$$

(3-43)

计算组分分布，必须先计算平均相对挥发度。为此，必须知道塔顶与塔釜的温度，但是确定这些温度，又必须有组成数据，因此只能用试差法反复试算，直到结果合理为止。方法是先按清晰分割得到的组成分布来试算塔顶与塔釜的温度，即泡点、露点温度，再计算其相对挥发度、平均相对挥发度，计算 N_m 以及计算新的组成分布，以新组成重复上述过程，直至组成不变为止。

另外还可采用图解法求非关键组分的分配情况，如图 3-14 所示。由式（3-41）得

$$\lg \frac{d_i}{w_i} = N_m \lg \alpha_{i,HK} + \lg \frac{d_{HK}}{w_{HK}}$$

(3-44)

可见，$\lg \dfrac{d_i}{w_i}$-$\lg \alpha_{i,HK}$ 是以 $\lg \alpha_{i,HK}$ 为横坐标，$\lg \dfrac{d_i}{w_i}$ 为纵坐标，截距为 $\lg \dfrac{d_{HK}}{w_{HK}}$，斜率为 N_m 的一条直线。直线上 $\dfrac{d_i}{w_i}$ 和 $\alpha_{i,HK}$ 成一一对应关系。

只要做出此直线，即可由此确定各组分的分配情况。图解法的步骤为：

① 根据工艺选择关键组分并计算它们在塔顶、塔釜的分配比 $\dfrac{d_{LK}}{w_{LK}}$ 和 $\dfrac{d_{HK}}{w_{HK}}$；

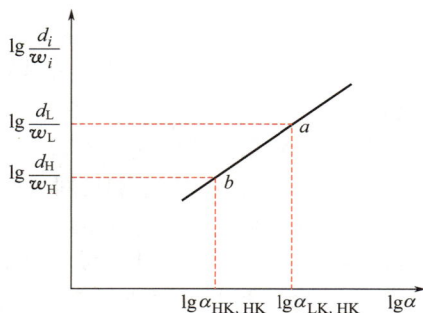

图 3-14　组分在塔顶和塔釜的分布

② 根据进料温度及塔的压力，计算出图中各组分相对于重关键组分的相对挥发度 $\alpha_{i,HK}$；

③ 在双对数坐标上，以 $\alpha_{i,HK}$ 为横坐标，以 $\dfrac{d_i}{w_i}$ 为纵坐标，并以轻重关键组分的相对挥发度 $\alpha_{LK,HK}$ 和 $\alpha_{HK,HK}$ 及在塔顶、塔釜的分配比 $\dfrac{d_{LK}}{w_{LK}}$ 和 $\dfrac{d_{HK}}{w_{HK}}$ 定出 a、b 两点，连接 ab 得一直线，则其他组分的分配比的值与其相对挥发度的交点均落在直线上；

④ 由任一组分的 $\alpha_{i,HK}$ 值做垂线与直线 ab 相交，从纵坐标上可读得 $\dfrac{d_i}{w_i}$ 的值，然后由式 $f_i = d_i + w_i$ 可算出其在塔顶和塔釜的分布量。

R. Cao 等提出用指数函数简捷计算法（EFSC）计算精馏塔的最少平衡级数，计算精度较高，与逐级计算接近。S. W. Gadzama 等采用 Visual Basic 6++语言编程，提出了计算机辅助多组分精馏简捷计算，为精馏简捷计算提供了一种快速精确的方法。

【例 3-4】　对由 ［例 3-2］ 给出的精馏塔的进料流量和组成以及分离要求，按非清晰分割进行物料衡算。已知进料为泡点进料，塔顶冷凝器为全凝器。塔的操作压力为 0.577MPa，塔顶温度为 207.6K，塔釜温度为 225.0K，进料泡点为 208.8K。根据进料、塔顶和塔釜的温度、压力计算所得各组分相应的 K 因子和相对挥发度列于表 3-7。

解　根据表 3-7 给出的数据可以计算出各组分全塔的平均相对挥发度分别为：

$$\alpha_{1,\text{HK}} = 17.122 \ , \ \alpha_{2,\text{HK}} = 1.8075 \ , \ \alpha_{3,\text{HK}} = 1 \ , \ \alpha_{4,\text{HK}} = 0.1383 \ , \ \alpha_{5,\text{HK}} = 0.1004$$

表 3-7　[例 3-4] 进料、塔顶和塔釜的各组分相应的 K、相对挥发度

编号	组分	进料 208.8K		塔顶 207.6K		塔釜 225.0K		平均
		K_i	$\alpha_{i,\text{HK}}$	K_i	$\alpha_{i,\text{HK}}$	K_i	$\alpha_{i,\text{HK}}$	$\alpha_{i,\text{HK}}$
1	甲烷	11.074	19.166	10.912	19.685	13.415	13.305	17.122
2	乙烯	1.0584	1.8318	1.000	1.8046	1.8012	1.7864	1.8075
3	乙烷	0.5778	1	0.5543	1	1.0083	1	1
4	丙烯	0.0714	0.1236	0.0668	0.1205	0.1793	0.1778	0.1383
5	丙烷	0.0503	0.0871	0.0465	0.0839	0.1396	0.1386	0.1004

根据 [例 3-2] 清晰分割结果，计算最少平衡级数。

$$N_{\text{m}} = \frac{\lg\left[\left(\dfrac{x_{\text{LK},D}}{x_{\text{LK},W}}\right)\left(\dfrac{x_{\text{HK},W}}{x_{\text{HK},D}}\right)\right]}{\lg\alpha_{\text{LK,HK}}} = \frac{\lg\left[\dfrac{0.9990}{0.0298} \times \dfrac{0.9401}{0.0008}\right]}{\lg 1.8075} = 17.68$$

由 [例 3-2] 得

$$\frac{d_{\text{HK}}}{w_{\text{HK}}} = \frac{0.129}{21.978} = 0.00587$$

由式

$$w_i = \frac{f_i}{1 + \left(\dfrac{d_{\text{HK}}}{w_{\text{HK}}}\right)(\alpha_{i,\text{HK}})^{N_{\text{m}}}}$$

或

$$d_i = \frac{f_i\left(\dfrac{d_{\text{HK}}}{w_{\text{HK}}}\right)(\alpha_{i,\text{HK}})^{N_{\text{m}}}}{1 + \left(\dfrac{d_{\text{HK}}}{w_{\text{HK}}}\right)(\alpha_{i,\text{HK}})^{N_{\text{m}}}}$$

求出各组分的 d_i 和 w_i。

以甲烷计算为例

$$w_1 = \frac{0.038}{1 + 0.00587 \times 17.122^{17.68}} = 5.691 \times 10^{-22} \ (\text{kmol/h})$$

$$d_1 = 0.038 - 5.691 \times 10^{-22} = 0.038 \ (\text{kmol/h})$$

其余各组分的物料平衡结果列于表 3-8。

表 3-8　[例 3-4] 非清晰分割的物料平衡

编号	组分	进料		馏出液		釜液	
		f_i/(kmol/h)	z_i(摩尔分数)	d_i/(kmol/h)	$x_{i,D}$(摩尔分数)	w_i/(kmol/h)	$x_{i,w}$(摩尔分数)
1	甲烷	0.038	0.0002	0.038	0.0002	5.7×10^{-22}	0.24×10^{-22}
2	乙烯	167.73	0.8801	167.010	0.9990	0.720	0.0308
3	乙烷	22.107	0.1160	0.129	0.0008	21.978	0.9391
4	丙烯	0.686	0.0036	1.77×10^{-18}	1.059×10^{-20}	0.686	0.0293
5	丙烷	0.019	0.0001	1.58×10^{-22}	0.945×10^{-24}	0.019	0.0008
合计		190.58	1.0000	167.177	1.0000	23.403	1.0000

3.1.2.3 最小回流比 R_m 和回流比

（1）恩特伍德法计算最小回流比 R_m

轻、重关键组分的分离度一经确定，在指定的进料状态下，用无穷多的级数来达到规定的分离要求时，所需的回流比（reflux ratio）称为最小回流比 R_m。对于实际的精馏塔，其平衡级数都是有限的，因此，实际回流比必须大于最小回流比，精馏塔才能达到分离要求。在一定的分离要求下，回流比和平衡级数之间存在着一定的关系。选择合适的回流比的步骤是：首先计算最小回流比，然后根据由经济衡算所得的实际回流比和最小回流比的经验比例系数，确定实际回流比。

多组分精馏塔在最小回流比下操作时，和二元精馏一样，会出现恒浓区（又称夹点）。但是，多组分精馏较二元精馏复杂。对于二元精馏，将在进料级上下出现恒浓区，即加料级处两条操作线与平衡线相交，由精馏段操作线的斜率可求 R_m。对于多组分精馏，若进料中的所有组分均为分配组分，那么只在进料级上下出现一个恒浓区，窄沸程混合物的精馏或两关键组分分离不明显的精馏属于这类分离。另一类是，一个或多个组分只存在于馏出液或釜液中，即在馏出液或釜液中，没有一个含有进料中所有的组分。此时，在精馏段和提馏段各存在一个恒浓区。在进料级和精馏段恒浓区之间的各级除去重组分，使之在馏出液中不出现。在进料级和提馏段恒浓区之间的各级除去轻组分，使之在釜液中不出现。若所有进料组分在釜液中出现，则提馏段的恒浓区移至进料级上下。同样，若所有进料组分在馏出液中出现，精馏段恒浓区移至进料级上下。上述两类分离的最小回流比计算方法不同。只有一个恒浓区的情况，在多组分精馏中是比较少的。

对于最小回流比下有上下两个恒浓区的多组分精馏，Underwood 根据物料平衡和相平衡关系，利用两个恒浓区的概念，并且假定：①在两个恒浓区之间区域各组分的相对挥发度为常数；②在进料级到精馏段恒浓区和进料级到提馏段恒浓区的两区域均为恒摩尔流。推导出了求取 R_m 的公式，其形式为

$$\sum \frac{\alpha_i x_{i,F}}{\alpha_i - \theta} = 1 - q \tag{3-45}$$

$$\sum \frac{\alpha_i (x_{i,D})_m}{\alpha_i - \theta} = R_m + 1 \tag{3-46}$$

式中，α_i 为组分 i 对参考组分的相对挥发度；q 为进料的液相分率；R_m 为最小回流比；$x_{i,F}$ 为进料混合物中组分 i 的摩尔分数；$(x_{i,D})_m$ 为最小回流比下馏出液中组分 i 的摩尔分数；θ 为方程式的根。一般先根据式（3-45）试差求 θ，再利用式（3-46）求 R_m。

【讨论】

使用 Underwood 公式应注意几点：

① 计算 i 组分的 α_i 理论上可以任选一参考组分，但为减小误差建议选 HK 或最重的组分为参考组分。按前述方法计算平均值，也可按下式计算平均温度下的相对挥发度替代。

$$\bar{t} = \frac{Dt_D + Wt_W}{F} \tag{3-47}$$

② θ 是方程的根，含有 c 种组分的系统有 c 个根，只取 $\alpha_{LK} \geqslant \theta \geqslant \alpha_{HK}$ 的那个根。当 LK 和 HK 不是相对挥发度相邻的两种组分时，可得两个或两个以上的 R_m。此时，取其平均值作为 R_m。

③ 式中 $(x_{i,D})_m$ 的确切值难以求得，其估算比较麻烦，常按全回流时塔顶组成进行计算。

④ 用上式进行计算时，需注意其两个假定条件是否成立，若在两恒浓区之间的区域内恒摩尔流和相对挥发度为常数的假定不成立，则求得的 R_m 会有相当大的误差。计算时一般要求上述区域内各组分的相对挥发度变化小于10%。

【例 3-5】 某乙烯精馏塔，进料、塔顶和塔釜产品组成（摩尔分数）如表 3-9 所示。操作压力为 2.13MPa，塔顶和塔釜温度分别为 −23℃ 和 −3℃，塔顶冷凝器为全凝器，泡点进料。计算该塔的最小回流比。

表 3-9　[例 3-5]进料、塔顶和塔釜产品组成

编号	组分	z_i（摩尔分数）	$x_{i,D}$（摩尔分数）	$x_{i,W}$（摩尔分数）	$\alpha_{i,HK}$
1	甲烷	0.0049	0.0055	0	7.3188
2	乙烯	0.8938	0.9900	0.1000	1.4783
3	乙烷	0.0960	0.0045	0.8510	1
4	丙烯	0.0053	0	0.049	0.2551
合计		1.0000	1.0000	1.0000	

解　泡点进料，$q=1$，所以

$$\sum \frac{\alpha_i x_{i,F}}{\alpha_i - \theta} = 1 - q = 0$$

$$\sum \frac{\alpha_i x_{i,F}}{\alpha_i - \theta} = \frac{7.3188 \times 0.0049}{7.3188 - \theta} + \frac{1.4783 \times 0.8938}{1.4783 - \theta} + \frac{1 \times 0.0960}{1 - \theta} + \frac{0.2551 \times 0.0053}{0.2551 - \theta} = 0$$

试差法求得 $\theta = 1.0324$，则最小回流比为

$$R_m = \sum \frac{\alpha_i (x_{i,D})_m}{\alpha_i - \theta} - 1 = \frac{7.3188 \times 0.0055}{7.3188 - 1.0324} + \frac{1.4783 \times 0.9900}{1.4783 - 1.0324} + \frac{1 \times 0.0045}{1 - 1.0324} - 1 = 2.15$$

（2）操作回流比

在一定条件下，为达到两个关键组分的指定分离要求，操作回流比必须大于最小回流比。操作回流比确定的依据是经济衡算，要求使操作费用和设备投资费用总和最小。

精馏总成本最低的回流比为最优回流比。回流比变化对精馏总成本同时存在正、反两方面的影响，因此，回流比选择存在一优化的问题。

在最小回流比时操作费用最小，而设备费用为无穷大。当回流比由最小回流比逐渐增大时，平衡级数急剧减少，设备费用很快减少；随着回流比的增大，这一变化逐渐变缓。当回流比增至一定值后，由于塔径增大的影响大于塔高减小的影响，设备费用回升。生产的总费用为设备费用与操作费用之和，而操作费用总是随着回流比的增大而增大的。Fair 等研究了相对总操作费用和 R/R_m 之间的关系，如图 3-15 所示。R/R_m 的最佳值为 1.05。但是在相当大的 R/R_m 范围，仍然处于接近最佳的条件。在实际的设计中，经常取 R/R_m 为 1.10。而对于需要平衡级数少的分离，

图 3-15　回流比对费用的影响

R/R_m 约为 1.50。通常应用的经验范围为 $R/R_m=1.2\sim2.0$。具体 R 的确定要视实际情况而定，对难分离体系，α 小，N_T 大（可达 100 多），塔高，R 大些可使 N 下降明显，R/R_m 可取较大值；若塔顶需冷冻措施，α 较大，选择较小 R，避免能耗过大，如裂解气分离 $T<-100℃$，$R=1.05R_m$。

Monroy-Loperena 等和 V. N. Dan 等分别提出多项式法、矩阵特征值法和凸函数转换法求解恩特伍德方程。

3.1.2.4　平衡级数 N 的确定

由芬斯克方程求出最少平衡级数 N_m、恩特伍德方程计算出最小回流比 R_m 后，再由经验关联式求出操作回流比下的平衡级数（number of equilibrium stage）N。

（1）由吉利兰（Gilliand）图求 N

吉利兰对 8 个不同体系的 50 多个精馏塔进行逐级计算，根据 R、R_m、N_m 和 N 间关系进行归纳得到吉利兰图（图 3-16），体系组分 $2\sim11$ 种，操作压力真空至 4MPa，α_{LK-HK} 为 $1.26\sim4.05$，R_m 在 $0.53\sim7.0$，N 为 $2.4\sim43.1$，进料状态变化较宽，对理想溶液，最大误差为 7%；对非正常 α 体系，吉利兰图不适用。图中 N_m 及 N 均包括再沸器在内。

1940 年吉利兰关联提出后，不少研究者提出了各种关联，希望提高估算精度，但效果不明显，吉利兰关联至今仍得到广泛应用。

为避免吉利兰图由于反复转载及查图而产生误差，莫洛克诺夫（Molokanov）等提出了图 3-16 曲线的方程式，可由下式计算 N 值

$$Y=1-\exp\left[\frac{(1+54.4X)(X-1)}{(11+117.2X)\sqrt{X}}\right]$$

$$X=\frac{R-R_m}{R+1},\qquad Y=\frac{N-N_m}{N+1}$$

(3-48)

图 3-16　吉利兰图

图 3-17　耳波和马多克斯图

为了便于计算，埃特及（Eduljec）将上述曲线回归成更为简单的式(3-49)。

$$Y=0.75-0.75X^{0.5668}$$

(3-49)

（2）由耳波和马多克斯（Erbar and Maddox）关联图求 N

此法是对吉利兰关联法较为成功的改进。其关联数据更多，精度较吉利兰关联法佳，平均误差为 4.4%，故耳波（Erbar）和马多克斯（Maddox）法用得较多，如图 3-17，适用于非理想溶液，但须有 $q=1$（泡点进料）。

【例 3-6】 已知 $R_m=1.378$，$N_m=6.79$，$R=1.25R_m=1.722$，求平衡级数。

解 （1）由吉利兰关联法求 N

由 $\dfrac{R-R_m}{R+1}$ 计算横坐标

$$\frac{R-R_m}{R+1}=\frac{1.722-1.378}{1.722+1}=0.1264$$

由横坐标 0.1264 作垂线与图中曲线相交，再由交点作水平线与纵坐标相交读得

$$\frac{N-N_m}{N+1}=0.5$$

将 $N_m=6.79$ 代入上式解得 $N=14.58$。

（2）由耳波和马多克斯关联图求 N

$$\frac{R}{R+1}=\frac{1.722}{1.722+1}=0.6326$$

$$\frac{R_m}{R_m+1}=\frac{1.378}{1.378+1}=0.5795$$

查耳波和马多克斯关联图得 $\dfrac{N_m}{N}=0.50$，所以 $N=\dfrac{6.79}{0.50}=13.58$。

3.1.2.5　进料级位置

（1）由芬斯克公式求进料位置

根据芬斯克公式计算最少平衡级数，既能用于全塔，也能单独用于精馏段或提馏段，从而可求得适宜的进料位置。

精馏段最少平衡级数
$$(N_R)_m=\frac{\lg\left[\left(\dfrac{x_L}{x_H}\right)_D\left(\dfrac{x_H}{x_L}\right)_F\right]}{\lg\alpha_{LH}}$$

提馏段最少平衡级数
$$(N_S)_m=\frac{\lg\left[\left(\dfrac{x_L}{x_H}\right)_F\left(\dfrac{x_H}{x_L}\right)_W\right]}{\lg\alpha_{LH}}$$

$$\frac{(N_R)_m}{(N_S)_m}=\frac{\lg\left[\left(\dfrac{x_L}{x_H}\right)_D\left(\dfrac{x_H}{x_L}\right)_F\right]}{\lg\left[\left(\dfrac{x_L}{x_H}\right)_F\left(\dfrac{x_H}{x_L}\right)_W\right]} \tag{3-50}$$

$$(N_R)_m+(N_S)_m=N_m$$

注意：不能由 $(N_R)_m$ 和 $(N_S)_m$ 直接查吉利兰图得 N_R 和 N_S，因为该图是由全塔数据关联而得，不能用于半塔（但当全塔 α 被看为常数时可用）。

（2）由 Kirkbride 提出的经验式求适宜进料位置

$$\frac{N_R}{N_S} = \left[\left(\frac{z_{HK,F}}{z_{LK,F}}\right)\left(\frac{x_{LK,W}}{x_{HK,W}}\right)^2 \left(\frac{W}{D}\right)\right]^{0.206} \qquad (3-51)$$

上式适用于泡点进料。国内也有学者提出了五种进料热状态下进料级最佳位置的确定和精馏操作段、提馏操作段内理论级数的确定方法。

3.1.2.6　简捷法计算平衡级数步骤

简捷法（FUG 法）求取平衡级数按下述步骤进行：

① 根据工艺条件及工艺要求，找出一对关键组分。

② 由清晰分割估算塔顶、塔釜产物的量及组成。

③ 根据塔顶、塔釜组成计算相应的温度，求出平均相对挥发度。

④ 用 Fenske 公式计算 N_m。

⑤ 用 Underwood 法计算 R_m，并选择适宜的操作回流比 R。

⑥ 利用芬斯克方程计算非关键组分分配比，然后按非清晰分割作物料衡算。

⑦ 确定适宜的进料位置。

⑧ 根据 R_m、R、N_m，用吉利兰（Gilliland）图求平衡级数 N。

关于多组分精馏的相关计算，国内也对此做了大量的研究工作，有论文认为上述简捷法计算过程往往比较复杂，推出一种将 FUG 法的各步骤组合在一起可方便求平衡级数的算图法，据称与 FUG 法的误差小于 10%。有学者依据图解法原理，采用最小二乘法拟合、Newton 迭代法和三次样条插值算法，用 Matlab 实现了精馏塔理论级数的计算。也有采用 Maple 和 MathCAD 计算精馏过程所需理论塔板数。国外学者在总理论级数最少的原则下对简单塔和复杂塔提出了计算简单且精度较高的简捷算法。

【例 3-7】 设计一个脱乙烷塔，从含有 6 种轻烃的混合物中回收乙烷，进料为泡点进料，进料组成、各组分的相对挥发度见表 3-10，要求馏出液中丙烯的含量≤2.5%，釜液中乙烷的含量≤5.0%（均为摩尔分数）。试求此过程所需最少平衡级数及全回流下的馏出液和釜液的组成。若回流比取最小回流比的 1.25 倍，试计算平衡级数及其进料位置。

表 3-10　［例 3-7］进料和各组分条件

编号	1	2	3	4	5	6	合计
进料组分	甲烷	乙烷	丙烯	丙烷	异丁烷	正丁烷	
摩尔分数/%	5.0	35.0	15.0	20.0	10.0	15.0	100
α	7.536	2.091	1.000	0.901	0.507	0.408	

解　（1）求最少平衡级数和 D、W 的组成

根据题意，组分 2 是轻关键组分，组分 3 是重关键组分，先按清晰分割作物料衡算，取 100kmol/h 进料为计算基准，假定为清晰分割，即馏出液中不含组分 4、5、6，釜液中不含组分 1。

$$D = F\frac{\sum\limits_{i=1}^{LK} z_i - x_{LK,W}}{1 - x_{HK,D} - x_{LK,W}} = 100 \times \frac{0.05 + 0.35 - 0.05}{1 - 0.025 - 0.05} = 37.8378(\text{kmol/h})$$

$$W = F - D = 100 - 37.8378 = 62.1622(\text{kmol/h})$$
$$w_2 = Wx_{2,W} = 62.1622 \times 0.05 = 3.1081(\text{kmol/h})$$
$$d_2 = f_2 - w_2 = 35 - 3.1081 = 31.8919(\text{kmol/h})$$
$$d_3 = Dx_{3,D} = 37.8378 \times 0.025 = 0.9459(\text{kmol/h})$$
$$w_3 = f_3 - d_3 = 15.0 - 0.9459 = 14.0541(\text{kmol/h})$$

其余组分计算不再一一列出，D 和 W 衡算结果如表 3-11。

表 3-11 ［例 3-7］按清晰分割求得馏出液、釜液流率表

编号	组分	进料 f_i/(kmol/h)	馏出液 d_i/(kmol/h)	釜液 w_i/(kmol/h)
1	甲烷	5.0	5.0000	0
2	乙烷	35.0	31.8919	3.1081
3	丙烯	15.0	0.9459	14.0541
4	丙烷	20.0	0	20.0000
5	异丁烷	10.0	0	10.0000
6	正丁烷	15.0	0	15.0000
	合计	100.0	37.8378	62.1622

$$N_m = \frac{\lg\left[\left(\dfrac{d}{w}\right)_{LK} \Big/ \left(\dfrac{d}{w}\right)_{HK}\right]}{\lg\alpha_{LK,HK}} = \frac{\lg\left[\dfrac{31.8919}{3.1081}\Big/\dfrac{0.9459}{14.0541}\right]}{\lg 2.091} = 6.81$$

为核实按清晰分割假设作物料衡算是否合理，计算甲烷在釜液中的量和浓度

$$w_1 = \frac{5}{1 + \dfrac{0.9459}{14.0541} \times 7.356^{6.81}} = 0.000093(\text{kmol/h})$$

$$x_{1,W} = \frac{w_1}{W} = \frac{0.000093}{62.1622} = 1.5 \times 10^{-6}$$

同样可求出组分 4、5、6 在馏出液中的量和浓度为

$$d_4 = 0.6406\text{kmol/h}, \quad d_5 = 0.0066\text{kmol/h}, \quad d_6 = 0.0023\text{kmol/h}$$
$$x_{4,D} = 0.017, \quad x_{5,D} = 0.000174, \quad x_{6,D} = 0.000061$$

由计算结果可以看到，甲烷、异丁烷和正丁烷按清晰分割作物料衡算是合理的，丙烷按清晰分割有误差需再进行试差计算。将 d_4 的第一次计算值作为初值重新作物料衡算，结果列于表 3-12。

表 3-12 ［例 3-7］按非清晰分割求得馏出液、釜液流率表

编号	组分	进料 f_i/(kmol/h)	馏出液 d_i/(kmol/h)	釜液 w_i/(kmol/h)
1	甲烷	5.0	5.0000	0
2	乙烷	35.0	31.9265	3.0735
3	丙烯	15.0	0.9633	14.0367
4	丙烷	20.0	0.6406	19.3594
5	异丁烷	10.0	0	10.0000
6	正丁烷	15.0	0	15.0000
	合计	100.0	38.5304	61.4696

用上表中数据求最少平衡级数

$$N_{\mathrm{m}}=\frac{\lg\left[\left(\dfrac{d}{w}\right)_{\mathrm{LK}}\bigg/\left(\dfrac{d}{w}\right)_{\mathrm{HK}}\right]}{\lg\alpha_{\mathrm{LK,HK}}}=\frac{\lg\left[\dfrac{31.9265}{3.0735}\bigg/\dfrac{0.9633}{14.0367}\right]}{\lg2.091}=6.805$$

由式(3-43) 校核 d_4

$$d_i=\frac{f_i\left(\dfrac{d_{\mathrm{HK}}}{w_{\mathrm{HK}}}\right)(\alpha_{i,\mathrm{HK}})^{N_{\mathrm{m}}}}{1+\left(\dfrac{d_{\mathrm{HK}}}{w_{\mathrm{HK}}}\right)(\alpha_{i,\mathrm{HK}})^{N_{\mathrm{m}}}}=\frac{20\times\dfrac{0.9633}{14.0367}\times0.901^{6.805}}{1+\dfrac{0.9633}{14.0367}\times0.901^{6.805}}=0.653(\mathrm{kmol/h})$$

因为 d_4 的初值和校核值基本相同，故物料分配计算合理。计算馏出液和釜液的组成列于表3-13。

表 3-13　[例 3-7] 馏出液、釜液流率、组成表

编号	组分	馏出液 d_i/(kmol/h)	$x_{i,D}$	釜液 w_i/(kmol/h)	$x_{i,w}$
1	甲烷	5.0000	0.1298	0	0
2	乙烷	31.9265	0.8286	3.0735	0.050
3	丙烯	0.9633	0.025	14.0367	0.2284
4	丙烷	0.6406	0.0166	19.3594	0.3149
5	异丁烷	0	0	10.0000	0.1627
6	正丁烷	0	0	15.0000	0.2440
合计		38.5304	1.0000	61.4696	1.0000

（2）计算最小回流比 R_{m}

$$\sum\frac{\alpha_i x_{i,F}}{\alpha_i-\theta}=1-q=0$$

$$\sum\frac{\alpha_i x_{i,F}}{\alpha_i-\theta}=\frac{7.536\times0.05}{7.536-\theta}+\frac{2.091\times0.35}{2.091-\theta}+\frac{1.00\times0.15}{1.00-\theta}$$

$$+\frac{0.901\times0.20}{0.901-\theta}+\frac{0.507\times0.10}{0.507-\theta}+\frac{0.408\times0.15}{0.408-\theta}=0$$

试差法求得 $\theta=1.325$，则最小回流比为

$$R_{\mathrm{m}}=\sum\frac{\alpha_i(x_{i,D})_{\mathrm{m}}}{\alpha_i-\theta}-1$$

$$=\frac{7.536\times0.1298}{7.536-1.325}+\frac{2.091\times0.8286}{2.091-1.325}+\frac{1.00\times0.025}{1.00-1.325}+\frac{0.901\times0.0166}{0.901-1.325}-1=1.307$$

（3）求平衡级数 N

$$R=1.25R_{\mathrm{m}}=1.25\times1.307=1.634$$

由耳波和马多克斯（Erbar and Maddox）关联图求 N

$$\frac{R}{R+1}=\frac{1.634}{1.634+1}=0.62$$

$$\frac{R_{\mathrm{m}}}{R_{\mathrm{m}}+1}=\frac{1.307}{1.307+1}=0.567$$

查耳波和马多克斯关联图得

$$\frac{N_m}{N} = 0.47, \text{则 } N = \frac{6.805}{0.47} = 14.5$$

该精馏过程不包括再沸器需要 13.5 个平衡级。

（4）进料位置的确定

$$(N_R)_m = \frac{\lg\left[\left(\dfrac{d}{f}\right)_{LK}\bigg/\left(\dfrac{d}{f}\right)_{HK}\right]}{\lg\alpha_{LK,HK}} = \frac{\lg\left[\dfrac{31.9265}{35}\bigg/\dfrac{0.9633}{15}\right]}{\lg 2.091} = 3.6$$

$$(N_S)_m = \frac{\lg\left[\left(\dfrac{f}{w}\right)_{LK}\bigg/\left(\dfrac{f}{w}\right)_{HK}\right]}{\lg\alpha_{LK,HK}} = \frac{\lg\left[\dfrac{35}{3.0735}\bigg/\dfrac{15}{14.0367}\right]}{\lg 2.091} = 3.2$$

因为
$$N_S + N_R = N = 14.5, \qquad \frac{(N_R)_m}{(N_S)_m} = \frac{N_R}{N_S}$$

$$N_R = \frac{\dfrac{(N_R)_m}{(N_S)_m}}{1 + \dfrac{(N_R)_m}{(N_S)_m}} \times N = \frac{\dfrac{3.6}{3.2} \times 14.5}{1 + \dfrac{3.6}{3.2}} = 7.68$$

$$N_S = 14.5 - 7.68 = 6.82$$

3.2　共沸精馏

多组分精馏过程是利用组分间相对挥发度的差异而实现组分间的分离和提纯，然而，在化工生产中常遇到需要分离的混合物中组分的相对挥发度相差极小或接近于 1，或等于 1，或有价值的组分在混合液中浓度很低且难挥发，还有些待分离的物质是热敏性物质等。这时采用普通精馏方法完成其分离提纯，或者不可能，或者不经济和不实际。如果采用特殊的方法改变它们的相对挥发度，就能用普通精馏方法经济合理地分离提纯，这种方法就是**特殊精馏**。在原溶液中加入另一溶剂，由于该溶剂对原溶液中各个组分作用的差异，形成非理想溶液，改变了各组分的活度系数，加大了关键组分之间的相对挥发度，达到有效分离的目的。

共沸精馏（azeotropic distillation）是在原溶液中添加**共沸剂** S 使其与溶液中至少一个组分形成最低（最高）沸点共沸物，以增大原组分间相对挥发度的非理想溶液的多元精馏。一般共沸物的沸点比料液中任一组分的沸点或原有共沸物的沸点低（高）得多，且组成也有显著的差异，形成的共沸物从塔顶（塔釜）采出，塔釜（塔顶）引出较纯产品，最后将共沸剂与组分分离。有关物质的共沸组成和共沸温度可参阅有关文献。

3.2.1　共沸物和共沸组成的计算

3.2.1.1　共沸现象与共沸物

如果溶液与理想溶液偏差较大，有可能产生**共沸现象**。**共沸物**是指在一定压力下，汽液相组成与沸腾温度始终不变的这一类溶液，如在常压下将 66.8%（摩尔分数）的醋酸甲酯和 33.2%的甲醇混合时所形成的共沸物，其共沸点为 54℃。共沸物的形成是组成溶液的各组分间分子结构不相似，在混合时引起与理想溶液偏差的结果。若溶液与理想溶液产生最大正偏差，即活度系数大于 1，则形成**最低沸点共沸物**；反之，活度系数小于 1，则形成**最高沸点共沸物**。二元均相共沸体系的相关相图见图 3-18。

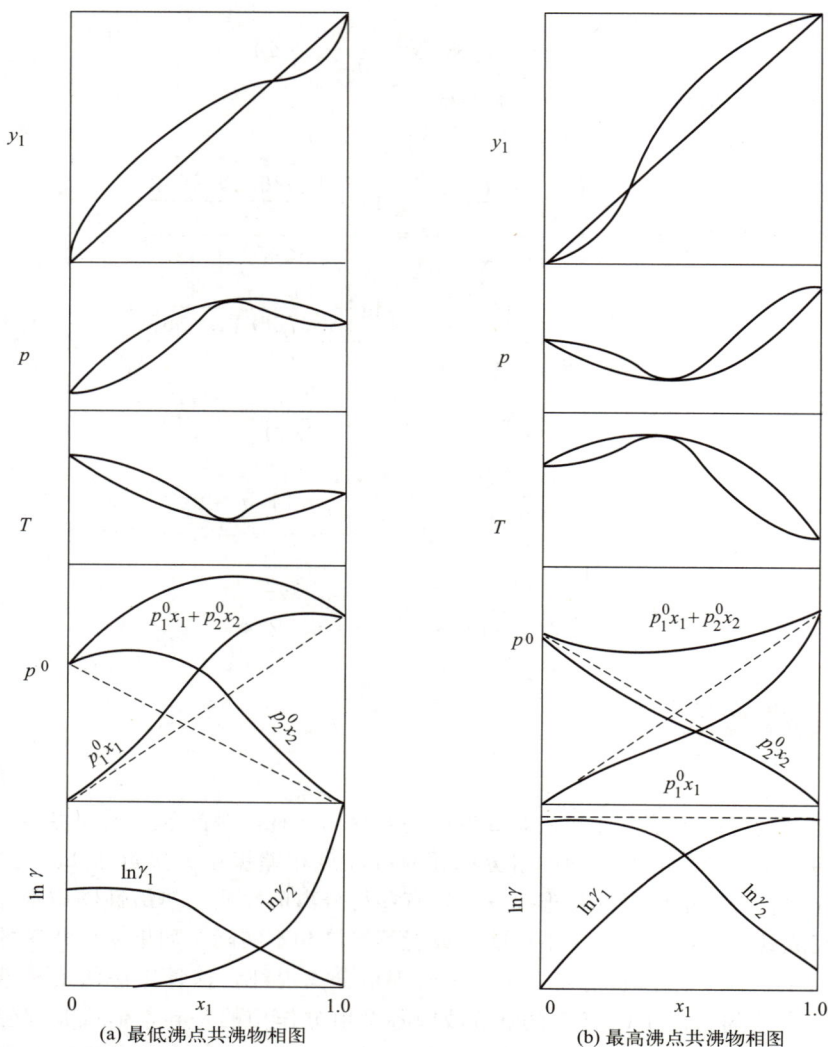

(a) 最低沸点共沸物相图　　　　　(b) 最高沸点共沸物相图

图 3-18　共沸精馏平衡关系

目前已知的共沸物中，最高沸点共沸物较少，不到 300 种，最低沸点共沸物则要多得多。有时由于溶液与理想溶液的正偏差很大，互溶性降低，形成最低沸点共沸物的组分在液相中彼此不能完全互溶，液相出现两相区，为非均相共沸物。所有非均相共沸物都具有最低沸点，苯-水、丁醇-水、乙醇-苯-水、糠醛-水等均为非均相共沸物系。在共沸温度下液相完全互溶不分层的体系，称为均相共沸物，均相共沸物有最高沸点和最低沸点两种，如乙醇-水、丙酮-氯仿、乙酸-乙酸丁酯-水等是典型的均相共沸物。共沸精馏中往往形成非均相共沸物更有利于共沸剂的回收，此时只采用冷凝和冷却分层即可实现组分与共沸剂的分离。值得注意的是，随着温度的变化，其液液平衡的两相组成会发生改变。

3.2.1.2　共沸物的特征和共沸组成的计算

（1）二元系

① 二元均相共沸物　当体系压力不大时，汽相可视为理想气体，即为理想气体、非理想溶液体系。二元体系的相对挥发度可用下式表示

$$\alpha_{12} = \frac{\gamma_1 p_1^0}{\gamma_2 p_2^0} \qquad\qquad (3\text{-}52)$$

共沸物 $\alpha_{12}=1$，则

$$\alpha_{12} = \frac{\gamma_1 p_1^0}{\gamma_2 p_2^0} = 1 \qquad\qquad (3\text{-}53)$$

或

$$\frac{\gamma_1}{\gamma_2} = \frac{p_2^0}{p_1^0} \qquad\qquad (3\text{-}54)$$

形成最低沸点共沸物的条件

$$\gamma_1^\infty > \frac{p_2^0}{p_1^0} > \frac{1}{\gamma_2^\infty} \qquad\qquad (3\text{-}55)$$

形成最高沸点共沸物的条件

$$\gamma_1^\infty < \frac{p_2^0}{p_1^0} < \frac{1}{\gamma_2^\infty} \qquad\qquad (3\text{-}56)$$

纯组分蒸气压相差越小，越易在较小正（负）偏差时形成共沸物，共沸组成越接近等摩尔分数。通常认为共沸物形成的条件：一是组分化学结构不相似，要有偏差（$\gamma_i \neq 1$）；二是组分的沸点相差较小，沸点相差 30K 以上时一般不形成共沸物。

不同组分形成共沸物，随着纯组分间蒸气压差增大，最低沸点共沸物的组成向含低沸点组分多的浓度区移动，最高沸点共沸物的组成向含高沸点组分多的浓度区移动。

共沸物的组成与压力有关，随着压力的改变，共沸物的组成发生变化，甚至可能由于压力的改变在整个浓度范围内不再出现共沸点。压力影响的一般规律：压力升高，二元正偏差共沸物的组成向摩尔汽化潜热大的组分移动，二元负偏差共沸物的组成向摩尔汽化潜热小的组分移动。

图 3-19 为丙酮-水体系在各种压力下的汽液平衡关系。从图中可以看出，在 0.1MPa 下，丙酮与水的汽液平衡曲线与理想溶液偏差不大，无共沸点。随着压力增加，平衡线下降，当压力为 0.341MPa 时，平衡线正好在丙酮含量为 100% 处与对角线相切，此处压力略有增加就会使平衡线与对角线相交，出现共沸点，图上压力为 0.683MPa、

图 3-19　丙酮-水体系的汽液平衡图

1.7MPa、3.41MPa 时各平衡线均与对角线相交，形成共沸物。只是随着压力的不断增加，平衡线与对角线的交点不断降低，共沸物中丙酮的含量则不断减少。

共沸物的特点：

a. 当压力不变时，共沸组成（共沸点）一定，$T_B = T_D$，此时汽化过程中温度 T 不变；

b. 在泡点线和露点线交点，汽化时组成不变，$\alpha = 1$；

c. 共沸物体系的特殊之处在共沸点，其他点都是非理想溶液的相平衡，用普通精馏的方法不能通过共沸点，但在共沸点两侧仍有分离作用；

d. 对于最低沸点共沸物，在共沸点左侧，$y > x$，$\alpha > 1.0$，在共沸点右侧，$y < x$，$\alpha < 1.0$；

e. 同一物系的共沸温度与组成随压力的不同而异，对某些系统可采用变压精馏的方法分离。

共沸组成的求取，在共沸点处满足下式

$$\frac{\gamma_1}{\gamma_2}=\frac{p_2^0}{p_1^0}\tag{3-54}$$

$$p=p_1+p_2=p_1^0\gamma_1 x_1+p_2^0\gamma_2 x_2\tag{3-57}$$

若已知组分的饱和蒸气压和活度系数与组成和温度的关系，因为 $p_i^0=f(T)$，$\gamma_i=f(T,x_i)$，联立式(3-54)和式(3-57)，可进行二元共沸组成的计算。通常有两种情况：

a. **求一定 T、p 下的共沸组成。** 已知 T，求出 p_i^0，代入活度系数的关联式，求解 x_i，x_i 有物理意义，则有共沸物产生。

b. **求一定压力下的共沸温度与组成**（或求一定温度下的共沸压力与组成）。用试差法求解。设 T，求出相应的 p_i^0，代入关联式求解 x_i，由已知的 p 是否等于 $\sum\gamma_i x_i p_i^0$ 判断所设温度是否为所求，不相等，则调整 T。

【例 3-8】 试求总压力 86.70kPa 时，氯仿(1)-乙醇(2)的共沸组成与共沸温度。已知：

$$\ln\gamma_1=x_2^2(0.59+1.66x_1),\qquad \ln\gamma_2=x_1^2(1.42-1.66x_2)\tag{a}$$

$$\lg p_1^0=6.02818-\frac{1163.0}{227+t},\qquad \lg p_2^0=7.33827-\frac{1652.05}{231.48+t}\tag{b}$$

解 由式(3-54)得

$$\ln\frac{p_1^0}{p_2^0}=\ln\frac{\gamma_2}{\gamma_1}$$

由式(a)得

$$\ln\frac{\gamma_2}{\gamma_1}=1.42x_1^2-0.59x_2^2-1.66x_1x_2$$

所以

$$\ln\frac{p_1^0}{p_2^0}=1.42x_1^2-0.59x_2^2-1.66x_1x_2$$

将 $x_2=1-x_1$ 代入上式得

$$\ln\frac{p_1^0}{p_2^0}=2.49x_1^2-0.48x_1-0.59$$

设 $t=55.8℃$，由式(b)得

$$p_1^0=82.363\text{kPa},\qquad p_2^0=38.691\text{kPa}$$

则

$$\ln\frac{82.363}{38.691}=2.49x_1^2-0.48x_1-0.59$$

解上式得

$$x_1=0.8378,\qquad x_2=0.1622$$

代入式(a)得

$$\gamma_1=1.0535,\qquad \gamma_2=2.2428$$

由式(3-57)得

$$p=p_1+p_2=p_1^0\gamma_1 x_1+p_2^0\gamma_2 x_2=82.363\times1.0535\times0.8378+38.691\times2.2428\times0.1622$$
$$=86.771(\text{kPa})$$

所得压力与所给压力基本一致，所以共沸温度为 55.8℃，共沸组成为 $x_1=0.8378$，$x_2=0.1622$。

② **二元非均相共沸物** 系统与拉乌尔定律有很大正偏差时，液相可能有两相存在，二元体系在三相共存时，由相律知体系自由度为 1。当温度（或压力）一定时，自由度为 0。这种物系又分为三类：**第一类**是在恒温下，两液相共存区的溶液蒸气压大于任一纯组分的蒸气压，且蒸气组成介于两液相组成之间，这种系统形成非均相共沸物；**第二类**是在恒温下，两液相共存区的溶液蒸气压大于纯组分的蒸气压，但蒸气组成不介于两液相组成之间，这种系统不形成非均相共沸物而形成均相共沸物；**第三类**是在恒温下，两液相共存区的溶液蒸气

压介于两纯组分的蒸气压之间，而蒸气组成不介于两液相组成之间，这种系统不形成共沸物。这三类体系的相图见图 3-20。

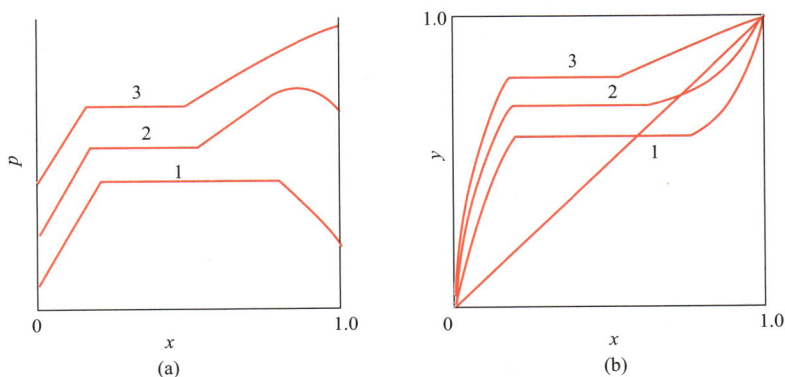

图 3-20 液相部分互溶的二元体系相图

共沸精馏操作中，为便于共沸剂的分离回收，在选择共沸剂时，希望共沸剂与原溶液组分形成第一类或第二类系统。在两液相共存区，对于第一、二类情形，体系总有

$$p = p_1 + p_2 > p_1^0 > p_2^0 \tag{3-58}$$

在两液相共存区

$$p_1 = p_1^0 \gamma^{\mathrm{I}} x_1^{\mathrm{I}}, \qquad p_2 = p_2^0 \gamma^{\mathrm{II}} x_2^{\mathrm{II}} \tag{3-59}$$

式中，p 为两液相共存区溶液的蒸气压；I 表示组分 1 为主的液相；II 表示组分 2 为主的液相。

由式(3-58) 知，对第一、二类总有

$$p_1^0 - p_1 < p_2 \tag{3-60}$$

联立式(3-59) 和式(3-60) 得

$$\frac{p_1^0 (1 - x_1^{\mathrm{I}} \gamma_1^{\mathrm{I}})}{p_2^0 x_2^{\mathrm{II}} \gamma_2^{\mathrm{II}}} < 1 \tag{3-61}$$

根据二元体系组分活度系数与组成的关系，若相互溶解度很小，$x_1^{\mathrm{I}} \approx 1$，$\gamma_1^{\mathrm{I}} \approx 1$，$x_2^{\mathrm{II}} \approx 1$，$\gamma_2^{\mathrm{II}} \approx 1$。

对第一、二类

$$E = \frac{p_1^0 (1 - \gamma_1^{\mathrm{I}} x_1^{\mathrm{I}})}{p_2^0 \gamma_2^{\mathrm{II}} x_2^{\mathrm{II}}} = \frac{p_1^0 (1 - x_1^{\mathrm{I}})}{p_2^0 \gamma_2^{\mathrm{II}} x_2^{\mathrm{II}}} = \frac{p_1^0 x_2^{\mathrm{I}}}{p_2^0 x_2^{\mathrm{II}}} < 1 \tag{3-62}$$

对第三类

$$E = \frac{p_1^0 (1 - \gamma_1^{\mathrm{I}} x_1^{\mathrm{I}})}{p_2^0 \gamma_2^{\mathrm{II}} x_2^{\mathrm{II}}} = \frac{p_1^0 (1 - x_1^{\mathrm{I}})}{p_2^0 \gamma_2^{\mathrm{II}} x_2^{\mathrm{II}}} = \frac{p_1^0 x_2^{\mathrm{I}}}{p_2^0 x_2^{\mathrm{II}}} > 1 \tag{3-63}$$

E 可作为定性估算能否形成最低沸点共沸物的指标。且 p_1^0、p_2^0 相差越小，p_1^0/p_2^0 越接近于 1，相互溶解度越小，$x_2^{\mathrm{I}}/x_2^{\mathrm{II}}$ 越小，E 越可能小于 1，形成非均相共沸物的可能性越大。

在二元非均相共沸点，三个相成平衡，求共沸组成时需同时考虑汽液平衡和液液平衡。

$$\gamma_1^{\mathrm{I}} x_1^{\mathrm{I}} = \gamma_1^{\mathrm{II}} x_1^{\mathrm{II}} \tag{3-64}$$

$$\gamma_2^{\mathrm{I}} (1 - x_1^{\mathrm{I}}) = \gamma_2^{\mathrm{II}} (1 - x_1^{\mathrm{II}}) \tag{3-65}$$

$$p = p_1^0 \gamma_1^{\mathrm{I}} x_1^{\mathrm{I}} + p_2^0 \gamma_2^{\mathrm{I}} (1 - x_1^{\mathrm{I}}) \tag{3-66}$$

给定 p，联立式（3-64）、式（3-65）和式（3-66）求解得 T、x_1^{I} 和 x_1^{II}。

（2）**三元系**

三元体系的汽液平衡关系常用**正三棱柱**表示，底为正三角形表示组成，三角形的三个顶点分别表示**纯组分**。立轴表示**温度**（如图 3-21，恒压系统）或**压力**（如图 3-23，恒温系统），分别用温度面或压力面表示体系的汽液平衡性质。另一种三元相图是用平行于底面的平面切割上述压力面或温度面并投影到底面上形成**等压线**（恒温系统）或**等温线**（恒压系统）。

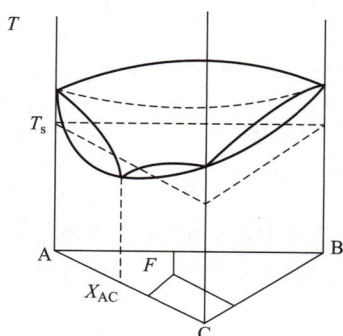

图 3-21　三元系的 T-x 相图

图 3-22　甲乙酮-甲苯-正庚烷汽液平衡相图

图 3-22 是甲乙酮-甲苯-正庚烷在 0.1013MPa 下的汽液平衡相图。正庚烷和甲乙酮形成最低沸点共沸物，共沸点 77℃。图中实线表示等温泡点线，虚线表示等温露点线。同温度泡点线与露点线上两平衡线的连线称为平衡连接线，图中仅画出了 88℃ 和 104℃ 下的两组汽液平衡连接线。由于构成三元系的各对二元系的正负偏差及形成共沸物情况不同，三元系的汽液平衡性质有多种类型，当具有三个性质相同的二元共沸物时，大多数情况会有三元共沸物形成（见图 3-23）。

(a) 三元系的 p-x 相图

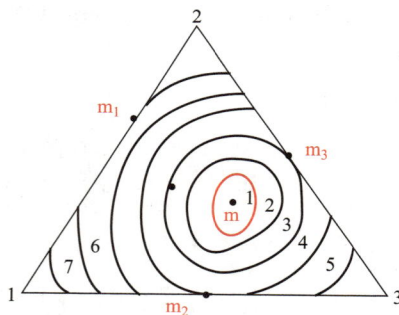

(b) 恒温下的等压三角相图

图 3-23　三个二元最低沸点共沸物（m_1，m_2，m_3）及一个三元最低沸点共沸物（m）的相图

（$p_m > p_{m_3} > p_{m_2} > p_{m_1}$）

共沸精馏中形成非均相共沸物对共沸剂的回收特别有利，仅借助冷凝和冷却分层的方法就可以实现组分和共沸剂的分离。如醋酸作为一种优良的溶剂，在实验室和工业上都有广泛的用途。目前，醋酸与水的分离最具工业意义的是非均相共沸精馏脱水法。在工业精对苯二

甲酸装置中就是采用以醋酸正丙酯为共沸剂的非均相共沸精馏醋酸脱水过程，以回收分离醋酸。

三元共沸物的组成计算与二元共沸物计算类似。由于三元共沸物 $x_i = y_i$，所以 $\alpha_{12} = \alpha_{13} = \alpha_{23} = 1$，则有

$$\frac{\gamma_1 p_1^0}{\gamma_2 p_2^0} = \frac{\gamma_1 p_1^0}{\gamma_3 p_3^0} = \frac{\gamma_2 p_2^0}{\gamma_3 p_3^0} = 1$$

可得

$$\frac{\gamma_3}{\gamma_1} = \frac{p_1^0}{p_3^0} \tag{3-67}$$

$$\frac{\gamma_3}{\gamma_2} = \frac{p_2^0}{p_3^0} \tag{3-68}$$

$$p = p_1 + p_2 + p_3 = p_1^0 \gamma_1 x_1 + p_2^0 \gamma_2 x_2 + p_3^0 \gamma_3 x_3 \tag{3-69}$$

联立上述三式，可求三元体系在一定温度下的共沸压力和共沸组成或一定压力下的共沸温度和共沸组成。

3.2.2 精馏曲线和共沸剂的选择

3.2.2.1 剩余曲线和精馏曲线

（1）剩余曲线和精馏边界

对于如图 3-24 的简单间歇蒸馏装置，若液体混合物在蒸馏釜中慢慢沸腾，气体在逸出的瞬间马上被移出，且每一微分量的生成气体与釜中剩余液体成平衡，因通常汽液两相的组成不同，所以液相组成连续变化。对于三元混合物的蒸馏，设釜中液体完全混合并处于泡点温度，对任一组分 i 作物料衡算

$$\frac{\mathrm{d}x_i}{\mathrm{d}t} = (y_i - x_i)\frac{\mathrm{d}W}{W \mathrm{d}t} \tag{3-70}$$

图 3-24　简单间歇蒸馏装置

式中，x_i 为釜中剩余液体 W 中组分 i 的摩尔分数；y_i 为与 x_i 成平衡的瞬时馏出蒸气中组分 i 摩尔分数。

因为 W 随时间 t 改变，故可将 W 和 t 结合成一个变量，设该变量为 ξ，则有

$$\frac{\mathrm{d}x_i}{\mathrm{d}\xi} = x_i - y_i \tag{3-71}$$

联立式（3-70）和式（3-71），消去 $\mathrm{d}x_i/(x_i - y_i)$ 得

$$\frac{\mathrm{d}\xi}{\mathrm{d}t} = -\frac{1}{W}\frac{\mathrm{d}W}{\mathrm{d}t} \tag{3-72}$$

蒸馏的初始条件：$t = 0$，$W = W_0$，$x_i = x_{i0}$。解上式得任意时间 t 时的 ξ

$$\xi\{t\} = \ln[W_0/W\{t\}] \tag{3-73}$$

由于 $W\{t\}$ 随时间消耗增加单调减小，因此 $\xi\{t\}$ 随时间消耗增加而单调增大。ξ 被称为无量纲时间。对于三元体系，若无第二液相形成，简单蒸馏过程可用下列方程描述

$$\frac{\mathrm{d}x_i}{\mathrm{d}\xi} = x_i - y_i \qquad (i = 1, 2, 3) \tag{3-74}$$

$$\sum_{i=1}^{3} x_i = 1 \tag{3-75}$$

$$y_i = K_i x_i \tag{3-76}$$

$$\sum_{i=1}^{3} K_i x_i = 1 \tag{3-77}$$

系统有 7 个方程，9 个变量：p，T，x_1，x_2，x_3，y_1，y_2，y_3 和 ξ。若压力一定，则 T，x_1，x_2，x_3，y_1，y_2，y_3 7 个变量为无量纲变量 ξ 的函数。在规定蒸馏初始条件的情况下，沿 ξ 增加或减小的方向可计算出液相组成的连续变化。在三角相图上所绘制的液相组成随时间变化的曲线称为**剩余曲线**（residue curve）。同一条剩余曲线上不同点对应着不同的蒸馏时间，箭头指向时间消耗增加的方向，即温度升高的方向。对于复杂的三元相图，剩余曲线按簇分布，不同簇的剩余曲线具有不同的起点和终点，构成不同的蒸馏区域。

图 3-25 为正丙醇-异丙醇-苯三元体系的剩余曲线。图中剩余曲线标注的箭头均从较低沸点的组分或共沸物指向较高沸点的组分或共沸物。图中所有剩余曲线均起始于异丙苯-苯的共沸物 D 点（71.7℃）。其中特殊的一条剩余曲线 DE 止于正丙醇-苯的共沸点 E（77.1℃）。DE 将三角相图分为 $ADEC$ 和 BDE 两个蒸馏区域，故称其为**精馏边界**。$ADEC$ 区域中所有剩余曲线均终于正丙醇顶点 C，它是该区域内的最高沸点（97.3℃）。BDE 区域中所有剩余曲线均终于纯苯顶点 B，它是此区域内的最高沸点（80.1℃）。若原料组成落在 $ADEC$ 区域内，蒸馏过程液相组成逐渐趋于 C 点，蒸馏釜中最后一滴液体

图 3-25 正丙醇-异丙醇-苯
三元体系的剩余曲线

是纯正丙醇。同理，原料组成落于 BDE 区域时蒸馏结果是纯苯。剩余曲线图中纯组分顶点和共沸点称为特殊点，按其附近剩余曲线的形状和特征不同分为三类：凡剩余曲线汇集于某特殊点，则该点称为**稳定节点**，如图中 B 和 C 点；凡剩余曲线发散于某特殊点，则该点称为**不稳定节点**，如图中 D 点；凡某特殊点附近剩余曲线是双曲线，则该点称为**鞍形点**，如图中 A 和 E 点。同一蒸馏区域中，剩余曲线簇仅有一个稳定节点和一个不稳定节点。

（2）**精馏曲线**

与剩余曲线相对应，在三角相图上表示在全回流条件下连续精馏塔内液体含量分布的曲线称为精馏曲线（distillation curve）。计算可自任何组成开始，既可沿塔自上而下进行，也可自下而上进行。若选择自下而上进行计算，塔内任意相邻的两个平衡级间全回流下操作关系为

$$x_{i,j+1} = y_{i,j} \tag{3-78}$$

离开同一平衡级的组分的汽、液平衡关系

$$y_{i,j} = K_{i,j} x_{i,j} \tag{3-79}$$

固定压力下的精馏曲线计算，首先假设液相组成 $x_{i,1}$，由式(3-79)进行泡点温度计算求得 $y_{i,1}$，由操作关系式(3-78)得到 $x_{i,2}$。重复上面计算，求出各级的液相组成。将得到

的液相组成依次绘于三角相图上便得到一条精馏曲线。将一系列的精馏曲线绘于三角相图上即构成精馏曲线图。

图 3-26 为 101.3kPa 下丙酮-氯仿-甲醇三元体系的剩余曲线和精馏曲线。图中虚线表示精馏曲线，实线表示剩余曲线，二者相当接近。该体系有两个二元最低沸点共沸物，一个二元最高沸点共沸物，一个三元鞍形共沸物。该精馏曲线图有 A、B、C 和 D 四条精馏边界。

图 3-26 剩余曲线和精馏曲线的比较

剩余曲线图可近似描述在全回流条件下连续精馏塔内的液体含量分布，由于剩余曲线不能穿过精馏边界，而精馏边界与精馏曲线通常十分接近，所以全回流条件下液体含量分布也不能穿过精馏边界。有学者认为绝大多数情况下，一定回流比下操作的精馏塔的组成分布也不能穿过精馏边界。即操作线被限制在同一精馏区域内，连接馏出液、进料和釜液组成之间的总物料平衡线不能穿越精馏边界。共沸精馏的产物组成除了与工艺条件有关外，主要依赖于进料组成所处的精馏区域和它相对于精馏边界的位置。

精馏曲线图可用于开发可行的精馏流程，评比各种分离方案和确定最适宜的分离流程，为共沸精馏流程设计以及萃取精馏、共沸精馏和多组分精馏的集成提供理论依据。Hadler 等提出改进的精馏曲线研究共沸物，为共沸相平衡的研究提供了一种快速经济的方法。

3.2.2.2 共沸剂的选择

共沸精馏中共沸剂的选择是否适宜，对整个过程的分离效果、经济性都有密切的影响。共沸剂至少应与一个组分形成共沸物，使汽液平衡向有利于原组分分离的方向转化，此为进行共沸精馏的基础。而且该共沸物的沸点应该与被分离组分的沸点或原溶液的共沸点有足够大的差别，一般应大于 10K 才适于工业应用。

加入共沸剂（azeotropic agent）的目的是分离沸点相近的组分，或分离出共沸物中的某一个组分。若组分 a 和 b 形成二元共沸物，加入共沸剂的目的是在塔顶或塔釜得到较纯的产品 a 或 b。这就要求在三角相图上剩余曲线必须开始或终止于 a 或 b 才有可能。下面结合剩余曲线讨论几种情况下共沸剂的选择。

（1）a 和 b 形成最低沸点共沸物

① 可以选择沸点较原共沸温度更低的物质为共沸剂。如图 3-27 所示，$T_e < T_a < T_b$，e 与 a 和 b 均不形成共沸物，加入 e 将三角相图分为两个精馏区域，a 和 b 分别位于不同的精馏区域，均为稳定节点，有可能分别从不同精馏塔的塔釜得到较纯的 a 和 b。

② 也可以选择中间沸点的物质为共沸剂，其与低沸点组分形成最低沸点共沸物。如图 3-28 所示，$T_a < T_e < T_b$，e 与 a 形成最低沸点共沸物，且共沸点 $T_d < T_a$，e 的加入使三角相图形成两个精馏区域，精馏边界线为两共沸点的连线，a 和 b 均为稳定节点，有可能分别从不同精馏塔的塔釜得到较纯的 a 和 b。

图 3-27　最低沸点共沸物三元系剩余
曲线（共沸剂沸点最低）

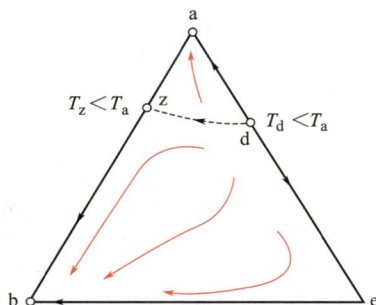

图 3-28　最低沸点共沸物三元系剩余
曲线（共沸剂沸点居中）

③ 如图 3-29 所示，选择高沸点物质为共沸剂，其分别与 a 和 b 形成二元最低沸点共沸物 c 和 d。$T_a < T_b < T_e$，三角相图上有三个精馏区域，精馏边界线为 cz 和 dz，a 和 b 均为稳定节点，有可能从不同精馏塔的塔釜得到较纯的 a 或 b。

（2）a 和 b 形成最高沸点共沸物

① 可以选择沸点较原共沸温度更高的物质为共沸剂。如图 3-30 所示，$T_e > T_z$，e 与 a 和 b 均不形成共沸物，e 和原共沸点的连线将三角相图分为两个精馏区域，a 和 b 分别位于不同的精馏区域，均为不稳定节点，有可能分别从不同精馏塔的塔顶得到较纯的 a 和 b。

图 3-29　最低沸点共沸物三元系
剩余曲线（共沸剂沸点最高）

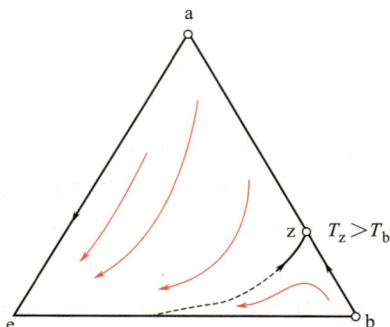

图 3-30　最高沸点共沸物三元系
剩余曲线（共沸剂沸点最高）

② 选择中间沸点的物质为共沸剂，其与高沸点组分形成最高沸点共沸物。如图 3-31 所示，$T_b > T_e > T_a$，e 与 b 形成最高沸点共沸物，且共沸点 $T_c > T_b$，e 的加入使三角相图形成两个精馏区域，精馏边界线为两共沸点的连线，a 和 b 均为不稳定节点，有可能分别从不同精馏塔的塔顶得到较纯的 a 和 b。

③ 如图 3-32 所示，选择低沸点物质为共沸剂，其分别与 a 和 b 形成二元最高沸点共沸物 c 和 d。$T_e < T_a < T_b$，三角相图上有三个精馏区域，精馏边界线为 cz 和 dz，a 和 b 均为不稳定节点，有可能从不同精馏塔的塔顶获得纯度较高的 a 或 b。

图 3-31　最高沸点共沸物三元系剩
余曲线（共沸剂沸点居中）

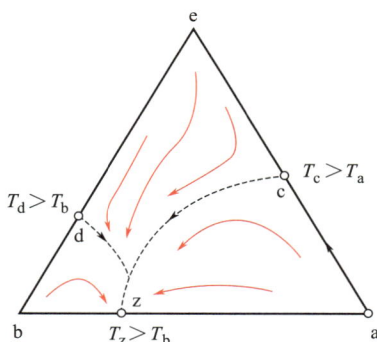

图 3-32　最高沸点共沸物三元系剩
余曲线（共沸剂沸点最低）

前述共沸剂选择原则可概括为：只有当某一剩余曲线连接所要得到的产品时，一个均相共沸物才能被分离成接近纯组分。这就要求：对于二元最低沸点共沸物，共沸剂应是一个低沸点组分或能形成新的二元或三元最低沸点共沸物的组分；对于二元最高沸点共沸物，共沸剂应是一个高沸点组分或能形成新的二元或三元最高沸点共沸物的组分。此为选择共沸剂的必要条件。

如果没有积累很多相关的共沸数据，选择共沸剂是很困难的，可以借助于已出版的专著和手册选择共沸剂。在没有查得适当资料的情况下，可以用 Ewell 等的方法作为定性考虑的法则，指导初步筛选溶剂。

Ewell 等根据形成氢键的电势强弱，把溶液分为五类，此分类对共沸精馏和萃取精馏的溶剂选择非常有用。类型 Ⅰ，液体能形成三维氢键网络，均属于非正常或缔合液体，具有高的介电常数，且为水溶性的；类型 Ⅱ，由含有活性氢原子和其他供电子原子的分子构成的除类型 Ⅰ 以外的液体，能溶于水；类型 Ⅲ，由仅含有供电子原子而不含有活性氢原子的分子构成的液体；类型 Ⅳ，由仅含活性氢原子而不含有供电子原子的分子组成的液体，微溶于水；类型 Ⅴ，其他一切液体，即不能形成氢键的物质，基本不溶于水。

有代表性的液体列于表 3-14。各类液体混合时的偏差情况见表 3-15。

表 3-14　Ewell 分类法举例

类型 Ⅰ	类型 Ⅱ	类型 Ⅲ	类型 Ⅳ	类型 Ⅴ
水	醇、胺、酚	醚、酮、全醛	$CHCl_3$	碳氢化合物
乙二醇	伯胺、仲胺	酯、叔胺	CH_2Cl_2	二硫化碳
甘油	肟、肼、HF	不具有 α 氢原子的硝基化合物和腈	CH_3CHCl_2	硫化物

类型 I	类型 II	类型 III	类型 IV	类型 V
氨基醇	具有 α 氢原子的硝基化合物和腈		CH_2ClCH_2Cl	硫醇
羟胺			1,2,3-三氯丙烷	I、P、S 等非金属元素
含氧酸			$CH_2ClCHCl_2$	
多酚				分类 IV 以外的卤代烃
酰胺				

表 3-15　各类液体混合时对拉乌尔定律的偏差

分类	偏差	氢键	举例
I + V	正(有时是两液相)	只是氢键破坏	乙二醇-萘
II + V	正	只是氢键破坏	乙醇-苯
III + IV	负	只是氢键生成	丙酮-氯仿
I + IV II	正(有时是两液相) 正	既有氢键生成,又有氢键破坏。液 I 或 II 的溶解对它要产生重要影响	水-氯化丙烯
I + I I + II I + III II + II II + III	一般为正偏差,非常复杂;有时为负偏差,形成最高沸点共沸物	既有氢键生成,又有氢键破坏	水-乙醇 水-1,4-二镄烷
III + III III + V IV + IV IV + V V + V	接近理想溶液的正偏差,或理想溶液,有共沸则为最低沸点共沸物	没有氢键	丙酮-正丁烷 氯仿-己烷 苯-环己烷

　　若混合时生成新的氢键,则呈现负偏差;若混合时氢键断裂或单位体积中氢键减少,则呈现正偏差。强烈的负偏差可能出现最高沸点共沸物,强烈的正偏差则可能出现最低沸物。

　　选择共沸剂除了需满足形成共沸物的条件外,还应考虑以下几个因素:

① 新共沸物所含共沸剂的量愈少愈好,以便减少共沸剂用量及汽化、回收时所需的能量,这对节约能量和降低设备投资都很有利;

② 共沸剂用量要少,汽化潜热小;

③ 新共沸物最好为非均相混合物,便于用分层方法分离,使共沸剂易于回收,应具有较好的物理、化学性能;

④ 无毒、无腐蚀,价格低廉,容易得到,经济性好。

【例 3-9】 试对分离环己烷(1)-苯(2)体系进行共沸剂的选取,已知沸点 $t_1 = 80.8℃$,$t_2 = 80.2℃$;共沸点 $t = 77.4℃$,$x_1 = 0.46$,即为正偏差或最低沸点共沸物。

解: 选取方法:

(1) 找出与 (1)、(2) 形成共沸物的物质。

(2) 筛选:在所有能形成共沸物的物质中选出共沸点低于 $77.4℃$ 的物质,如丙酮和甲醇。

(3) 相图分析确定共沸剂:丙酮和甲醇分离环己烷-苯的相图分别如图 3-33 和图 3-34 所示。

图 3-33　环己烷-苯-丙酮汽液平衡相图

图 3-34　环己烷-苯-甲醇汽液平衡相图

从图可以看出，如果以丙酮作共沸剂，塔顶分出环己烷与丙酮；而以甲醇作共沸剂，塔顶分出三元共沸物，很明显应选丙酮为共沸剂。

3.2.2.3　共沸剂的回收

共沸剂的回收难易关系到共沸精馏的经济性，回收共沸剂可用冷却分离、萃取、不同压力下精馏、二次共沸精馏以及化学方法等。冷却分离是最简单和最经济的方法，但要求共沸剂与被分离组分所形成的共沸物是非均相的，在塔顶馏出经冷凝冷却后，分成两平衡的液相，共沸剂富相回流到塔内。萃取法是常用回收共沸剂的方法。还有通过改变压力来破坏或改变共沸组成，即通过变压精馏来回收共沸剂。至于二次共沸精馏及化学方法在工业上应用很少。国内外研究者近年来使用隔板塔进行共沸精馏分离，以减少共沸剂回收塔的使用。

3.2.3　共沸精馏过程及计算

3.2.3.1　共沸精馏的流程

共沸精馏的流程包括共沸精馏塔和共沸剂回收系统两部分，根据塔顶共沸物性质的不同可有下列几种流程。

（1）馏出液为非均相共沸物

馏出液为非均相共沸物的共沸精馏流程，如图 3-35 所示。共沸物蒸汽从共沸精馏塔塔顶引出，在全凝器中冷凝后在分层器中分为两层。富含共沸剂层溶液回流至共沸精馏塔，富含轻组分层溶液进入共沸剂回收塔。共沸精馏塔的塔釜液富含重组分。共沸剂回收塔塔顶蒸出的蒸汽与共沸精馏塔蒸出的蒸汽一起进入全凝器。共沸剂回收塔塔釜液为轻组分产品。为了保证共沸精馏塔内共沸剂浓度恒定，可在进料和回流处补充共沸剂。以硝基甲烷为共沸剂分离甲苯-烷烃的共沸精馏采用此种流程（参见［工程案例 3-3］）。

图 3-35　非均相共沸物的共沸精馏流程

馏出液为非均相共沸物的共沸精馏的另一种情况是被分离组分形成共沸物在塔顶蒸出冷凝后分层。这种情况可不必另加共沸剂，利用如图 3-36(a) 流程便可实现分离。正丁醇-水溶液的分离属于这种情况。正丁醇沸点 117.2℃，相对密度 0.8098（20℃/4℃），微溶于水（8：100），可与水形成共沸混合物，其沸点为 92℃，含水量为 37%。20℃时正丁醇在水中的溶解度为 7.7%（质量分数），水在正丁醇中的溶解度为 20.1%（质量分数）。接近共沸组成的蒸汽在冷凝器中冷凝冷却后便分成两个液相，一个是水相（含大量水和少量醇），另一个是醇相（含正丁醇的量大于水的量）。经过分层器后，醇相返回丁醇塔作回流，水相返回水塔作回流。在丁醇塔中，由于水是易挥发组分，所以高纯度丁醇从塔釜引出；塔顶得到接近共沸组成的共沸物。在水塔中，正丁醇是易挥发组分，所以水是塔釜产品，塔顶得到接近共沸组成的共沸物。水塔可以直接用蒸汽加热。必须注意的是，当进料中正丁醇含量 $z > x_a$ 时，则从丁醇塔进料；当 $z < x_b$ 时，则从水塔进料；当 $x_b < z < x_a$ 时，原料直接加入分层器，这样才更经济。图 3-36(b) 为正丁醇-水共沸过程操作线。正丁醇-水共沸精馏的实际应用可参见［工程案例 3-4］（从中性染料母液中回收正丁醇）。在精对苯二甲酸生产过程中，使用大量醋酸作为对二甲苯氧化反应的溶剂，反应后需要从水中回收醋酸。由于醋酸与水的相对挥发度接近于 1，工业上一般采用醋酸正丁酯为共沸剂通过共沸精馏实现二者的分离。醋酸与水形成非均相共沸物，易于通过倾析器分离，具体内容详见［工程案例 3-5］。

图 3-36　正丁醇-水溶液的共沸精馏分离

前述两种流程中，形成一个二组分共沸物。此外，还有系统有两个二元共沸物，一个三元共沸物的情况。安排流程的原理是一样的，只是更为复杂些。

（2）**馏出液为均相共沸物**

当馏出液为均相共沸物时，必须通过与诸如膜分离、吸收、吸附、萃取、萃取精馏等其他过程集成才能达到分离提纯的目的。图 3-37 为与萃取精馏集成的均相共沸物分离流程。进料与一定量补充共沸剂一起进入共沸精馏塔Ⅰ，塔顶蒸出共沸物，塔釜排出含有少量共沸剂的重组分。这里的重组分是指加入共沸剂后相对挥发度较小的组分，而非一定是原溶液中的重组分。从塔顶蒸出的共沸物蒸汽在冷凝器中冷凝，部分凝液作为回流返回塔Ⅰ，其余部分进入萃取塔Ⅱ分离共沸剂和轻组分。塔Ⅱ塔顶出料为轻组分产品。由萃取塔塔底出来的萃取液，含有萃取剂和共沸剂，到萃取剂分离塔Ⅲ中精馏，分离萃取剂和共沸剂，萃取剂返回

图 3-37 馏出液为均相共沸物时共沸精馏流程

塔Ⅱ，共沸剂返回塔Ⅰ，循环使用。塔Ⅰ排出的塔釜液，进入溶剂分离塔Ⅳ。塔Ⅳ塔釜液为重组分产品；塔顶蒸出的少量共沸剂，与进料混合后进入共沸精馏塔Ⅰ。共沸剂和萃取剂在系统内循环，只有少量损失需要补充。苯-环己烷的分离就是采用此种流程。其中以丙酮作为共沸剂，水作为萃取剂。

【工程案例 3-3】 以硝基甲烷为共沸剂分离甲苯-烷烃的流程

如图 3-38 所示，共沸精馏塔顶引出的硝基甲烷-烷烃共沸物经冷凝后在分层器中分为两个液相。富含烷烃的上层液相一部分作为回流，其余部分则引入烷烃回收塔。烷烃回收塔釜得到纯的烷烃产品，塔顶则引出共沸物。分层器中富含硝基甲烷的下层液相与上层液相的部分回流液合并，再与烷烃回收塔出来的共沸物一起作为共沸精馏塔回流回入塔中。共沸精馏塔塔釜排出的是含有过量共沸剂的甲苯，进入脱硝基甲烷塔，由塔釜得到纯甲苯产品，塔顶的共沸物则返回共沸塔的进料中。其工业生产装置见图 3-39。

图 3-38 以硝基甲烷为共沸剂
分离甲苯-烷烃的流程

图 3-39 以硝基甲烷为共沸剂
分离甲苯-烷烃生产装置

通过普通精馏难以完全分离形成共沸物的混合物，在均相共沸物的分离中，为了避免因加入第三组分 MSA（物质分离剂）而使效率下降、能耗上升，还常采用变压精馏的流程分离共沸物。此法是利用同一物系的共沸温度和组成随压力的不同而不同，压力上升时，共沸组成向摩尔汽化潜热大的组分移动。若压力变化对共沸组成影响显著，可采用两个精馏塔实现共沸物的完全分离，如图 3-40 所示。乙酸乙酯分离正丙醇-水的共沸精馏工艺，即通过变压精馏的方法对共沸剂乙酸乙酯进行回收。

图 3-40　双压精馏流程

双组分汽液平衡相图对双组分精馏设计十分重要，可以从中快捷筛选可行方案，提高设计效率。例如，甲乙酮（MEK）-水（H_2O）体系在常压下形成二元正偏差共沸物，其共沸组成为甲乙酮 65%（摩尔分数，下同），如欲分离此二元体系，单个精馏塔不能完成分离任务。通过 Aspen Plus，利用 UNIQUAC 热力学方法可绘制此二元系统在不同压力下的 x-y 相图。如图 3-41 所示，在 0.7MPa 压力下，体系共沸组成变化为甲乙酮 50%。由于共沸组成随压力的变化十分显著，可以充分利用此二元共沸系统的热力学特性，不必加入第三组分，采用双压精馏即可将其分离，由此产生的概念流程如图 3-42 所示，如果原料中含甲乙酮小于 65%，则在常压塔 I 进料，塔 I 塔釜出料为纯水，塔 I 塔顶馏出液为含甲乙酮 65% 的共沸物，将其作为高压塔 II（如 0.7MPa）的进料，由塔 II 塔釜可得到纯甲乙酮，塔 II 塔顶则得到含甲乙酮 50% 的馏出液，可将其循环到塔 I 作为进料。注意，此时水在塔 I 中是难挥发组分，在塔 II 中甲乙酮则是难挥发组分。相类似，当原料液中甲乙酮含量大于 65% 时则先进高压塔再进低压塔。如果没有通过相图充分了解此二元物系的热力学特性，而采用加入第三组分分离的方案，将不得不筛选第三组分，进而研究三元物系的热力学特性，较之双压精馏方案，将极为烦琐。

图 3-41　具有最低沸点共沸物的二元系统的
T-x（a）和 x-y（b）相图

图 3-42　甲乙酮（MEK）-水（H_2O）
体系精馏分离概念流程

（3）**馏出液为三元共沸物**

乙醇-水共沸物采用苯作为共沸剂，进行共沸精馏制取无水乙醇的过程属于此类。

乙醇-水-苯三元共沸物的共沸温度及组成：$t_{共} = 64.86℃$，$x_{苯} = 0.539$，$x_{乙醇} = 0.228$，$x_{水} = 0.233$（摩尔分数）。乙醇-水二元共沸物中 $x_{水} = 0.1057$，沸点为 78.15℃。两者在水和乙醇间的相对含量和沸点间有较大差异，故可用共沸精馏方法分离。

图 3-43 为分离乙醇-水混合液的共沸精馏流程示意图。在原料液中加入适量的共沸剂苯送入共沸精馏塔，在塔内苯与原料液形成新的三元非均相共沸物。苯的加入量要使原料液中的水全部转入三元共沸物中。由于常压下此三元共沸物的共沸点为 64.85℃，故其由共沸精馏塔的塔顶蒸出，塔釜产品为近于纯态的乙醇。塔顶蒸汽进入冷凝器中冷凝后，部分液相回流到共沸精馏塔，其余的进入分层器，在分层器内分为轻重两层液体。轻相返回共沸精馏塔作为补充回流。重相送入苯回收塔，以回收其中的苯。苯回收塔的蒸汽由塔顶引出也进入冷凝器中，塔釜的产品为稀乙醇，被送到乙醇回收塔中。乙醇回收塔的塔顶产品为乙醇-水共沸液，送回共沸精馏塔作为原料，塔釜产品几乎为纯水。在操作中苯循环使用，但因有损耗，故隔一段时间后需补充一定量的苯。

图 3-43 用苯分离乙醇-水共沸物的流程

由上述介绍的流程可见：

① 若塔顶引出的是非均相共沸物，分离比较简单，只需用一个简单的分层器，而均相共沸物则需用萃取等方法加以分离；

② 为得到高纯度的共沸精馏塔的塔釜产品，采用稍微过量的共沸剂，增加一座脱溶剂塔，是行之有效的办法。

3.2.3.2 共沸精馏的计算

（1）分离二元共沸物变压精馏过程

对图 3-40 所示塔Ⅰ上半部分作组分 i 的物料衡算

$$L_n x_{i,n} + D_1 x_{i,D} = V_{n+1} y_{i,n+1}$$

整理得塔 I 精馏段操作线方程

$$y_{i,n+1}=\frac{L_n}{V_{n+1}}x_{i,n}+\frac{D_1}{V_{n+1}}x_{i,D} \tag{3-80}$$

同理，对塔 II 作物料衡算得其操作线方程

$$y'_{i,n+1}=\frac{L'_n}{V'_{n+1}}x_{i,n}+\frac{D_2}{V'_{n+1}}x'_{i,D} \tag{3-81}$$

对全系统作总物料衡算

$$F=W_1+W_2$$

对组分 1（甲乙酮）作物料衡算

$$Fx_{1,F}=W_1x_{1,W_1}+W_2x_{1,W_2}$$

联立前面两式得

$$W_1=\frac{F(x_{1,F}-x_{1,W_2})}{x_{1,W_1}-x_{1,W_2}} \tag{3-82}$$

$$W_2=\frac{F(x_{1,F}-x_{1,W_1})}{x_{1,W_2}-x_{1,W_1}} \tag{3-83}$$

求两塔间物流量，对塔 II 作物料衡算

总物料 $\qquad\qquad D_1=D_2+W_2 \tag{3-84}$

组分 1 $\qquad\qquad D_1x_{1,D_1}=D_2x_{1,D_2}+W_2x_{1,W_2} \tag{3-85}$

联立式（3-84）、式（3-85）和式（3-83）得

$$D_2=\frac{W_2(x_{1,W_2}-x_{1,D_1})}{x_{1,D_1}-x_{1,D_2}}=F\left(\frac{x_{1,F}-x_{1,W_1}}{x_{1,W_2}-x_{1,W_1}}\right)\left(\frac{x_{1,W_2}-x_{1,D_1}}{x_{1,D_1}-x_{1,D_2}}\right) \tag{3-86}$$

$$D_1=\frac{W_2(x_{W_2}-x_{D_2})}{x_{1,D_1}-x_{1,D_2}}=F\left(\frac{x_{1,F}-x_{1,W_1}}{x_{1,W_2}-x_{1,W_1}}\right)\left(\frac{x_{1,W_2}-x_{1,D_2}}{x_{1,D_1}-x_{1,D_2}}\right) \tag{3-87}$$

由式（3-86）和式（3-87）知，当不同压力下共沸组成接近时，D_1、D_2 增大，设备费用和操作费用增加。工业上是否使用变压精馏来分离共沸物，需要综合比较各项技术经济指标后再予以确定。

图解法求平衡级数，由有关汽液平衡数据作出 x-y 图，作出操作压力下精馏段操作线方程，塔 I 精馏段操作线方程

$$y_{i,n+1}=\frac{L_n}{V_{n+1}}x_{i,n}+\frac{D_1}{V_{n+1}}x_{i,D} \tag{3-80}$$

塔 II 精馏段操作线方程

$$y'_{i,n+1}=\frac{L'_n}{V'_{n+1}}x_{i,n}+\frac{D_2}{V'_{n+1}}x'_{i,D} \tag{3-81}$$

分别在塔 I 和塔 II 的平衡线和操作线间用阶梯法求出 N 值。

也可由简捷法（FUG 法）计算平衡级数，求出两塔的 α 值，由芬斯克方程分别求出两塔的最少平衡级数，即

$$N_{m1} = \frac{\lg\left[\left(\dfrac{x_{D_1}}{1-x_{D_1}}\right)\left(\dfrac{1-x_{W_1}}{x_{W_1}}\right)\right]}{\lg\alpha_1}$$

$$N_{m2} = \frac{\lg\left[\left(\dfrac{x_{D_2}}{1-x_{D_2}}\right)\left(\dfrac{1-x_{W_2}}{x_{W_2}}\right)\right]}{\lg\alpha_2}$$

然后求出 R，查吉利兰图得 N 值。此法因 α 随组成变化大，故误差大。

（2）二元非均相共沸精馏过程

① 物料衡算　如图 3-44，取全过程（最外圈范围）为物料衡算对象

$$F = W_1 + W_2 \qquad (3\text{-}88)$$

$$F x_F = W_1 x_{W_1} + W_2 x_{W_2} \qquad (3\text{-}89)$$

联立式（3-88）和式（3-89）两式得

$$W_1 = \frac{F(x_F - x_{W_2})}{x_{W_1} - x_{W_2}} \qquad (3\text{-}90)$$

$$W_2 = \frac{F(x_F - x_{W_1})}{x_{W_2} - x_{W_1}} \qquad (3\text{-}91)$$

② 平衡级数 N 的计算　图解法。首先作出 x-y 图；其次由适宜范围的物料衡算求出两塔的操作线方程，并绘于 x-y 图上；最后采用阶梯法求 N。

图 3-44　二元非均相共沸精馏过程物料衡算

对塔 I 虚线部分作物料衡算，总物料衡算为

$$V_1 = L_1 + W_2$$

对易挥发组分

$$V_1 y_{n+1} = L_1 x_n + W_2 x_{W_2}$$

整理得塔 I 精馏段操作线方程

$$y_{n+1} = \frac{L_1}{V_1} x_n + \frac{W_2}{V_1} x_{W_2} \qquad (3\text{-}92)$$

对最内圈范围作物料衡算

$$V_1 y_顶 = L_1 x_回 + W_2 x_{W_2}$$

$$y_顶 = \frac{L_1}{V_1} x_回 + \frac{W_2}{V_1} x_{W_2} \qquad (3\text{-}93)$$

类似方法的塔 I 提馏段操作线方程

$$y_{m+1} = \frac{\overline{L_1}}{\overline{V_1}} x_m - \frac{W_1}{\overline{V_1}} x_{W_1} \qquad (3\text{-}94)$$

由式（3-93）和式（3-94）可以看出，精馏段操作线最上一点的坐标为 $(x_回, y_顶)$，即应从此点开始画阶梯计平衡级数。$x_回$ 的值，若为单相回流（这是一般的情况），在一定压力和温度下是恒定值，与 I 塔顶级蒸汽的组成无关。故只要 $y_顶$ 的值确定后，操作线（图 3-45）就可确定。由

图 3-45 可以看出，y 的数值一定要小于共沸组成，否则操作线就与平衡线相交。

求塔 II 的精馏段操作线方程

$$V_2 y_{n+1} + W_2 x_{W_2} = L_2 x_n$$

$$y_{n+1} = \frac{L_2}{V_2} x_n - \frac{W_2}{V_2} x_{W_2} \qquad (3\text{-}95)$$

在 x-y 图中作出操作线，阶梯法作图求出 N 值。注意塔顶、塔釜在 x-y 图上对应位置。x_{W_2} 为塔釜，共沸物对应于塔顶。共沸精馏的 R_m 和 N_m 很难用通用数学表达式表达，因为 α 随组成变化大，不能用芬斯克方程求 N_m，最好由 $x=y$ 为操作线逐级计算求出。采用图解法时，根据塔顶、塔釜分离要求在平衡线和对角线画阶梯求出 N_m。

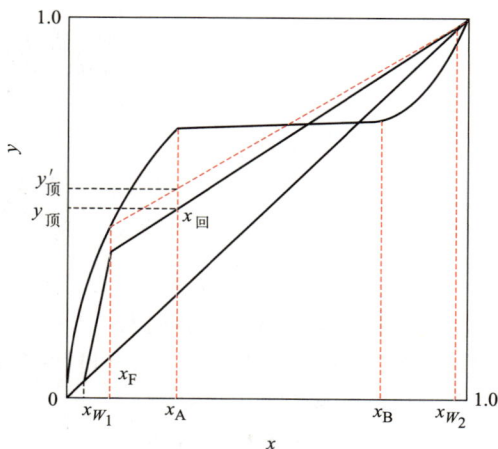

图 3-45　二元非均相共沸精馏过程操作线

确定 R_m 可用试差法，设一 R 值采用逐级法求出 N，同理求出一系列 R-N 关系，绘制 R-N 图，由图得 $N \to \infty$ 时的 R 即为 R_m。

在精馏段，可近似按夹点产生在进料级处求 R_m。此时 $x_n = x_F$，由 x_F 求出与之平衡的 y_e，代入精馏段操作线求出 R_m。夹点还有可能出现在塔顶（$y_顶$ 和 $x_回$），将之代入精馏段操作线方程求出 R_m，两者比较取大者作为 R_m。

【例 3-10】 双酚 A 是重要的化工原料，主要用于生产聚碳酸酯、树脂、农药、涂料等。在双酚 A 生产中，缩合反应产生的水和过量的苯酚形成大量苯酚-水混合物。欲脱除混合物中的水和回收苯酚循环利用，已知原料含苯酚 1.0%（摩尔分数，下同），水 99%，釜液要求苯酚含量小于 0.001%，流程如图 3-46 所示。苯酚与水为部分互溶体系。因此，I 塔和 II 塔出来的蒸汽在冷凝-冷却器中冷凝并过冷至 20℃，然后在分层器中分层。水层返回塔 I 作为回流。苯酚层送到 II 塔。要求苯酚产品纯度为 99.99%。假定塔内为恒摩尔流，饱和液体进料，并设回流液过冷对塔内汽液流率影响可忽略。试计算：

图 3-46　［例 3-10］附图

(1) 以 100kmol 进料为基准，Ⅰ塔和Ⅱ塔的最小上升汽量是多少？

(2) 当各塔上升汽量为最小上升汽量的 4/3 倍时，所需平衡级数是多少？

(3) 求Ⅰ塔和Ⅱ塔的最少平衡级数。

解 由文献查得苯酚-水系统在 101.3kPa 下的汽液平衡数据（摩尔分数）如表 3-16 所示。

表 3-16　苯酚-水系统在 101.3kPa 下的汽液平衡数据

$x_酚$	0	0.001	0.002	0.004	0.006	0.008	0.010	0.015	0.017	0.018	0.019	0.020
$y_酚$	0	0.002	0.004	0.0072	0.0098	0.012	0.0138	0.0172	0.0182	0.0186	0.0191	0.0195
$x_酚$	0.10	0.20	0.30	0.40	0.50	0.60	0.70	0.80	0.85	0.90	0.95	1.00
$y_酚$	0.029	0.032	0.038	0.048	0.065	0.090	0.150	0.270	0.370	0.55	0.77	1.00

查得 20℃ 时苯酚-水的互溶数据为：水层含苯酚 1.68%（摩尔分数），苯酚层含水 66.9%（摩尔分数）。

(1) 以 100kmol 进料为计算基准对全系统作苯酚的物料衡算

$$0.00001W_1 + 0.9999W_2 = 1.00$$

总物料衡算式　　　　　　　　　　$$W_1 + W_2 = 100$$

解得　　　　　　　　　　$$W_1 = 99.0, \qquad W_2 = 1.0$$

确定塔Ⅰ的操作线，精馏段的操作线可由第 n 级与第 $n+1$ 级之间至塔Ⅱ塔釜作物料衡算求得

$$Vy_n = Lx_{n+1} + 0.9999W_2 \tag{a}$$

同理，提馏段的操作线为

$$V'y_m = \overline{L}x_{m+1} - 0.00001W_1 \tag{b}$$

最小上升汽量为最小回流比时的汽量。若夹点在进料级，则其值可由式（a）求得

$$0.0138V_{最少} = 0.01L_{最少} + 0.9999W_2 = 0.01(V_{最少} - W_2) + 0.9999W_2$$

$$= 0.01V_{最少} + 0.9899W_2$$

所以　　　　　　$$V_{最少} = \frac{0.9899W_2}{0.0038} = 260W_2 = 260.5 (kmol)$$

注：0.0138 为与进料组成 0.01 成平衡的汽相组成。最小回流比时，精馏段操作线与平衡线交于此点。

若夹点在塔顶，因回流液组成为 0.0168，则夹点对应汽相组成应为与回流液成平衡的汽相组成，故 $y = 0.0181$（由平衡数据内插而得）。由式(a)得

$$0.0181V_{最少} = 0.0168L_{最少} + 0.9999W_2 = 0.0168(V_{最少} - W_2) + 0.9999W_2$$

$$= 0.0168V_{最少} + 0.9831W_2$$

故　　　　　　$$V_{最少} = \frac{0.9831W_2}{0.0013} = 756.2W_2 = 756.2 (kmol)$$

此值大于按夹点在进料级处所得的最小上升汽量值，所以对塔Ⅰ，$V_{最少} = 756.2kmol$。

Ⅱ塔的夹点必在塔顶，则夹点处坐标为 $(x = 0.331, y = 0.0403)$。将此值代入Ⅱ塔的操作线方程

$$V'y_m = L'x_{m+1} - W_2 x_{W_2} \quad (c)$$

$$0.0403V'_{最少} = 0.331L'_{最少} - 0.9999W_2 = 0.331(V'_{最少} + W_2) - 0.9999W_2$$
$$= 0.331V'_{最少} - 0.6689W_2$$

故
$$V'_{最少} = \frac{0.6689W_2}{0.2907} = 2.3W_2 = 2.3(\text{kmol})$$

（2）求Ⅰ塔的平衡级数

精馏段
$$V = \frac{4}{3}V_{最少} = \frac{4}{3} \times 756.2 = 1008(\text{kmol})$$

$$L = V - W_2 = 1008 - 1 = 1007(\text{kmol})$$

提馏段
$$\overline{V} = V = 1008(\text{kmol})$$

$$\overline{L} = L + F = 1007 + 100 = 1107(\text{kmol})$$

将上述各值代入式（a）和式（b）得：

塔Ⅰ精馏段操作线方程

$$1008y_n = 1007x_{n+1} + 0.9999$$

塔Ⅰ提馏段操作线方程

$$1008y_m = 1107x_{m+1} - 0.00099$$

由操作线方程和已知平衡线，在 $x\text{-}y$ 图上由 $x = 0.0168$ 至 $x_{W_1} = 0.00001$ 之间绘阶梯得所需平衡级数为 16 级（$x\text{-}y$ 图略）。

（3）求Ⅱ塔的平衡级数

$$V' = \frac{4}{3}V'_{最少} = \frac{4}{3} \times 2.3 = 3.07(\text{kmol})$$

$$L' = V' + W_2 = 3.07 + 1 = 4.07(\text{kmol})$$

将各值代入式（c）得塔Ⅱ操作线方程为

$$3.07y_m = 4.07x_{m+1} - 0.9999$$

与塔Ⅰ相似，在 $x\text{-}y$ 图上由 $x_{W_2} = 0.9999$ 至 $x_{回,2_1} = 0.331$ 之间绘阶梯得所需平衡级数为 8 级（$x\text{-}y$ 图略）。

（4）Ⅰ塔的最少平衡级数：在 $x\text{-}y$ 图上，由 $x = 0.0168$ 至 $x_{W_1} = 0.00001$ 在平衡线和对角线之间绘阶梯得最少平衡级数为 13 级。

Ⅱ塔的最少平衡级数：在 $x\text{-}y$ 图上，由 $x_{W_2} = 0.9999$ 至 $x_{回,2_1} = 0.331$ 在平衡线和对角线之间绘阶梯得最少平衡级数为 6 级。

国内有学者以年度总费用最小为目标，以精馏段级数、提馏段级数和回流比为优化变量，并以效率更高的"轮盘赌"式策略处理整数变量，用于共沸精馏塔的最优设计。Zou 等对多组分复杂精馏系统的共沸精馏分离建立了混合整数非线性规划（MINLP）模型并进行了研究。

（3）**多元共沸精馏过程**

共沸精馏计算包括共沸剂用量的确定、物料衡算以及最终求得塔的平衡级数。

① 共沸剂用量的确定　共沸剂用量应保证被分离组分完全形成共沸物，其计算可利用三角相图按物料平衡式求取。对于原料和共沸剂组成的三组分体系，如图 3-47 所示，若原溶液的组成为 F 点，加入共沸剂 S 后，系统将沿 FS 线向 S 点方向移动，若加入一定量 S 后，物系移动至某一点 M，则 M 点表示该物系加入共沸剂后的组成。物料量可由杠杆定律确定。

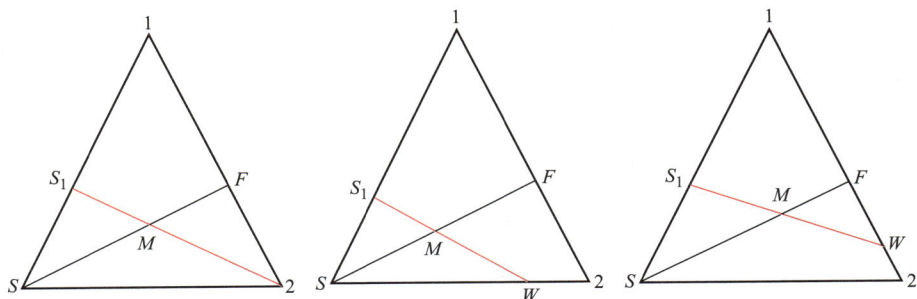

图 3-47　确定共沸剂用量的三角相图

共沸剂 S 用量

$$M = F + S$$

对共沸剂 S 作物料衡算

$$S = Mx_{M,S} = (F + S)x_{M,S}$$

$$S = \frac{Fx_{M,S}}{1 - x_{M,S}} \tag{3-96}$$

$x_{M,S}$ 为加入共沸剂后物料中共沸剂的浓度,即

$$x_{M,S} = \frac{S}{M} = \frac{S}{S + F} \tag{3-97}$$

对组分 1 和 2 作物料衡算,衡算式分别为

$$Fx_{F_1} = Mx_{M_1}, \qquad x_{M_1} = \frac{Fx_{F_1}}{S + F} \tag{3-98}$$

$$Fx_{F_2} = Mx_{M_2}, \qquad x_{M_2} = \frac{Fx_{F_2}}{S + F} \tag{3-99}$$

式中,x_{M_1}、x_{M_2} 分别表示料液中组分 1 和 2 的浓度。

　　故共沸剂的加入量不是任意选取的,适宜的共沸剂用量应该是共沸剂不混入塔釜液,同时被分离的共沸组分完全和共沸剂形成共沸物由塔顶蒸出。因此,塔釜液 W 中几乎是纯组分 2,馏出液 D 的组成几乎等于或接近于共沸组成。精馏塔的总物料衡算式为

$$M = D + W \tag{3-100}$$

　　若加入的共沸剂数量不足,不能将组分 1 完全以共沸物的形式从塔顶蒸出,则釜液中有一定量的组分 1;若加的共沸剂过量,则塔釜产品 W 中含有一定数量的共沸剂 S。很显然,上两种情况都是不合适的。

　　适宜的共沸剂加入量应该是使塔釜液组成恰好落在三角相图的一个顶点上,即 2 点上。因此适宜的共沸剂用量为 $S_1 2$ 与 FS 的交点 M,物料量可用杠杆定律确定。

共沸剂量

$$\frac{S}{F} = \frac{\overline{FM}}{\overline{SM}}, \qquad S = F\frac{\overline{FM}}{\overline{SM}} \tag{3-101}$$

塔顶产品 S_1(共沸物)的量

$$\frac{S_1}{M} = \frac{\overline{MW}}{\overline{S_1W}}$$

$$S_1 = M \frac{\overline{MW}}{\overline{S_1 W}} = (F + S) \frac{\overline{MW}}{\overline{S_1 W}} \tag{3-102}$$

塔釜产品 W 量

$$\frac{W}{M} = \frac{\overline{S_1 M}}{\overline{S_1 W}}$$

$$W = M \frac{\overline{S_1 M}}{\overline{S_1 W}} = (F + S) \frac{\overline{S_1 M}}{\overline{S_1 W}} \tag{3-103}$$

按物料衡算式

$$M x_M = S_1 x_{S_1} + W x_W \tag{3-104}$$

将式(3-100)代入式(3-104)，消去 W 后可得

$$S_1 = M \frac{x_M - x_W}{x_{S_1} - x_W} = (F + S) \frac{x_M - x_W}{x_{S_1} - x_W} \tag{3-105}$$

消去 S_1 后可得

$$W = M \frac{x_{S_1} - x_M}{x_{S_1} - x_W} = (F + S) \frac{x_{S_1} - x_M}{x_{S_1} - x_W} \tag{3-106}$$

② **共沸剂引入位置**　共沸剂确定后，还须根据共沸剂性质决定其引入位置。

a. 共沸剂相对挥发度小，可在靠近塔顶部分引入，从而保证塔内有足够的共沸剂浓度。

b. 共沸剂为最低沸点共沸物，则共沸剂分段引入，一部分随进料，另一部分在提馏段。

c. 共沸剂与两个组分都形成共沸物，则在塔任何地方均可引入。

③ **图解法求平衡级数**　对于共沸精馏来说，即使原溶液为双组分溶液，由于加入共沸剂成为三组分溶液，因此，共沸精馏计算应按一般多组分精馏来处理。并且，所形成的三组分溶液均属于非理想溶液，故相平衡计算中需考虑活度系数的影响。

共沸精馏的简捷计算是把共沸物看成单一组分 S_1，因此，在共沸塔内视为共沸物 S_1 与组分 2 的二元精馏过程，按双组分图解法求解，但必须注意各物料量均以 S_1 为基准，即 $x_{S_1} = x_1 + x_S$。而关键是如何作共沸物 S_1 与组分 2 的相图，相平衡关系按相对挥发度计算求得。

【工程案例 3-4】　**采用共沸精馏从中性染料母液中回收正丁醇**

某些双组分共沸物（如苯-水、丁醇-水）在温度降低时可分为两个具有一定互溶度的液层。此类共沸物的分离不必加入第三组分，采用两个塔联合操作便可获得两个高纯度产品。如某厂中性染料生产过程中以正丁醇为溶剂，反应结束后，物料与母液分离，母液中含正丁醇 75%（均为质量分数）左右，正丁醛等有机物 4% 左右，水为 20% 左右，还有 1% 左右的邻乙酰氨基对甲苯酚，该母液需通过分离使正丁醇含量达到 95% 以上返回反应系统循环使用，同时废水达标排放。正丁醇与水在低温下部分互溶，20℃ 时水中能溶解 7.7% 的正丁醇，正丁醇中能溶解 20.1% 的水，精馏时形成共沸物（共沸点 93.0℃，正丁醇含量为 55.5%），因此给正丁醇-水体系的分离带来困难。

（1）原正丁醇回收工艺

原设计正丁醇回收工艺流程见图 3-48。母液与回收的含正丁醇的水直接进入粗馏塔，塔釜通入直接蒸汽与母液中的丁醇形成共沸物从塔顶采出，由母液带入的邻乙酰氨基对甲苯酚等有机溶剂从塔釜排放，使得废水排放不达标，同时直接蒸汽的进入也增加了废水的排放

图 3-48　原正丁醇回收工艺流程

量。正丁醇回收率为 95% 左右，冷却水用量 124.65t（以 1t 母液为基准，下同），蒸汽用量 2.375t，产生的废水量 1.818t，回收的丁醇量为 0.775t。

（2）工艺改进

实验研究证明邻乙酰氨基对甲苯酚等有机溶剂可随回收的丁醇返回反应系统套用。提出了以原料水为夹带剂的自夹带非均相共沸精馏法，改进的工艺流程见图 3-49。该工艺主要由 2 个塔组成，即丁醇塔和回收塔。母液进入醇相中间罐，与分相后的醇相混合，由塔顶进入丁醇塔，在该塔母液中的水与丁醇形成共沸物从塔顶采出，含邻乙酰氨基对甲苯酚等有机溶剂的正丁醇由塔釜采出返回反应系统套用，提高了回收利用的经济价值。塔顶馏分经冷凝器冷凝后进入醇水分离器，醇相与母液混合返回丁醇塔；水相进入水相中间罐，经塔顶进入回收塔，塔顶馏分经冷凝器冷凝后再进入醇水分离器，塔釜可得到达标排放的废水。

图 3-49　正丁醇回收工艺流程

采用 PRO/Ⅱ 化工模拟软件，选用 NRTL 模型对提出的新回收工艺流程进行优化模拟，考察了塔顶压力、冷凝温度和塔板数对冷却水和蒸汽用量的影响，确定了适宜的操作参数，即：两塔塔顶压力均为 0.1MPa，冷凝温度为 40℃，理论级数均选择 6 级，在此基础上得到的模拟值与试验值吻合。新工艺中冷却水用量减少 79.64t，蒸汽用量减少 1.437t，废水排放量减少 1.647t，而且废水能达标排放，同时正丁醇的回收率由 95% 提高到 98% 左右。结果表明，该工艺在达到分离要求的前提下，不仅可以节约能源消耗，提高经济效益，而且减少了废水排放量，对工业设计与实际生产具有一定的指导意义。

【工程案例 3-5】 PTA 装置共沸精馏塔脱水

精对苯二甲酸（PTA）是化纤工业的"龙头"，尽管 2005 年以来我国已成为世界第一大 PTA 生产国，但生产装置几乎全部从国外引进，其生产过程的精细化操作和优化运行水平与国外同类装置先进水平相比，还存在差距。我国通过集成创新和消化吸收再创新，在对二甲苯（PX）富氧氧化反应生产过程建模与优化技术的研发和工程应用方面取得重要突破，创造性地研发了粗对苯二甲酸（CTA）加氢精制反应生产过程、共沸精馏溶剂脱水过程的建模与优化技术，研发了 PTA 联合装置中低压蒸汽优化配置、PX 氧化反应尾气优化利用、CTA 料与母液互送以及公用工程优化运行技术。项目成果自 2004 年 1 月开始在扬子石化 36 万吨/年、65 万吨/年 PTA 装置和天津石化 34 万吨/年 PTA 装置上成功应用以来，提升了 PTA 装置的运行水平，主要技术经济指标达到或超过了同类装置国际先进水平，装置综合能耗平均降低 20%，取得了显著的经济效益和社会效益。

PTA 生产工艺过程可分氧化单元和加氢精制单元两部分。原料 PX 以醋酸（AcOH）为溶剂，在催化剂作用下经空气氧化成 CTA，为保证反应的顺利进行，必须及时从系统中移走氧化反应产生的水以及常压吸收塔和高压吸收塔处理工艺气体时加入的水，将水移出的同时尽可能从水中回收 AcOH，降低 AcOH 消耗，因此 AcOH 脱水是 PTA 生产中的一道重要工序。再依次经结晶、过滤、干燥得到粗品；CTA 经加氢脱除杂质，再经结晶、离心分离、干燥为 PTA 成品。图 3-50 所示为 PTA 工业生产装置。

图 3-50 精对苯二甲酸工业生产装置

溶剂回收系统的作用为：从尾气中回收 AcOH；除去溶剂中的副产品和杂质；将水由 AcOH 溶液中分离出来。溶剂脱水系统的介质为 AcOH、水、PX、醋酸甲酯（AcOMe）、丙醇等的多元体系。AcOH 沸点为 118℃，水沸点为 100℃，虽然两者沸点差别较大，但由于 AcOH 与水的相对挥发度接近于 1，在靠近水端的位置上有很窄的夹点，如果用普通精馏，要求精馏塔有很多塔板，塔顶出料中 AcOH 含量才能达到环保要求，因此工业上一般采用以醋酸正丁酯（NBA）为共沸剂的共沸精馏。在塔中加共沸剂，降低了溶剂脱水塔的高度，减少了脱水所需的热量消耗，工艺指标要求塔顶馏出物中 AcOH 含量小于 0.1%（均为质量分数），塔釜馏出物中水含量约为 5%。其工艺流程如下。

（1）常压吸收

常压吸收流程如图 3-51 所示。反应尾气在高压洗涤塔中洗涤，洗涤液送入溶剂脱水塔。来自第一结晶器尾气冷凝器的尾气和其他所有低压尾气（包括容器吸收损失、溶剂脱水塔的尾气和干燥机的排气）一起进入常压吸收塔，先用冷却的 AcOH 洗涤，再用脱盐水洗涤。常压吸收塔釜泵将一部分 AcOH 通过换热器送回常压吸收塔洗涤气体，其余 AcOH 在液位控制下送母液罐，返回反应器或溶剂脱水塔。常压吸收塔上部的富水出料由泵通过液位控制送至汽提塔，回收 AcOH 去除杂质。

（2）母液处理

抽出母液处理流程如图 3-52 所示，汽提塔将大部分 AcOH 和水与非挥发性组分分开。蒸发所需热量由汽提塔再沸器供给，浆料通过循环泵在汽提塔和换热器间循环。一股来自汽提塔的残渣通过流量控制进入残渣蒸发器，用高压蒸汽加热，大部分残余溶剂被蒸发出来，剩余溶液的残渣进入残渣收集罐与共沸剂回收塔来的废水混合，由残渣泵送至界外污水处理厂。在汽提塔的顶部，回收的 AcOH 蒸汽用逆流的溶剂洗涤，清洁的蒸汽进入脱水塔的下部。

图 3-51　常压吸收流程

图 3-52　母液处理流程

1—汽提塔；2—再沸器；3—混合泵；4—循环泵；
5—残渣蒸发器；6—残渣收集罐；7—加热器；8—残渣泵

（3）溶剂回收

溶剂回收流程如图 3-53 所示。氧化反应生成的水和装置加入的水在脱水塔中将共沸剂与 AcOH 进行分离，使塔顶几乎得不到 AcOH，塔釜 AcOH 含量约为 95%。在脱水塔的中部抽出一股液体，送入 PX 回收塔去除共沸精馏塔中积存的 PX，引入水打破 PX-共沸剂、共沸液，氧化第二结晶器部分蒸汽提供 PX 回收塔清除 PX 所需热量，顶部汽相中共沸剂返回脱水塔，底部出料 PX 在液位控制下送母液罐返回反应器。

图 3-53　溶剂回收流程

（4）共沸剂回收

共沸剂回收流程如图 3-54 所示。图 3-53 中脱水塔釜蒸发所需热量由脱水塔再沸器提供，顶部出来的蒸汽在脱水塔顶部冷凝器中冷凝，温度由旁通控制，凝液进入脱水塔倾析器，水相和有机相（共沸剂）分离，共沸剂进入共沸剂储罐由回流泵送回脱水塔作回流，汽相和未凝蒸汽送入共沸剂回收塔上部，水相进入共沸剂回收塔底部，进入共沸剂回收塔上部的蒸汽经冷却回收 AcOMe 存于储罐中，由泵送至氧化反应器，抑制 AcOMe 的生成，降低氧化副反应。共沸剂回收塔釜液体经冷却后由泵送至废水用户和污水处理厂，共沸剂回收塔顶不凝性尾气进入常压吸收塔，进一步回收其中的 AcOMe。

图 3-54　共沸剂回收流程

溶剂脱水塔采用共沸精馏法从水-AcOH 体系中脱水。加入共沸剂后，在脱水塔中形成了有 9 个沸点组分的多元体系，按沸点由高到低排列为：AcOMe、共沸剂-H_2O、PX-H_2O、丙醇、H_2O、共沸剂、PX-AcOH、AcOH 和 PX，它们的沸点分别是 57℃、82.4℃、92.5℃、96℃、100℃、112℃、115℃、118℃、138℃。溶剂脱水塔中存在三种共沸物，分别是共沸剂-H_2O、PX-H_2O 和 PX-AcOH，它们的沸点分别是 82.4℃、92.5℃、115℃。共沸剂-H_2O 是非均相共沸液，处于塔顶部。在冷凝器中生成两种液相，易于通过倾析器分离。

从脱水塔抽出的水中 PX 浓度很小，PX-H_2O 的共沸沸点为 92.5℃，高于共沸剂-H_2O 的共沸沸点 82.4℃。PX-AcOH 共沸液的沸点 115℃，低于 AcOH 的沸点 118℃。这样，PX 会聚集在顶部床层，故当塔内含 PX 时，塔顶蒸汽内的 AcOH 浓度会上升。脱水塔顶部床层的下部抽出一股液流，目的就是从脱水塔中清除掉 PX，这是为了减少对塔的操作的影响。由于 PX-H_2O 的共沸沸点为 92.5℃，PX-AcOH 的共沸沸点为 115℃，因此，抽出位置应在 92.5～115℃，以确保抽出 PX 液体。PX 抽出时夹带了大量的共沸剂，为了防止共沸剂随 PX 返回氧化反应器燃烧掉造成损失，抽出液被加入 PX 回收塔。在 PX 回收塔中，共沸剂-H_2O 以汽相形式回收并返回到脱水塔顶部床层的下面，而 PX 以液相形式从塔釜流出，从塔釜流出的液相由泵送至母液罐中，再循环到氧化反应器。

由于 AcOMe 的沸点 57℃，共沸剂-H_2O 共沸物的沸点 82.4℃，脱水塔顶部的蒸汽中富含 AcOMe，AcOMe 必须被提取出来，从溶剂回收系统循环返回氧化反应器。简单地用水冷却器冷却塔顶蒸汽会导致过冷，AcOMe 进入共沸剂回收塔的废水中，从而引起 AcOMe 的损失。为减少这种损失，采用了让一定比例的顶部蒸汽不经过脱水塔顶冷凝器，而走旁通，这部分走旁通的蒸汽与那些经过冷凝器的部分再混合后一起通过脱水塔倾析器再平衡，保证汽、液混合物的温度高于 AcOMe 的露点 57℃，但低于共沸剂的沸点 112℃，将共沸剂分离出来。随温度的升高，AcOMe 进入 H_2O 中量增加，汽、液混合物再进入共沸剂回收塔将 AcOMe 分离出来，AcOMe 由泵送回氧化反应器回收利用。

控制要点：随液面高度的降低及共沸剂的浓度降低，塔内的温度随之升高。在共沸剂的浓度快速上升的地方，塔的温度迅速下降，为了控制脱水塔塔顶、塔釜的产品组分，必须维持塔的温度梯度，因而需对温度迅速变化的位置进行控制。在脱水塔的中部均匀分布有 6 个温度测量点，由温度控制器接受温度测量值并计算出共沸剂的"温度骤变点"，脱水塔的控制实质就是控制共沸剂的"温度骤变点"的位置，是通过控制共沸剂的回流量来实现的。目前的经验是控制在由 6 支均匀分布的温度计所构成的温度梯度 30% 左右的位置。界面温度太高，则脱水塔塔层温度过高，汽相中酸含量过大，增加产品的 AcOH 消耗；界面位置太低，则脱水塔塔层温度过低，共沸剂和水的共沸物会进入底部 AcOH 中，最后大部分共沸剂在氧化反应器中被氧化分解，同时会造成不必要的经济损失，而 AcOH 溶剂中含水过多还会抑制氧化反应，产生副产物。

3.3 萃取精馏

3.3.1 萃取精馏过程

若加入的新组分 MSA 不与原溶液中的任一组分形成共沸物，而其沸点又较原溶液任一组分高，从釜液中离开精馏塔，这种特殊精馏叫萃取精馏（extractive distillation），所加入的新组分称为萃取剂。

萃取精馏是向原料液中加入萃取剂，以改变原有组分间的相对挥发度而达到分离要求的特殊精馏方法。其要求萃取剂的沸点较原料液中各组分的沸点高得多，且不与组分形成共沸物，容易回收。萃取精馏常用于分离各组分相对挥发度差别很小的溶液。例如，在常压下苯的沸点为80.1℃，环己烷的沸点为80.73℃，若在苯-环己烷溶液中加入萃取剂糠醛，则溶液的相对挥发度发生显著的变化，且相对挥发度随萃取剂量加大而增高，如表3-17所示。工业上以乙腈为萃取剂回收 C_4 馏分中的丁二烯，详见［工程案例3-6］。随着焦化工业的发展，焦化苯已经成为苯的一个重要来源，对于焦化粗苯可以采用萃取精馏进行精制，详见［工程案例3-7］。

表3-17　苯-环己烷溶液中加入不同量糠醛后相对挥发度的变化

溶液中糠醛的含量（摩尔分数）	0	0.2	0.4	0.5	0.6	0.7
相对挥发度 α	0.98	1.38	1.86	2.07	2.36	2.7

在萃取精馏中，萃取剂改变原有组分的相对挥发度。因此，要求萃取剂组分在各级液相中保持适当的浓度。为此，至少有部分溶剂（即萃取剂）需要从原料进口以外的位置加入塔内，因此萃取精馏塔是一个多股进料的复杂塔。同时，萃取精馏应考虑溶剂回收，循环使用，所以萃取精馏系统是一个双塔系统。它由萃取精馏塔和溶剂回收塔所构成，萃取精馏塔除了原料进口外，在塔上部有溶剂加入，见图3-55（a）。如 C_4 馏分制取丁二烯的流程如图3-55（b）所示：将经预处理的原料 C_4 馏分预热60℃呈汽相状态从塔中部送入萃取精馏塔，萃取剂乙腈于塔的回收段与精馏段之间入塔，由于萃取剂的作用，丁烯、丁烷与丁二烯的相对挥发度增大，精馏段之上不含丁二烯。为了减少溶剂损失，尽可能地降低馏出液中溶剂含量。通常在塔顶和溶剂进口之间装有几个塔级，作为溶剂回收段，其主要用于分离乙腈与丁烷、丁烯，因此该塔顶部得到丁烷和丁烯；与萃取剂乙腈结合力大的丁二烯和萃取剂一起通过精馏段和提馏段后从塔釜出塔进入溶剂回收塔，精馏段主要利用乙腈作为溶剂改变丁二烯与丁烯、丁烷的相对挥发度，使丁二烯尽量少被丁烯、丁烷带走；提馏段主要是从乙腈和烃类的混合物中将丁烷、丁烯提馏出来。溶剂回收塔是一普通精馏塔，由中部进入溶剂回收塔的丁二烯、乙腈混合液经过精馏，塔顶得到轻组分丁二烯，塔釜得到的高沸点的溶剂乙腈返回萃取精馏塔循环使用。

图3-55　萃取精馏的流程

与常规精馏塔比较，萃取精馏塔增加了溶剂回收段，其作用为除去被上升蒸汽夹带的溶剂，以降低溶剂在萃取精馏塔塔顶产品中的含量，既保证了塔顶产品质量，又降低了溶剂的损失。回收段所需的理论级数取决于溶剂与塔顶组分的蒸气压差，差值越大，所需理论级数越少。此外，萃取精馏所用的萃取剂的沸点较进料中的各组分的沸点高得多，难以挥发，故在塔内精馏过程中近似于恒摩尔流，在精馏段和提馏段中各级上的浓度几乎为恒定。因此，如果进料为汽相进料，则精馏段及提馏段回流液中溶剂浓度保持不变，利于精馏；若为液相进料，或含有液相，则精馏段和提馏段液相中溶剂的浓度发生突变，提馏段下流的液体总量增大、溶剂浓度降低，对分离不利。为了使溶剂浓度恒定，需要在进料中加入适量的溶剂。由于萃取剂损失量很少，通常只需添加少量补充萃取剂。

3.3.2　萃取精馏的原理

萃取精馏的基本原理是基于加入萃取剂后，改变了原溶液中关键组分间的相对挥发度，即改变了原溶液组分分子间的相互作用力，构成一个新的非理想溶液。一般工业生产中，萃取精馏塔多在常压或压力不高的条件下操作，汽相可以近似看作理想气体。设组分 1 和组分 2 的混合物中加入萃取剂 S 进行分离，其相对挥发度表示为

$$\alpha_{1,2} = \frac{K_1}{K_2} = \frac{\gamma_1 p_1^0}{\gamma_2 p_2^0} \tag{3-107}$$

用三组分 **Margules** 方程求液相的活度系数，溶剂存在下组分 1 和 2 的活度系数之比为

$$\ln\left(\frac{\gamma_1}{\gamma_2}\right)_S = A_{21}(x_2 - x_1) + x_2(x_2 - 2x_1)(A_{12} - A_{21})$$
$$+ x_S[A_{1S} - A_{S2} + 2x_1(A_{S1} - A_{1S}) - x_S(A_{2S} - A_{S2}) - c(x_2 - x_1)] \tag{3-108}$$

若三个双组分溶液均属非对称性不大的系统，各组分之间的相互作用可以忽略，$c = 0$，将端值常数的平均值 $A'_{12} = \frac{1}{2}(A_{12} + A_{21})$，$A'_{1S} = \frac{1}{2}(A_{1S} + A_{S1})$，$A'_{2S} = \frac{1}{2}(A_{2S} + A_{S2})$ 代入并整理得到柯干公式

$$\ln\left(\frac{\gamma_1}{\gamma_2}\right)_S = A'_{12}(1 - x_S)(1 - 2x'_1) + x_S(A'_{1S} - A'_{2S}) \tag{3-109}$$

式中，$x'_1 = \frac{x_1}{x_1 + x_2}$ 为组分 1 的 **脱溶剂浓度**，即相对浓度；组分 2 的脱溶剂浓度为 $x'_2 = \frac{x_2}{x_1 + x_2}$。将式（3-109）代入式（3-107）得

$$\ln\alpha_S = \ln\left(\frac{p_1^0}{p_2^0}\right)_{T_3} + A'_{12}(1 - x_S)(1 - 2x'_1) + x_S(A'_{1S} - A'_{2S}) \tag{3-110}$$

式中，α_S 为有 S 存在时组分 1 对组分 2 的相对挥发度；T_3 为三元物系的泡点温度。

如果 $x_S = 0$，即对无溶剂的双组分系统，$x'_1 = x_1$，可得

$$\ln\left(\frac{\gamma_1}{\gamma_2}\right) = A'_{12}(1 - 2x_1) \tag{3-111}$$

则

$$\ln\alpha = \ln\left(\frac{p_1^0}{p_2^0}\right)_{T_2} + A'_{12}(1 - 2x'_1) \tag{3-112}$$

式中，α 为二元溶液中组分 1 对组分 2 的相对挥发度；T_2 为二元物系的泡点温度。

原体系组分间 α 接近，$\left(\frac{p_1^0}{p_2^0}\right)$ 相近且随 T 变化不明显，所以可以认为 $\left(\frac{p_1^0}{p_2^0}\right)_{T_2} \approx \left(\frac{p_1^0}{p_2^0}\right)_{T_3}$，

当 $x_1' = x_1$ 时，由式（3-110）和式（3-112）得

$$\ln S_{12} = \ln\left(\frac{\alpha_S}{\alpha}\right) = x_S[A_{1S}' - A_{2S}' - A_{12}'(1-2x_1')] \tag{3-113}$$

式中，S_{12} 定义为溶剂的**选择性**，是衡量溶剂效果的一个重要指标。

【讨论】

（1）萃取剂本身性质的影响

由式（3-113）知，溶剂的选择性不仅与溶剂的性质（A_{1S}' 和 A_{2S}'）和溶剂的浓度有关，还与原溶液的性质（A_{12}'）和浓度（x_1'）有关，要使溶剂在任何 x_1' 值时都能有较大的选择性以增加原溶液的选择性（$S_{12} > 1$），必须满足

$$A_{1S}' - A_{2S}' - |A_{12}'| > 0 \tag{3-114}$$

最好 S 与组分 1 形成具有正偏差的非理想溶液，S 与组分 2 形成具有负偏差的非理想溶液或理想溶液。

（2）萃取剂浓度的影响

当 x_1' 一定时，x_S 越大，S_{12} 改变越大。但萃取剂量的增加会降低级效率，一般萃取剂摩尔分数控制在 $0.5 \sim 0.9$。萃取精馏的回流比不宜过大，增加回流比，虽然可以提高分离动力，但也使得液相萃取剂浓度降低，减小了被分离组分间的相对挥发度，故萃取精馏存在一最佳回流比。

（3）物系本身性质的影响

由式（3-113）知，$A_{1S}' - A_{2S}' > 0$ 是式（3-113）成立的必要条件而非充分条件。

① $A_{12}' > 0$（正偏差体系）

a. 当 $x_1' > 0.5$ 时，$(1-2x_1') < 0$，而 $[-A_{12}'(1-2x_1')] > 0$，加入 S 后，选择性提高，α_S 增加；

b. 当 $x_1' < 0.5$ 时，$(1-2x_1') > 0$，而 $[-A_{12}'(1-2x_1')] < 0$，加入 S 后，有可能使分离变得更困难 {当 $[-A_{12}'(1-2x_1')]$ 对 α_S 的影响大于 S 加入使 $A_{1S}' - A_{2S}'$ 上升对 α_S 的影响时，加入 S，分离更难}。

② $A_{12}' < 0$（负偏差体系）

a. 当 $x_1' > 0.5$ 时，$(1-2x_1') < 0$，而 $[-A_{12}'(1-2x_1')] < 0$，加入 S 后，有可能使分离变得更困难；

b. 当 $x_1' < 0.5$ 时，$(1-2x_1') > 0$，而 $[-A_{12}'(1-2x_1')] > 0$，加入 S 后，选择性提高，α_S 增加。

（4）**萃取精馏的实质**

① 对原溶液关键组分产生不同的作用。原分离物系中两组分沸点相近，为非理想性不大的物系，加入萃取剂的作用是萃取剂与其中一个组分或两个组分形成非理想溶液，从而改变了原组分间的相对挥发度。例如苯-环己烷共沸物，$\gamma_1/\gamma_2 = 1.0175$，$p_1^0/p_2^0 = 0.9829$，$\alpha = 1$。加入苯胺作为萃取剂，随着苯胺浓度的增加，$\gamma_1/\gamma_2$ 逐渐增大，而 p_1^0/p_2^0 变化不大，α 显著增大，进而实现苯与环己烷的分离。

② 稀释原溶液。当原溶液为非理想物系，以至形成共沸物而难以分离，则萃取剂起稀释作用，从而减弱了原分子间的相互作用，使相对挥发度改变。以 DMF（N,N-二甲基甲酰胺）为溶剂萃取精馏分离四氢呋喃-水即属于此类情况。四氢呋喃的沸点为 $65.97℃$，常压下

四氢呋喃-水最低沸点共沸物的共沸沸点为 63.43℃，共沸物含四氢呋喃 0.8287（摩尔分数），非理想性很大。此时，$\gamma_1/\gamma_2 = 0.249$，$p_1^0/p_2^0 = 4.012$，$\alpha = 1$。加入 DMF 后，随着溶剂浓度的增加，溶剂的稀释作用使得 γ_1/γ_2 趋近于 1，而 p_1^0/p_2^0 虽然减小，但仍远大于 1，故 α 显著增大，进而实现四氢呋喃与水的分离。

对于一个具体的萃取精馏过程，上述两种作用同时存在，其相对贡献大小随溶剂的选择性和原溶液的性质不同而异。还应该指出，在原溶液全浓度范围内的不同区域，溶剂的加入使组分之间相对挥发度的改变情况不同。

3.3.3　萃取剂的选择

一般来说萃取精馏流程和塔板结构的改进是有限的。因此，选择好的萃取剂或对萃取剂进行改进和优化是提高萃取精馏塔生产能力和降低能耗的最有效途径。萃取精馏是能量分离剂与质量分离剂并重的分离过程。只有采用高选择性的溶剂才能使萃取精馏的操作成本和设备投资达到最小，通常萃取剂的选择方法有下述几种。

3.3.3.1　性质约束方法

性质约束方法是指根据某些原则划定分离混合物系所需溶剂的大致范围，这种方法一般应用于溶剂的初步筛选过程。

（1）**经验筛选方法**

该法一般用于粗略地筛选溶剂，其主要依据是溶剂分别与待分离关键组分形成的二元溶液对拉乌尔定律会产生不同的偏差。可根据重关键组分的极性或从其同系物中选择。

① 根据有机物的**极性**选择　考虑被分离组分的极性有助于萃取剂的选择，选择在极性上更类似于重关键组分的化合物作萃取剂，能有效地减小重关键组分的相对挥发度。极性由小到大的顺序为：烃→醚→醛→酮→酯→醇→二醇→水。

② 从**同系物**中选择　希望所选的萃取剂可与塔釜产品形成理想溶液或具有负偏差的非理想溶液，与塔釜产品形成理想溶液的萃取剂容易选择，一般可从同系物或极性类似的物料中选取，最好选择沸点较高的组分的同系物，以免克服原溶液中沸点差异。

例如甲醇-丙酮（甲醇沸点 64.7℃，丙酮沸点 56.4℃）溶液具有最低共沸点，$t_{共} = 55.7℃$，当 $x_{CH_3OH} = 0.2$（摩尔分数）的非理想溶液用萃取精馏分离时，萃取剂可有两种类型：可以选择甲醇的同系物乙二醇（197.2℃），也可选择丙酮的同系物甲基异丁基酮（115.9℃）。两种方案比较知，选择甲醇同系物有利。因为如用丙酮的同系物作萃取剂时，该萃取剂要克服原溶液中沸点差异，使低沸点物质与萃取剂一起由塔釜排出。

（2）**活度系数方法**

这种方法通过计算精馏物系的关键组分在溶剂中的活度系数，进而推断出各被选溶剂的选择性及溶解性等参数，然后经过比较选择最佳溶剂。

① 无限稀释活度系数　因为

$$S_{12} = \frac{(\gamma_1/\gamma_2)_S}{\gamma_1/\gamma_2} \propto \left(\frac{\gamma_1}{\gamma_2}\right)_S, \alpha_{1,2} \approx 1$$

当 $x_S \to 1$ 时，代表一种萃取剂的最大选择性。因此，利用气相色谱法快速测定关键组分在溶剂中的无限稀释活度系数来计算溶剂的选择性。

$$\left(S_{12}^{\infty}\right)_{x_S \to 1} \propto \left(\frac{\gamma_1^{\infty}}{\gamma_2^{\infty}}\right)_{x_S \to 1}$$

例：环己烷-苯体系以苯胺或糠醛为萃取剂的选择性。

苯胺　　$\gamma_1^{\infty}=4.769$，　$\gamma_2^{\infty}=1.747$，　$\left(S_{12}^{\infty}\right)_{x_S \to 1}=2.73$

糠醛　　$\gamma_1^{\infty}=5.631$，　$\gamma_2^{\infty}=2.007$，　$\left(S_{12}^{\infty}\right)_{x_S \to 1}=2.806$

所以糠醛的选择性稍优于苯胺。

② 用活度系数方程式计算　计算 $\lg\left(\dfrac{\gamma_1}{\gamma_2}\right)_S$ 并计算 $(\alpha_{1,2})_S$，$(\alpha_{1,2})_S$ 值越大，则说明选择性就强。

（3）实验方法

经过计算，只能筛选出有限的有机溶剂。不能经过计算筛选的盐类、高分子聚合物一般必须通过实验方法进行验证。通过测定汽液平衡数据对溶剂进行初步筛选，这种方法比较准确，但是耗费较高，周期较长。

$$\left(\alpha_{1,2}\right)_S = \frac{y_1 x_2}{y_2 x_1}$$

在等摩尔的被分离组分混合液中加入等质量的萃取剂相混后，通过实验方法测定汽液两相的平衡组成，并计算其相对挥发度，$(\alpha_{1,2})_S$ 值越大，则说明选择性越强。在最后确定溶剂以及进行设计计算时，还必须进行全浓度下的汽液平衡实验和萃取精馏工艺实验，以验证和比较所选的溶剂，并为后续的工业推广提供依据。

3.3.3.2　计算机优化方法

计算机优化方法是指通过计算机利用各种选择指标，设计或具体选择最佳溶剂。可分为计算机辅助分子设计方法和人工神经网络方法，有时将二者结合使用。

（1）计算机辅助分子设计方法（CAMD）

CAMD 方法是首先预选一定结构的基团，然后按照某种规律组合成分子，并依据所设定分子的目标性质进行筛选，在众多的有机物中逐渐缩小搜索范围，最终找到所需的优化物质。另外，CAMD 方法还可以组合生成新的溶剂分子，取代现有溶剂以获得更大的经济效益。UNIFAC 基团贡献法是分子设计的重要工具，分子设计的主要过程是由若干基团自动组合成分子，然后按照预定分子的目标性质对所生成的分子群进行筛选，从而找出目标性质最优的分子作为溶剂。

（2）人工神经网络方法（ANN 方法）

ANN 方法是一种新型信息处理和计算系统。它是在现代神经科学研究成果的基础上，通过对生物神经的结构和功能进行数学抽象、简化和模拟而逐步发展起来的，具有自适应能力和自学习功能，在模式识别和非线性函数关系等领域获得了显著的成功，而且在预测多组分非线性性质关系方面也展现出诱人的前景。将 ANN 技术与定量分子结构-性质关系式、定量结构-活性系数关系式相结合建立的模型用于预测各种物质的理化性质，取得了显著的进展。

3.3.3.3　混合溶剂

萃取精馏一般采用单一溶剂作为萃取剂，但单一溶剂往往存在自身选择性与溶解性的矛盾，或在萃取精馏塔内溶剂比过大造成生产过程中的能耗大，同时溶剂回收时的能耗也相应增加。混合溶剂就是在单一溶剂基础上加入一种或一种以上的组分构成新的溶剂，加入的组分称为副溶剂。目前，关于萃取精馏溶剂国内外的研究主要针对离子液体、加盐溶剂和复合溶剂三类。混合溶剂的选择性大小不仅和溶剂与进料质量比有关，而且与混合溶剂的配比有关。

3.3.4 萃取精馏过程分析

3.3.4.1 塔内流量分布

如图 3-56，萃取精馏与一般精馏不一样，进入塔内的物料除料液和回流外，还有萃取剂，且溶剂的流率又往往大大超过其他物料的流率。在萃取剂加入级和进料级，物料的汽相（或液相）流率有突变，由于萃取剂总是以液态加入的，故在萃取剂加入级，液体流率必然有突然变化，进料可以是汽相、液相或混相，按进料状态不同，进料级上汽相、液相或二者的流率相应地有突变。

精馏段作物料衡算

$$V_{n+1} + S = L_n + D \tag{3-115}$$

若溶剂中不含有原溶液的组分，则对溶剂以外的任一组分 i

$$V_{n+1} y_{n+1} = L_n x_n + D x_D \tag{3-116}$$

或

$$y_{n+1} = \frac{L_n}{V_{n+1}} x_n + \frac{D}{V_{n+1}} x_D \tag{3-117}$$

图 3-56　萃取精馏塔

以脱溶剂的相对浓度 $y'_{n+1} = \dfrac{y_{n+1}}{1-(y_S)_{n+1}}$, $x'_n = \dfrac{x_n}{1-(x_S)_n}$, $x'_D = \dfrac{x_D}{1-(x_S)_D}$ 代替上式中的浓度，则

$$y'_{n+1}[1-(y_S)_{n+1}] = \frac{L_n}{V_{n+1}} x'_n[1-(x_S)_n] + \frac{D}{V_{n+1}} x'_D[1-(x_S)_D] \tag{3-118}$$

若以 v 和 l 分别代表汽相和液相中原溶液组分的流率，即

$$l_n = L_n[1-(x_S)_n] \qquad v_{n+1} = V_{n+1}[1-(y_S)_{n+1}] \tag{3-119}$$

则

$$y'_{n+1} = \frac{l_n}{v_{n+1}} x'_n + \frac{D}{v_{n+1}}[1-(x_S)_D] x'_D \tag{3-120}$$

一般馏出液中不含 S，所以

$$y'_{n+1} = \frac{l_n}{v_{n+1}} x'_n + \frac{D}{v_{n+1}} x'_D \tag{3-121}$$

整理得

$$\frac{L_n}{V_{n+1}} : \frac{l_n}{v_{n+1}} = \frac{1-(y_S)_{n+1}}{1-(x_S)_n} \tag{3-122}$$

因为 S 的 α 远小于原溶液的 α，所以 $(y_S)_n < (x_S)_n$，$(x_S)_n \approx (x_S)_{n+1}$（液相中 x_S 基本不变，恒摩尔流），故 $(y_S)_{n+1} < (x_S)_n$。所以

$$\frac{L_n}{V_{n+1}} : \frac{l_n}{v_{n+1}} > 1$$

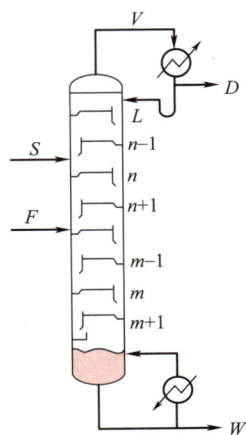

即 S 存在下塔内液汽比大于脱溶剂情况下的液汽比。

对溶剂 S 作物料衡算求 S 的量

$$V_{n+1}(y_S)_{n+1} + S = L_n(x_S)_n + D(x_S)_D \tag{3-123}$$

一般 $(x_S)_D \approx 0$，设 $L_n(x_S)_n = S_n$，则

$$S_n = S + V_{n+1}(y_S)_{n+1} \tag{3-124}$$

萃取精馏中，S 沸点高且量大，S 在下流中温度升高会冷凝一定量上升蒸气，从上至下汽液流量渐增。考虑冷凝量，精馏段第 n 级液相流率为

$$L_n = l_n + S + \frac{C_{pS}(T_n - T_S)}{\Delta H_v} \tag{3-125}$$

相应汽相流率（若汽相中 S 忽略之）

$$V_{n+1} = L_n + D - S \tag{3-126}$$

对提馏段

$$\overline{L}_m = \overline{l}_m + S + \frac{C_{pS}(T_m - T_S)}{\Delta H_v} \tag{3-127}$$

$$\overline{V}_{m+1} = \overline{L}_m - (W' + S) \tag{3-128}$$

式中，C_{pS} 为溶剂 S 的热容；T_S、T_n 和 T_m 分别为 S 加入级、第 n 级和第 m 级的温度；ΔH_v 为被分离组分在溶剂中的溶解热，忽略混合热时等于汽化热；W' 为不包括 S 在内的釜液量。

3.3.4.2　塔内 S 浓度分布

在萃取精馏塔内，由于所用萃取剂的相对挥发度比所处理物料的相对挥发度低得多，用量较大，故在塔级上基本维持一固定的浓度值，它决定了原溶液中关键组分的相对挥发度和塔的经济合理操作，根据"**恒定浓度**"即 $x_{S,n} = x_{S,n+1}$ 的概念，可简化萃取精馏过程的计算。

假定：①恒摩尔流；② $x_{S,D} = 0$。

对精馏段作物料衡算，总物料平衡

$$V + S = L + D \tag{3-129}$$

对萃取剂 S 作物料衡算得

$$Vy_S + S = Lx_S \tag{3-130}$$

设萃取剂 S 对分离组分的相对挥发度为 **β**，则

$$\beta = \frac{\dfrac{y_S}{1-y_S}}{\dfrac{x_S}{1-x_S}} \tag{3-131}$$

对原溶液为二元溶液，已知各组分对萃取剂的 $\alpha_{1,S}$、$\alpha_{2,S}$ 及溶液的浓度 x_i，则

$$\beta = \frac{\dfrac{y_S}{y_1+y_2}}{\dfrac{x_S}{x_1+x_2}} = \frac{x_1+x_2}{x_S} \times \frac{1}{\dfrac{y_1}{y_S} + \dfrac{y_2}{y_S}} = \frac{x_1+x_2}{x_S} \times \frac{1}{\alpha_{1,S}\dfrac{x_1}{x_S} + \alpha_{2,S}\dfrac{x_2}{x_S}} = \frac{x_1+x_2}{\alpha_{1,S}x_1 + \alpha_{2,S}x_2} \tag{3-132}$$

可以得到原溶液为多元混合物的相对挥发度

$$\beta = \frac{\sum x_i}{\sum \alpha_{i,S} x_i} \tag{3-133}$$

溶剂与原溶液间汽液平衡关系可表示为

$$y_S = \frac{\beta x_S}{(\beta-1)x_S + 1} \tag{3-134}$$

联立式（3-129）、式（3-130）和式（3-134）得

$$x_S = \frac{S}{(1-\beta)L - \dfrac{\beta D}{1-x_S}} \tag{3-135}$$

一般 β 很小，式（3-135）可简化为 $x_S = \dfrac{S}{(1-\beta)\,L}$，或 $x_S \approx \dfrac{S}{L}$。

与精馏段类似，对于提馏段可得

$$\bar{x}_S = \frac{S}{\overline{L}(1-\beta) + \dfrac{W'\beta}{1-\bar{x}_S}} \tag{3-136}$$

注意：式中 W' 不包括萃取剂 S。当 β 很小时，

$$\bar{x}_S \approx \frac{S}{\overline{L}(1-\beta)} \quad \text{或} \quad \bar{x}_S \approx \frac{S}{\overline{L}} \tag{3-137}$$

$$(x_S)_W = \frac{S}{W} = \frac{S}{S+W'} \tag{3-138}$$

而 $W < \overline{L}$，所以 $(x_S)_W > \bar{x}_S$，即萃取剂浓度在再沸器中发生跃升。

【讨论】

由式（3-135）和式（3-136）知：

① $x_S = f\,(S,\ L,\ \beta)$，所以提高级上 S 浓度的主要手段是增加萃取剂的进料流率。当 S、L 一定时，β 增大，x_S 提高，有利于原溶液组分的分离，但增加了萃取剂回收的难度。

当 S、β 一定时，回流比 R 提高，L 上升，x_S 减小，所以加大回流比并不是总对分离有利，通常有一最佳的回流比，它是权衡回流比和溶剂浓度对分离度综合影响的结果。

② 对原溶液为二元溶液，$\beta = \dfrac{x_1 + x_2}{\alpha_{1,S} x_1 + \alpha_{2,S} x_2}$；塔顶 $x_1 \approx 1$，$x_2 \approx 0$，$\beta = \dfrac{1}{\alpha_{1,S}} = \alpha_{S,1}$；塔釜 $x_1 \approx 0$，$x_2 \approx 1$，$\beta = \dfrac{1}{\alpha_{2,S}} = \alpha_{S,2}$，所以

$$\bar{\beta} = \sqrt{\alpha_{S,1}\alpha_{S,2}} \tag{3-139}$$

在一般工程估算中，β 变化小于 $10\% \sim 20\%$，则可认为是定值。

③ 最少萃取剂用量。β 越小越好，一般 $\dfrac{\beta D}{1-x_S}$ 很小，所以

$$x_S = \frac{S}{(1-\beta)L} = \frac{S}{(1-\beta)(S+RD)} \approx \frac{S}{L} \tag{3-140}$$

当 $\beta > 0.05$，则必须试差求 x_S。

④ 饱和蒸气进料，$q = 0$，$L = \overline{L}$，所以 $x_S = \bar{x}_S$。饱和液体进料，$\overline{L} = L + qF$，所以 $\bar{x}_S < x_S$。

$(\overline{\alpha}_{1,2})_S < (\alpha_{1,2})_S$，如果需保持恒定萃取剂浓度，可在加料级处补加萃取剂，$S_1 = qF\left(\dfrac{x_S}{1-x_S}\right)$。

⑤ 由于塔内温度越往下越高，因此，必然会有少量蒸气冷凝，以提供萃取剂升温所需的热量，其结果是萃取剂浓度 x_S 有所降低。

3.3.5 萃取精馏过程平衡级数的简捷计算

计算的依据是选择的萃取剂的特点为沸点高，相对挥发度小，由塔顶引入后几乎全部流入塔釜，因而萃取剂在塔内各级上的浓度恒定不变，萃取剂的存在仅改变了原组分间的相对挥发度，采用适当的相对挥发度数据后，计算萃取精馏过程时就可以不考虑萃取剂的存在，因而应以**脱溶剂**为基准进行物料衡算。

3.3.5.1 图解法

当原溶液为二元溶液时，由于加入恒浓度萃取剂，只改变相对挥发度，故可按二元精馏来处理，即得到恒浓度萃取剂下的汽液平衡相图，作 x'-y' 相图，图解求 N。

① 物料衡算。根据工艺要求，与多组分精馏一样，按加料及塔顶、塔釜的分离度作物料衡算，求得 D、$x_{i,D}$、W、$x_{i,W}$。

② 绘汽液平衡曲线，即 x'-y' 曲线。因为 $(\alpha_{1,2})_S = \dfrac{y_1/y_2}{x_1/x_2} = \dfrac{y_1'/y_2'}{x_1'/x_2'} = \dfrac{\gamma_1 p_1^0}{\gamma_2 p_2^0}$，所以 $y_1' = \dfrac{(\alpha_{1,2})_S x_1'}{1+[(\alpha_{1,2})_S-1]x_1'}$。设不同的 x_1'，计算 $(\alpha_{1,2})_S$，再计算 y_1'。

为了方便，可将计算结果绘制成 $(\alpha_{1,2})_S$ 与 x'-x_S 图，在特定的 x_S 下，查出 x' 与 $(\alpha_{1,2})_S$ 的关系。

③ 在图上求 R_m 并选 R。

$$R_m = \dfrac{x_D' - y_q'}{y_q' - x_q'} \tag{3-141}$$

④ 作操作线方程。

⑤ 作阶梯求 N 及进料级位置。

3.3.5.2 简捷法计算步骤

① 选定关键组分，$x_i' = \dfrac{x_i}{\sum x_i}$，$y_i' = \dfrac{y_i}{\sum y_i}$。

② 由分离要求，进行物料衡算，求得塔顶、塔釜的组成。

③ 计算萃取剂用量，并决定加料级，塔顶、塔釜的泡点。

④ 求各组分的相对挥发度。因为 $(\alpha_{1,2})_S = \dfrac{\gamma_1 p_1^0}{\gamma_2 p_2^0}$，由活度系数模型求 γ_i。

简化计算

$$\lg(\alpha_{1,2})_S = \lg\left(\dfrac{p_1^0}{p_2^0}\right) + A_{12}'(1-x_S)(1-2x_1') + x_S(A_{1S}' - A_{2S}') \tag{3-142}$$

塔顶

$$x_1' \approx 1, \lg(\alpha_{1,2})_S = \lg\left(\dfrac{p_1^0}{p_2^0}\right) - A_{12}'(1-x_S) + x_S(A_{1S}' - A_{2S}') \tag{3-143}$$

塔釜　　$$x_1' \approx 0, \lg(\alpha_{1,2})_S = \lg\left(\frac{p_1^0}{p_2^0}\right) + A_{12}'(1-x_S) + x_S(A_{1S}' - A_{2S}') \tag{3-144}$$

$$(\alpha_{1,2})_S = \frac{(\alpha_{1,2})_{S顶} + (\alpha_{1,2})_{S釜}}{2} \tag{3-145}$$

⑤ 由 Fenske 公式计算 N_m。

$$N_m = \frac{\lg\left[\left(\frac{x_{1,D}'}{x_{2,D}'}\right)\left(\frac{x_{2,W}'}{x_{1,W}'}\right)\right]}{\lg(\alpha_{1,2})_S} \tag{3-146}$$

必须是汽相进料，即 $x_S = \bar{x}_S$。如果 $x_S \neq \bar{x}_S$，则 $(\alpha_{1,2})_S \neq (\bar{\alpha}_{1,2})_S$，应该用上式分别计算精馏段与提馏段的 N_m。

⑥ 计算最小回流比。

a. 用 Underwood 公式计算。

b. 用半经验式计算。

加料为饱和液体　　$$R_m = \frac{1}{(\alpha_{1,2})_S - 1}\left[\frac{x_{1,D}'}{x_{1,F}'} - (\alpha_{1,2})_S \frac{1-x_{1,D}'}{x_{1,F}'}\right] \tag{3-147}$$

加料为饱和气体　　$$R_m = \frac{1}{(\alpha_{1,2})_S - 1}\left[\frac{(\alpha_{1,2})_S x_{1,D}'}{x_{1,F}'} - \frac{1-x_{1,D}'}{1-x_{1,F}'} - 1\right] \tag{3-148}$$

$$R = (1.2 \sim 2)R_m$$

在萃取精馏过程中，一般不希望回流比过大，当回流比过大时，会降低级上萃取剂的浓度 x_S，从而降低组分间相对挥发度 $(\alpha_{1,2})_S$，增加所需平衡级数，这与普通精馏操作正好相反。当然，在增加回流比的同时，也可增加萃取剂的用量以保持塔内萃取剂浓度，但这又会使汽相与液相流量相差更大，不仅增加了塔设计的困难，也会降低塔级效率。当回流比太小时，所需平衡级数也要增加。适宜回流比常按实验测定。

⑦ 由 R_m、R、N_m 用 Gilliland 图求 N。

⑧ 萃取剂回收段平衡级数的确定。对于萃取精馏塔，为了防止萃取剂由塔顶带出，均设有萃取剂回收段，可用经验式计算回收段的平衡级数。

$$n = \frac{-\lg\left\{\frac{x_{S,D}}{\beta}\left[\frac{1}{x_{S,n}} - \frac{1-\beta}{1-(R+1)\frac{\beta}{R}}\right]\right\}}{\lg\frac{R}{(R+1)\beta}} + 1 \tag{3-149}$$

式中，$x_{S,n}$ 为回收段最下面级上的液相中萃取剂的组成，在简化计算中可近似取 $x_{S,n} = y_S$，y_S 为精馏段顶级上的组成：

$$y_S = \frac{y_S}{\alpha_{S,2}} \left/ \sum \frac{y_i}{\alpha_{i,S}} \right. \tag{3-150}$$

从而由塔顶级组成计算。

因为 β 很小，所以 n 也不大，一般在 0.5 到 1 个平衡级左右，所以在设计中可按上式计算，也可按经验取 1 个平衡级。

⑨ 塔顶带出萃取剂之损耗量 ΔS。在实际生产中，$x_{S,D}$ 不可能是零，按分离要求允许

有一定的浓度，因此，塔顶产品中会带有少量萃取剂，因此存在萃取剂的损失。

$$\Delta S = D x_{S,D} = D' \frac{x_{S,D}}{1 - x_{S,D}} \qquad (3-151)$$

因此，加入塔内的萃取剂量应该是 $S + \Delta S$。

3.3.6 萃取精馏操作设计的特点

① 萃取精馏过程，塔内液体流率往往远远大于气体流率，造成汽液接触不佳，使得萃取精馏的全塔效率小于普通精馏塔，一般为普通精馏的 50% 左右。

② 要严格控制回流比，不能盲目用调节回流比的办法调节萃取精馏塔的操作。因为回流比增大，液相流率增加，将使液相中溶剂浓度 x_S 下降，而使被分离组分间的相对挥发度 $(\alpha_{1,2})_S$ 减小，分离效果变差。常用调节方法：

a. 调节溶剂用量，增加溶剂 S 入塔量，液相中溶剂浓度 x_S 提高，$(\alpha_{1,2})_S$ 增大，分离所需 N 下降；

b. 减少进料量，进料量 F 减少，馏出液 D 下降，相当于在维持原来 x_S 条件下增加了 R，分离效果变好；

c. 溶剂 S 的进料温度应维持恒定，因为液相多为 S，S 温度变化将使塔内 L 和 V 发生很大波动，S 很小的温度变化对全塔影响很大，所以应严格控制 S 的进料温度。

根据分离过程"流"和"场"的观点，将影响萃取精馏分离过程的因素归结为"流"的影响，即萃取精馏流程安排和萃取精馏塔的塔板结构，以及"场"的影响，即萃取剂的选择。并认为在普通精馏不能完成的分离场合，应该优先考虑萃取精馏，然后是其他的特殊精馏方式和分离方法。

3.3.7 共沸精馏与萃取精馏的比较

（1）共同点

加入 MSA 改变液体混合物中关键组分间的相对挥发度，促使精馏容易实现。

（2）不同点

① 共沸精馏中所加溶剂 S 至少与待分离物料中一个组分形成共沸物，萃取精馏无此限制；

② 共沸精馏（形成最低沸点共沸物的共沸精馏）中 S 从塔顶蒸出，消耗热能较大，仅当共沸物中 S 甚少，与 S 形成共沸物的组分在原料液中量也少时，才有可能与萃取精馏的能耗相匹敌；

③ 共沸精馏既可用于连续操作，也可用于间歇操作，而萃取精馏一般用于连续操作，但对精细化工生产，目前研究动向是萃取精馏也可用于间歇操作；

④ 在同样操作压力下，共沸精馏温度较低，故与萃取精馏相比更适合分离热敏性物料。

【工程案例 3-6】 乙腈法 C_4 馏分萃取丁二烯

近年来，国内乙烯装置的不断改扩建，对 C_4 馏分的综合利用产生了很大的压力。石脑油蒸汽裂解制乙烯装置的副产 C_4 馏分，若按典型收率约占裂解馏分的 8% 左右。C_4 馏分中主要含有 1-丁烯，2-丁烯，异丁烯，丁二烯与正、异丁烷等组分，而其中丁烯、异丁烯、丁二烯含量可达 C_4 馏分的 90%（均为摩尔分数）以上，其余为丁烷与少量的二烯烃和炔烃。表 3-18 为当原料烃裂解深度为中度时，从脱丁烷塔顶馏出的 C_4 馏分所含组分的种类和它们的相对挥发度。从表 3-18 可以看出在不加萃取剂时，C_4 馏分中异丁烯、1-丁烯和丁二烯的相对挥发度相差很小，加入萃取剂后，各组分间的相对挥发度显著增大，有利于将其他组分与丁二烯分离。在萃取剂浓度相同的情况下，显然乙腈的萃取效果优于糠醛。

表 3-18　C_4 馏分的部分组成及在不同萃取剂中的相对挥发度

组分	正丁烷	异丁烷	异丁烯	1-丁烯	反-2-丁烯	顺-2-丁烯	丁二烯	丙炔	丁炔	乙烯基乙炔
组成(摩尔分数)/%	5.013	1.253	27.156	15.974	6.489	5.291	38.308	0.098	0.311	0.108
无萃取剂时的相对挥发度(51.7℃、0.69MPa)	0.886	1.18	1.03	1.02	0.845	0.805	1.00	—	—	—
以含水 4% 的糠醛水溶液为萃取剂($x_S = 0.8$)	2.00	2.80	1.55	1.50	1.21	1.13	1.00	—	—	—
以含水 10% 的乙腈水溶液为萃取剂($x_S = 0.8$)	3.11	4.35	1.89	1.89	1.58	1.37	1.00	1.05	0.462	0.379

乙腈法 C_4 萃取丁二烯工艺流程见图 3-57，扬子石油化工股份有限公司 10 万吨/年丁二烯生产装置见图 3-58。由裂解气分离工序送来的 C_4 馏分首先进脱 C_3 塔 1、脱 C_5 塔 2，将 C_3、C_5 脱除，减少高聚物的生成，以保证丁二烯萃取精馏塔 3 平稳操作。丁二烯萃取精馏塔分为两段，共 120 个塔级数，塔顶压力为 0.45MPa，塔顶温度为 46℃，塔釜温度为 114℃。C_4 馏分由塔中部进入，乙腈由塔顶加入。经萃取精馏分离后，塔顶蒸出的丁烷、丁烯馏分进入丁烷、丁烯水洗塔 7 水洗；塔釜排出的含丁二烯及少量炔烃的乙腈溶液，进入丁二烯蒸出塔 4。在该塔中丁二烯、炔烃从乙腈中蒸出，并被送进炔烃萃取精馏塔 5。其塔釜排出的乙腈经冷却后供丁二烯萃取精馏塔循环使用，塔顶为乙烯基乙炔（含量在 $300\mu g/g$ 以下）。

图 3-57　乙腈法 C_4 萃取丁二烯工艺流程（未标注再沸器和冷凝器）

1—脱 C_3 塔；2—脱 C_5 塔；3—丁二烯萃取精馏塔；4—丁二烯蒸出塔；5—炔烃萃取精馏塔；
6—炔烃蒸出塔；7—丁烷、丁烯水洗塔；8—丁二烯水洗塔；9—乙腈回收塔；
10—脱轻组分塔；11—脱重组分塔；12—乙腈中间储槽

图 3-58　扬子石油化工股份有限公司 10 万吨/年丁二烯生产装置

炔烃萃取精馏塔 5 的腈炔比为 3～4，回流比为 2～4，由于丁二烯、炔烃、丁烯在液相时几乎全溶于乙腈，且相对挥发度大，所以塔级数较少。经萃取精馏后，塔顶丁二烯送丁二烯水洗塔 8，脱除丁二烯中微量的乙腈，塔釜排出的乙腈与炔烃一起送入炔烃蒸出塔 6。为了防止乙烯基乙炔爆炸，炔烃蒸出塔顶的炔烃馏分必须间断地或连续地用丁烷、丁烯馏分进行稀释，使乙烯基乙炔的含量低于 30%。炔烃蒸出塔塔釜排出的乙腈返回炔烃蒸出塔 5 循环使用，塔顶排放的炔烃送出用作燃料。

经丁二烯水洗塔 8 后的丁二烯送脱轻组分塔 10，脱除丙炔和少量水分，塔釜丁二烯中丙炔含量小于 5μg/g，水分含量小于 10μg/g。为保证丙炔含量不超标，塔顶产品丙炔允许伴随 60% 左右的丁二烯。丙炔挥发性大，不易冷凝。当塔顶气体冷却冷凝至一定温度后，含丙炔的未凝气体以汽相排出。对脱轻组分塔来说，当釜压为 0.45MPa、温度为 50℃ 左右时，回流量为进料量的 1.5 倍，塔级数为 60 级左右，即可保证塔釜产品质量。

脱除轻组分的丁二烯送脱重组分塔 11，脱除顺-2-丁烯、1,2-丁二烯、2-丁炔、二聚物乙腈及 C5 等重组分。其塔釜丁二烯含量不超过 5%，塔顶蒸汽经过冷凝后即为成品丁二烯。成品丁二烯纯度为 99.6% 以上，乙腈含量小于 10μg/g，总炔烃含量小于 50μg/g。为了保证丁二烯质量要求，脱重组分塔采用 85 级，回流比为 4.5，塔顶压力为 0.4MPa 左右。

乙腈回收塔 9 釜排出的水经冷却后，送水洗塔循环使用；塔顶的乙腈与水共沸物，返回萃取精馏塔系统。另外，部分乙腈送去净化再生，以除去其中所积累的杂质，如盐、二聚物和多聚物等。

【工程案例 3-7】 焦化粗苯的萃取精馏精制

苯是重要的化工原料，可用于制取塑料、橡胶、纤维、染料等。其主要来源之一是煤高温裂解后得到的焦化粗苯。每 100t 焦炭可副产粗苯 1.0～1.5t。我国是一个煤炭大国，焦化粗苯产量高，2010 年，粗苯全年产量约 388～582 万吨。焦化苯相较于石油苯的价格优势使焦化粗苯生产具有广泛的应用前景，是粗苯精制的充足原料。目前，国内对粗苯进行深加工的生产工艺主要为粗苯加氢工艺的萃取精馏法。

（1）加氢工艺流程

目前，粗苯加氢精制过程以反应温度区分为高温法（600～630℃）与低温法（320～380℃）两种。高温法的工艺过程大致为：粗苯先经预分馏塔分离出轻、重苯，重苯送去生产古马隆（2,3-苯并呋喃，一种杂环芳香有机化合物），轻苯则经预反应器和主反应器加氢后得到加氢油，再经苯塔分离出高纯苯。该工艺的特点是能够将苯环上的烷基脱除，获得产率高达114％的高纯苯产品。但是该法有氢腐蚀存在，且要在高温、高压下操作，设备结构复杂、制造难度大、硬件费用高，对设备、管道材质的要求也很苛刻，故工艺设备和所需仪表及配件只能从国外成套引进。

低温法加氢精制的工艺过程为：粗苯先经预分馏塔分离出轻、重苯，重苯送去生产古马隆，轻苯经预反应器和主反应器加氢，生成的加氢油经液液萃取和萃取精馏将芳烃与非芳烃馏分分开。芳烃馏分经精馏系统分离出高纯苯、甲苯和混合二甲苯。该工艺反应条件比较温和，操作温度和压力均较低，设备和管道的材料容易选择，大部分材料、仪表、阀门及其他备件在国内均可购到。因此，该法的建厂投资较高温加氢法低。

（2）焦化粗苯萃取精馏新工艺

针对焦化粗苯的组成特点，该工艺采用普通精馏、精密精馏、萃取精馏、汽提蒸馏等技术对粗苯进行分离提纯，即先分去轻、重组分，再从所得轻苯馏分中逐步分离出苯、甲苯、二甲苯、噻吩等产品。它在得到三苯产品的同时，还回收了高附加值产品噻吩，不仅可从根本上解决处理过程中污染物的排放问题，而且可大幅度地提高粗苯的利用价值。整个工艺由以下几部分组成：预处理系统；苯精制与噻吩回收系统；甲苯、二甲苯精制系统；废水处理系统。焦化粗苯萃取精馏工艺流程如图 3-59 所示，焦化粗苯萃取精馏精制工业装置如图 3-60 所示。

图 3-59　焦化粗苯萃取精馏工艺流程（未标注再沸器和冷凝器）

1—预分馏塔；2—吹苯塔；3—两苯塔；4—苯萃取塔；5—苯精制塔；6—溶剂回收塔；7—噻吩萃取塔；
8—噻吩精制塔；9—甲苯塔；10—二甲苯塔；11—废水处理塔；12—溶剂再生塔

（3）两种工艺的比较

粗苯加氢属于化学精制方法，加氢产品分离多采用溶剂萃取。加氢法工艺技术成熟，苯类产品质量高、含硫量低，但其流程较长；即使是低温加氢，也须在较高温度（320～380℃）和压力（2.8～3.5MPa）下完成，故对设备制造和操作控制的要求均较高，投资较大。加氢法在发达国家已被广泛采用，我国也已引进多套装置。同时，中温加氢装置的国产化正在进行中。焦化粗苯萃取精馏工艺属物理精制方法，它是由我国自主开发的全新工艺技术。该工艺虽有需改进和完善之处，但可在比较低的温度（<150℃）和常压/减压下操作，流程比较短，设备制造和操作都较容易，投资费用很低。并且，该方法在得到较高质量产品苯的同时，还可回收高

图 3-60　焦化粗苯萃取精馏精制工业装置

附加值产品噻吩，更适合在焦化粗苯加工行业中推广。比较粗苯加氢与萃取精馏工艺，萃取精馏工艺更受国内中小企业青睐，具有投资小、工艺流程简单、操作安全可靠的优势，其最大的亮点是不仅可以产出高品质精苯、甲苯、二甲苯等"三苯"产品，而且可提取高附加值医药基础原料噻吩，值得在国内推广应用。

3.4　溶盐精馏和加盐萃取精馏

采用固体盐（溶盐）作为分离剂的精馏过程称为溶盐精馏。在互呈平衡的两相体系中，加入非挥发的盐，使平衡点发生迁移，称为盐效应。对二元汽液平衡，它表现为提高某组分的相对挥发度的盐析效应和降低另一组分的相对挥发度的盐溶效应。近年来出现了利用盐效应的精馏工艺，包括溶盐精馏（dissolved-salt distillation）和加盐萃取精馏（salt-extractive distillation）。

3.4.1　盐效应及其对汽液平衡的影响

3.4.1.1　盐效应机理

把盐加入饱和的非电解质溶液中，非电解质的溶解度会发生变化。如果溶解度下降，则称为盐析，如果溶解度增加则称为盐溶。二者统称为盐效应。

3.4.1.2　盐对汽液平衡的影响

盐对汽液平衡产生影响是因为盐和溶液组分之间的相互作用。例如在醇-水这种含有氢键的强极性含盐溶液中，盐可以通过化学亲和力、氢键力以及离子的静电引力等作用，与溶液中某种组分的分子发生选择性的溶剂化反应，生成某种难挥发的缔合物，从而减少了该组分在平衡汽相中的分子数，使其蒸气压降低到相应的水平，对于一般盐来说，水分子的极性远大于醇，盐-水分子间的相互作用也远远超过盐-醇分子，所以可以认为溶剂化反应主要在盐和水之间进行。考虑到溶剂化反应降低了水的蒸气压，因此醇对水的相对挥发度提高了。从微观角度分析，由于盐是强电解质，在水中解离为离子，产生电场，而溶液中水分子和醇分子的极性和介电常数不同，在盐离子的电场作用下，极性强、介电常数大的水分子就会较多地聚集在盐离子周围，使水的活度系数减小，而提高了醇对水的相对挥发度，使其汽液平衡性质进一步改观。总之盐的加入降低了水的挥发性，从而使醇的汽相分压升高，出现了盐析现象。

盐溶解在两组分的液相混合物时，可以发生一系列的盐效应，如沸点、两组分的互溶度以及汽液平衡组成等均发生变化。对精馏分离来说，汽液平衡组成的变化是最重要的，而这种变化可用相对挥发度来衡量。

各种醋酸钾浓度下，乙醇-水体系的汽液平衡关系见图 3-61。

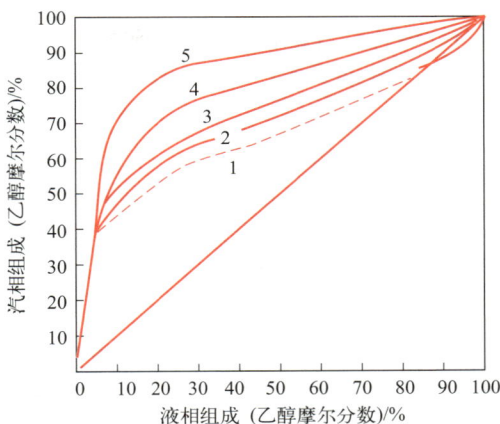

图 3-61 不同醋酸钾浓度下乙醇-水体系
汽液平衡关系

图中各线对应醋酸钾的浓度（摩尔分数）：
1—0；2—5%；3—10%；4—20%；5—饱和

3.4.2 溶盐精馏

3.4.2.1 基本原理

溶盐精馏是在原料液中加入第三种组分盐，使原来的两种组分的相对挥发度显著提高，从而可用普通精馏的方法使原来相对挥发度很小或者形成共沸物的体系分离。例如对乙醇-水体系，由于乙醇-水形成共沸物，故不能用一般的精馏制取无水乙醇，但加入氯化钙或醋酸钾，就会使乙醇对水的相对挥发度提高，共沸点消失，容易实现分离而得到无水乙醇。

目前溶盐精馏过程采用的几种方法如下。

① 将固体盐加到回流液中，溶解后由塔顶可以得到纯的产品，塔釜得到盐的溶液，其中的盐回收再用。这种方法的缺点是回收盐十分困难，要消耗大量热能。

② 将盐溶液和回流混合，此方法应用较为方便，但盐溶液含有塔釜组分，在塔顶得不到纯产品。

③ 把盐加到再沸器中，盐仅起破坏共沸物的作用，然后再用普通精馏进行分离。这种方法只适用于盐效应很大或纯度要求不高的情况。

3.4.2.2 流程

如图 3-62 所示，与普通的萃取精馏基本相同。将固体盐从塔顶加入（或将盐溶于回流液中），塔内每层塔级的液相都是含盐的三组分体系，因而都能起到盐效应精馏的效果。由于盐的不挥发性，塔顶可以得到高纯度的产品，塔釜则为盐溶液。盐的回收大多采用蒸发或干燥方法除去液体组分来完成。

图 3-62 溶盐精馏流程

若将塔釜盐溶液部分除去液体组分后和回流液混合加入塔顶，虽然可减少溶液的蒸发量，节约能耗，且使盐的输送方便，但由于盐溶液系塔釜产品，致使塔顶产品纯度降低。在对塔顶产品要求不高，或以此作为跨越共沸点的初步精馏时，可采用该流程。

3.4.2.3　特点

①第三组分——固体盐。②盐对相对挥发度影响大，盐的浓度一般为混合液的百分之几。③盐不挥发，不需萃取剂回收手段。④盐的选择范围广。

3.4.2.4　应用

由于盐的回收十分困难，且循环使用中存在固体盐的输送加料及盐结晶引起堵塞、腐蚀等问题，从而限制了它在工业中的应用，目前主要用于制取无水乙醇。

3.4.3　加盐萃取精馏

3.4.3.1　基本原理

溶盐精馏效果显著，但由于盐的溶解回收、固体物料的输送和加料，以及盐结晶引起堵塞、腐蚀等问题，它在工业上的应用受到一定限制。

普通萃取精馏的主要缺点是溶剂用量大，通常溶剂料液比均在5～10以上。如以料液为88%（摩尔分数）共沸组成的工业乙醇为汽相进料，用乙二醇加50%醋酸钾作为分离剂，当溶剂与进料液之比为1∶1时，塔顶可得到大于99.5%的无水乙醇；而采用无盐乙二醇为分离剂进行试验，则溶剂料液比必须在4～5才能得到99.5%的乙醇产品。溶剂用量大不仅会使能量消耗大，溶剂损耗也大，从而增加了操作成本；而且还会使萃取精馏塔内液体负荷高，液相停留时间短，级效率低（一般为20%～40%）。这就增加了所需的实际塔级数，往往抵消了由于加入溶剂提高相对挥发度而使平衡级数减少的效果。加盐萃取精馏是综合普通萃取精馏和溶盐精馏的优点，把盐加入溶剂而形成的新的萃取精馏方法。此种方法的特点是用含有溶解盐的溶剂作为分离剂。它一方面具有利用溶盐提高欲分离组分之间的相对挥发度的突出性能，可克服纯溶剂效能差、用量大的缺点，另一方面又能保持液体分离剂容易循环回收，便于在工业生产上实现的优点。

3.4.3.2　流程

如图3-63所示，与普通的萃取精馏完全相同。含盐的液体溶剂从萃取精馏塔的中上部加入，进料A+B自塔中部加入，轻组分A从萃取精馏塔的顶部采出，含盐溶剂与重组分B一起自塔釜出料，然后进入溶剂回收塔从塔顶分离出重组分B，含盐溶剂自此塔的塔釜出来返回萃取精馏塔。

3.4.3.3　特点

利用溶盐精馏萃取剂分离效果好的优点，改进萃取剂效果差的缺点。利用萃取精馏溶剂是液体、回收循环方便、工业上易实现的优点，克服了溶盐

图 3-63　加盐萃取精馏流程示意图

精馏因盐是固体而回收输送困难等缺点。既改进了溶剂效果，减小了溶剂比，使用又十分方便。

3.4.3.4　应用

一是用于具有共沸组成的醇-水体系分离，工业上应用加盐萃取精馏分离乙醇-水混合物制取无水乙醇装置已达每年 5000t 规模。由叔丁醇-水混合物制取叔丁醇也有 3500t 的中试装置。二是用于能形成共沸物的酯-水体系的分离。

3.5　反应精馏

反应精馏（reactive distillation）是将化学反应和精馏耦合在同一设备中同时进行的化工过程。该技术起源于 20 世纪 20 年代，在 20 世纪 80 年代首次实现工业化，是目前最为成功的化工过程强化技术之一，对化学工业的发展产生了深远的积极影响。将化学反应和精馏耦合，一方面利用精馏促进反应进行，提高转化率与选择性，降低过程能耗，节省设备投资；另一方面通过反应强化精馏分离，有效利用反应热，提高能量利用率，实现近沸点或共沸体系的分离。

并不是所有的化学反应和精馏分离过程都适合采用反应精馏技术进行耦合强化。因此，在反应精馏过程开发之前首先要进行过程的可行性分析与判断，其目的是研究可达到的产品组成是否满足生产要求，所采用的方法是否可行。

3.5.1　反应精馏过程分析

3.5.1.1　反应类型

（1）可逆反应

反应精馏可用于强化受化学平衡限制的可逆反应。对于可逆反应，当某一产物的相对挥发度大于反应物时，如果该产物从液相中蒸出，则可破坏原有的平衡，使反应继续向生成物的方向进行，因而可提高单程转化率，在一定程度上变可逆反应为不可逆。

醇与酸进行的酯化反应就是一个典型的例子，例如乙醇和醋酸的酯化反应

$$CH_3COOH+C_2H_5OH \underset{}{\overset{H_2SO_4}{\rightleftharpoons}} CH_3COOC_2H_5+H_2O \tag{3-152}$$

此反应是可逆的。由于酯、水和醇三元共沸物的沸点低于乙醇与醋酸的沸点，在反应过程中将产物乙酸乙酯不断蒸出，使反应不断向右进行，增大了反应的转化率。

可逆反应还见于利用反应促进分离的反应精馏过程。例如异丙苯钠（IPNa）和二甲苯（Mx）发生反应

$$IPNa+Mx \rightleftharpoons IP+MxNa \tag{3-153}$$

从而可以使间位二甲苯和对位二甲苯混合物得到分离。

（2）连串反应

反应精馏用于连串反应具有独特的优越性。连串反应可表示为

$$A \xrightarrow[T_1]{k_1} R \xrightarrow[T_2]{k_2} S \tag{3-154}$$

按目的产物是 R 还是 S，又分两种类型。

① **S 为目的产物** 在化工生产中，有很多反应是经过一中间产物而得到目的产物的，一般这两步反应的温度和反应速率均不同。以香豆素生产工艺为例，首先由水杨醛与醋酐反应生成水杨醛单乙酯，然后水杨醛单乙酯重排生成香豆素，其反应为

$$\qquad\qquad\qquad\qquad\qquad\qquad\qquad\qquad\qquad\qquad\qquad（\text{I}）$$

$$\qquad\qquad\qquad\qquad\qquad\qquad\qquad\qquad\qquad\qquad\qquad（\text{II}）$$

按传统生产工艺，这两个反应分别在两个反应器中进行，收率仅为 65%～75%，反应时间长，一般需 6h。采用反应精馏技术，通过操作压力和反应介质的选择，提供了既满足反应又满足精馏的适宜的温度分布。反应精馏塔被分成三段：上段为精馏段，其作用是使塔顶馏出合格醋酸而不让醋酐蒸出；中段为反应 I 段，该段高度要保证反应 I 进行完全，并不断蒸出生成的醋酸；下段起两个作用，既对醋酐起提馏作用，使其不进入塔釜，又对反应 II 起反应段作用，重排反应在此段进行。因此，反应精馏应用于此类连串反应的特点是具有两个反应区。反应产物的不断移出和合理的温度、浓度分布，既改变了反应平衡又加快了反应速度，反应时间缩短到几十分钟，收率提高到 85%～95%。

② **R 为目的产物** 对这类反应，利用反应精馏的分离作用，把产物 R 尽快移出反应区，避免进一步反应是非常有效的。以氯丙醇皂化工艺为例，其反应为

$$\qquad\qquad\qquad\qquad\qquad\qquad\qquad\qquad\qquad\qquad\qquad(3\text{-}155)$$

生成的环氧丙烷在碱性介质中水解为丙二醇

$$\qquad\qquad\qquad\qquad\qquad\qquad\qquad\qquad\qquad\qquad\qquad(3\text{-}156)$$

主反应是一级反应；在一定碱性介质浓度下，副反应也是一级反应。当 OH^- 浓度为 0.2mol/L 和反应温度为 90℃时，反应速率常数为 $k_1 = 0.852s^{-1}$，$k_2 = 8.97 \times 10^{-3} s^{-1}$。尽管 $k_1/k_2 \approx 100$，反应若在皂化釜中进行，水解仍较严重，使环氧丙烷收率仅为 90%。采用反应精馏技术能降低反应温度，抑制水解反应。同时，由于生成的环氧丙烷迅速被蒸出，缩短了它在液相中的停留时间，大大减少了水解反应。环氧丙烷收率可提高到 98%。

3.5.1.2 流程

根据系统的反应和汽液平衡性质不同，有不同的反应精馏流程。

图 3-64(a) 适用于：①反应 A ⇌ C，若产物比反应物易挥发，则进料位置应在塔下部，甚至在塔釜，产物 C 为馏出液，塔釜出料很少；若反应物比产物更易挥发，则应在塔上部甚至在塔顶进料，并在接近全回流条件下操作，塔釜出产品。②反应 A ⇌ C+D，产物 C 是易挥发组分，产物 D 是难挥发组分。精馏的目的是不但实现产物与反应物的分离，而且实现产物之间的分离。③反应 A ⟶ R ⟶ S，R 为目的产物，且 R 比 A 易挥发，S 为难挥发组分。由于 R 很快从塔顶馏出，减少了连串反应中 R 的消耗。

流程图 3-64(b) 适于反应 A+B ⇌ C+D，各组分相对挥发度的排列顺序为 $\alpha_C > \alpha_A >$

图 3-64　反应精馏流程

$\alpha_B > \alpha_D$。由于反应物分别在接近塔的两端加入，反应区域比较大，反应停留时间较长，因此反应收率高。酯化反应多采用这种流程。

对塔内装填催化剂的**催化精馏**，催化剂填充段应放在反应物浓度最大的区域，构成反应段，其位置确定的原理可用图 3-65 说明。

图 3-65　催化精馏流程

在异戊烯醚脱醚的催化精馏塔中 [见图 3-65(a)]，希望异戊烯尽快离开反应区，使之在反应区维持较低的浓度，以不断破坏反应平衡，而异戊烯的沸点最低，且难以和醚及醇分开，需要较长的精馏段，反之沸点很高的醇则很容易和其他物质分开，需要较短甚至可以取消提馏段，所以催化剂装填于塔的下部。

制异丙苯的反应精馏塔正与上述情况相反，催化剂装于塔的上部 [见图 3-65(b)]。在生产甲基叔丁基醚（MTBE）的反应精馏塔中，希望沸点最高的 MTBE 迅速离开反应区，又要求移走多于化学计量的甲醇，以防止生成二甲醚，所以，催化剂装在塔的中部，以保证有足够的精馏段和提馏段来分离过量的甲醇和产物 MTBE [图 3-65(c)]。

3.5.1.3　反应精馏关键设备

均相反应精馏中采用均相催化剂或不采用催化剂，无需严格区分反应段、精馏段和提馏段，整个塔的内构件类型和装填方式相同。但如果反应物系有强腐蚀性，应该考虑在反应段采用耐腐蚀材质的内构件。非均相反应精馏中在塔内的反应段装填固体催化剂或具有催化作用的内构件，反应主要在反应段中进行，催化精馏塔内构件既有加速反应的催化作用，又可作为填料起分离作用。

（1）催化填料

目前，已经开发出多种结构的催化填料，如图 3-66 所示。具体包括：①"茶叶包"结构，即将催化剂颗粒包裹在多孔球形、圆柱筒等多种形状的金属丝网内；②水平布置的结构，如装有催化剂的金属丝网槽、金属丝网管等；③催化剂捆扎包结构，即将小颗粒催化剂放入用玻璃布缝合的口袋内，然后与具有一定孔空间的金属丝网一起卷成催化剂包；④复合波纹网板，即将催化剂颗粒夹在波纹网板之间；⑤本身有催化活性的填料，如催化拉西环、沸石催化剂涂层规整填料、催化剂槽管等。

多尺度的模拟策略能够更好地揭示塔内的流动、传质、反应及其耦合规律，有助于设计性能更好的催化填料。天津大学与中国科学院金属研究所联合开发的规整波纹泡沫催化填料结合了泡沫材料与波纹板类填料形状的优点，泡沫碳化硅的多孔结构使填料有很好的润湿性，三维网状结构增大了液体的有效通道体积，增加了持液量，在提高分离效率的同时能够提供更长的反应停留时间，从而能够获得比较好的催化精馏效果。

图 3-66　多种结构的催化填料

（2）催化塔板

催化精馏板式塔可以采用多种结构。例如，在板式塔外部设置反应器，使塔板与反应器耦合，塔板上的汽液通道不受影响；直接将催化剂捆束放置于常规降液管中，或者将催化剂用多孔介质封装后放置在普通板式塔降液管出口；交替安装催化填料层和非反应塔板，气体从填料段中间无催化剂的通道通过，液体从分离塔板经分布后进入填料段反应区；在塔板上均匀分布许多下端封死的圆形多孔降液管，将催化剂放入各个降液管中；在塔板上沿液流方向垂直布置包含催化剂的挡板；等等。

3.5.1.4　反应精馏的工艺条件

（1）加料位置

图 3-64 和图 3-65 也表明，加料位置决定了精馏段、反应段和提馏段的关系，对塔内浓度分布有强烈的影响。为保证各反应物与催化剂充分接触和有足够的反应停留时间，通常，相对挥发度大的反应物及催化剂在靠近塔的下部进料，反之，在塔的上部进料。

进料位置的确定除考虑对精馏段和提馏段的需要外，还要保证有足够长度的反应段，达到充分反应和分离产物的双重目的。一般说来，增长反应段有利于提高转化率和收率。

（2）回流比

以醋酸和乙醇酯化反应精馏为例，随着回流比的增大，塔的分离程度提高。与此同时，各级上醋酸浓度相应下降，而乙醇浓度则相应上升，此二者都对酯化反应有相反的影响，必然会导致有一个转化率的最高点，它对应着适宜的回流比。

（3）停留时间

由于反应精馏内有化学反应，故停留时间对反应精馏的收率有很大影响，而影响停留时间的因素有塔级数、进料位置、回流比和板式塔的塔板结构等。

塔级数和进料位置直接影响反应段长度，从而影响反应停留时间，回流比变化不但从板的液相组成变化上影响反应，同时也改变了液体在反应段的停留时间。增大回流比会缩短反应停留时间，影响板式塔停留时间的塔结构因素是反应段塔板上的液层高度，为了保证有足够长的停留时间，一般反应段塔板的堰高大于普通塔板的堰高。

（4）催化剂

为了提高反应速率，很多反应精馏中的反应是在催化剂存在下进行的，用得较多的是均相催化剂。催化剂可以与反应物一起或根据反应物的相对挥发度、反应停留时间的要求，在进料以上或以下加入塔。另一类是非均相催化反应精馏，将固定床反应器和精馏塔合二为一，装在塔内的固体催化剂既起催化作用，又起精馏填料的作用。

3.5.2　反应精馏过程的特点

3.5.2.1　反应精馏的分类

根据使用催化剂形态的不同，反应精馏可以分为均相反应精馏和催化精馏；根据投料操作方式，反应精馏可以分为连续反应精馏和间歇反应精馏；根据化学反应速率的快慢，反应精馏分为瞬时、快速和慢速反应精馏。

3.5.2.2　反应精馏的基本要求

由于反应精馏是化学反应和精馏分离耦合的操作过程，所以化学反应和精馏操作既相互促进，又相互限制。一个化学工艺如要使用反应精馏操作得到所需要的目的产物，必须满足以下基本要求：

① 化学反应必须在液相中进行。

② 在操作系统压力下，主反应的反应温度和目的产物的泡点温度接近，以使目的产物

及时从反应体系中移出；但可用带较低温度的侧反应器和较高温度的精馏集成过程，侧反应器与精馏塔相互之间有质量和能量交换，可以达到与传统反应精馏集成过程相同的效果。

③ 主反应不能是强吸热反应，否则精馏操作的传热和传质会受到严重影响，会使塔级分离效率降低，甚至使精馏操作无法顺利进行。

④ 主反应时间和精馏时间相比较，主反应时间不能过长，否则精馏塔的分离能力不能得到充分利用。

⑤ 对于催化精馏，要求催化剂具有较长的使用寿命，因为频繁地更换催化剂需要停止反应精馏操作，从而影响到生产效率，同时增加了生产成本。

⑥ 催化剂的装填结构不仅能使催化反应顺利进行，同时要保证精馏操作也能较好地进行。

3.5.2.3　反应精馏过程的主要优点

反应精馏的主要优点是：

① 由于反应产物一旦生成即从反应区移出，因此对若干可逆和复杂反应来说，可以提高反应的转化率和选择性；

② 因为产物随时可以从反应区移出，故反应区内反应物的浓度较高，从而增大了反应速率，提高了生产能力；

③ 利用了反应热，节省能量；

④ 将反应器和精馏塔合成一个设备，节省设备投资；

⑤ 对于某些难分离的物系，可以利用反应精馏来获得较纯的产品。

天津大学精馏中心对反应精馏的开发过程进行大量的系统性研究工作，从反应精馏过程的可行性分析、初步的概念设计及稳态与动态的过程模拟，到催化分离内构件的开发与工程化应用。其中，开发的渗流型催化精馏内构件，已成功应用于醚化、酯化等催化反应精馏过程中。

山东科技大学成功开发了二甲醚反应精馏工艺并实现工业化，详见〔工程案例3-8〕。此外，反应精馏也可以应用于甲醇和甲醛的缩合反应生产甲缩醛，详见〔工程案例3-9〕。

【工程案例3-8】　反应精馏法制二甲醚工艺

我国早期的二甲醚工业生产采用甲醇经硫酸脱水制成。由于该方法腐蚀严重、环境污染大而被逐渐淘汰。现在国内制取二甲醚主要采用甲醇气相催化脱水工艺，又被称作两步法。该生产工艺虽腐蚀小、无污染，但必须先获得甲醇，而后才能制得二甲醚，所以此法生产二甲醚投资大、能耗高、成本高，产品价格直接受甲醇市场影响，抗风险能力差。高效的反应和分离设备是实现二甲醚规模化生产的重要支撑，要达到规模化、大型化目标，必须从工艺和设备两方面同时着手。

由山东科技大学开发的反应精馏法制二甲醚工艺及其配套设备技术在山东青州市龙宇化工科技有限公司5万吨/年示范装置上成功实现工业化生产，其工业生产装置见图3-67。运行结果表明：甲醇单程转化率超过90%、二甲醚选择性高于99%，装置操作弹性大，生产规模可随压力调整。该工艺是一项二甲醚液相法制备技术。采用"液-液-气"混相循环反应精馏工艺路线，在120~180℃下液相和汽相甲醇分子与催化剂分子充分接触反应，反应热合理利用，因而转化率高、能耗低；反应闪蒸段由于洗涤段脱重相的作用，消除了废水污染和上部设备的腐蚀问题；生成的二甲醚气体极易脱离液相，投资仅相当于同类技术的40%~50%；工艺简便易行，无需增加再生工序和装备。示范装置的运行结果表明，装置在

0.1～1.0MPa 内可灵活调节，生产 1t 二甲醚需消耗甲醇 1.4t，反应精馏塔出口二甲醚含量超过 95%（摩尔分数），已具备单套装置达到百万吨级生产能力。

图 3-67　龙宇化工科技有限公司反应精馏法制二甲醚工业生产装置

　　另外，借鉴最新动态传质理论的基础研究成果，吸取新型垂直筛板和其改型以及填料的优点，开发高效率、低雾沫夹带和压降、超大处理能力的并流喷射式的液体分散型塔板——倾斜立体长条复合塔板，见图 3-68。针对二甲醚精馏过程所需的理论级数的不足，结合穿流板、升举板和填料的优点，开发了新型高点效率塔板，该分离元件是将升举式穿流塔板改为固定式穿流筛板，在筛板下悬挂一层高为 100mm 左右的规整填料复合而成，结构如图 3-69 所示。冷模实验结果表明，点效率大于 93%，空塔最大气速大于 3m/s，最大喷淋密度为 80m³/(m²·h)，为反应精馏法工艺降低分离能耗和投资提供了支撑。反应精馏工艺通过调整进料甲醇的汽液相比例，实现恒温快速反应，不仅为大型化生产提供了技术保障，而且可以根据市场需求，在 0.1～1.0MPa 压力范围内灵活调节生产规模，能保证规模化、大型化装置实现安全、高效运行。

(a) 塔板形式

(b) 安装示意图

液体

筛板

规整填料

气体

图 3-68　倾斜立体长条复合塔板　　　　图 3-69　新型高点效率塔板

甲缩醛作为甲醇和甲醛的新一代衍生产品，用途非常广泛。由于甲缩醛的含氧值和十六烷值比较高，能够使柴油在发动机中的燃烧状况得到改善，提高热效率，降低VOCs的排放，故其是一种非常有前景的柴油添加剂。另外，甲缩醛的毒性小、溶解性较好、挥发快、沸点低等特点，使其能广泛应用于缩醛树脂、空气清新剂、化妆品、药品、汽车工业用品中，且在空调制冷中还可以替代氟利昂，故也是一种理想的环保产品。因此，近十几年来对于其合成工艺技术的研究一直在不断地深入开展。

合成甲缩醛的众多工艺中，甲醛和甲醇反应生成甲缩醛的工艺较为常用，因为该方法原料易得，操作方便，反应快，条件温和易控制，虽为放热反应，但是放出的热量比较少，放出的热量对反应的平衡转化率影响不大。若采用反应精馏技术制备甲缩醛，将反应和分离两个工段耦合在一起，大大节省了设备投资。甲醇和甲醛在阳离子交换树脂等催化剂作用下，经分离提纯可获得70%（质量分数）的甲醛水溶液。而反应精馏则是通过不断分离移出缩合产物，破坏其反应平衡，提高缩合产物的收率。为了使甲醛反应完全，原料中的甲醇应过量。甲缩醛的合成反应式为

$$2CH_3OH + HCHO \longrightarrow CH_3OCH_2OCH_3 + H_2O$$

图3-70和图3-71所示分别为反应精馏生产甲缩醛工艺流程和工业生产装置，甲醛水溶液从反应段上部加入，甲醇从反应段下部加入，甲缩醛从塔顶蒸出，水和未反应的甲醇、甲醛从塔釜流出。甲醛水溶液进料处的上方为精馏段，精馏段主要对甲缩醛进行提纯；甲醛水溶液和甲醇2个进料口之间是装填催化剂的反应段，甲醇和甲醛在催化剂的作用下反应生成甲缩醛和水；甲醇进料口的下方为提馏段，提馏段主要进行重组分水的增浓及控制塔釜甲醇含量。

采用Aspen Plus的RadFrac模块、NRTL热力学方程模拟反应精馏合成甲缩醛工艺过程，通过模拟计算及参数优化确定反应精馏塔的优化操作条件为：精馏段理论级数为11，反应段为26，提馏段为5，回流比为3，甲醛水溶液和甲醇的最佳进料位置为反应段的顶部和底部，醇醛进料摩尔比为2.1时，甲缩醛可达到99.54%（质量分数）。

图3-70　反应精馏生产甲缩醛工艺流程

图3-71　反应精馏生产甲缩醛工业生产装置

3.5.3　反应精馏过程设计与优化

由于存在多组分传质、传热、流动和化学反应的交互作用，反应精馏设计过程十分困难。需要确定的设计参数包括：分离段和反应段的序列以及进料位置、操作条件、合适的催化剂、塔内件类型等。以相对挥发度、反应速率和化学平衡常数关键参数来描述化学反应，形成多个反应-精馏耦合策略的矩阵图，可以帮助工程师们更快地确定反应精馏工艺系统。

国内有学者提出反应精馏过程设计与优化主要包括可行性分析、概念设计、稳态/非稳态模拟与优化、过程控制以及内构件设计五个步骤。

（1）可行性分析

反应精馏过程的可行性分析是反应精馏技术开发前的首要任务。目前，可行性分析方法主要有剩余曲线/分岔分析法、静态分析法、夹点设计法、可到达区域法、推动力法、反应级联法等。可行性分析可确认研究体系是否适合反应精馏过程、反应精馏的初步结构、可行性的区域和反应区的位置，为后续反应精馏过程的概念设计提供基础和结构。

（2）概念设计

初步概念设计的进行，可以较快地为后续的模拟计算工作提供合理的初值及基础设计信息。目前，反应精馏的概念设计主要采用图解法、进化/启发法和基于优化的方法。

（3）稳态/非稳态模拟与优化

经过初步概念设计之后，通常需要建立合理的数学模型并进行模拟，完成反应精馏过程的详细设计与优化，该过程对工艺设计、工程放大、实际生产操作等方面均有重要的指导意义。反应精馏过程模型包括稳态模型和非稳态模型。稳态模型假设过程各项参数不随时间变化，是反应精馏体系设计和优化计算的基础。非稳态模型取消了塔板持液量及能量恒定的假设，利用其对时间的微分方程研究物料及能量的动态变化。平衡级模型和非平衡级模型已由常规精馏推广至反应精馏，用来确定塔板数、精馏段和提馏段塔板数、进料板位置、再沸器负荷、回流比等。此外，非平衡级混合池模型能够精确地描述汽液相的不均匀流动和涡流扩散对反应的影响。

（4）过程控制

反应精馏过程的非线性和耦合性为反应精馏过程的研究带来了极大困难。目前，控制的方法有比例-积分控制法、模型预测控制法、动态矩阵控制法、二次动态矩阵控制法、鲁棒多变量预测技术、广义预测控制法等。

（5）内构件设计

内构件设计是用来设计构件的结构和确定内构件几何尺寸，以保证良好的气液接触、液固接触、质量传递，足够的持液量和较低的压降。

3.5.4　反应精馏过程耦合强化技术进展与发展趋势

尽管反应精馏技术具有显著的优势及广泛的应用领域，但其应用也存在诸多限制和困难，如反应和分离高度耦合导致过程非线性极强，使过程模拟与设计较困难；塔内反应部分需要维持较大的持液量以获得足够的停留时间，满足转化率的要求，因而反应精馏塔的尺寸比较大；反应和分离优化操作条件的匹配比较困难，受到反应条件、分离条件、设备尺寸以及催化剂装填方式等多方面的约束；体系中可能产生原本不存在的反应共沸物和非反应共沸物；反应与精馏耦合使体系变得更加复杂，对过程控制提出更高要求。但由于反应精馏具有显著的潜在优势，针对反应精馏技术的研究和开发已经成为化工过程强化技术的重要发展方向之一，并衍生出隔壁反应精馏、背包式反应精馏、微波反应精馏以及超重力反应精馏等一系列先进技术。

3.5.4.1 隔壁反应精馏

隔壁反应精馏作为隔壁塔精馏与传统反应精馏的耦合工艺，集隔壁精馏塔与反应精馏塔于一体，使得工艺流程更为简化，热力学效率更高，节能降耗的优势也更加凸显，其发展历程如图 3-72 所示。当前，对隔壁反应精馏的研究重点集中于对多组分反应体系的应用扩展以及对隔壁反应精馏塔的控制结构的进一步优化。在隔壁反应精馏中，一般隔板一侧是反应段，另一侧是和塔的上、下部相连的分离段，然后产品分别从塔顶、塔釜和侧线采出。酯的水解反应也适宜使用隔壁催化精馏工艺。例如在聚乙烯醇和精对苯二甲酸的生产中，产生大量的醋酸甲酯副产物，经隔壁连续催化精馏水解工艺得到甲醇和醋酸后循环使用，具体流程详见［工程案例 3-10］。

图 3-72 传统（反应）精馏塔与隔壁反应精馏塔示意

3.5.4.2 背包式反应精馏

背包式反应精馏是一种反应器与精馏塔既相互独立又相互耦合的离散集成技术。如图 3-73 所示，侧反应器如同背包连接于（反应）精馏塔外部，通过循环流股实现两者质量、能量的相互交换，这种新型集成方式被形象地称为"背包式"反应精馏集成结构（side-reaction column configuration，SRC）。由于反应与分离处于不同的空间位置，能够突破传统反应精馏对工况的限制，拓宽应用范围，且便于工程放大。

3.5.5 反应精馏的工业应用

迄今为止，反应精馏技术已经在酯化、醚化、氯化、水解、烷基化、加氢、缩合等反应中实现成功应用。醚化反应是生产燃油添加剂的关键途径，反应精馏是其生产的核心技术。

| (a) 含预反应器的SRC | (b) 精馏塔内具有反应段的SRC | (c) 只含侧反应器的SRC |

图 3-73　背包式反应精馏不同集成结构

20 世纪 80 年代初，反应精馏技术开始应用于异丁烯和甲醇醚化合成甲基叔丁基醚的生产过程，并在商业上取得了巨大成功。此后，反应精馏在醚化产品工业生产中的应用进一步拓展至乙基叔丁基醚、甲基叔戊基醚、乙基叔戊基醚和二甲醚等。聚甲氧基二甲醚的制备以及以甘油、乙二醇和糠醇等生物质平台化合物为原料进行醚类燃油添加剂的生产是将来反应精馏技术在醚化反应中的重要应用，但是催化剂制备、热力学、反应动力学和过程集成等方面的问题仍然有待解决。

【工程案例 3-10】　反应精馏技术在醋酸甲酯水解工艺中的应用

醋酸甲酯（methyl acetate，MA）作为一种成熟的产品，在工业上主要用作树脂、涂料、油漆、皮革等生产过程所需的溶剂，聚氨酯泡沫发泡剂等。在聚乙烯醇（PVA）和精对苯二甲酸（PTA）的生产中，MA 均以副产物的形式大量存在，例如每生产 1t PVA 就产生 1.5～1.7t 的 MA。由于 MA 工业用量有限，目前国内外 PVA 厂家和 PTA 厂家大多将 MA 水解成甲醇和醋酸循环使用，经分离提纯后甲醇用于醋酸乙烯酯聚合工段，醋酸用于醋酸乙烯酯合成。

（1）原固定床水解工艺

PVA 生产厂家大多采用阳离子交换树脂为催化剂的固定床水解工艺，如图 3-74 所示。

来自醇解工段的醇解液经第一甲醇塔分离后，含甲醇、醋酸和水的釜液送往甲醇回收系统，塔顶为醋酸甲酯和甲醇共沸物，进入萃取精馏塔 2。萃取精馏塔塔顶加水作为萃取剂进行萃取精馏，塔顶馏出物为约 92％（均为摩尔分数）的醋酸甲酯，作为固定床水解反应器 3 的加料，釜液送甲醇精馏塔 5 回收甲醇。醋酸甲酯在水解反应器的转化率约为 23％～27％。从水解反应器出来的物料进入精馏塔 4，分离醋酸与未水解的醋酸甲酯，塔顶馏出的醋酸甲酯和甲醇送回萃取精馏塔 2 分离，塔釜排出的稀醋酸送往共沸精馏塔 6 回收醋酸。共沸精馏塔用醋酸正丁酯作为共沸剂夹带水，塔顶共沸物经分层器 7 分离后，上层油相回流，下层水相进入脱水塔 8 回收醋酸正丁酯。醋酸由共沸精馏塔提馏段汽相侧线采出，塔釜排出残液。

该工艺最主要的缺点是：

① MA 的水解是可逆反应，且其平衡常数小。在水和醋酸甲酯的摩尔比为 1∶1 时，MA 的平衡转化率不到 28％，实际水解率只能达到 23％～27％，此时酸水质量比约为 1.3。

图 3-74　固定床水解工艺流程（未标注再沸器和冷凝器）
1—第一甲醇塔；2—萃取精馏塔；3—水解反应器；4—精馏塔；
5—甲醇精馏塔；6—共沸精馏塔；7—分层器；8—脱水塔

② MA 的水解产物为甲醇（MeOH）和醋酸（HAc）。但由于水解反应不完全，还含有未水解的 MA 和过量的水，水解液为四元混合物。该四元混合物能形成多个共沸体系，造成后续分离过程复杂。

③ 由于大量未水解的 MA 需回收循环，加上复杂的分离流程，设备投资大，分离能耗高。

（2）催化精馏水解 MA 工艺

针对原固定床水解工艺的缺点，开发出催化精馏四塔水解新工艺，可使 MA 单程水解率由老工艺的约 30% 提高到 70% 以上。近年来，在四塔工艺基础上经过进一步研究和改进，将原来的四塔工艺改为两塔连续催化精馏工艺，最后简化为隔壁连续催化精馏（单塔）工艺，工艺流程得到进一步简化，生产成本进一步降低，并先后在逸盛大化石化、中国石化仪征化纤等多家公司实现工业化应用。图 3-75 所示为醋酸甲酯水解催化精馏生产装置。MA 催化精馏水解新技术的推广应用，直接产生经济效益约 3.5 亿元，并具有良好的环保效益和社会效益。

图 3-75　醋酸甲酯水解催化精馏生产装置

① 四塔连续催化精馏水解工艺　四塔连续催化精馏水解工艺如图 3-76 所示。四塔工艺仅用催化精馏塔代替固定床反应器，其他流程不变，可使醋酸甲酯的单程水解率从固定床的约 30% 提高到 70%，而且塔釜醋酸浓度保持不变。

图 3-76　四塔连续催化精馏水解工艺流程

1—催化精馏塔；2—精馏塔；3—共沸精馏塔；4—分层器；5—脱水塔

图 3-77　两塔连续催化精馏水解工艺流程

1—催化精馏塔；2—甲醇分离塔

图 3-78　隔壁连续催化精馏工艺流程

② 两塔连续催化精馏水解工艺　两塔连续催化精馏水解工艺如图 3-77 所示。来自界区外的脱盐水和醋酸甲酯原料液（含量 96.45％，质量分数）分别从催化精馏塔催化反应段的顶部和底部（或顶部）进入，在填充有催化剂捆扎包的反应区内逆流接触进行水解反应，反应产物经过精馏段和提馏段的分离作用后，塔顶以醋酸甲酯和甲醇为主，塔釜产物主要有醋酸、水和少量的甲醇。塔顶未水解的反应物经冷凝后全回流入反应区内，塔釜水解液从催化精馏塔的底部排出，由泵送至甲醇分离塔进行进一步的分离，塔顶分出含微量 MA 和水的甲醇产品（MeOH≥95％，质量分数），釜液为 HAc 和 H_2O。两塔工艺使醋酸甲酯的单程水解率提高到了 98％以上，水酯比为 7:1 下甲醇分离塔塔顶甲醇浓度≥98％。

③ 隔壁连续催化精馏（单塔）工艺　在两塔工艺的基础上，利用隔壁塔技术，将 MA 催化精馏塔和甲醇分离塔耦合在一起，同时完成 MA 的水解和水解液的分离过程，并将 MA 的单程水解率提高至 99％以上。具体的隔壁连续催化精馏工艺流程如图 3-78 所示。

MA 水解隔壁连续催化精馏塔包含四个部分：主塔反应段（左上部）、主塔提馏段（左中部）、副塔精馏段（右边）、公共提馏段（下部）。来自界区外的脱盐水从主塔反应段顶部进入，MA 原料液从主塔反应段的底部进入。在填充有催化剂捆扎包的反应段内进行水解反应，主塔采用全回流操作。未水解的 MA 经主塔提馏段进行分离后，返回反应段继续进行反应，通过对上升汽相量的控制，使主塔保持一定的汽液负荷，确保未水解的 MA 不进入副塔。水解产物经过公共提馏段和副塔精馏段的提纯，从副塔塔顶得到 99% 以上的甲醇，从塔釜得到几乎不含甲醇的醋酸水溶液。

④ 不同工艺对比　将醋酸甲酯催化水解工艺从原来的反应、精馏分开优化到四塔连续催化精馏再到两塔工艺，最后简化成隔壁催化精馏单塔工艺，提高了醋酸甲酯的水解率，降低了能耗，节省了设备投资费用，具体的比较如表 3-19 所示。

表 3-19　醋酸甲酯水解工艺比较

工艺	单耗/(kg 蒸汽/kgMA)	单程水解率/%	水酯比	甲醇纯度/%
反应＋精馏	4.6	30	3.5	99.9
四塔催化精馏	2.8	70	3.5	99.9
两塔催化精馏	1.7	98	7	98.0
隔壁催化精馏	2.4	100	6	99.5

本章符号说明

英文

A——端值常数；

c——组分数；

D——馏出液的流率，kmol/h；

d——组分馏出液流率，kmol/h；

F——进料流率，kmol/h；

f——组分进料流率，kmol/h；

H——汽相摩尔焓值，J/kmol；

h——液相摩尔焓值，J/kmol；

HK——重关键组分；

HNK——重组分；

L——液相流率，kmol/h；

l——液相脱溶剂流率，kmol/h；

LK——轻关键组分；

LNK——轻组分；

K——相平衡常数；

N——平衡级数或理论板数；

N_m——最少平衡级数或理论板数；

p——压力，Pa；

q——进料的液相分率；

Q——系统和环境间传递的热量，J/h；

R——气体常数，8.315J/(mol·K)；回流比；

R_m——最小回流比；

S——溶剂；

S——溶剂的选择性；

T——温度，K；

V——汽相流率，kmol/h；体积 m^3；

v——汽相脱溶剂流率，kmol/h；

V_r——对比体积；

W——釜液流率，kmol/h；

w——组分釜液流率，kmol/h；

x——液相摩尔分数；

y——汽相摩尔分数；

z——进料摩尔分数。

希文

α——相对挥发度；

α_S——溶剂存在下的相对挥发度；

β——萃取剂 S 对非溶剂的相对挥发度；

γ——活度系数；

θ——式(3-45) 的根；

ξ——无量纲时间；

φ——回收率。

上标

L——液相；

V——汽相；

0——饱和状态；基准状态；

∞——无限稀释；

$'$——脱溶剂；

— ——提馏段；

Ⅰ、Ⅱ——分别表示两液相。

下标	
A、B——组分；	LK——轻关键组分；
a、b、c——组分；	m——最小状态；
D——馏出液；	m——提馏段平衡级序号；
F——进料；	n——精馏段平衡级序号；
i、j、k——组分；	R——精馏段；
H——重关键组分；	S——提馏段；溶剂；
HK——重关键组分；	V——汽相；
L——液相；轻关键组分；	W——釜液；
	1，2——组分。

习　题

3-1　某炼化公司进行了炼厂干气预精制脱甲烷波动研究。该脱甲烷塔的进料组成及操作条件下各组分的相平衡常数如下表所示，若要求甲烷的回收率为98%，乙烯的回收率为96%，试按清晰分割法计算馏出液和釜液的组成。

组分	H_2	CH_4	C_2H_4	C_2H_6	C_3H_6	C_3H_8	C_4
$z_{i,F}$（摩尔分数）/%	33.8	5.8	33.2	25.7	0.50	0.30	0.70
K_i	—	1.7	0.28	0.18	0.033	0.022	0.004

3-2　天然气处理的轻烃装置的脱乙烷塔进料量为100kmol/h，进料组成为甲烷0.4、乙烷0.2、丙烷0.3、丁烷0.1（摩尔分数，余同）。分离要求乙烷在塔顶的回收率为90%，丙烷在塔釜的回收率为95%。求塔顶、塔釜产品的量和组成。

3-3　烃类化合物由于成分复杂，常用普通精馏进行分离。主要包括脱轻过程、脱重及精馏过程两步工艺流程，利用脱轻塔和脱重塔两塔工艺，按照从轻到重的分离顺序，实现对液态烃类混合物的分离。若某厂使用这一方法分离下列烃类混合物，其组成如下表所示：

组分	甲烷	乙烯	乙烷	丙烯	丙烷	丁烷	合计
摩尔分数/%	0.52	24.9	8.83	8.7	3.05	54.0	100.0

　　工艺规定塔顶馏出液中丁烷浓度不大于0.002（摩尔分数），塔釜残液中丙烷浓度不大于0.0015（摩尔分数），试应用清晰分割法估算塔顶、塔釜产品的量和组成。

3-4　裂解气深冷分离中的脱乙烷塔，目的是将乙烷和丙烯进行分离，其进料流量如下：

组分	乙烷	丙烯	丙烷	异丁烷	正丁烷
流量/(kmol/h)	25	25	20	15	15

　　若要使塔顶馏出液中丙烯含量低于2.5%（摩尔分数），塔釜中乙烷含量低于5.0%（摩尔分数），试用清晰分割法来计算塔顶、塔釜产物的组成和流量。

3-5　中国石油独山子石化公司乙烯厂脱乙烷塔是220kt/a乙烯装置中一个重要的石油裂解气中间分离单元，其承担着将来自2号预切割塔顶部的含有$C_2 \sim C_4$组分的进料经过精馏后，清晰分割为混合C_2、C_3及以上组分的功能。分离中的脱乙烷塔用来分离C_3、C_4与C_2，其进料组成如下：

组分	乙烯	乙烷	丙烯	C_4	合计
沸点/℃	−103.9	−88.3	−47.0	−10.7	
$z_{i,F}$（摩尔分数）/%	34.14	2.82	50.17	12.87	100.00

要求乙烷在釜液中的含量不超过0.1%（均为摩尔分数），丙烯在馏出液中的含量不超过0.1%，试按清晰分割进行物料衡算并估算塔顶和塔釜的组成。

3-6 一氯乙烷是一种无色可燃气体，在工业上常用作烟雾剂、冷冻剂、局部麻醉剂、杀虫剂等，是一种重要的化工原料。由乙烯与氯化氢加成法生产一氯乙烷的组成和各组分 K 值如下表所示，要求采用精馏分离获得一氯乙烷产品。

组分	C_2H_4	HCl	C_2H_6	C_2H_5Cl	合计
摩尔分数	0.05	0.05	0.10	0.80	1.00
K	5.1	3.8	3.4	0.15	

该精馏塔塔压为1.65MPa，泡点进料。分离要求为 C_2H_5Cl 在馏出液和塔釜液中的摩尔分数比 $x_D/x_W=0.01$，C_2H_6 的 $x_D/x_W=0.75$。试计算：（1）产品在塔顶、塔釜的分配；（2）最少平衡级数；（3）最小回流比；（4）在回流比为1.5倍最小回流比时的平衡级数；（5）进料位置（精馏塔塔顶冷凝器为部分冷凝器）。

3-7 脱丁烷塔的主要作用是利用精馏原理将低压脱丙烷塔塔釜来的碳四及以下组分分离成碳四产品和裂解汽油，分别供丁二烯抽提和裂解汽油加氢装置。进料组成如下：

组分	丙烷	异丁烷	丁烷	异戊烷	戊烷	己烷
$z_{i,F}$	0.0110	0.1690	0.4460	0.1135	0.1205	0.1400
$x_{i,D}$	0.0176	0.2698	0.6995	0.0104	0.0027	0.35×10^{-5}
$\alpha_{i,4}$ 平均值	3.615	2.084	1.735	1.000	0.864	0.435

工艺规定丁烷为轻关键组分，异戊烷为重关键组分。分离所得的塔顶产物组成已列于上表，各组分相对于重关键组分的相对挥发度也列于表中。料液为饱和液体。试求最小回流比 R_m。并应用清晰分割法进行塔顶和塔釜产品的量和组成的估算。已知轻关键组分丁烷在塔顶产品中的回收率为98.1%，重关键组分异戊烷在塔釜产品中的回收率为94.2%。进料量 $F=983$kmol/h。

3-8 回流比的大小对精馏过程的分离效果和经济性有着重要的影响。因此，在精馏设计时，回流比是一个需认真选定的参数。试根据下列数据列表计算下述条件下精馏塔的最小回流比，已知进料状态为泡点进料（组成为摩尔分数）。

编号	组分	α_i	$z_{i,F}$	$x_{i,D}$	编号	组分	α_i	$z_{i,F}$	$x_{i,D}$
1	CH_4	7.356	0.05	0.1298	4	C_3H_8	0.901	0.20	0.0167
2	C_2H_6	2.091	0.35	0.8285	5	i-C_4H_{10}	0.507	0.10	—
3	C_3H_6	1.000	0.15	0.025	6	n-C_4H_{10}	0.408	0.15	—

3-9 异丙苯可由乙烯与苯反应制得，其副产物有苯、甲苯和二甲苯，在一精馏塔中分离苯（B）、甲苯（T）、二甲苯（X）和异丙苯（C）四元混合物。进料量200mol/h，进料组成 $z_B=0.2$，$z_T=0.3$，$z_X=0.1$，$z_C=0.4$（摩尔分数）。塔顶采用全凝器，饱和液体回流。

相对挥发度数据为：$\alpha_{B,T}=2.25$，$\alpha_{T,T}=1.0$，$\alpha_{X,T}=0.33$，$\alpha_{C,T}=0.21$。规定异丙苯在釜液中的回收率为 99.8%，甲苯在馏出液中的回收率为 99.5%。求最少平衡级数和全回流操作下的组分分配。

3-10 气体分馏装置以催化裂化装置所产经脱硫、脱硫醇后的液化气作为原料，主要生产精丙烯，再作为聚丙烯装置的原料。丙烷馏分可作为工业丙烷或与碳四混合后作为民用液化气。已知脱丙烷塔露点进料，进料量 100kmol/h，进料组成如下表所示，塔顶产品液相出料，分离要求塔顶含异丁烷不大于 0.15%（均为摩尔分数），塔釜丙烯含量不大于 0.3%。已知脱丙烷塔的操作压力为 0.7 MPa，塔顶温度为 6℃，塔釜温度为 62℃。

组分 i	$C_2^=$	C_2^0	$C_3^=$	C_3^0	$i\text{-}C_4^0$	C_5^0
z_i（摩尔分数）	0.002	0.002	0.680	0.033	0.196	0.087

（1）试求该塔顶、塔釜产品数量、组成；（2）试求该脱丙烷塔的最小回流比；（3）当 $R=1.3R_m$ 时有多少理论级；（4）当 $R=0.949$ 时，$N_m=26.7$，求该塔实际塔级数及进料位置。

3-11 回流比不仅能影响塔顶产品纯度还会影响整个精馏塔的能耗，现有某料液含丙烯（1）0.7811（均为摩尔分数），丙烷（2）0.2105，异丁烷（3）0.0084，于泡点加入普通精馏塔进行分离。要求塔顶产品中丙烯含量 ≥99.5%，塔釜产品中丙烯含量 ≤5%。试通过计算考察回流比对精馏塔能耗的影响：（1）分离所需最小回流比为 R_m，并取 $R=2R_m$，计算所需平衡级数 N；（2）如果塔顶精丙烯产品中丙烯摩尔分数达 99.7%，塔釜组成保持不变，试计算此时能耗比生产 99.5% 的产品增加多少？

已知，$\alpha_{1,2}=1.12184$，$\alpha_{2,2}=1.0$，$\alpha_{3,2}=0.54176$。

3-12 某分离乙烷和丙烯连续精馏工艺，其进料组成如下：

组分	甲烷	乙烷	丙烯	丙烷	异丁烷	正丁烷	合计
$z_{i,F}$（摩尔分数）	0.05	0.35	0.15	0.20	0.10	0.15	1.00
α 平均	10.95	2.59	1.000	0.884	0.422	0.296	

要求馏出液中丙烯的摩尔分数 ≤2.5%，残液中乙烷的摩尔分数 ≤5.0%，并假定残液中不出现甲烷，在馏出液中不出现丙烷及其他更重的组分。试求：（1）进料量为 100kmol/h，馏出液和釜液的组成及流量；（2）若按饱和液体进料，进料温度为 26℃，平均操作压力为 2.74MPa，试用简捷法计算平衡级数（塔顶采用全凝器）；（3）进料位置。

3-13 乙烯是重要的化工原料，能发生聚合反应合成高分子材料，但对作为单体的乙烯要求达到一定的纯度。某乙烯精馏塔，进料、塔顶和塔釜产品组成如下表所列。操作压力为 2.13MPa，塔顶和塔釜温度分别为 −23℃ 和 −3.5℃，塔顶冷凝器为全凝器，泡点进料。计算该塔的最小回流比、平衡级数和进料位置。

组分	C_1^0	$C_2^=$	C_2^0	C_3^0	合计
$z_{i,F}$	0.0049	0.8938	0.0960	0.0053	1.0000
$x_{i,D}$	0.0055	0.9900	0.0045	0	1.0000
$x_{i,W}$	0	0.1000	0.8510	0.0490	1.0000

3-14 石油裂解气的组成复杂，一般含有甲烷、乙烷、丙烷、丁烷等，脱丙烷塔就是从含轻

烃的混合物中回收乙烷，进、出物料组成见下表，已知塔顶和塔釜温度分别为 67℃ 和 132℃，操作压力为 3MPa。计算：(1) 使用 Underwood 法确定最小回流比；(2) 使用 Er-bar-Maddox 图求 $R=1.5R_m$ 的平衡级数；(3) 使用 Kirkbride 法确定进料位置。

编号	组分	$z_{i,F}$	$x_{i,D}$	$x_{i,W}$
1	CH_4	0.40	0.6197	0.002
2	$C_2H_6(L)$	0.25	0.3489	0.071
3	$C_3H_8(H)$	0.20	0.0310	0.506
4	C_4H_{10}	0.15	0.0004	0.421
合计		1.00	1.0000	1.0000

3-15 苯的沸点为 80℃，甲苯的沸点是 110.6℃，可直接用精馏塔进行分离，含 45%（均为摩尔分数）苯的苯-甲苯混合液用连续精馏进行分离，每小时处理料液 5000kg。要求塔顶馏出液中含苯 98%，塔釜产物中含甲苯 95%。料液在饱和液体下加入塔中，操作回流比 $R=2.5$。试应用简捷算法进行估算分离所需的理论级数和加料级位置。苯与甲苯的平均相对挥发度 $\alpha=2.41$。

3-16 利用化工模拟软件 Aspen Plus，对丙烷（C_3）-异丁烷（i-C_4）双组分分离精馏塔进行稳态模拟计算，对于待分离的 C_3-i-C_4 物系，流量为 1kmol/s，温度为 322K，组成为 C_3 40%、i-C_4 60%（均为摩尔分数），分离要求为塔釜产品中 C_3 含量小于 1%，塔顶产品中 i-C_4 含量小于 2%。

3-17 己腈主要用于有机合成，它是由正己酰胺与氯化亚砜反应而得。已知己腈 (1)-水 (2) 在 101.33kPa 时的共沸温度为 76℃。该系统端值常数及饱和蒸气压值如下：$A_{12}=0.665$，$A_{21}=0.855$，$p_1^0=86.13kPa$，$p_2^0=41.47kPa$。求该系统的共沸组成。

3-18 某 1、2 两组分构成的二元系，活度系数方程为 $\ln\gamma_1=Ax_2^2$，$\ln\gamma_2=Ax_1^2$，端值常数与温度的关系为 $A=1.7884-4.25\times10^{-3}T$（$T$ 的单位为 K）。蒸气压方程为

$$\ln p_1^0=16.0826-\frac{4050}{T}, \quad \ln p_2^0=16.3526-\frac{4050}{T} \quad (p \text{ 的单位为 kPa；} T \text{ 的单位为 K})$$

假设汽相是理想气体，试问 99.75kPa 时 (1) 系统是否形成共沸物？(2) 共沸温度是多少？

3-19 在 101.3kPa 压力下氯仿 (1)-甲醇 (2) 的 NRTL 参数为 $\tau_{12}=2.1416$，$\tau_{21}=-0.1988$，$\alpha^{12}=0.3$，试确定共沸温度和共沸组成。

安托因公式 $[p^0(Pa)；T(K)]$：

氯仿　$\ln p_1^0=20.8660-2696.79/(T-46.16)$

甲醇　$\ln p_2^0=23.4803-3626.55/(T-34.29)$

（实验值，共沸温度为 53.5℃，$x_1=y_1=0.65$。）

3-20 甲苯是优良的有机溶剂，以煤炭为原料制取纯甲苯，即将煤炭进行化学加工生产出石油产品，从中取得主要成分为正庚烷的 C_7 馏分，将其作为原料在高温下催化脱氢环化，可以得到甲苯。但所得到的产物中含有大部分未反应的正庚烷，拟采用新鲜甲乙酮作共沸剂分离得到纯甲苯。已知含有正庚烷 55% 和甲苯 45%（均为摩尔分数）的溶液的流量为 100kmol/h，甲乙酮与正庚烷形成最低沸点共沸物，共沸组成为甲乙酮 0.7643，求塔顶和塔釜产品中甲苯含量分别为 0.005 和 0.99 时所需的共沸剂的用量。

3-21 苯是一种石油化工基本原料，其产量和生产的技术水平是一个国家石油化工发展水平的标志之一。苯环虽然很稳定，但是在一定条件下能够发生双键的加成反应。通常经过催化加氢（镍化催化剂），苯可以生成环己烷。现要求在常压下分离环己烷（1）（沸点 80.8℃）和苯（2）（沸点 80.2℃），它们的共沸组成为苯 0.502（摩尔分数），共沸点 77.4℃。现以丙酮为共沸剂进行共沸精馏，丙酮与环己烷形成共沸物，共沸组成为 0.60（环己烷摩尔分数）。

若希望得到几乎纯净的苯，试计算：(1) 所需共沸剂量；(2) 塔顶、塔釜馏出物各为多少（以 100kmol/h 进行计算）。

3-22 无水乙醇在实验过程中经常用到，通常以苯为共沸剂加入含乙醇 95％的乙醇-水原料中进行共沸精馏，若想得到 2500L 无水乙醇，需加入多少苯？已知各组分的密度分别为：95％乙醇为 0.799kg/L，100％乙醇为 0.785kg/L，苯为 0.872kg/L。三元非均相共沸物的组成为：乙醇 18.5％，水 7.4％，苯 74.1％（均为质量分数）。

3-23 用双塔精馏系统实现正丁醇脱水，进料 5000kmol/h，原料含水 28％（均为摩尔分数），汽液进料，汽相分率 30％。要求丁醇相含水 0.04，水相含水 0.995。操作压力为 101.3kPa，丁醇塔中 $L/V=1.23(L/V)_m$，水塔中 $(\overline{VW})_2=0.132$。

求：(1) 产品流率；(2) 适宜进料位置和两个塔的平衡级数。

汽液平衡数据如下：

T/℃	115	110.6	109.6	108.8	97.9	97.2	96.2	96.3	93.5	93.4	92.9	92.9
y_i（摩尔分数）/％	26.7	29.9	32.3	35.2	62.9	64.1	65.5	66.2	73.6	74.0	75.0	74.8
x_i（摩尔分数）/％	3.9	4.7	5.5	7.0	25.7	27.5	29.2	30.5	49.6	50.6	55.2	57.1
T/℃	92.8	92.7	93.0	92.8	93.4	93.4	93.7	95.4	96.8	98.3	99.4	100
y_i（摩尔分数）/％	75	75.2	75.6	75.8	77.5	78.4	80.8	84.3	88.4	92.9	98.1	100
x_i（摩尔分数）/％	57.3	97.5	98.0	98.2	98.5	98.6	98.8	99.2	99.4	99.7	99.9	100

x、y 分别为水的液相和汽相摩尔分数。

3-24 萃取与其他分离溶液组分的方法相比，常温操作，节省能源，操作方便，但由于一般萃取剂的用量大，所以塔釜的热负荷相对较大，因此选择优良的萃取剂是节约能源的关键步骤，已知甲醇（1）-丙酮（2）在 55.7℃ 时形成共沸物，其共沸组成为 $x_1=0.198$（摩尔分数）。水和苯均可作为萃取剂进行萃取精馏以分离甲醇和丙酮，当萃取剂浓度为 0.8（摩尔分数）时，试通过计算确定水（3）与苯（4）的选择性，并据理说明哪种萃取剂更佳及塔顶馏出液各为何种物质。

$A_{12}=0.2798$，$A_{21}=0.2634$，$A_{13}=0.3794$，$A_{31}=0.2211$，$A_{23}=0.9709$

$A_{32}=0.5576$，$A_{14}=0.8923$，$A_{41}=0.7494$，$A_{24}=0.2012$，$A_{42}=0.1533$

3-25 乙酸甲酯（1）和甲醇（2）混合物在 45℃ 时为共沸物，由于甲醇是一种良好的质子供体，和电子供体的萃取剂形成氢键缔合，从而改变甲醇在乙酸甲酯中的活度系数，增大乙酸甲酯对甲醇的相对挥发度。今以水为溶剂进行萃取精馏，已知其组成为 $x_1=0.1$（均为摩尔分数），$x_S=0.8$，$A_{12}=0.447$，$A_{21}=0.411$，$A_{13}=1.3$，$A_{31}=0.82$，$A_{23}=0.36$，$A_{32}=0.22$，试求其萃取剂选择性，并说明塔顶馏出何物。

3-26 萃取剂的加入不仅要考虑该萃取剂的选择性，还要考虑萃取剂的用量大小，萃取剂的用量会影响分离效果，现拟以水为溶剂对醋酸甲酯（1）-甲醇（2）溶液进行萃取精馏分离，

已知料液的 $x_{1,F}=0.65$（均为摩尔分数），此三元系中各组分的端值常数为：

$A_{12}=1.0293$，$A_{21}=0.9464$，$A_{2S}=0.8289$，$A_{S2}=0.5066$，$A_{1S}=2.9934$，$A_{S1}=1.8881$。

试问当全塔萃取剂浓度为 $x_S=0.6$ 时，水能作为该体系的萃取剂吗？若当全塔萃取剂浓度为 $x_S=0.8$ 时，其萃取效果可提高多少？

3-27 已知 2,4-二甲基戊烷和苯能形成共沸物。它们的蒸气压非常接近，例如 60℃时，纯 2,4-二甲基戊烷的蒸气压为 52.395kPa，而苯是 52.262kPa。为了改变它们的相对挥发度，考虑加入己二醇为萃取精馏的溶剂，纯己二醇在 60℃ 的蒸气压仅为 0.133kPa，试确定在 60℃时己二醇的浓度为多大，才能使 2,4-二甲基戊烷与苯的相对挥发度在任何浓度下都小于 1。

已知：2,4-二甲基戊烷(1)-苯(2)系统 $\gamma_1^\infty=1.96$，$\gamma_2^\infty=1.48$。2,4-二甲基戊烷(1)-己二醇(3)系统 $\gamma_1^\infty=3.55$，$\gamma_3^\infty=15.1$。苯(2)-己二醇(3)系统 $\gamma_2^\infty=2.04$，$\gamma_3^\infty=3.89$。γ^∞ 回归成 Wilson 常数，则

$g_{12}=0.4109$，$g_{13}=0.7003$，$g_{23}=1.0412$，$g_{21}=1.2165$，$g_{31}=0.08936$，$g_{32}=0.2467$

3-28 在维尼纶生产中，聚醋酸乙烯酯醇解产生的废液中含有大量的甲醇、醋酸甲酯和醋酸钠。其中醋酸甲酯和甲醇可形成共沸物，可以经过萃取精馏加以回收。以水为溶剂对醋酸甲酯（1）-甲醇（2）溶液进行萃取精馏分离，料液的 $x_{1F}=0.349$（均为摩尔分数），呈露点状态进塔。要求塔顶馏出液中醋酸甲酯的浓度 $x_{1D}=0.95$，其回收率为 98%，要求塔级上溶剂的浓度 $x_S=0.8$，操作回流比为最小回流比的 1.5 倍。试计算溶液与料液之比和所需的平衡级数。

由文献中查得本系统的有关二元端值常数为

$A_{12}=0.447$，$A_{21}=0.411$，$A_{2S}=0.36$，$A_{S2}=0.22$，$A_{1S}=0.130$，$A_{S1}=0.82$

3-29 某合成橡胶厂欲用萃取精馏分离 1-丁烯（1）和丁二烯（2），以乙腈为萃取剂，料液量为 100kmol/h，含 1-丁烯为 0.7，丁二烯为 0.3（摩尔分数），于露点加入塔中，塔内萃取剂浓度基本保持为 $x_S=0.8$。工艺要求塔釜液脱腈后丁二烯纯度达 99.5%；塔顶丁二烯含量小于 0.05%，乙腈含量小于 0.1%（均为摩尔分数）。试计算所需平衡级数和溶剂量。

已知：$x_S=0.8$，$\alpha_{12,S}=1.67$，$\alpha_{1,S}=19.2$，$\alpha_{2,S}=11.5$，取 $R=1.5R_m$。

3-30 乙基环己烷和乙苯是非常重要的精细有机化工原料和有机溶剂，其混合物作为反应原料和溶剂普遍存在于有机合成、印刷和医药等行业，开发经济的分离乙苯、乙基环己烷技术具有十分重要的意义。用苯酚作萃取剂分离乙苯、乙基环己烷，要求塔釜乙苯的纯度达 99%（均为摩尔分数），乙基环己烷浓度为 1%，该塔的操作压力为 0.1013MPa。萃取剂与进料流量比为 3：1，按清晰分割全塔物料平衡见下表。当回流比 $R=6$ 时，试计算该萃取精馏塔所需的平衡级数。

组分	进料		萃取剂		塔顶		塔釜	
	F /(kmol/h)	$x_{i,F}$ （摩尔分数）	S /(kmol/h)	x_S （摩尔分数）	D /(kmol/h)	$x_{i,D}$ （摩尔分数）	W /(kmol/h)	$x_{i,W}$ （摩尔分数）
正辛烷	20	0.2			20	0.333	0	0
乙基环己烷	40	0.4			39.6	0.66	0.4	0.0012
乙苯	40	0.4			0.4	0.007	39.6	0.1165
苯酚			300	1.0			300	0.8822
合计	100	1.0	300	1.0	60	1.0	340	1.00

3-31 反应精馏中，若反应为 A ——→ C＋D，且产物 C 易挥发，产物 D 难挥发，进料位置应如何设计？为什么？

3-32 乙酸乙酯是一种用途广泛的精细化工产品，具有优异的溶解性、快干性，用途广泛，是一种非常重要的有机化工原料和极好的工业溶剂，被广泛用于醋酸纤维、乙基纤维、氯化橡胶、乙烯树脂、乙酸纤维树脂、合成橡胶、涂料及油漆等的生产过程中。乙醇与乙酸反应生成乙酸乙酯，现拟采用连续反应精馏的方法，应如何设计其生产流程？

参 考 文 献

[1]   陈洪钫，刘家祺．化工分离过程 [M]．2 版．北京：化学工业出版社，2014：61-65，66-77，50-51，84-94，76-83，95-102.

[2]   赵德明．分离工程 [M]．杭州：浙江大学出版社，2011：41-43，46-60，84-106，107-122，122-125，126-139.

[3]   (英) 理查森，(英) 哈克．化学工程·第 2 卷 B 分离过程 [M]．大连：大连理工大学出版社，2008：561-563，619-621.

[4]   李军，卢英华．化工分离前沿 [M]．厦门：厦门大学出版社，2011：8-12，292-296.

[5]   魏刚．化工分离过程与案例 [M]．北京：中国石化出版社，2009：122-132，108-118.

[6]   勒海波，徐新，何广湘，等．化工分离过程 [M]．北京：中国石化出版社，2008：51-64，84-91，65-80，92-95.

[7]   徐东彦，叶庆国，陶旭梅．分离工程 (英文版) [M]．北京：化学工业出版社，2011：58-70，79-83.

[8]   谷里鹏，郭亦良．多组分精馏物料衡算分离指标的探讨 [J]．现代化工，2010，30 (1)：92-97.

[9]   Fenske M R. Fractionation of straight-run pennsylvania gasoline [J]. Industrial ＆ Engineering Chemistry Research，1932，24 (5)：482-485.

[10]   Cao R，Fu G，Guo H，et al. Exponential function shortcut method for the calculation of the number of theoretical plates in a distillation column [J]. Industrial ＆ Engineering Chemistry Research，2014，53 (38)：14830-14840.

[11]   Gadzama S W，Ufomba E C，Okeugo C A，et al. Computer aided design of a multi-component distillation column-using the Fenske-Underwood-Gilliland short-cut method [J]. Science Innovation，2016，4 (1/2/3)：24-33.

[12]   Underwood A J V. Fractional distillation of multicomponent mixtures [J]. Chemical Engineering Progress，2002，41 (12)：51-56.

[13]   Bolles W L，Fair J R. Distillation [J]. Industrial ＆ Engineering Chemistry，2002，58 (11)：689-698.

[14]   迪丽努尔·塔力甫，罗永强．精馏塔最小回流比的优化 [J]．化学工业与工程，2005，2 (21)：70-72.

[15]   Monroy-Loperena R，Vacahern M. Roots of the Underwood's equations in short-cut distillation from a companion matrix eigenvalues [J]. Chemical Engineering Science，2012，76：9-13.

[16]   Dan V N，Leibovici C F. Rapid and robust resolution of Underwood equations using convex transformations [J]. Computers ＆ Chemical Engineering，2014，71：574-590.

[17]   Molokanov Y K，Koroblina T P，Mazurina N I，et al. An approximate method for calculating the basic parameters of a multicomponent fractionation [J]. Chemistry ＆ Technology of Fuels ＆ Oils，1971，7 (2)：129-133.

[18]   Erbar J H，Maddox R N. Latest score：Reflux vs. trays [J]. Petroleum Refiner，1961 (40)：183-188.

[19]   Kirkbride C G. Process design procedure for multi component fractionated [J]. Petroleum Refiner，1944，23 (9)：87-102.

[20]   王中麟．板式精馏塔进料口最佳位置的确定及理论塔板数的求解 [J]．东北林业大学学报，2004，32 (2)：91-93.

[21]   李永成．简捷法求算多组分精馏过程的理论级 [J]．化工设计，1993 (6)：27-28.

[22]   曹晓娟．样条插值函数在精馏塔理论板数计算中的应用 [J]．投资与合作：学术版，2014 (5)：211-212.

[23]   王国军，高俊，武小军，等．精馏塔理论板数的计算方法 [J]．内蒙古石油化工，2011，37 (1)：54-55.

[24]   Adiche C，Vogelpohl A. Short-cut methods for the optimal design of simple and complex distillation columns [J]. Chemical Engineering Research ＆ Design，2011，89 (8)：1321-1332.

[25]   邢建良，黄秀辉，袁渭康．工业醋酸脱水过程五元体系非均相共沸精馏的流程模拟 [J]．化工学报，2012，63 (9)：2681-2687.

[26]   郭天民．多元气-液平衡和精馏 [M]．北京：石油工业出版社，2004：622-631.

[27]   Hadler A B，Ott L S，Bruno T J. Study of azeotropic mixtures with the advanced distillation curve approach [J].

Fluid Phase Equilibria，2009，281（1）：49-59.

[28] 方静，王宝东，李春利，等.隔板塔共沸精馏分离二氯甲烷-乙腈-水-硅醚体系［J］.化工学报，2013，64（3）：963-969.

[29] Kiss A A，Suszwalak P C. Enhanced bioethanol dehydration by extractive and azeotropic distillation in divided wall columns［J］. Separation&Purification Technology，2011，86：70-78.

[30] Sun L Y，Chang X W，Qi C X，et al. Implementation of ethanol dehydration using dividing-wall heterogeneous azeotropic distillation column［J］. Separation Science & Technology，2011，46（8）：1365-1375.

[31] 孙加伟，许松林.采用变压精馏回收共沸剂的正丙醇-水共沸精馏模拟研究［J］.计算机与应用化学，2014，31（8）：972-976.

[32] 李红海，姜奕，陶少辉.混合粒子群算法用于共沸精馏塔的最优设计［J］.化学工业与工程，2015，32（5）：113-117.

[33] Zou X，Cui Y H，Dong H G，et al. Optimal design of complex distillation system for multicomponent zeotropic separations［J］. Chemical Engineering Science，2012，75（25）：133-143.

[34] 叶庆国，席碧蕾，胡鸿宾.非均相恒沸精馏分离回收正丁醇的模拟与优化［J］.化学工业与工程，2012，29（2）：46-50.

[35] 翟建，刘育良，李鲁闽，等.萃取精馏分离苯/环己烷共沸体系模拟与优化［J］.化工学报，2015，66（9）：3570-3579.

[36] And B V D，Nieuwoudt I. Design of solvents for extractive distillation［J］. Industrial & Engineering Chemistry Research，2000，39（5）：1423-1429.

[37] Lek-utaiwan P，Suphanit B，Douglas P L，et al. Design of extractive distillation for the separation of close-boiling mixtures：Solvent selection and column optimization［J］. Computers & Chemical Engineering，2011，35（6）：1088-1100.

[38] 吴莉莉，管国锋，陈学梅.乙酸乙酯-水共沸体系萃取精馏萃取剂的分子设计［J］.计算机与应用化学，2011，28（5）：647-650.

[39] 叶庆国，梁广荣，程世超.混合溶剂萃取精馏分离邻二甲苯-苯乙烯的流程模拟与参数分析［J］.石油与天然气化工，2010，30（5）：80-82.

[40] 雷志刚，王洪有，许峥.萃取精馏的研究进展［J］.化工进展，2001，20（9）：6-9.

[41] 赵明，马希博.粗苯加氢精制技术比较［J］.燃料与化工，2008，39（1）：29-34.

[42] William L L，Yu C C. Reactive distillation design and control［M］. Hoboken：Wiley-AIChE，2008.

[43] Harmsen G J. Reactive distillation：The front-runner of industrial process intensification：A full review of commercial applications，research，scale-up，design and operation［J］. Chemical Engineering & Processing Process Intensification，2007，46（9）：774-780.

[44] 朱怀工，张荣檭，马和旭，等.隔板式反应精馏技术的研究进展［J］.化学工业与工程，2013，30（6）：37-42.

[45] 高松文.二甲醚生产技术进展［J］.精细化工原料及中间体，2010（2）：38-41.

[46] 李柏春，许沉娜，徐敬瑞，等.反应精馏生产甲缩醛工艺的研究［J］.现代化工，2012，32（4）：90-93.

[47] 杨丰科，李金芝，曹伟丽.甲缩醛的研究进展［J］.应用化工，2011，40（10）：1833-1836.

[48] Sørensen E，Lam K F，Sudhoff D. Special distillation applications［M］. Distillation Academic Press，2014，367-401.

[49] Mahdi T，Ahmad A，Nasef M M，et al. State-of-the-art technologies for separation of azeotropic mixtures［J］. Separation & Purification Reviews，2015，44（4）：308-330.

[50] 陈洪钫.化工分离过程［M］. 2版.北京：化学工业出版社，2014：85-86.

[51] 方静，轩碧涵，李晓春，等.萃取精馏复合溶剂的复配选择［J］.化工学报，2017，68（11）：4186-4200.

[52] 高鑫，赵悦，李洪，等.反应精馏过程耦合强化技术基础与应用研究述评［J］.化工学报，2018，69（1）：218-238.

[53] Taylor R，Krishna R. Modelling reactive distillation［J］. Chemical Engineering Science，2000，55（22）：5183-5229.

[54] 李洪，马晓华，李鑫钢，等.反应精馏过程设计策略研究［J］.现代化工，2016，36（12）：132-137.

[55] 吕晓东，周洪涛，王晓达，等.国产轻汽油醚化催化精馏模块的工业应用［J］.精细与专用化学品，2019，27（1）：15-19.

[56] 王晓达, 陈宇, 王清莲, 等. 醚化反应精馏研究进展 [J]. 化工进展, 2018, 40 (4): 1797-1811.

[57] 凌笑媚, 郑伟跃, 王晓达, 等. 隔壁反应精馏技术进展 [J]. 化工进展, 2017, 36 (8): 2776-2786.

[58] Hussain A, Chaniago Y D, Riaza A, et al. Design method for the feasibility and technical evaluation of side-reactor column configurations [J]. Chemical Engineering and Processing: Process Intensification, 2019, 144: 107648.

[59] 陆佳伟, 孔倩, 汤吉海, 等. "背包式" 反应精馏集成过程研究进展 [J]. 化工进展, 2020, 39 (12): 4940-4953.

[60] 高鑫, 李鑫钢, 张锐, 等. 醋酸甲酯催化精馏水解过程模拟 [J]. 化工学报, 2010, 61 (9): 2442-2447.

[61] Gao X, Li X G, Li H. Hydrolysis of methyl acetate via catalytic distillation: Simulation and design of new technological process [J]. Chemical Engineering and Processing: Process Intensification, 2010, 49: 1267-1276.

[62] 任海伦, 安登超, 朱桃月, 等. 精馏技术研究进展与工业应用 [J]. 化工进展, 2016, 35 (6): 1606-1626.

气体吸收和解吸

● **掌握内容**

吸收因子和解吸因子的定义；吸收和解吸过程关键组分的确定、流程特点及其分类；多组分吸收和多组分解吸的简捷计算方法和应用。

● **熟悉内容**

吸收和解吸过程设计变量的确定；吸收和解吸过程的热效应和温度分布；膜吸收与膜解吸特点与应用。

● **了解内容**

吸收的工业应用与发展。

吸收（absorption）分离过程是化工生产中重要的传质单元操作，广泛用于分离气体混合物。其基本原理是利用气体混合物中的各组分在某一液体吸收剂中的**溶解度**不同，使容易溶解的组分和较难溶解的组分分离，从而达到分离气体混合物的目的。而吸收的逆过程，即溶质从液相中分离出来转移到气相的过程称为**解吸**（stripping）。

　　现阶段，环境污染防治仍然是我国生态文明建设的一项艰巨任务。而气体吸收法是净化气态污染物、减少或消除气态污染物向大气排放的常用方法。硫化物是工业排放烟气中的主要污染物，以化学吸收法、物理吸收法和物理化学吸收法为代表的吸收工艺在脱硫过程中占据着主导地位。碳捕集、利用与封存是目前实现化石能源低碳化利用的唯一技术选择，也是实现碳中和目标必不可少的技术手段。该技术通过从大型排放源（发电厂、炼油厂、煤化工厂和炼钢厂等）中捕集 CO_2，并将其注入地层封存或直接加以利用以实现 CO_2 永久性减排。其中，吸收分离是目前可用的重要燃烧后收集技术之一。化学吸收法是目前工业应用上最成熟的分离技术之一，基本适应于大多全球已投产的大型碳捕集项目。近年来，膜吸收 CO_2 捕集技术由于结合了化学吸收和膜分离的优点而受到广泛关注，成为 CO_2 捕集技术的未来发展方向。

4.1　吸收和解吸过程

4.1.1　多组分吸收和解吸的工业应用

　　在化工生产中，气体吸收操作广泛应用于直接生产化工产品、分离气体混合物、原料气的精制以及从废气中回收有用组分或除去有害物质等过程。就其目的来说，可以分为以下几方面。

　　（1）**制取产品和中间体**

　　利用气体吸收制取的产品很多，如用水吸收二氧化氮生产 $50\%\sim60\%$ 的硝酸，用氨水吸收二氧化碳制取碳酸氢铵，用水吸收甲醛蒸气制甲醛溶液，用水吸收异丙醇催化脱氢产物生产丙酮以及用水吸收丙烯氨氧化反应气体中的丙烯腈作为中间产品等。

　　【工程案例 4-1】　氯化氢吸收制盐酸

　　盐酸生产主要采用电解法，即将饱和食盐水（或熔融 NaCl）进行电解，除得氢氧化钠外，在阴极有氢气产生，阳极有氯气产生。

$$2NaCl+2H_2O \xrightarrow{通电} 2NaOH+Cl_2\uparrow+H_2\uparrow$$

在反应器中将氢气和氯气通至石英制的烧嘴点火燃烧，生成氯化氢气体。

$$H_2+Cl_2 \xrightarrow{点燃} 2HCl$$

　　氯化氢极易溶于水而形成盐酸，在 20℃ 和 0.1MPa 下，氯化氢在水中的溶解度高达 42%。盐酸生产工序是将液氯生产过程中产生的废氯气（氯气在 65% 以上，均为体积分数）和从氢处理工序送来的氢气在铁合成炉内以 1：（1.05～1.10）的摩尔比在石英或铁制的套筒式燃烧器中混合燃烧生成氯化氢。把出冷却器的气相温度降至常温，然后一部分进降膜式吸收塔。采用稀酸液吸收氯化氢气体（组成：HCl 90%～95%，$O_2<0.5\%$，其余为 H_2。它们在水中的溶解度见表 4-1）。由表 4-1 可见，HCl 在水中的溶解度远大于 O_2、H_2 在水中的溶解度，如此大的溶解度差异使得可以用水作为溶剂吸收氯化氢、氢气、氧气混合气体中

的 HCl。其工艺流程和工业生产装置分别如图 4-1、图 4-2 所示。含有氢气、氧气的氯化氢气体由一级膜式吸收塔的顶部进入，与来自二级膜式吸收塔的稀酸并流接触，氯化氢溶于水中生成盐酸（31%～33%），进入盐酸储槽。未被吸收的氯化氢从一级膜式吸收塔底部出来，进入二级膜式吸收塔的顶部，与尾气吸收塔下来的稀酸接触，稀酸浓度进一步增浓。未被溶解的氯化氢和其他气体从二级膜式吸收塔底部出来，进入尾气吸收塔，被从稀酸循环槽来的稀酸水进一步溶解。

表 4-1　　O₂、H₂、HCl 在水中的溶解度（p＝101.325kPa）

温度/℃	气体在水中的溶解度/(m³ 气体/m³ 水)		
	O_2	H_2	HCl
0	0.0489	0.0215	507
20	0.0310	0.0182	442
30	0.0261	0.0170	413

图 4-1　氯化氢吸收制盐酸工艺流程

1——级膜式吸收塔；2—二级膜式吸收塔；

3—尾气吸收塔；4—盐酸储槽

图 4-2　氯化氢吸收制盐酸工业生产装置

（2）分离气体混合物

气体吸收常用于混合气的分离，以得到目的产物或回收其中的一些组分。例如石油裂解气分离中的油吸收；将 C_2 以上的组分与氢、甲烷分开；用水吸收乙醇氧化脱氢产物制取乙醛；用 N-甲基吡咯烷酮作溶剂，将由天然气部分氧化制得的裂化气中的乙炔分离出来；乙烯直接氧化法生产中，用吸收法分离反应气体中的环氧乙烷等。

【工程案例 4-2】　乙烯直接氧化法生产环氧乙烷

乙烯直接氧化法，分为空气直接氧化法和氧气直接氧化法。空气直接氧化法用空气作氧化剂，因此生产中必须有空气净化装置，以防止空气中有害杂质带入反应器而影响催化剂的活性。

氧气直接氧化法采用制备的纯氧或其他氧源作氧化剂，由于用纯氧作氧化剂，连续引入系统的惰性气体大为减少。未反应的乙烯基本上可完全循环使用，从吸收塔顶出来的循环气必须经过脱碳以除去二氧化碳，然后循环返回反应器，否则二氧化碳超过 15%（质量分数）将严重影响催化剂的活性。以氧气作为氧化剂，甲烷为致稳剂，乙烯在 2.2MPa、250℃下通过装有银催化剂的固定床反应器被直接氧化为环氧乙烷，反应气体中主要是环氧乙烷、甲烷、二氧化碳、水和少量醛，该反应气体的分离主要是通过吸收来完成的，工艺流程和镇海炼化100万吨/年乙烯裂解、65万吨/年环氧乙烷/乙二醇工业生产装置分别见图4-3、图4-4。

图 4-3　乙烯直接氧化法生产环氧乙烷工艺流程

1—环氧乙烷反应器；2—气体混合器；3—环氧乙烷吸收塔；4—CO_2吸收塔；5—CO_2吸收液再生塔；
6—环氧乙烷解吸塔；7—再吸收塔；8—脱气塔；9—环氧乙烷精馏塔；10—环氧乙烷储罐

图 4-4　镇海炼化 100 万吨/年乙烯裂解、65 万吨/年环氧乙烷/
乙二醇工业生产装置

（3）从气体中回收有用的组分

为从混合气中获得某种有用的组分，如用硫酸从煤气中回收氨生成硫铵，用洗油从煤气中回收粗苯，从烟道气中回收高纯度的二氧化碳等。

【工程案例4-3】　从焦炉煤气中回收芳烃

粗苯是炼焦化学产品回收中最重要的两类产品之一。目前，中国年产焦炭达到两亿多吨，可回收的粗苯资源达200多万吨。某化工厂焦炉煤气组成如表4-2所示，采用如图4-5所示的工艺流程。焦炉煤气在吸收塔内与洗油（焦化工厂生产中的副产品，数十种碳氢化合物的混合物）逆流接触，气相中芳烃蒸气溶于洗油中，脱芳烃煤气从塔顶排出。溶解了芳烃的洗油称为富油，从塔釜排出。富油经换热器升温后从塔顶进入解吸塔，过热水蒸气从解吸塔底部进塔。在解吸塔顶部排出的气相为过热水蒸气和芳烃蒸气的混合物。该混合物冷凝后因两种冷凝液不互溶，并因密度不同而分层，芳烃在上，水在下。分别引出则可得芳烃产品。从解吸塔底部出来的洗油称为贫油，贫油经换热器降温后再进入吸收塔循环使用。从焦炉煤气中回收芳烃工业生产装置见图4-6。

表4-2　焦炉煤气组成

名称	可燃成分					不可燃成分			
	H_2	CO	CH_4	C_mH_n	芳烃类	水蒸气	CO_2	N_2	O_2
组成(体积分数)/%	55～60	5～8	23～28	2～4	0.5～1	4～5	1.5～3	3～5	0.4～0.8

图4-5　从焦炉煤气中回收芳烃工艺流程

图4-6　从焦炉煤气中回收芳烃工业生产装置

（4）气体净化

气体净化大致分为原料气的净化和尾气、废气的净化两类。原料气的净化，其主要目的是清除后续工序所不允许的杂质。如用乙醇胺液脱除石油裂解气或天然气中的硫化氢，乙烯直接氧化制环氧乙烷生产中原料气的脱硫、脱卤化物，合成甲醇中的脱硫、脱二氧化碳，二氯乙烷生产过程中用水去除氯化氢，从甲苯尾气回收芳烃等。很多工业废气中含 SO_2、NO_x（主要是 NO 及 NO_2）、汞蒸气等挥发性物质，虽然浓度一般很低，但对人体和环境的危害甚大，因而必须进行治理，这类环境保护问题已愈来愈受重视。选择适当的工艺和溶剂进行吸收，是废气处理和回收中应用较广的方法。

【工程案例4-4】　醇胺法处理含硫化氢废气

甲醇生产过程产生含硫化氢、甲醇和氢氰酸等的酸性废气，该气体不能直接采用克劳斯工艺回收硫，若通过火炬燃烧放空，不仅造成硫资源的浪费，而且严重污染了环境。采用处理天然气的 N-甲基二乙醇胺（MDEA）脱硫装置处理该气体，工艺流程和工业生产装置分别见图4-7、图4-8。酸性废气经水洗除去其中的甲醇和氢氰酸后进入吸收塔底部与从顶部加入的贫胺液逆流接触，脱硫后的净化气从顶部逸出，吸收了 H_2S 的 MDEA 溶液称为富液，离开吸收塔的富胺溶液通过换热器与贫胺液换热得到加热，然后在解吸塔中再生，进塔后的富液在塔底再沸器的加热下，其中的 H_2S 被汽提出来，脱除的再生酸气作为克劳斯装置进料回收硫，贫胺液经冷却后送至吸收塔。

图 4-7　醇胺法处理含硫化氢废气工艺流程

1—分离器；2—分液器；3—吸收塔；

4—分离器；5—中间闪蒸罐；6—乙醇胺储罐；

7—解吸塔；8—回流罐

图 4-8　醇胺法处理含硫化氢
废气工业生产装置

4.1.2　解吸的方法

与精馏单元操作有所不同，工业上的吸收操作由两个互为可逆的过程，即吸收过程和解吸过程组成。其原因是工业上的吸收操作为连续过程，吸收剂在吸收塔完成吸收后，溶质含量较高，无法再继续使用，必须将溶质和吸收剂进行分离。此外，当气体中好几种溶质组分同时被吸收时，还需要把溶解度较大的溶质和溶解度较小的溶质进行分离。例如，用丙酮吸收法脱乙炔时，需将吸收液中的乙炔和乙烯、乙烷分离；用中冷油吸收法分离裂解气中的甲烷和氢时，需将吸收液中的甲烷和乙烯分离。

解吸过程得以顺利进行的必要条件是溶液中的溶质 i 组分的平衡蒸气压 p_i^* 或平衡气相组成 y_i^* 必须大于与该溶液相接触的气相中 i 组分的分压 p_i 或组成 y_i，只有满足这一条件，溶质才能由液相转入气相，进行解吸过程。为了使溶液中溶质的平衡蒸气压 p_i^* 大于气相中 i 组分的分压，解吸过程一般可采用的方法有以下四种：

① 加热升温。将吸收液加热升温以提高溶质的平衡分压 p_i^*，减小溶质的溶解度。

② 减压闪蒸。将原来处于较高压力的吸收液进行减压，总压 p 降低后，气相中溶质 i 组分的分压 p_i 也必然相应地降低。因此，即使吸收液不加热升温，吸收液中的溶质 i 组分的平衡分压 p_i^* 在减压下将高于气相中 i 组分的分压 p_i，使解吸过程得以进行。但如果是常压吸收，则解吸时需将压力减至负压。

③ 精馏解吸。采用精馏的方法（用全塔或仅用提馏段）将溶质和吸收剂进行分离。

④ 用解吸剂进行解吸。有时利用降压解吸达不到要求的解吸率，特别是溶解度较大的组分，更不容易解吸出来。利用解吸剂可降低气相组分的分压，从而提高组分的解吸率。常用的解吸介质有惰性气体、水蒸气、溶剂蒸气等。将吸收液送入解吸塔顶，在解吸塔底部通入解吸剂，由于解吸剂中不含易溶组分，当解吸剂与吸收液接触后由于吸收液中溶质 i 组分的平衡蒸气压远大于以解吸剂为主的混合气体中 i 组分的分压，溶质 i 组分得以解吸出来。

4.1.3 吸收和解吸过程流程

吸收装置的工艺流程可以分为两大类。一类是吸收剂不需要再生的流程；另一类为吸收剂需解吸再生且循环使用的流程。

4.1.3.1 吸收剂不需解吸再生的流程

当吸收剂与被吸收组分一起作为产品或者废液送出且吸收剂用后不需要再生时，采用单纯吸收流程。过程只有吸收塔而无解吸塔，分为带吸收剂再循环和不带吸收剂再循环两种方式，例如氯化氢用水吸收成为盐酸，盐酸就成为产品，故不需要对溶剂进行汽提（图 4-9）。当吸收剂的喷淋密度较小，填料表面不能被吸收剂全部润湿时，气、液两相接触面积减小，使吸收操作不能正常进行，或者在吸收塔中需要排除的热量很大，必须将吸收液从塔中抽出至塔外冷却器进行冷却时，就需要采用部分吸收剂再循环的操作，如图 4-10 所示。这类工艺在制取 37%（质量分数）甲醛水溶液等过程中采用。当惰性气体中允许含易溶组分极少，或易溶组分溶解度很低、溶解速度很慢时，可采用如图 4-11 所示的多塔串联流程。工业上接触法制硫酸工艺中 SO_3 的吸收就采用双塔串联流程，详见［工程案例 4-5］。

图 4-9　单塔单纯吸收流程

图 4-10　吸收剂再循环的吸收流程

图 4-11　多塔串联单纯吸收流程

【工程案例 4-5】　接触法制硫酸中 SO_3 的吸收

工业上接触法生产硫酸的干吸工段流程如图 4-12 所示。经冷却和净化后含 7%（体积分数）左右的 SO_2 炉气进入干燥塔 3 中，与塔内喷淋而下的 95%～96% H_2SO_4 相接触，除去水分后进入接触反应器，气体中的绝大部分 SO_2 发生反应被氧化成 SO_3，经降温后依次通过发烟硫酸吸收塔 1 和浓硫酸吸收塔 2，尾气可由塔顶排空。由于每一个吸收塔需保持其吸收剂（酸）的浓度和温度恒定，因此都配有储罐、酸泵和冷却器。发烟硫酸吸收塔和浓硫酸吸收塔的酸浓度分别为含 20% 游离 SO_3 发烟硫酸和 98% 浓硫酸。为了保持这三个塔的酸浓度不变，可将干燥塔较稀的 95%～96% 的硫酸和发烟硫酸各自与 98% 浓硫酸掺和（串酸），以达到分离的目的。工业生产装置如图 4-13 所示。

图 4-12　接触法制硫酸中的 SO_2 的吸收工艺流程

1—发烟硫酸吸收塔；2—浓硫酸吸收塔；3—干燥塔；4—储罐

图 4-13　接触法制硫酸中 SO_2 的吸收工业生产装置

4.1.3.2　吸收剂进行解吸的流程

（1）伴有吸收剂再生循环的吸收-解吸流程

解吸和吸收在应用上密切相关。为了使吸收过程中的吸收剂能够循环使用，就需要通过解吸过程把被吸收的物质从溶液中分出而使吸收剂再生。此外，当以回收利用被吸收气体组分为目的时，也必须解吸。对于分离多组分气体混合物成几个组分或几个单一组分的情况，合理地组织吸收-解吸流程更为重要。伴有吸收剂回收的流程按解吸方法不同有三种。图 4-14 所示为采用惰性气体的吸收-解吸过程的流程，以惰性气体例如水蒸气或其他惰性气体为解吸剂，在解吸塔中，气、液相浓度的变化规律与吸收相反，由于组分不断地从液相转入气相，液相浓度由上而下逐渐降低，而惰性气体中溶质的量不断增加，故气相浓度由下而上逐渐增大。如从气体中除去 H_2S（图 4-15），由吸收塔流出的吸收剂（称富液，rich liquor）进入再生塔，在此利用惰性气体（如空气）从塔底向上吹以脱吸 H_2S。解吸后的吸收剂（称贫液，lean liquor）再回到吸收塔循环使用。这类流程对操作压力无特殊要求，通常吸收和解吸在同一压力下进行，主要的理论依据是利用大量的惰性气体降低液面上溶质的分压，以使吸收剂中溶质的平衡分压大于此而达到解吸的目的。因此，解吸时所消耗的惰性气体量极大，这样会导致解吸气中溶质的含量极低而无法回收再利用。另外，若该溶质有毒，而解吸气未达允许排放标准时，还必须进一步净化，这也是该流程的不尽合理之处。由于此，它仅适用于气体净化以除去价值不高或含量很低的组分。对于脱硫过程，催化氧化法可以使吸收剂中存在的含硫化合物在和空气中的氧气接触时生成元素硫，从而又可使吸收剂得到再生。这样就避免了上述有毒气体如 SO_2、H_2S 等脱吸后进入大气，产生污染。在工业上已大量应用，如砷碱法、蒽醌二磺酸钠法以及萘醌法等。

图 4-14　采用惰性气体为解吸剂的流程

图 4-15　氧化法吸收 H_2S 流程

采用**再沸器**的解吸塔实际上是一个只有提馏段的精馏塔，见图 4-16。此时用于解吸过程的解吸剂是被解吸液体本身汽化所产生的蒸气，而不是从外部引入的。

用一般**精馏塔**作为解吸塔与前者的区别就在于增加了精馏段，起到了提高蒸出溶质的纯度和回收吸收剂的作用。该法用于气体混合物通过吸收方法将其分离为惰性气体和易溶气体两部分的情况，其流程见图 4-17。工业上常在低温或常温下选用合适的溶剂，在吸收塔内除去气体中绝大部分的 SO_2（图 4-18），气体在塔顶放空，富液出塔后经贫富液热交换器加热到一定温度送入解吸塔，与从塔底逆流而上的再生气相接触，解吸掉溶剂中大部分溶质后，贫液从解吸塔底流出，经贫富液换热器回收多余的热量，再经水冷器冷却至吸收塔温度后，送入吸收塔循环使用。再生气经塔顶冷凝器除去大部分水后，或送硫酸系统制硫酸，或经干燥后进压缩机、储罐以获得纯液态 SO_2 产品。显然，在该过程中，如果热源是本厂的废热源如烟气、废蒸汽等将更为合适，否则，消耗热能将是该过程的主要考核指标。

图 4-16　采用再沸器的吸收-解吸流程

图 4-17　采用一般精馏塔的吸收-解吸流程

图 4-18　闭合过程的双流流程

（2）减压再生流程

减压再生系统属较简单的吸收装置，比较适合于物理吸收过程。一般情况下，物理吸收为增大溶质的溶解度多采用加压吸收塔。此时，就可考虑解吸过程采用逐级减压、选择性解吸的办法来进行，既节约能量又可回收有用气体。例如，在合成氨厂中，脱除原料气中 CO_2 的吸收操作一般在加压中进行，典型的流程如图 4-19 所示，以碳酸丙烯酯为吸收剂，在 2.9MPa 下进行吸收操作。解吸时，通常第一级降压至 1.0MPa，以回收合成原料气中的氢、氮气。然后再经 0.5MPa 和 0.1MPa 两级减压，释放出大部分 CO_2 后，吸收剂再经泵加压后循环使用。这类流程的经济性取决于工艺对气体净化度的

图 4-19　CO_2 吸收-再生流程

要求。如果要求某溶质净化后含量极低，而常压解吸尚不能达到净化度的要求，那么再生必须在真空下进行。但总压在 0.03MPa 以下进行时该过程是不经济的。

【工程案例 4-6】 氯气液化后从废气中回收氯

从液化废气中提取氯的流程如图 4-20 所示，从电解槽来的产品氯气进入氯冷却塔 1 中进行冷却，在经过两级硫酸干燥塔 2 除去氯气中的水分后进入液化装置。液氯中的不凝性含氯弛放气必须经过水吸收塔除去（回收）大部分氯气后才允许在水吸收塔 4 顶部排空。含有氯的水不能直接排入地下槽，首先利用它的冷量，在塔 1 中作冷却剂，然后在该塔的下部与蒸汽直接接触，加热脱吸出水中溶解的氯后再排入地下槽。由于用水作吸收剂价廉，故不必循环使用，但由于吸收剂中含氯，必须解吸后再弃去。该流程可使废气、废水中所含氯气的绝大部分得以回收，避免了污染，这是该类装置的特点。

图 4-20　从液化废气中提取氯的流程
1—氯冷却塔；2—干燥塔；3—氯气液化装置；4—吸收塔；5—解吸塔；6—储槽

4.1.3.3　吸收蒸出塔流程

当吸收尾气中某些组分在吸收剂中有一定溶解度时，为保证关键组分的纯度采用吸收蒸出塔（absorption and evaporation tower），即将吸收塔与精馏塔的提馏段组合在一起（见图 4-21）。如石油裂解气分离过程中用 C_3 馏分作为吸收剂分离裂解气，C_3 馏分吸收剂不仅能很好地溶解乙烯，对甲烷、氢气也有一定的溶解度，采用吸收蒸出塔分离效果较好。原料气从塔中部进入，进料口上部为吸收段，下部则为提馏段（亦称为蒸出段），当吸收液（含有关键组分和其他组分的溶液）与塔釜再沸器蒸发上来的温度较高的蒸汽相接触，其他组分从吸收液中蒸出。塔釜的吸收液部分经再沸器加热蒸发以提供蒸出段必需的热量，大部

图 4-21　吸收蒸出塔

分则进入解吸塔内部使易溶组分与吸收剂分离开，吸收剂经冷却后再送入吸收塔循环使用。在吸收段进行的是单向传质-溶解过程，而在蒸出段进行的则是轻、重组分双向传质的过程——由汽化和冷凝组成的精馏过程。此法一般只适用于关键组分为重组分的场合。

催化裂化装置后处理单元的富气吸收-解吸即采用单塔流程，详见［工程案例4-7］。

【工程案例4-7】 催化裂化装置省能的吸收-解吸单塔流程

吸收稳定系统是催化裂化装置的后处理系统，目的是将来自催化分馏塔顶的粗汽油和富气分离成干气、液化气和稳定汽油产品，图4-22为催化裂化装置吸收稳定系统工业生产装置。我国在20世纪60年代设计的吸收-解吸过程是单塔流程，如图4-23所示，富气经压缩冷却后在平衡罐分为气液两相，分别进入吸收段和解吸段。吸收段底部富吸收油直接进入解吸段，解吸段顶部的解吸气直接进入吸收段。国外于50年代末开始采用双塔流程，我国在70年代也开始设计双塔流程。其主要由吸收塔、解吸塔、稳定塔、再吸收塔及相应辅助设备构成，典型流程（冷进料流程）如图4-24所示。可以同时满足高吸收率和高解吸率，也可以减少塔的内循环量，产品收益及产品质量也均较原单塔流程好。但是与原单塔流程相比需增加一台凝缩油泵。同时大量返回的吸收塔底油和解吸塔顶气造成相关的设备如塔、换热器、泵和容器等将处理多达系统进料量1.4倍的物料，这不仅引起设备投资的增加，而且能耗也比较高。

图 4-22　催化裂化装置吸收-稳定系统工业生产装置

图 4-23　吸收-稳定系统单塔流程

综合两种流程各自的优点提出的新的省能的吸收-解吸单塔流程如图4-25所示。该流程将富吸收油抽出塔外与富气混合经冷却、平衡分离后分别进入吸收段和解吸段。为了利用稳定汽油余热降低塔底再沸器负荷，在解吸段增加一个中间换热。新的吸收-解吸单塔流程取消了双塔流程中两股返回量相当大的吸收塔底油和解吸塔顶气，降低了操作费用，并且取消了解吸塔、解吸塔的进料预热器，优化了热量匹配，在降低塔顶冷回流的情况下，产品收益增高，能耗下降。

图 4-24　吸收-稳定系统双塔流程

图 4-25　省能的吸收-解吸单塔流程

4.1.4　吸收过程的特点

化工生产中最为常见的吸收是多组分吸收。多组分吸收的基本原理和单组分吸收相同，但多组分吸收的计算以及吸收和解吸的组合方案既不同于单组分吸收，又不同于多组分精馏，有着它们自己的特点：

① 与只有一股进料的普通精馏塔不同，即使最简单的吸收塔也有塔顶（吸收剂）、塔底（混合气）两股进料，吸收塔是一个复杂塔。

② 吸收操作中，物系的沸点范围宽。在操作条件下，有的组分已接近甚至超过临界点，因而吸收操作中的物系不能按理想物系处理。

③ 吸收过程一般为单向传质过程，只有一个关键组分。因此，由进塔到出塔的气相（由下到上）流率逐渐减小，而液相（由上到下）流率不断增大。尤其是多组分吸收中，吸收量大，流率的变化也大，除非是贫气吸收。气液相流量在塔内不能视为常数，不能用恒摩尔流的假设，从而增加了吸收计算的复杂性。

④ 吸收操作中，吸收量沿塔高分布不均，轻组分（难溶组分）一般只在靠近塔顶的几级被吸收，而在其余各级上变化很小。重组分（易溶组分）主要在塔底附近的若干级上被吸收，而关键组分则在全塔范围内被吸收。因而溶解热分布不匀，致使吸收塔温度分布比较复杂。所以不能用精馏中常用的泡露点方程来确定吸收塔中温度沿塔高的分布，通常要采用**热量衡算**来确定温度的分布。

4.2　多组分吸收和解吸过程分析

吸收（解吸）和精馏过程同属于传质过程，它们既有共性，也有各自的特点。

4.2.1　气液相平衡

在第 2 章已经讨论过，气液两相达到平衡时，应有

$$\hat{f}_i^{\text{V}} = \hat{f}_i^{\text{L}} \tag{4-1}$$

且

$$\hat{f}_i^{\text{V}} = p\hat{\phi}_i y_i, \qquad \hat{f}_i^{\text{L}} = f_i^{0\text{L}}\gamma_i x_i \tag{4-2}$$

式中，$\hat{f}_i^{\text{V}}$ 和 $\hat{f}_i^{\text{L}}$ 分别为 i 组分在气相和液相溶液中的逸度；$\hat{\phi}_i$ 和 γ_i 分别为 i 组分在气相的逸度系数和液相的活度系数，对于理想气体混合物 $\hat{\phi}_i = \phi_i$；ϕ_i 和 $f_i^{0\text{L}}$ 分别为纯态 i 组分在系统温度和压力下气相的逸度系数和液相的逸度。

对于气液相平衡的定量表示方法，常借助于平衡常数 K_i，即气相中溶质的浓度和液相中该溶质的浓度之比。所以

$$K_i = \frac{y_i}{x_i} = \frac{f_i^{0\text{L}}\gamma_i}{p\hat{\phi}_i} \tag{4-3}$$

前已述及，大多数气液吸收过程中，系统温度高于气体临界温度，此时气体不再被冷凝而只是溶解于液相。对于二元系统，组分溶解的气液相平衡关系服从以下方程

$$\ln\frac{\hat{f}_2^{\text{V}}}{x_2} = \ln H_2 + \frac{\overline{V}_{m,2}^{\text{L}}(p - p_1^0)}{RT} \tag{4-4}$$

式中，$\overline{V}_{m,2}^{\text{L}}$ 为溶质 2 在溶液中的偏摩尔体积；H_2 为溶质在溶液中的亨利系数，kPa；p、p_1^0 分别为系统总压和纯溶剂的饱和蒸气压。

对于理想溶液，$\overline{V}_{m,2}^{\text{L}} = 0$，则式(4-4)简化为

$$\hat{f}_2^{\text{V}} = H_2 x_2 \tag{4-5}$$

在低压下，可用平衡分压 p_2 代替 $\hat{f}_2^{\text{V}}$，变成亨利定律的表达形式

$$p_2 = H_2 x_2 \tag{4-6}$$

若以浓度 c_2 代替 x_2，则有
$$p_2 = H_2 c_2 \tag{4-7}$$

亨利定律仅适用于理想溶液。通常所有的稀溶液都近似于理想溶液，都可应用亨利定律获得相应的平衡数据，借以判断传质过程的方向、极限，以及计算传质推动力的大小。常用气体在某些溶剂中的 H 值可从有关手册查得。

显然，对于难溶气体，亨利定律有足够的正确性；对于易溶气体，该定律仅适用于较低的浓度范围，在较高浓度时，其溶解度的值将比亨利定律计算值低些。

4.2.2 吸收和解吸过程的设计变量数与关键组分

按第 2 章介绍的确定设计变量的原则，很容易定出平衡级数为 N 的吸收塔和解吸塔的设计变量数：

吸收塔		解吸塔	
(1) 压力等级数	N	(1) 压力等级数	N
(2) 原料气	$c+2$	(2) 解吸剂	$c'+2$
(3) 吸收剂	$c'+2$	(3) 吸收液	$c+2$
N_x	$c+c'+4+N$	N_x	$c+c'+4+N$
N_a（为串级数）	1	N_a（为串级数）	1

多组分吸收和解吸与多组分精馏一样，不能对所有组分规定分离要求，只能对对吸收和解吸操作起关键作用的组分即关键组分规定分离要求。由吸收和解吸过程的可调设计变量 $N_a = 1$

知，多组分吸收和解吸中只能有一个关键组分。一旦规定了关键组分的分离要求，由于各个组分在同一塔内进行吸收或解吸，塔平衡级数和液气比均相同，它们被吸收量的多少由各自的相平衡关系决定，相互之间存在一定关系。与多组分精馏一样，多组分吸收塔的工艺计算也分为设计型和操作型。如已知入塔原料气的组成、温度、压力、流率，吸收剂的组成、温度、压力、流率，吸收塔的操作压力和对关键组分的分离要求，计算完成该吸收操作所需的平衡级数、塔顶尾气的量和组成，属于设计型计算。已知入塔原料气的组成、温度、压力、流率，吸收剂的组成、压力和温度，吸收塔的操作压力，对关键组分的分离要求和平衡级数，计算塔顶加入的吸收剂量、塔顶尾气量和组成、塔底吸收液量和组成，则属于操作型计算。解吸塔计算与之相似。

4.2.3 单向传质过程

在精馏操作中，汽液两相接触，汽相中的较重组分向液相中传质（冷凝），液相中的较轻组分向汽相中传质（汽化），所以传质过程是在两个方向上进行的。若被分离体系中各组分的摩尔汽化潜热相近，可假定塔内汽相和液相都是恒摩尔流，计算过程要简单得多。

而对于吸收系统，一般吸收剂为不易挥发的液体，气相中的某些组分不断溶解到吸收剂中，属于单向传质（one-way mass transfer）。吸收剂由于吸收了气体中的溶质而使液相流量不断增加，气相的流量则相应地减小，解吸过程中气液两相的传质方向和流率变化趋势与吸收相反。因此，吸收和解吸过程中气液相流率在塔内均不能看作恒摩尔流。这就增加了计算的复杂性。

Horton 和 Franklin 给出了用重贫油吸收 $C_1 \sim C_5$ 正构烷烃混合气的多组分吸收计算结果，图 4-26 表示了过程的流量、温度、浓度与平衡级数的关系曲线，0 对应于塔顶。由图 4-26（a）可见，塔中气相和液相的总流量都是自上而下增大的，这是单向传质的结果，各组分由气相传入液相，而通常由液相传至气相的物质数量却很少。由图 4-26（b）可见，沿塔向下液相温度逐渐升高。

解吸过程也是单向传质过程，只是与吸收相反，溶质不是从气相传入液相，而是由液相传至气相，塔中气相和液相流量是自下而上增大的。

4.2.4 吸收塔内组分分布

从图 4-26（c）、图 4-26（d）可见，甲烷和乙烷的相对挥发度很高，溶解度很小，几乎不被溶剂吸收，因而气相中甲烷和乙烷的流量基本上不变，但在塔上部稍有降低。这说明需要一个平衡级，这些组分在液体中就几乎完全达到平衡。戊烷在气相各组分中相对挥发度最小，故在原料气体进塔后，立刻在塔下部的几个平衡级中被吸收，达到上部几级时，气体中仅剩下微量戊烷。因而在上部几级中传入液相的戊烷不多，戊烷在液相中的流量保持不变，在下部几级液相中戊烷流量迅速增加。丁烷是相对挥发度仅大于戊烷的一个组分，其在下部几级中也很快被吸收，只是较戊烷要慢些。

如图 4-26（e）所示，由于在塔下部几级戊烷和丁烷被大量吸收，因而气体中戊烷和丁烷浓度显著下降。甲烷和乙烷相对不被吸收，总气体流量向上减小，甲烷和乙烷在气体中的摩尔分数不断上升。

由图 4-26（c）可知，尽管甲烷和乙烷的吸收量很小，但液相中在某级将出现甲烷和乙烷摩尔分数的极大值。这是因为在上部几级中，甲烷和乙烷在气相中的摩尔分数是较高的，而温度较低，使 K 值变小。因此在最上一级甲烷和乙烷的 x 值达到最大，并且随着级数向下

图 4-26 多组分吸收过程各参数变化形式

而逐步趋于平直。对于丁烷和戊烷，不出现最高点，因为它们在塔下部已被大量吸收，上部几级的气体中摩尔分数很小。

由图 4-26（d）可知，丙烷是相对挥发度适中的组分，原料气中的丙烷约有一半被吸收下来，而甲烷和乙烷仅微量被吸收，丁烷和戊烷则绝大部分被吸收。当气体到达塔上部时，丙烷的情况将和甲烷、乙烷一样，气相中丙烷的高摩尔分数和低温二者结合使得在上部几级中丙烷吸收最快，在液相中出现丙烷浓度的极大值。丁烷和戊烷的相对挥发度低，尽管塔下部温度高，但低相对挥发度的影响仍然为主导因素，故在塔下部几级很容易被吸收。

由上面讨论可以得出，对于多组分吸收过程，不同组分和不同塔段的吸收程度是不同的。

① 难溶组分（即轻组分）通常只在靠近塔顶的几级被吸收，而在其余级上变化很小；

② 易溶组分（即重组分）主要在塔底附近若干级上被吸收；

③ 关键组分（即中间组分）在全塔范围内被吸收。

上面规律在吸收计算的问题处理及方法选择中都很有用。

4.2.5　吸收和解吸过程的热效应

通常情况下，在吸收塔中溶质自气相传入液相因发生相变而释放出 吸收热，一般热量用于增加液体的显热，从而导致液相温度沿塔向下增高 [图 4-26(b)]。与之相反，解吸过程，溶质自液相传入气相因发生相变而吸收热量，液体向下流动时有被冷却的趋势。

吸收过程释放的热量在液体和气体的最终分配与液体物流的热容量 $L_M c_{p,L}$ 和气体物流的热容量 $G_M c_{p,V}$ 的相对大小有很大关系。一般有以下三种情况。

① 若塔顶 $L_M c_{p,L}$ 远大于 $G_M c_{p,V}$，则上升气体的热量传给液相，塔顶尾气温度与进塔吸收剂温度相近；吸收释放的热量用于提高液相的温度，液相从塔底移出。在接近塔底的几级上，高温吸收液加热进塔气体，使部分热量返回塔内，温度分布出现极大值。图 4-27 为脱除天然气中 CO_2 和 H_2S 的吸收塔中的温度和组成分布情况。吸收剂为乙醇胺和乙二醇的水溶液。$L_M c_{p,L}/G_M c_{p,V}=2.5$，塔顶出口气体温度和吸收剂进口温度基本相同（41.7℃）。塔底吸收液温度为 79.4℃，原料气温度为 32.2℃。

② 若 $L_M c_{p,L}$ 与 $G_M c_{p,V}$ 接近，且有明显的热效应，则出塔尾气和吸收液的温度分别大于其进口温度。此情况下，热量在液相和气相的分配取决于塔中不同位置因吸收而放热的情况。

③ 若 $L_M c_{p,L}$ 远小于 $G_M c_{p,V}$，则吸收放出的热量大部分被气体带走，吸收液出口温度接近于原料气进料温度。图 4-28 为脱除低浓度酸性气体的天然气吸收塔内的温度和组成分布图。$L_M c_{p,L}/G_M c_{p,V}=0.2$，吸收剂沿塔下流时被气体冷却，在接近原料气温度的条件下出塔。

图 4-27 高含量 H_2S、CO_2 气体吸收的温度和含量分布

图 4-28 低含量 H_2S、CO_2 气体吸收的温度和含量分布

如果液体吸收剂有明显的挥发性，它可能在塔下部的几级中部分汽化，使该汽化的吸收剂在进气中的含量趋于平衡组成。因吸收而加热液体和因吸收剂汽化而冷却液体的相反作用，会在塔的中部某位置上出现温度的极大值。

吸收过程中，溶解热使气体和液体的温度发生变化，温度的变化又会对吸收过程产生影响。一方面，因为平衡常数不仅是液相浓度的函数，而且是液相温度的函数，一般而言，吸收放热使液体温度升高，故相平衡常数增大，过程的推动力减小；另一方面，吸收放热使气液相间产生温差，导致相间传质的同时发生相间传热。

4.3 多组分吸收和解吸过程简捷计算

4.3.1 吸收过程工艺计算的基本概念

4.3.1.1 吸收、解吸作用发生的条件

根据相平衡概念，可以判断当气液相接触时，溶质究竟是由气相溶于液相（吸收），还是由液相转入气相（解吸）。若分别以 p_i^* 和 y_i^* 表示与液相组成 x_i 成平衡的气相中 i 组分的分压和摩尔分数，当气液相处于平衡状态时必须满足

$$p_i = p_i^* = E_i x_i \tag{4-8}$$

$$y_i = y_i^* = K_i x_i \tag{4-9}$$

式中，p_i 和 y_i 分别表示气相中 i 组分的实际分压和摩尔分数。

当 $p_i > p_i^*$，$y_i > y_i^*$ 时，溶质将由气相转入液相从而被吸收；当 $p_i < p_i^*$，$y_i < y_i^*$ 时，溶质将由液相转入气相而发生解吸。

4.3.1.2 吸收过程的限度

了解了吸收及解吸发生的条件以后，可以分析吸收过程进行的限度。

如图 4-29 所示，进料气体混合物中 i 组分的组成为 $y_{i,N+1}$，出塔吸收液中 i 组分含量为 $x_{i,N}$，显然应有

$$\frac{y_{i,N+1}}{K_i} \geqslant x_{i,N}$$

从塔顶加入的吸收剂中 i 组分含量为 $x_{i,0}$，离开塔顶气相中 i 组分的含量为 $y_{i,1}$，显然 $y_{i,1} \geqslant K_i x_{i,0}$，这样就为设计时明确地规定了设计吸收塔的限度，从而避免了在设计时提出一些不合理的、实际上无法实现的要求，即规定了设计吸收塔的限度。$x_{i,0}$ 是解吸过程分离后吸收剂中 i 组分的含量，它与 $y_{i,1}$ 有密切的关系。因此在吸收塔设计时不能孤立地只考虑吸收过程，还要将它与解吸过程联系在一起进行考虑，当吸收过程的分离要求很高时，对解吸后吸收剂中溶质的含量 $x_{i,0}$ 要求会很苛刻。在实际设计时往往是按照规定的分离要求先确定吸收塔气体的组成 $y_{i,1}$，根据已经选定的出塔气体组成再考虑气液相平衡数据来确定吸收剂在解吸后易溶组分的含量。

图 4-29　吸收塔示意图

4.3.1.3 吸收过程的平衡级

吸收过程吸收液沿塔逐级下流过程中易溶组分的含量不断升高，气体混合物在沿塔上升过程中易溶组分的含量不断降低。在吸收过程中，为了计算方便起见，像精馏过程一样，引入了平衡级的概念。如图 4-30 所示，从第 $n-1$ 级下流的 i 组分含量为 $x_{i,n-1}$ 的吸收液与从第 $n+1$ 级上升的 i 组分含量为 $y_{i,n+1}$ 的气体在第 n 级上接触。若离开第 n 级的气体混合物及吸收液达到相互平衡状态，即 $y_{i,n} = K_{i,n} x_{i,n}$，这样一个吸收塔级称为一个平衡级。

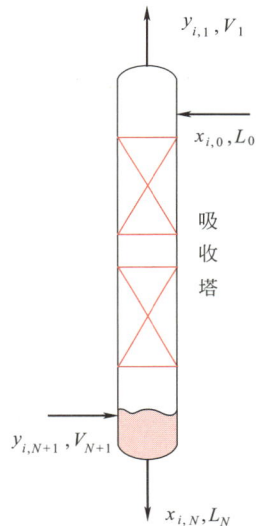

4.3.1.4 吸收过程的计算内容

已知：V_{N+1}、$y_{i,N+1}$、T_{N+1}、$x_{i,0}$、T_0、p 和关键组分的分离要求。

求：V_1、$y_{i,1}$、L_N、$x_{i,N}$、L_0、N。

详细计算还应包括 T_n、L_n、V_n 的求取。

与精馏过程一样，吸收塔级数的计算也是先求出完成规定分离要求所需的平衡级数，然后再由级效率或等板高度确定实际的吸收塔级数或填料高度。

4.3.2 吸收因子法

4.3.2.1 哈顿-富兰格林（Horton-Franklin）方程的推导

吸收因子法主要是应用物料平衡和相平衡的概念来确定吸收塔的平衡级数。如图 4-30 所示，在计算时气、液相流量 V、L 的单位是 kmol/h，如果用 l 表示任一组分 i 的液相流率，即 $l = Lx_i$，用 v 表示组分 i 的气相流率，即 $v = Vy_i$，在吸收塔任意一级（如第 n 级）的物料关系可以用以下物料衡算式来表达

$$l_n - l_{n-1} = v_{n+1} - v_n \tag{4-10}$$

为简化起见，略去下标 i。吸收过程相平衡方程式 $y_i = Kx_i$ 可表示为

$$\frac{v}{V} = K\frac{l}{L}$$

整理上式得

$$l = v\frac{L}{KV} = vA \tag{4-11}$$

令 $A = \dfrac{L}{VK}$，A 为**吸收因子**（absorption factor），反映吸收进行的难易程度，综合考虑了操作条件、K 和物性对吸收的影响。

联立式（4-10）和式（4-11）得

$$v_n + A_n v_n = v_{n+1} + A_{n-1}v_{n-1}$$

整理得

$$v_n = \frac{v_{n+1} + A_{n-1}v_{n-1}}{A_n + 1} \tag{4-12}$$

当 $n = 1$ 时，由式（4-12）得

$$v_1 = \frac{v_2 + A_0 v_0}{A_1 + 1} = \frac{v_2 + l_0}{A_1 + 1} \tag{4-13}$$

同理，当 $n = 2$ 时，$v_2 = \dfrac{v_3 + A_1 v_1}{A_2 + 1}$，将式（4-13）代入整理得

$$v_2 = \frac{(A_1 + 1)v_3 + A_1 l_0}{A_1 A_2 + A_2 + 1} \tag{4-14}$$

类似地，$n = 3$ 时可推得

$$v_3 = \frac{(A_1 A_2 + A_2 + 1)v_4 + A_1 A_2 l_0}{A_1 A_2 A_3 + A_2 A_3 + A_3 + 1} \tag{4-15}$$

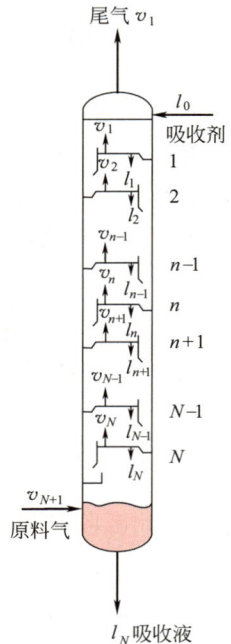

图 4-30 具有 **N** 个平衡级的吸收塔

逐级向下直至第 N 级

$$v_N = \frac{(A_1 A_2 \cdots A_{N-1} + A_2 \cdots A_{N-1} + \cdots + A_{N-1} + 1)v_{N+1} + A_1 A_2 \cdots A_{N-1} l_0}{A_1 \cdots A_N + A_2 \cdots A_N + \cdots + A_N + 1} \tag{4-16}$$

对 i 组分作全塔物料平衡

$$V_{N+1} y_{N+1} + L_0 x_0 = V_1 y_1 + L_N x_N \tag{4-17}$$

或

$$v_{N+1} + l_0 = v_1 + l_N \tag{4-18}$$

由式(4-11) 得 $l_N = A_N v_N$，代入式(4-18) 得

$$v_N = \frac{v_{N+1} - v_1 + l_0}{A_N} \tag{4-19}$$

联立式(4-16) 和式(4-19) 得

$$\begin{aligned}
\frac{v_{N+1} - v_1}{v_{N+1}} &= \frac{A_1 A_2 A_3 \cdots A_N + A_2 A_3 \cdots A_N + \cdots + A_N}{A_1 A_2 A_3 \cdots A_N + A_2 A_3 \cdots A_N + \cdots + A_N + 1} \\
&\quad - \frac{l_0}{v_{N+1}} \left(\frac{A_2 A_3 \cdots A_N + A_3 A_4 \cdots A_N + \cdots + A_N + 1}{A_1 A_2 A_3 \cdots A_N + A_2 A_3 \cdots A_N + \cdots + A_N + 1} \right)
\end{aligned} \tag{4-20}$$

式(4-20) 是吸收因子法的基本方程，称为 **哈顿-富兰格林**（Horton-Franklin）方程。

【讨论】

① 式的左端，$\dfrac{v_{N+1} - v_1}{v_{N+1}} = \dfrac{i \text{ 组分被吸收掉的量}}{i \text{ 组分加入量}} =$ 吸收率 $= \alpha_i$。

② 式的右端，包括了各塔级的相平衡常数、液气比和塔级数，也就是说 Horton-Franklin 方程关联了吸收率、吸收因子和平衡级数，$\alpha_i = f(A_{i,n}, N)$。

③ 在推导上式时，没作任何简化，该式是普遍使用的。但要求出通过吸收塔后任一组分被吸收的量较困难，因为每个级上的 A 值视该级的 L/V 比值以及相平衡常数 K 而定，然而 L/V 比值和 K 又是温度、压力、组成及其吸收量的函数，而吸收量求取又要用到 A，这几个因素相互联系，又相互牵制，显然必须用试差法求解，步骤如下。

a. 设

$$\text{各级的温度}(T_1, T_2, \cdots, T_N) \xrightarrow{\text{相平衡}} \text{计算各级上各组分 } K_i$$

$$\text{各级的气相流率}(V_1, \cdots, V_N) \xrightarrow{\text{物料衡算}} \text{计算各级的液相流率 } L_n$$

由 K_i、V_n、L_n 计算 $A_{i,n}$；

b. 由 $A_{i,n}$ 求 $v_{i,n}$；

c. 校核 $\sum v_{i,n}$ 是否等于 V_n。

由热量衡算计算各级温度 T_n'，判断 $|T_n - T_n'| \leqslant \varepsilon$。如果不符，则要重新设值再进行计算，显然这样的计算是非常繁杂的，特别是第一次假设，数值很难确定，然而对试差法来说初值是非常重要的，假设合理，试差次数可减少。因此，在作精确计算之前，需近似估计一下。为此，出现了一些简捷计算法，各种方法的主要区别在于对吸收因子的简化处理方式不同。

4.3.2.2　平均吸收因子法（克雷姆塞尔-布朗）

（1）克雷姆塞尔方程的导出

平均吸收因子法假设各级的吸收因子是相同的，即采用全塔平均的吸收因子来代替各级的吸收因子，有的采用塔顶和塔底条件下液气比的平均值，也有的采用塔顶吸收剂流率和进料气流率来求液气比，并将塔的平均温度作为计算相平衡常数的温度来计算吸收因子。因为

该法只有在塔内液气比变化不大，也就是溶解量甚小，而气液相流率可视为定值的情况下，才不至于带来大的误差，所以该法用于贫气吸收计算有相当的准确性。

假设全塔各级的 A 值均相等的前提下，Horton-Franklin 方程式(4-20) 变为

$$\frac{v_{N+1}-v_1}{v_{N+1}}=\frac{A^N+A^{N-1}+\cdots+A}{A^N+A^{N-1}+\cdots+A+1}-\frac{l_0}{Av_{N+1}}\left(\frac{A^N+A^{N-1}+\cdots+A}{A^N+A^{N-1}+\cdots+A+1}\right) \tag{4-21}$$

由式(4-21) 进一步推导得

$$\varphi_i=\frac{v_{N+1}-v_1}{v_{N+1}-v_0}=\frac{A^{N+1}-A}{A^{N+1}-1} \tag{4-22}$$

式中，v_{N+1} 为富气（原料气）中组分的流量；v_0 为与吸收剂平衡的塔顶气相中组分的流量，$v_0=\dfrac{l_0}{A}$，其中 l_0 为吸收剂中组分流量；v_1 为离开吸收塔的贫气中组分的流量；A 为组分的平均吸收因子；N 为全塔平衡级数；φ_i 为组分 i 相对吸收率。式(4-22) 称为克雷姆塞尔方程。

对某一组分，在吸收塔中被吸收的量为 $v_{N+1}-v_1$，可能被吸收的最大量为 $v_{N+1}-v_0$。将某组分的相对吸收率定义为该组分在吸收塔中被吸收的量和可能被吸收的最大量之比，即

$$\varphi_i=\frac{v_{N+1}-v_1}{v_{N+1}-v_0} \tag{4-23}$$

式(4-22) 关联了相对吸收率、吸收因子和平衡级数三个参数。克雷姆塞尔等为方便计算，将式(4-22) 绘制成曲线，称为吸收因子图或克雷姆塞尔图，如图 4-31 所示。只要给定其中的两个参数，由图 4-31 即可方便地确定第三个参数。

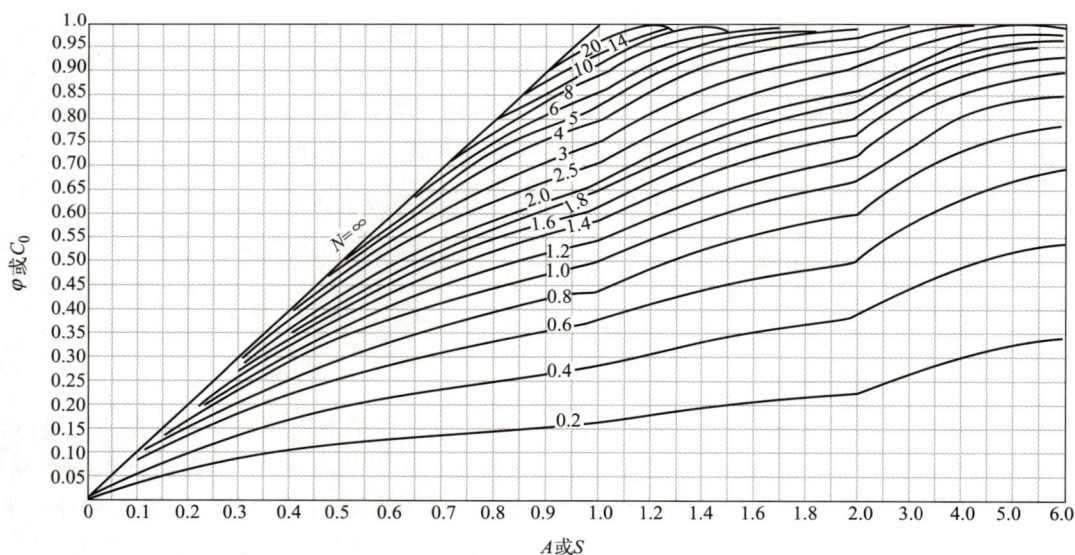

图 4-31　吸收因子（解吸因子）图

A—吸收因子；S—解吸因子；N—平衡级数；φ—相对吸收率；C_0—相对解吸率

$$N=\frac{\lg\left(\dfrac{A-\varphi}{1-\varphi}\right)}{\lg A}-1 \tag{4-24}$$

【讨论】

① 在应用平均吸收因子法进行计算时，要注意推导公式中引进了以下几点假设：

a. 溶液是理想溶液或接近理想溶液，在这种情况下吸收液中溶质的浓度不受任何限制；如果是非理想溶液，则要求吸收液是稀溶液符合或接近亨利定律的应用范围；

b. 全塔温度变化不大可以近似取一平均的 K 值视为常数；

c. 气相、液相的流量变化不大均可取平均值当作常数。

在与以上三点假设距离太大的情况下，应用平均吸收因子法进行计算会造成较大的误差。最好用逐级计算的方法进行设计计算。

② v_0 是与吸收剂成平衡的气相中 i 组分的量，当出口气体中 i 组分与入口吸收剂成平衡时，则 i 组分达到最大吸收量。

当吸收剂本身不挥发，且不含溶质时，$l_0 = 0$，$v_0 = \dfrac{l_0}{A} = 0$，则

$$\varphi_i = \frac{v_{N+1} - v_1}{v_{N+1} - v_0} = \frac{v_{N+1} - v_1}{v_{N+1}} = \alpha_i \qquad (0 \leqslant \alpha_i \leqslant 1) \tag{4-25}$$

即当溶剂为新鲜吸收液时，$\varphi_i = \alpha_i$。

③ 以上各式对各组分均成立，但由于吸收过程一般给出关键组分的吸收率，所以计算中可由式(4-24)或图 4-31 根据 $\varphi_关$、$A_关$ 求 N，再求 $\varphi_{非关}$。关键组分的吸收率一般由分离任务给出，计算求得关键组分的吸收因子。$A_关 = L/(VK_关)$，$K_关$ 常取取全塔平均温度和平均压力下的数值，因而求取 $A_关$ 的关键是确定液气比。为此，首先要确定最小液气比，最小液气比定义为在无穷多塔级的条件下，达到规定分离要求时，1kmol 气体进料所需吸收剂的物质的量（kmol）。

当 $N = \infty$ 时，由图 4-31 可知：$0 \leqslant A_i \leqslant 1$ 时，$\varphi_i = A_i$；$A_i > 1$ 时，$\varphi_i = 1$。由克雷姆塞尔方程式(4-24)也可以求得

$$0 \leqslant A \leqslant 1 \qquad \lim_{N \to \infty} \varphi_i = \lim_{N \to \infty} \frac{A^{N+1} - A}{A^{N+1} - 1} = \frac{-A}{-1} = A \tag{4-26}$$

$$A > 1 \qquad \lim_{N \to \infty} \varphi_i = \lim_{N \to \infty} \frac{A^{N+1} - A}{A^{N+1} - 1} = 1 \tag{4-27}$$

关键组分的吸收率（相对吸收率）$\varphi_关 \leqslant 1$，所以 $(L/V)_m = K_关 A_关 = K_关 \varphi_关$。

④ 当 N 一定时，若 A 增大，即 $A = \dfrac{L}{VK}$ 中 L/V 增大，吸收率增加，则吸收效果越好，但 A_i 超过 2 时，吸收率增加缓慢。考虑经济因素（如吸收剂的回收），操作液气比常常选取最小液气比的 1.2~2.0 倍。

⑤ 当 A 一定时，即 L/V 一定时，则增加塔级数，吸收率增加，但随塔级数增加吸收率增加得越来越慢，特别是 N 超过 10 级以后，吸收率基本不变。也就是说在实际生产中，仅靠提高 N 来提高效率是不科学的，还要考虑其他因素。

（2）平均吸收因子法在计算中的应用

已知条件：进料流量 V_{N+1}，组成 $y_{i,N+1}$，吸收剂种类和组成 $x_{i,0}$，分离要求 $\varphi_关$，吸收操作的温度、压力。计算任务：理论塔级数 N，吸收剂用量 L_0，尾气的量 V_1，组成 $y_{i,1}$，吸收液量 L_N，组成 $x_{i,N}$，各组分的吸收率 φ_i。

平均吸收因子法的计算步骤如下。

① 确定关键组分的吸收率　多组分吸收过程中，设计吸收塔时，只能确定一个对分离起关键作用的组分，由关键组分的分离要求得吸收率 $\varphi_\text{关}$，其他组分的吸收率就随之被确定。

② 由 $\varphi_\text{关}$ 求 N

a. 由 $\varphi_\text{关}$ 确定 $(L/V)_\text{m}$。因为 $N = \infty$，$A_{\text{关m}} = \left(\dfrac{L}{V}\right)_\text{m} \left(\dfrac{1}{K_\text{关}}\right) = \varphi_\text{关}$，所以 $\left(L/V\right)_\text{m} = \varphi_\text{关} K_\text{关}$，$K_\text{关}$ 由全塔的平均温度、压力确定。

b. 实际 $L/V = (1.2 \sim 2)(L/V)_\text{m}$，$A_\text{关} = \dfrac{L}{VK_\text{关}}$。

c. 由 $A_\text{关}$、$\varphi_\text{关}$ 查图或用公式求出 N。

③ 其他组分吸收率的确定　因为各组分在同一塔内被吸收，所以非关键组分具有相同的平衡级数和液气比。

$$\frac{A_i}{A_\text{关}} = \frac{\dfrac{L}{V} \times \dfrac{1}{K_i}}{\dfrac{L}{V} \times \dfrac{1}{K_\text{关}}} = \frac{K_\text{关}}{K_i} \quad \text{或} \quad A_i = \frac{A_\text{关} K_\text{关}}{K_i} = \frac{L}{VK_i} \tag{4-28}$$

式中，A_i、K_i 为其他任意组分的吸收因子及相平衡常数，在图上由某一组分的 A_i 引垂线与级数 N 相交，交点的纵坐标便是 φ_i，也可由 $\varphi_i = \dfrac{A_i^{N+1} - A_i}{A_i^{N+1} - 1}$ 求出。

④ 求尾气的组成及量　当 $l_{i,0} = 0$ 时，$\varphi_i = \alpha_i = \dfrac{v_{i,N+1} - v_{i,1}}{v_{i,N+1}}$，所以 $v_{i,1} = v_{i,N+1} - \alpha_i v_{i,N+1} = (1 - \alpha_i) v_{i,N+1}$，$V_1 = \sum v_{i,1}$，$y_{i,1} = v_{i,1}/V_1$。

⑤ 吸收液的量及组成以及应加入的吸收剂量　因为 $L_N = L_0 + (V_{N+1} - V_1)$，所以 $x_N = \dfrac{v_{N+1} - v_1 + l_0}{L_N}$，气体的平均流率 $V_\text{均} = \dfrac{1}{2}(V_{N+1} + V_1)$，$L_\text{均} = \dfrac{1}{2}(L_0 + L_N) = (L/V)_\text{均} V_\text{均}$。也可由下式求出平均液气比

$$\left(\frac{L}{V}\right)_\text{均} = \frac{(L/V)_N - (L/V)_1}{\ln \dfrac{(L/V)_N}{(L/V)_1}} \tag{4-29}$$

【例 4-1】　某厂裂解气分离车间采用中压油吸收分离工艺，脱甲烷塔进料 100kmol/h，进料组成如下（摩尔分数/％）：H_2 15.0，C_1^0 30.0，$C_2^=$ 28.0，C_2^0 5.0，$C_3^=$ 19.0，C_3^0 1.0，C_4 2.0。

该塔操作压力 3.6MPa（绝），吸收剂入塔温度 -36℃，原料气入塔温度 -10℃，乙烯回收率 98％。试求：

（1）完成分离要求所需的操作液气比（取操作液气比为最小液气比的 1.5 倍）；

（2）该塔所需平衡级数；

（3）各组分的吸收率及出塔尾气的组成；

（4）采用 C_8 馏分为吸收剂时吸收剂的用量。

解　吸收塔平均温度取进料温度和吸收剂温度的平均值

$$T = \frac{1}{2}(-10 - 36) = -23(℃)$$

由 p-T-K 列线图查得 3.6MPa（绝）、$-23℃$ 时各组分的 K 值如下表：

组分	$H_2^{①}$	C_1^0	$C_2^=$	C_2^0	$C_3^=$	C_3^0	$C_4^{0②}$
K_i		2.85	0.54	0.40	0.10	0.88	0.043

① H_2 视作惰性气体，不考虑其在吸收剂中的溶解。
② 以异丁烷代替碳四混合烃。

在计算中按题意选择乙烯作为关键组分。

（1）操作液气比 $\left(\dfrac{L}{V}\right)$

最小液气比　　　$\left(\dfrac{L}{V}\right)_m = A_{关m}K_关 = \varphi_关 K_关 = 0.98 \times 0.54 = 0.5292$

操作液气比　　　$\dfrac{L}{V} = 1.5\left(\dfrac{L}{V}\right)_m = 1.5 \times 0.5292 = 0.7938$

（2）平衡级数 N
关键组分乙烯的吸收因子

$$A_{C_2^=} = \frac{L}{VK_{C_2^=}} = \frac{0.7938}{0.54} = 1.47$$

由 $A_{C_2^=} = 1.47$，$\varphi_{C_2^=} = 0.98$ 查图 4-31 得 $N = 8$ [N 也可由式（4-24）求得]。

（3）各组分的吸收率、尾气量及其组成

① 求各组分的吸收率　由式 $A_i = \dfrac{L}{VK_i}$，根据各组分的 K_i 和 $\dfrac{L}{V} = 0.7938$ 求出 A_i，再由 A_i 值和 $N = 8$ 及式（4-22）求得各组分的相对吸收率 φ_i。结果列于表 4-3。

② 求尾气量及组成　尾气中各组分流率 $v_{i,1} = v_{i,N+1}(1-\varphi)$，尾气量 $V_1 = \Sigma v_{i,1}$，尾气中各组分的组成 $y_{i,1} = v_{i,1}/V_1$，结果见表 4-3。

表 4-3　[例 4-1] 中各组分的吸收因子和相对吸收率

组分	A_i	φ_i	$v_{i,N+1}\varphi/(kmol/h)$	$v_{i,1}/(kmol/h)$	$y_{i,1}$（摩尔分数）
H_2	0	0	0	15.0	0.401
C_1^0	0.279	0.279	8.37	21.63	0.579
$C_2^=$	1.47	0.98	27.44	0.56	0.015
C_2^0	1.985	0.998	4.99	0.01	268×10^{-6}
$C_3^=$	7.938	1.00	19.0	0.0	0.0
C_3^0	0.902	0.838	0.838	0.162	0.004
C_4^0	18.46	1.00	2.0	0.0	0.0
合计	—		62.638	37.362	1.000

（4）求吸收剂加入量 L_0

平均液气比　　　　　　　$\dfrac{L}{V} = 0.7938$

入塔气量　　　　　　　　$V_{N+1} = 100kmol/h$
塔顶尾气量　　　　　　　$V_1 = 37.362kmol/h$

平均气量　　　$V = \dfrac{1}{2}(V_{N+1} + V_1) = \dfrac{1}{2}(100 + 37.362) = 68.681(kmol/h)$

平均液量　　　　　　　　　　$L = \dfrac{1}{2}(L_N + L_0)$

$$L_N = L_0 + V_{N+1} - V_1 = L_0 + 100 - 37.362$$
$$= L_0 + 62.638$$

即
$$\frac{1}{2}(L_0 + 62.638 + L_0) = 0.7938V$$

$$L_0 = 0.7938 \times 68.681 - \frac{1}{2} \times 62.638 = 23.20 \,(\text{kmol/h})$$

塔底吸收液的量 $\qquad L_N = 23.20 + 62.638 = 85.838\,(\text{kmol/h})$

4.3.2.3 平均有效吸收因子法

所谓有效吸收因子法（effective absorption factor method），就是以某一不变的 A_e 值代替式(4-20)中所有的 $A_1, A_2, \cdots, A_N$，使最终计算出来的吸收率比用平均吸收因子计算的结果更接近实际，称 A_e 为平均有效吸收因子。

埃特密斯特（Edmister）提出，采用平均有效吸收因子 A_e 和 A_e' 代替各级上的吸收因子 $A_1, A_2, \cdots, A_N$，使式(4-20)左端吸收率保持不变，所得结果颇为令人满意。故而该法已得到较为广泛的应用。平均有效吸收因子法是假设在吸收塔中，吸收过程主要是塔顶和塔底各一个平衡级完成，因此计算平均有效吸收因子时主要根据这两级，这种方法所得结果颇为满意，已得到较为广泛的应用。

$$\frac{A_e^{N+1} - A_e}{A_e^{N+1} - 1} = \frac{A_1 A_2 \cdots A_N + A_2 A_3 \cdots A_N + A_N}{A_1 A_2 \cdots A_N + A_2 A_3 \cdots A_N + A_N + 1} \tag{4-30}$$

$$\frac{1}{A_e'}\left(\frac{A_e^{N+1} - A_e}{A_e^{N+1} - 1}\right) = \frac{A_2 \cdots A_N + A_3 A_4 A_N + \cdots + A_N + 1}{A_1 A_2 \cdots A_N + A_2 A_3 \cdots A_N + A_N + 1} \tag{4-31}$$

由式(4-20)、式(4-30) 和式(4-31) 可得

$$\frac{v_{N+1} - v_1}{v_{N+1}} = \left(1 - \frac{l_0}{A_e' v_{N+1}}\right)\left(\frac{A_e^{N+1} - A_e}{A_e^{N+1} - 1}\right) \tag{4-32}$$

对只有两个平衡级的吸收塔，即 $N=2$，则式(4-30) 和式(4-31) 变为

$$\frac{A_e^3 - A_e}{A_e^3 - 1} = \frac{A_2(A_1 + 1)}{A_2(A_1 + 1) + 1} \tag{4-33}$$

$$\frac{A_e^3 - A_e}{A_e'(A_e^3 - 1)} = \frac{A_2 + 1}{A_2(A_1 + 1) + 1} \tag{4-34}$$

两式相除得
$$A_e' = \frac{A_2(A_1 + 1)}{A_2 + 1} \tag{4-35}$$

将式(4-33) 分解因式，整理得 A_e 的二次方程

$$A_e^2 + A_e - A_2(A_1 + 1) = 0 \tag{4-36}$$

解上述方程得
$$A_e = \sqrt{A_2(A_1 + 1) + 0.25} - 0.5 \tag{4-37}$$

由于对于具有 N 个平衡级的吸收塔，吸收过程主要是由塔顶和塔底两级来完成的。所以，只要用塔底的 A_N 代替上式中的 A_2，不需再作其他校正，即可用上两式来计算多级吸收过程的平均有效吸收因子，所得结果与逐级法比较接近。这样，平均有效吸收因子即可按塔顶级的吸收因子 A_1 和塔底级的吸收因子 A_N 来确定。

$$A_e' = \frac{A_N(A_1+1)}{A_N+1} \tag{4-38}$$

$$A_e = \sqrt{A_N(A_1+1)+0.25} - 0.5 \tag{4-39}$$

若吸收剂中不含被吸收组分，即 $l_0=0$，则式(4-27)变为

$$\frac{v_{N+1}-v_1}{v_{N+1}} = \frac{A_e^{N+1}-A_e}{A_e^{N+1}-1} \tag{4-40}$$

由式(4-39)可看出 Edmister 的假设，即吸收过程主要是由塔顶和塔底各一个平衡级完成，因此计算平均有效吸收因子时也只着眼于塔顶和塔底这两级，这一设想与马多克斯（Mod-dox）通过一些多组分轻烃吸收过程逐级计算得出吸收过程主要是吸收塔的顶、底两个平衡级完成的结果一致，显然对一个只有两个级的吸收塔而言，总吸收量的 100% 将在顶、底这两级完成，而对具有三个级的吸收塔，则顶、底两个级约完成吸收量的 88%，当具有四个以上平衡级时，顶、底两个级约完成总吸收量的 80%，正由于这一原因，通常吸收塔的平衡级数不需要很多。因为增加塔级数并不能显著改善吸收效果，相反却使设备费用和操作费用大幅度增加，要提高吸收率，比较有效的方法是增加压力和降低吸收温度。

为了计算平均有效吸收因子，就必须知道离开塔顶和塔底的气、液相流量（即 V_1、L_1、V_N、L_N、N）及其温度。预先估计整个吸收过程的总吸收量，并且采用以下两个假定来估计各级的流率和温度：①各级的吸收率相同；②塔内的温度变化与吸收量成正比。

由此，可导出

$$\frac{V_n}{V_{n+1}} = \left(\frac{V_1}{V_{N+1}}\right)^{1/N} \tag{4-41}$$

$$\frac{V_{n+1}}{V_{N+1}} = \left(\frac{V_1}{V_{N+1}}\right)^{\frac{N-n}{N}} \tag{4-42}$$

式(4-41)与式(4-42)相乘得

$$V_n = V_{N+1}\left(\frac{V_1}{V_{N+1}}\right)^{\frac{N+1-n}{N}} \tag{4-43}$$

由塔顶至第 n 级间作总物料和组分的物料衡算，分别得

$$L_n = L_0 + V_{n+1} - V_1 \tag{4-44}$$

$$l_n = l_0 + v_{n+1} - v_1 \tag{4-45}$$

$$\frac{T_N-T_n}{T_N-T_0} = \frac{V_{N+1}-V_{n+1}}{V_{N+1}-V_1} \tag{4-46}$$

在给定富气流量 V_{N+1} 和吸收剂流量 L_0 的情况下，平均有效吸收因子法确定尾气流量 V_1 吸收液的流量 L_N 与组成 $x_{i,N}$ 的计算步骤如下。

① 用平均吸收因子法粗算。首先估计总吸收量和平均温度，并由此计算塔顶和塔底的 L 和 V，取其平均值计算平均吸收因子。

根据关键组分的吸收率和平均吸收因子确定所需要的平衡级数，按式(4-22)及式(4-23)计算各组分的 v_1 值。然后计算总吸收量，并与估计的总吸收量比较是否满足精度要求。如不满足，则重新取定总吸收量进行计算，直至满足。

由全塔范围内的组分物料平衡确定离开塔底的各组分的液相流量 l_N。

② 由焓平衡确定塔底吸收液的温度 T_N。初估塔顶的温度为 T，由全塔焓平衡式(4-47)及焓和温度关系式确定塔底温度 T_N。

$$L_0 h_0 + V_{N+1} H_{N+1} = L_N h_N + V_1 H_1 + Q \qquad (4-47)$$

③ 由平均有效吸收因子法核算经验式(4-41)、式(4-42)和式(4-43)，估算 v_1、l_N 和 T_N。

④ 计算每一组分的 A_1，A_N。

⑤ 用式(4-38)和式(4-39)计算平均有效吸收因子。

⑥ 由图 4-31 确定各组分的吸收率。

⑦ 作物料衡算，再计算 V_1 和 L_N，并用热量衡算核算 T_N，若结果相差较大，需重新设 T_1，直到相符为止。

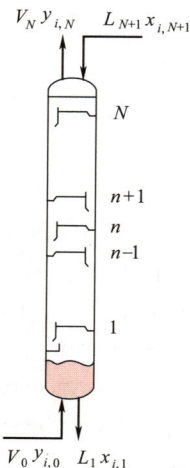

4.3.3 解吸因子法

吸收率表示组分从气体中回收的程度，在解吸过程中则用解吸率表示组分从液相中解吸的程度。吸收过程中，气相组分被吸收的难易和操作条件的关系通过吸收因子来表示；在解吸过程中，则液相组分被解吸的难易程度用解吸因子（stripping factor）来表示。

对于连续逆流接触解吸塔，如图 4-32 所示，可用类似于式(4-20)的推导方法导出（塔序由下而上计数）

图 4-32 具有 N 个平衡级的解吸塔

$$\frac{l_{N+1}-l_1}{l_{N+1}} = \frac{S_N S_{N-1} \cdots S_1 + S_N S_{N-1} \cdots S_2 + \cdots + S_N}{S_N S_{N-1} \cdots S_1 + S_N S_{N-1} \cdots S_2 + \cdots + S_N + 1}$$
$$- \frac{v_0}{l_{N+1}} \left(\frac{S_N S_{N-1} \cdots S_2 + S_N S_{N-1} \cdots S_3 + \cdots + S_N + 1}{S_N S_{N-1} \cdots S_1 + S_N S_{N-1} \cdots S_1 + \cdots + S_N + 1} \right) \qquad (4-48)$$

式中，S_N 为第 N 板上组分 i 的解吸因子，$S_N = \dfrac{K_N V_N}{L_N}$。

在解吸剂用量较大，塔内气液比变化不大的情况下，或不考虑过程温度变化，相平衡常数可视为定值，则各级解吸因子可取全塔的平均值。平均值取法与吸收因子的平均值取法相同。此时，式(4-48)可简化为

$$\frac{l_{N+1}-l_1}{l_{N+1}} = \left(1 - \frac{v_0}{S l_{N+1}} \right) \left(\frac{S^{N+1}-S}{S^{N+1}-1} \right) \qquad (4-49)$$

或

$$\frac{l_{N+1}-l_1}{l_{N+1}-l_0} = \frac{S^{N+1}-S}{S^{N+1}-1} = C_0 \qquad (4-50)$$

$$N = \frac{\lg \left(\dfrac{S-C_0}{1-C_0} \right)}{\lg S} - 1 \qquad (4-51)$$

式中，C_0 为相对解吸率，是组分解吸量与在气体入口端达到相平衡条件下可解吸的该组分最大量之比。

当用惰性气体解吸时，因为入塔气体中不含被解吸组分，所以 $l_0=0$，则上述相对解吸率即为解吸率。

表示 C_0-S-N 关系的曲线图叫解吸因子图。它同吸收因子图完全一样，使用方法也相同，见图 4-31。但应注意的是，两者的塔级编号顺序是相反的。

为了提高计算的准确度，式(4-48)中的解吸因子 S 可用平均有效解吸因子 S_e 来代替。

$$\frac{l_{N+1}-l_1}{l_{N+1}} = \left(1 - \frac{v_0}{S_e' l_{N+1}} \right) \left(\frac{S_e^{N+1}-S_e}{S_e^{N+1}-1} \right) \qquad (4-52)$$

式中

$$S'_e = \frac{S_N(S_1+1)}{S_N+1} \tag{4-53}$$

$$S_e = \sqrt{S_N(S_1+1)+0.25} - 0.5 \tag{4-54}$$

已知关键组分的解吸率和各组分的解吸因子，计算解吸过程所需平衡级数和非关键组分的解吸率的步骤与吸收类似，这里不再赘述。

【例 4-2】 某吸收液组成如下：

组分	C_1^0	$C_2^=$	C_2^0	C_3^0	$C_3^=$	C_4^0	合计
摩尔分数	0.0923	0.2830	0.0517	0.0516	0.4905	0.3090	1.0000

拟采用空气气提吸收液中的甲烷，解吸塔操作压力为 3.6MPa，操作温度为 25℃，吸收液量为 96.90kmol/h，要求甲烷解吸率为 0.99。当操作气液比为最小气液比的 1.5 倍时，试求解吸塔所需的理论级数、吸收液中各组分的解吸率以及解吸后液体的组成。

解 由 p-T-K 图查得在操作条件下各组分的相平衡常数见表 4-4。

表 4-4 ［例 4-2］附表 1

组分	C_1^0	$C_2^=$	C_2^0	C_3^0	$C_3^=$	C_4^0
K_i	4.7	1.52	1.09	0.41	0.35	0.175

由题意，选择甲烷为关键组分。

因为最小气液比时

$$S_{\text{关m}} = C_{0\text{关}} = 0.99$$

所以，最小气液比

$$\left(\frac{V}{L}\right)_m = \frac{S_{\text{关m}}}{K_{\text{关}}} = \frac{0.99}{4.7} = 0.211$$

实际气液比

$$\left(\frac{V}{L}\right) = 1.5\left(\frac{V}{L}\right)_m = 1.5 \times 0.211 = 0.3165$$

$$S_{\text{关}} = K_{\text{关}}\left(\frac{V}{L}\right) = 4.7 \times 0.3165 = 1.488$$

由式（4-51）或查图 4-31 得解吸塔的理论级数为

$$N = 9(\text{级})$$

由各组分的 K_i 和 V/L，分别计算各组分的 $S_i\left(S_i = \frac{V}{L}K_i\right)$，再由 S_i 和 N 求出各组分的回收率 $C_{0,i}$，计算结果见表 4-5。

利用下列算式计算解吸后液体的量 L_1 和组成 x_1：

$$L_{N+1} = 96.90\text{kmol/h}, \quad l_{i,N+1} = L_{N+1}x_{i,N+1}, \quad C_{0,i} = \frac{l_{i,N+1}-l_{i,1}}{l_{i,N+1}}, \quad L_i = \sum l_{i,1}, x_{i,1} = \frac{l_{i,1}}{L_1}$$

计算结果见表 4-5。

表 4-5 ［例 4-2］附表 2

组分	C_1^0	$C_2^=$	C_2^0	C_3^0	$C_3^=$	C_4^0	合计
S_i	1.488	0.481	0.345	0.1298	0.111	0.0554	
$C_{0,i}$	0.99	0.481	0.345	0.1298	0.111	0.0554	

组分	C_1^0	$C_2^=$	C_2^0	C_3^0	$C_3^=$	C_4^0	合计
$l_{i,1}$/(kmol/h)	0.09	14.23	3.28	4.35	42.25	2.83	67.03
$x_{i,1}$（摩尔分数）	0.0013	0.2123	0.0489	0.0649	0.6303	0.0422	1.00

【工程案例 4-8】 丙酮脱乙炔的解吸工艺确定

丙酮生产中，粗丙酮中含有的乙炔可以采用吸收的方法除去，但具体采用哪种解吸方法需要根据吸收液的特点以及整个工艺流程的安排而定。图 4-33 表示丙酮脱乙炔的工艺流程，该吸收过程采用了减压闪蒸解吸、加热升温解吸和精馏三种方法。

图 4-33　丙酮脱乙炔流程

丙酮吸收塔釜排出的吸收液中除了含有乙炔以外，还含有数量相当大（远大于乙炔的含量）的乙烯和乙烷。为了回收这部分乙烯和乙烷，先将吸收液加热到 $20 \sim 30℃$，在不降压的情况下使被溶解的乙烯和乙烷初步蒸脱出来。蒸出来的 C_2 馏分可以与脱乙烷塔来的气体合并为丙酮吸收塔的进料气体。

从蒸脱解吸罐出来的丙酮吸收液中仍含有相当多的乙烯和乙烷，将此吸收液送入闪蒸罐进行减压闪蒸，压力由 $2.0MPa$ 降至 $0.2 \sim 0.3MPa$，使大部分的乙烯和乙烷解吸出来，这部分气体与裂解气混合后经压缩被重新送回中压油吸收塔进行分离。

从闪蒸罐出来的丙酮吸收液中含有溶解度最大的乙炔和残存的少量乙烯和乙烷，将这部分吸收液送入丙酮解吸塔，该塔实际上是个精馏塔，在塔中通过精馏使丙酮与乙炔、乙烯、乙烷进行分离。塔顶乙炔气体经回收其中夹带的丙酮后送去进一步加工成为燃料；塔釜丙酮经分析乙炔含量低于 5×10^{-6}（质量分数）后送回丙酮吸收塔作为吸收剂循环使用。塔釜用水蒸气加热产生解吸所需的蒸汽。丙酮吸收和解吸系统各设备操作条件列于表 4-6。

表 4-6　丙酮吸收和解吸系统操作条件

设备名称	压力/MPa	温度/℃	控制指标
丙酮解吸塔	2.0 ± 0.1	进料$-20℃$、塔顶$-20℃$	塔顶乙炔$<5 \times 10^{-6}$（质量分数）
蒸脱解析罐	2.0 ± 0.1	塔釜 $20 \sim 30℃$	
闪蒸罐	$0.2 \sim 0.3$	塔釜 $20 \sim 30℃$	
丙酮吸收塔	常压	塔顶$-10℃$、塔釜$(62 \pm 2)℃$	塔釜乙炔$<5 \times 10^{-6}$（质量分数）

4.4 膜吸收与膜解吸

膜吸收（membrane absorption）是将膜和传统吸收-解吸相结合的新型耦合分离过程。该方法以疏水或亲水微孔膜作为气、液两相间的介质，气体和吸收剂分别在膜的两侧流动，并利用膜的多孔性实现气、液两相接触传质，依靠膜一侧吸收剂的选择性吸收达到分离混合气体中某一组分的目的。这种通过多孔膜来实现气液接触的传质与分离装置也称为**膜接触器**（membrane contactor），可用于气体的吸收或汽提，原则上能够用传统吸收-解吸法处理的体系均可用膜吸收-解吸法来替代。

膜解吸是膜分离、热再生和其他传统解吸操作单元的耦合过程。

4.4.1 膜吸收过程分类

（1）气体充满膜孔的吸收过程

当使用疏水性微孔膜时，膜孔被气体所充满，气相中的组分将以扩散的形式通过膜孔到达液相表面，并被液体吸收［如图 4-34（a）所示］。只要气体压力低于液相压力，气体就不会以鼓泡形式进入液体；同时，只要液相压力小于多孔膜的穿透压差，液相也不会进入膜孔，气液相界面就固定在溶液侧疏水膜入口处。

解吸时，组分在液体表面解吸后，同样以扩散方式通过膜孔到达气相。

（2）吸收剂充满膜孔的吸收过程

当使用亲水性微孔膜且吸收剂为水溶液时，膜孔将被吸收剂所充满；当使用疏水性微孔膜且吸收剂为有机物溶液时，膜孔亦会被吸收剂所充满［如图 4-34（b）所示］。这种情况下，要控制气相压力高于液相压力，以保证膜表面气相、液两相界面的形成，防止吸收剂穿过膜而流向气相。

(a) 疏水膜孔中充气体   (b) 疏水膜孔中充吸收剂

图 4-34 膜吸收过程压力与浓度分布

（3）同时吸收-解吸的吸收过程

使用疏水性微孔膜将两种水溶液（如氨水和稀酸液）隔开，一种水溶液中的挥发性溶质

（如 NH_3）解吸进入膜孔，然后扩散传质到膜孔的另一侧并被另一水溶液（如稀酸液）吸收。

对于以上三种膜吸收过程，无论是气体或易挥发气体充满膜孔，还是液体充满膜孔，微孔膜本身并不参与组分的分离作用，只是提供了一个优良的气液接触与传质的界面。因此，从本质上讲，膜吸收仍然是传统意义上的平衡分离过程。

4.4.2　膜吸收特点

① 与传统吸收过程相比，膜吸收过程的气、液两相的接触界面固定在膜的一侧表面处，且所有膜表面都能有效地进行气、液接触；

② 气、液两相互不分散于另一相中；

③ 气、液两相的流动互不干扰，可独立地改变各自流量而不产生液泛、滴漏、泡沫等现象。

4.4.3　膜吸收传质方程

膜吸收的传质可以用双膜理论来推导，传质推动力为组分在膜两侧流体中的活度差。与一般的气液传质相比，膜吸收多了一项气体组分通过多孔膜的传质阻力项。

（1）气体充满膜孔的传质

组分 i 的膜吸收或汽提速率可用局部传质速率系数或总传质速率系数表示。气体充满膜孔时的传质方程可表示为

$$\frac{1}{K} = \frac{1}{k_{i,g}} + \frac{1}{k_{i,m}} + \frac{1}{k_{i,l}H_i}$$

(4-55)

式中，K 为气相总传质系数；$k_{i,g}$、$k_{i,m}$ 与 $k_{i,l}$ 分别为组分 i 在气相、膜孔与液相中的传质系数；H_i 为组分 i 的溶解度系数。

上式表示气体传质总阻力为气相阻力、膜阻力及液相阻力之和。如果气体中组分 i 是微溶、易溶或能迅速反应的，则式（4-55）的关系可简化。

（2）液体充满膜孔的传质

膜吸收或汽提过程也可以利用充满吸收剂的微孔膜实现。在这种情况下，无论膜是否疏水，只要膜能被吸收剂润湿即可。此时，传质方程可表示为

$$\frac{1}{K} = \frac{1}{k_{i,g}} + \frac{1}{k_{i,m}H_i} + \frac{1}{k_{i,l}H_i}$$

(4-56)

（3）同时吸收-解吸的传质

如果膜吸收或汽提过程以同时吸收-解吸的方式进行，组分 i 在原溶液与膜孔气相的界面处达到溶解平衡，同时在膜孔气相与吸收液界面处也处于溶解平衡状态，总传质系数的倒数为各传质分系数的倒数之和，即传质方程可表示为

$$\frac{1}{K} = \frac{1}{k_{i1,l}H_{i1}} + \frac{1}{k_{i,m}} + \frac{1}{k_{i2,l}H_{i2}}$$

(4-57)

式中，H_{i1} 为组分 i 在原溶液中的溶解度系数，H_{i2} 为组分 i 在吸收液中的溶解度系数。

式（4-56）与式（4-57）同样可根据实际传质过程中的控制因素进行简化。

4.4.4　膜吸收过程应用

由于膜吸收兼具膜分离和吸收的优点，其在氨气回收、SO_2 等酸性气体脱除、CO_2 脱

除、氢气回收、天然气净化等领域的应用备受关注。

（1）CO_2 捕集

膜吸收 CO_2 分离的原理是气、液两相分别在膜接触器的壳程和管程逆向流动，含有 CO_2 的混合气在膜的一侧，液体吸收剂在膜的另一侧对 CO_2 分子进行选择性吸收。图 4-35 展示了膜吸收 CO_2 捕集技术的原理以及传质过程。膜吸收法综合利用了化学吸收和膜分离技术的优点，与传统填料塔 CO_2 捕集技术相比，该技术具有更大的接触面积，气液两相通过膜进行物理分离，操作灵活，不会出现液泛、夹泡、发泡、沟流等问题。

膜吸收技术最主要的问题是膜润湿，如果气液两相的跨膜压力高于临界压力，膜组件的一些膜孔会被液体吸收剂堵塞，影响膜吸收性能。此外，膜组件在长期运行中会出现老化、污染等问题，使膜的寿命大大缩短。解决膜润湿问题是膜吸收法实现商业化的最大挑战。为了解决膜润湿问题，改善吸收性能，需要从膜材料和吸收剂方面进行突破。

图 4-35　膜吸收 CO_2 传质过程

（2）天然气脱碳

天然气是一种重要的能源和化工原料，但天然气在开采过程中通常伴随一定含量的二氧化碳，不仅降低热值、增加运输成本，而且腐蚀管路和设备，在利用前需进行脱除。目前，工业上脱除天然气中 CO_2 的最常见方法是醇胺吸收过程。传统吸收塔工艺存在雾沫夹带、液泛、漏液等操作问题，且设备高、体积庞大，使其在空间受限的场合如海上平台使用受到一定限制。基于甲烷等碳氢组分和 CO_2 透过分离膜的速率不同，可实现 CO_2 的脱除和天然气净化。到目前为止，膜分离技术已经在天然气净化方面实现一定规模的工业应用，尤其是在海上天然气脱碳方面有着巨大应用前景。

（3）高浓度氨氮废水处理

高浓度氨氮废水是指氨氮浓度高于 500mg/L 的废水，其具有高生物毒性，且不适合用生物法处理。采用膜吸收法处理高浓度氨氮废水，含氨氮料液通过膜组件的一侧，吸收液（硫酸、盐酸、硝酸等）在膜组件另一侧与料液错流流动，料液中的氨气化并穿过膜孔，在微孔膜与吸收液界面处和酸性吸收液发生化学反应，得到铵盐，从而达到脱除料液中氨氮的目的。图 4-36 为采用硫酸为吸收液的膜吸收法脱氨原理示意图。跨膜传质过程分为三个过程：首先溶质（NH_4^+）由原料液主体扩散到膜壁；然后挥发态的溶质（NH_3）通过膜微孔扩散到膜另一侧的气液界面；最后挥发态的溶质与吸收剂发生化学反应被吸收。

在采用中空纤维膜从氨氮废水中脱除氨的过程中，影响脱氨效率的因素包括原料液的初始浓度、pH 值、原料液和吸收液的流速、膜的厚度等。

吸收液(H_2SO_4)

NH$_3$ NH$_3$

NH$_3$ NH$_3$

(NH_4)$_2SO_4$

NH$_3$ NH$_3$

NH_4^+ 微孔膜   微孔膜 NH_4^+

含氮废水   (NH_4)$_2SO_4$ 含氮废水

图 4-36　膜吸收法脱氨原理示意图

4.5　相变吸收

CO_2 捕集与封存技术是短期内实现集中排放源 CO_2 减排的关键技术，其主要捕集方式有化学吸收法、物理吸附法、膜分离法以及低温蒸馏法等。其中，化学吸收法是目前应用最为广泛的 CO_2 捕集技术。现有的 CO_2 吸收富液主要采用热解吸方式来实现吸收剂的再生，解吸能耗过大，相应的设备腐蚀会导致捕集成本进一步增加，从而使其大规模工业应用受到限制。开发高效、低能耗的新型吸收剂是突破该技术难题的关键核心。

相变吸收剂是由可混溶溶剂混合形成的单一相溶剂，在捕集 CO_2 形成新的产物或改变温度后，变成互不相溶的两相，一相是 CO_2 富集相，另一相是 CO_2 贫相，可以机械分离两相。再生时只需将 CO_2 富集相送去解吸，CO_2 贫相与解吸后的富相混合后循环利用。因此解吸体积大幅度减小，解吸塔再沸器的能耗也大幅降低。此外，CO_2 的富集会导致解吸液中 CO_2 浓度相对于分相前大幅增加，解吸液中高的 CO_2 浓度会促进 CO_2 解吸反应正向进行，从而进一步降低解吸过程中的热能消耗。根据导致分相的原因不同，相变吸收剂可分为热致相变吸收剂和 CO_2 致相变吸收剂。

本章符号说明

英文

A——吸收因子；

A_e、A_e'——平均有效吸收因子；

c——浓度，$kmol/m^3$；

c_p——定压比热容，$kJ/(kmol \cdot K)$；

C_0——相对解吸率；

$\hat{f}_i$——溶质组分的逸度；

G_M——气体物流的流量，$kmol/(m^2 \cdot s)$；

h——液体物料的摩尔焓，$kJ/kmol$；

H——气体物料的摩尔焓，$kJ/kmol$；

K——相平衡常数；

l——组分的液相流率，$kmol/h$；

L——液相流量，$kmol/h$；

L_M——液体物流的流量，$kmol/(m^2 \cdot s)$；

N——吸收塔的平衡级数；

p——系统总压，Pa；

Q——系统和环境间传递的热量，J/h；
S——解吸因子；
T——温度，K；
V——气相流量，kmol/h；
v——组分的气相流率，kmol/h；
$\overline{V}^{L}_{m,2}$——溶质 2 在溶液中的偏摩尔体积，cm^3/mol；
x——液相的摩尔分数；
y——气相的摩尔分数；
z——进料的摩尔分数；
Z——填料高度，m；距离，m。

希文

α——吸收率；
γ——活度系数；
ε——收敛允许误差；
$\hat{\phi}$——组分在气相混合物中的逸度

系数；
φ——相对吸收率。

上标

L——液相；
V——气相；
^——表示在混合物中；
0——饱和状态；基准状态；
*——平衡状态。

下标

i——组分；
L——液相；液相主体；
m、N、n、0——平衡级序号；
V——气相；
1——溶剂；
2——溶质。

习 题

4-1 裂解气的吸收分离是利用溶剂油对裂解气中各组分的不同吸收能力，将裂解气中除氢气和甲烷以外的其他烃全部吸收，然后用精馏法将各种烃逐个分离。某厂拟在 1MPa 和 308K 下吸收裂解气，裂解气的组成及操作条件下的相平衡常数如下表：

组分	甲烷	乙烷	丙烷	异丁烷
$y_{i,N+1}$（摩尔分数）	0.365	0.265	0.245	0.125
K_i	19	3.6	1.2	0.53

（1）计算操作液气比为最小液气比的 1.2 倍时异丁烷组分被吸收 94% 所需的平衡级数；（2）求丙烷的吸收率。

4-2 炼油厂中催化裂化生产过程的主要产品是气体、汽油和柴油，其中气体产品包括干气和液化石油气，干气作为装置燃料气烧掉，液化石油气是宝贵的石油化工原料和民用燃料。催化裂化装置产生的富气用稳定汽油进行吸收，目的在于将来自分馏部分的催化富气中 C$_2$ 以下组分与 C$_3$ 以上组分分离以便分别利用，同时将混入汽油中的少量气体烃分出，以降低汽油的蒸气压，保证符合商品规格。已知富气组成如下：

组分	N$_2$+CO$_2$	H$_2$	C$_1^0$	C$_2^=$	C$_2^0$	C$_3^=$	C$_3^0$	i-C$_4^=$	n-C$_4^0$	n-C$_5^0$
摩尔分数	0.09	0.35	0.05	0.03	0.08	0.11	0.07	0.10	0.07	0.05

要求处理富气量为 400kmol/h。塔的操作压力为 1.0MPa（绝），平均温度为 50℃。作为吸收剂的稳定汽油含有 10%（摩尔分数）n-C$_5^0$，其余均为碳六以上组分，它们向气相挥发的量可以忽略不计。丙烯为关键组分，要求其吸收率达 90%。选取 $L/V=1.5(L/V)_{\min}$，试求：（1）所需平衡级数；（2）出塔气体量和组成；（3）入塔吸收剂量。

因为 N$_2$、CO$_2$、H$_2$ 极易挥发，它们的吸收量可忽略不计。已查得其余组分的平衡常数为：

组分	C_1^0	$C_2^=$	C_2^0	$C_3^=$	C_3^0	$i\text{-}C_4^=$	$n\text{-}C_4^0$	$n\text{-}C_5^0$
K_i	23	7.1	5.15	2.01	1.75	0.69	0.60	0.20

4-3 拟吸收的某厂裂解气的组成及在吸收塔内操作压力为 1MPa、操作温度为 308K 下的相平衡常数如下:

组分	甲烷	乙烷	丙烷	异丁烷
$y_{i,N+1}$(摩尔分数)/%	53	13	9	25
K_i	19	3.6	1.2	0.53

(1) 计算操作液气比为最小液气比的 1.15 倍时异丁烷组分被吸收 90% 所需的平衡级数;(2) 求各组分的吸收率;(3) 设计上述吸收操作流程。

4-4 吸收是利用物质的溶解度性质的不同实现分离的过程,某原料气组成如下:

组分	C_1^0	C_2^0	C_3^0	$i\text{-}C_4^0$	$n\text{-}C_4^0$	$i\text{-}C_5^0$	$n\text{-}C_5^0$	$n\text{-}C_6^0$	合计
$y_{i,N+1}$	0.765	0.045	0.035	0.025	0.045	0.015	0.025	0.045	1.00

随着碳链的增长,物质在水中的溶解度变差,但烷烃普遍易溶于有机溶剂,现拟用不挥发烃类液体为吸收剂在板式塔内进行吸收,平均吸收温度为 38℃,压力为 1.013MPa,如果要将 $i\text{-}C_4^0$ 回收 90%,试求:(1) 为完成此吸收任务所需最小液气比;(2) 操作液气比为最小液气比的 1.1 倍时,为完成吸收任务所需平衡级数;(3) 各组分吸收率和离塔气体组成;(4) 塔底吸收液量;(5) 将吸收温度改为 30℃进行上述各项计算,并由计算结果分析温度对吸收的影响。

4-5 某厂脱乙烷塔顶气体组成如下:

组分	乙烷	乙烯	乙炔	合计
摩尔分数/%	12.6	87.0	0.4	100.0
K_i	3.25	2.25	0.3	

拟用丙酮作吸收剂除去其中乙炔,操作压力为 1.8MPa,操作温度为 20℃,此条件下各组分的平衡常数 K 见上表。乙炔的回收率为 0.9995。求:(1) 完成此任务所需的最小液气比;(2) 取操作液气比为最小液气比的 1.83 倍时,为完成吸收任务所需平衡级数;(3) 各组分的回收率和出塔尾气组成;(4) 进料为 100kmol/h,塔顶应加入吸收剂丙酮的量。

4-6 某厂裂解气采用中压油(C_6^0 馏分)吸收分离工艺脱 C_4,塔进料 100kmol/h,进料组成见下表,塔操作压力 3.6MPa(绝),吸收剂入塔温度 -36℃,原料气入塔温度 -10℃,丁烷回收率 98%。

组分	H_2	C_1^0	$C_2^=$	C_2^0	$i\text{-}C_4^0$	$i\text{-}C_5^0$	合计
$y_{i,N+1}$(摩尔分数)/%	45.8	35.0	15.0	3.0	1.0	0.2	100

试确定:(1) 完成分离要求所需操作液气比(取操作液气比为最小液气比的 2.25 倍);(2) 吸收塔所需平衡级数;(3) 各组分的吸收率及出塔尾气组成;(4) 若已知其吸收因子为 $A=2.24$,试确定平衡级数。

4-7 油田气、湿天然气和裂化气中都含有正丁烷,可用作溶剂、制冷剂和有机合成原料。

有一气体混合物含甲烷95%，正丁烷5%。现采用不挥发的烃油进行吸收，油气比为1:1。进塔温度均为37℃。吸收塔在0.3MPa（绝压）下操作。今要从气体中回收80%的丁烷，求所需的平衡级数。

如果将上述的操作条件分别按下列情况予以改变：（1）吸收温度改为0℃；（2）油气比改为2:1；（3）压力改为0.1MPa（绝压）。求各自所需的平衡级数，并分别与改变条件前进行比较。

4-8 用烃油吸收含85%乙烷、10%丙烷和5%正丁烷（摩尔分数）的气体，采用的油气比为1，该塔处理的气体量为100kmol/h，操作压力为0.3MPa，实际级数为20级，级效率为25%。计算：（1）平均温度为多少，才能回收90%的丁烷；（2）各组分的平衡常数；（3）吸收因子、吸收率；（4）尾气的组成。

操作条件下各组分的平衡常数如下：乙烷 $K=0.13333t+5.46667$，丙烷 $K=0.06667t+1.3333$，正丁烷 $K=0.02857t+0.08571$（t 的单位为℃）。

4-9 吸收过程主要由塔顶和塔底各一个平衡级完成，因此吸收塔所需不多的平衡级数即可达到较好的分离效果，现有一具有3个平衡级的吸收塔，用来处理下表所列组成的富气（V_{N+1}）。吸收剂和富气入口温度按塔的平均操作温度32℃计算，塔在2.13MPa下操作，富气流量为100kmol/h，吸收剂流量为20kmol/h，试确定贫气 V_1 中各组分的流量。

富气组成和 K 值

编号	1	2	3	4	5	6	合计
组分	CH_4	C_2H_6	C_3H_8	$n\text{-}C_4H_{10}$	$n\text{-}C_5H_{12}$	$n\text{-}C_6H_{14}$	
$V_{i,N+1}$/(kmol/h)	70	15	10	4	1	0	100
$L_{i,0}$/(kmol/h)	0	0	0	0	0	20	20
K_i	12.99100	2.18080	0.03598	0.18562	0.05369	0.0242	

4-10 在含有24块板的塔中用油吸收炼厂气（组成见表），采用油气比为1，操作压力为0.263MPa。若全塔效率为25%，问平均操作温度为多少才能回收96%的丁烷？同时计算尾气的组成。

组分	CH_4	C_2H_6	C_3H_8	$n\text{-}C_4H_{10}$	$n\text{-}C_5H_{12}$	$n\text{-}C_6H_{14}$	合计
$y_{i,N+1}$（摩尔分数）/%	80.0	8.0	5.0	4.0	2.0	1.0	100.0

4-11 具有3个平衡级的吸收塔被用来处理下表所列组成的原料气，塔的平均操作温度为32℃，吸收剂和原料气的入塔温度均为32℃，塔压力为2.13MPa，原料气处理量为100kmol/h，以正丁烷为吸收剂，用量为20kmol/h，试以平均有效吸收因子法确定尾气中各组分的流量。

组成	CH_4	C_2H_6	C_3H_8	$n\text{-}C_4H_{10}$	$n\text{-}C_5H_{12}$	合计
$y_{i,N+1}$（摩尔分数）/%	70	15	10	4	1	100

4-12 裂解气的吸收分离是利用溶剂油对裂解气中各组分的不同吸收能力，将裂解气中除氢气和甲烷以外的其他烃全部吸收，然后用精馏法将各种烃逐个分离。其实质是吸收精馏过程，裂解气采用中压油吸收分离工艺脱丙烷，脱丙烷塔进料100kmol/h，进料组成如下表，

塔操作压力 3.6MPa（绝压），吸收剂入塔温度 $-36℃$，原料气入塔温度 $-10℃$，丙烷回收率 98%，吸收剂为 C_8^0 馏分，取 1.8 倍最小液气比。试用平均有效吸收因子法确定吸收塔的平衡级数和组成及温度。

组分	C^0	$C_2^=$	C_2^0	C_3^0	C_4^0	合计
$y_{i,N+1}$（摩尔分数）/%	84.0	10.0	3.0	2.5	0.5	100

4-13 低温高压有利于吸收过程，有些物质在溶解时放出或吸收热量，若吸收塔不安装冷却器，在绝热条件下操作，则吸收塔的温度将从塔顶至塔底发生变化，而溶解度又与温度有关，温度变化太大可能影响吸收效果。某吸收塔操作压力 0.414MPa，原料气和吸收剂入塔温度均为 $32.2℃$，塔顶温度 $37℃$，裂解气进料量为 100kmol/h，吸收物料衡算结果如下：

项目		原料 V_{N+1}	尾气 V_1	吸收剂 L_0	吸收液 L_N
流量/(kmol/h)		100	56.14	110.4	154.26
组分组成 （摩尔分数）	CH_4	0.285	0.487	0	0.008
	C_2H_6	0.158	0.228	0	0.020
	C_3H_8	0.240	0.202	0	0.80
	$n-C_4H_{10}$	0.169	0.043	0.02	0.108
	$n-C_5H_{12}$	0.148	0.019	0.05	0.125
	$n-C_6H_{14}$		0.021	0.093	0.659
合计		1.000	1.000	1.000	1.000

如果不设冷却器，塔底吸收液的温度将达多少摄氏度？

4-14 某一个采用吸收蒸出塔进行分离裂解气的脱甲烷塔，操作压力为 3.5MPa，吸收剂入塔温度为 $-30℃$，离开吸收段的温度为 $-6℃$。原料气经冷却到 $-20℃$入塔，原料气的流量、组成以及经气液相平衡计算求得各组分在气液相的量见下表：

组分	f_i/(kmol/h)	z_i（摩尔分数）/%	气相中含量 v_i/(kmol/h)	液相中含量 l_i（摩尔分数）/%
H_2	20.0542	14.2707	20.0542	0
C_1	36.0597	25.6603	31.1265	4.9932
$C_2^=$	51.6183	36.7318	29.5183	22.1000
C_2^0	14.3507	10.2121	6.9759	7.37489
$C_3^=$	17.2867	12.3014	3.4958	13.7909
C_3^0	0.8049	00.5728	0.1410	0.6639
C_4	0.3526	0.2509	0.0309	0.3217
合计	140.5271	100.00	91.3426	49.24459

吸收剂的组成见下表：

组分	$C_2^=$	C_2^0	$C_3^=$	C_3^0	C_4	合计
$x_{i,0}$（摩尔分数）/%	0.2929	1.5104	91.528	4.6372	2.0314	100.00

分离要求：塔顶乙烯损失占乙烯总量 2%，塔底甲烷为塔底乙烯量的 0.4%。吸收剂损失量占塔顶尾气量的 2%。试进行该塔的工艺计算。

4-15 解吸是构成吸收操作的重要环节，高温低压有利于解吸的进行，某老师为让学生学会解吸塔计算，出题如下：一解吸塔操作压力为 345kPa，有三个平衡级，用来解吸分离具有

下列组成的液体

组分	CH_4	C_2H_6	C_3H_8	$n\text{-}C_4H_{10}$	$n\text{-}C_5H_{12}$	$n\text{-}C_6H_{14}$	合计
x_i（摩尔分数）/%	0.03	0.22	1.82	4.47	8.59	84.87	100.00

进料量为 1000kmol/h，温度为 121℃。解吸剂为 149℃和 345kPa 的过热水蒸气，其量为 100kmol/h。用平均解吸因子法计算液体和富气的组成及流率。

4-16 在工厂生产实习时，同学们参观裂解气的吸收塔，技术人员告诉同学们该吸收塔是以 C_4 作吸收剂吸收裂解气中乙烯等组分，所得吸收液的量和组成如下表所示：

组分	H_2	CH_4	C_2H_4	C_2H_6	C_3H_6	$i\text{-}C_4H_{10}$	合计
组成（摩尔分数）	0.0113	0.1210	0.2860	0.0922	0.0961	0.3934	1.0000

拟在解吸塔中以 4.052MPa 和平均温度 25℃进行解吸，以除去氢、甲烷，现要求甲烷的解吸率为 0.995，操作液气比取 0.38（平均），试计算：

（1）解吸塔的平衡级数；

（2）吸收液中各组分的解吸率；

（3）经解吸后液体量和组成（该条件下氢的解吸率取 1）。

4-17 某炼厂 H_2S 吸收塔的吸收液组成如下：

组分	C_2H_4	C_2H_6	C_3H_8	C_3H_6	C_4H_{10}	合计
组成（摩尔分数）	0.1681	0.2339	0.0825	0.3091	0.2064	1.0000

拟提取出吸收液中的乙烯和乙烷，以解决乙烯裂解装置原料不足的问题。解吸塔操作压力为 3.4MPa，操作温度为 30℃，吸收液量为 100kmol/h，要求乙烯解吸率为 0.99。当操作气液比为最小气液比的 1.5 倍时，试求解吸塔所需的平衡级数、吸收液中各组分的解吸率以及解吸后液体的组成。

4-18 乙炔提浓过程中的乙炔解吸塔是使预吸收塔送来的被乙炔饱和了的吸收液解吸，以便循环使用吸收剂。已知数据如下：$L_{N+1} = 111.5 kmol/h$，其中 $l_{C_2H_2, N+1} = 7.0174 kmol/h$，在塔的平均操作压力 100kPa、平均操作温度 35℃下，乙炔的相平衡常数为 18.37，塔底吹出气量 $V_0 = 40 kmol/h$，其中 C_2H_2 为 0.04%（摩尔分数）。若要求解吸后，吸收剂中乙炔含量低于 0.13%，试用解吸因子法计算所需的平衡级数。增加吹出气量对过程有何影响？有没有必要增加吹出气量？

参 考 文 献

[1] 张凤岐，崔成东，鲍学伟，等．胺液吸收-分步解吸脱硫工艺的设计与评价 [J]．化工进展，2023，42（S1）：518-528．

[2] Chan Y H，Lock S S M，Wong M K，et al. A state-of-the-art review on capture and separation of hazardous hydrogen sulfide（H_2S）：Recent advances，challenges and outlook [J]．Environmental Pollution，2022，314：120219．

[3] Chen S，Liu J，Zhang Q，et al. A critical review on deployment planning and risk analysis of carbon capture, utilization, and storage（CCUS）toward carbon neutrality [J]．Renewable and Sustainable Energy Reviews，2022，167：112537．

[4] Ochedi F O，Yu J，Yu H，et al. Carbon dioxide capture using liquid absorption methods：A review [J]．Environmental Chemistry Letters，2021，19：77-109．

[5] 苏辉辉，王恩禄，徐逸飞．液体吸收剂捕集燃烧后 CO_2 的研究进展 [J]．化工进展，2024，43（10）：5734-5747.

[6] 邓修，吴俊生．化工分离工程 [M]．北京：科学出版社，2013：105-111，102-103，99-101，103-105，126-144.

[7] 魏刚．化工分离过程与案例 [M]．北京：中国石化出版社，2009：152-153，141-142，147-148，153-159，160-164.

[8] 何飞．甲苯尾气回收吸收-解吸新工艺研究 [D]．天津：天津大学，2010.

[9] 赵德明．分离工程 [M]．杭州：浙江大学出版社，2011：145-146，147，169，148-158，172-174.

[10] Chattopadhyay P. Absorption and stripping [M]．Mahavir Lane：Kamal Jagasia for Asian Books Pvt Ltd，2007.

[11] 杜翔，吴少敏，李长庚，等．吸收稳定系统吸收解吸塔的单塔改造 [J]．化学工程，2002，30（3）：16-22.

[12] Whitman W G，Davis G H B. A comparison of gas absorption and rectification [J]．Industrial & Engineering Chemistry，1926，18（3）：264-266.

[13] 张顺泽，刘丽华．分离工程 [M]．徐州：中国矿业大学出版社，2011：141-145，146-154，173-189.

[14] Horton G，Franklin W B. Calculation of absorber performance and design improved methods [J]．Industrial & Engineering Chemistry，1940，32（8）：1384-1388.

[15] Edmister W C. Design for hydrocarbon absorption and stripping [J]．Industrial & Engineering Chemistry，1943，35：837-839.

[16] 刘红，张彰．化工分离工程 [M]．北京：中国石化出版社，2013：102-107.

[17] 王丹．改进醇胺法分离煤制甲醇中酸性气体实验及模拟研究 [D]．北京：中国石油大学（北京），2016.

[18] Kremser A. Theoretical analysis of absorption process [J]．National Petroleum News，1930，22：42.

[19] 陈欢林，张林，吴礼光．新型分离技术 [M]．3 版．北京：化学工业出版社，2019.

[20] 李璐蕊，叶舣，密建国，等．膜吸收 CO_2 捕集技术的研究 [J]．现代化工，2023，43（11）：15-19.

[21] 刘艳武，邓海发，邢传胜，等．高压膜吸收天然气脱碳研究进展 [J]．现代化工，2022，42（4）：62-66.

[22] Moradihamedani P. Recent developments in membrane technology for the elimination of ammonia from wastewater：A review [J]．Polymer Bulletin，2021，78：5399-5425.

[23] 张卫风，周武，王秋华．相变吸收捕集烟气中 CO_2 技术的发展现状 [J]．化工进展，2022，41（4）：2090-2101.

5

多组分多级分离的严格计算

📚 本章思维导图

多组分多级分离的严格计算

- 平衡级理论模型
  - 复杂精馏塔物理模型
    - 多股进料
    - 侧线采出
    - 中间换热
    - 隔壁塔
  - 平衡级理论模型
    - MESH方程组
    - 变量分析
  - 模拟计算方法
    - 方程解离法
    - 同时校正法
    - 非稳态计算方法
- 松弛法与非平衡级模型
  - 原理
  - 基本方程
  - 计算步骤
- 三对角矩阵法
  - 方法与原理
  - 泡点法
    - 组分分布求解
    - 温度分布求解
    - 各级流率求解
    - 热负荷计算
    - 局限与改进方法
  - θ法收敛和C.M.B.矩阵法
  - 流量加和法
    - 原理
    - 计算步骤
- 逐级计算法
  - 计算内容与计算起点
  - 恒摩尔流计算方法
    - 从塔顶向下计算
    - 从塔釜向上计算
    - 从两头向中间计算
    - 进料级确定与计算结束判据
  - 变摩尔流计算方法

✈ 本章学习要求

● 掌握内容

多级平衡分离过程的物理模型和数学模型；平衡级的基本假定和严格算法的类型；三对角矩阵法（泡点法）和逐级计算法的原理和解法。

● 熟悉内容

三对角矩阵法的缺陷和改进方法；三对角矩阵法迭代变量的选择和组织方法；逐级计算法进料位置、计算结束的确定方法。

● 了解内容

变摩尔流的逐级计算法；松弛法与非平衡级模型。

分离过程的简捷计算法具有算法简单、计算速度快的优点，但它的精度差，且无法求得塔内每一级上的流率、温度和组成。因此，除了像二组分精馏那样的简单情况外，只适用于初步设计。对于完成多组分多级分离设备的最终设计，必须使用严格计算法，以便确定各级上的温度、压力、流率、汽液相组成和传热速率，这对生产控制往往是很重要的。严格计算法的核心是联立求解物料衡算、相平衡和热量衡算式。尽管对过程作了若干假设，使问题简化，但由于所涉及的过程是多组分、多级分离和两相流体的非理想性等，描述过程的数学模型仍是一组数量很大、高度非线性的方程，必须借助计算机求解。

5.1 平衡级的理论模型

在建立精馏等分离过程的数学模型时需先给出明确的模型塔，以建立描述精馏等分离过程的物理模型和数学模型。

5.1.1 复杂精馏塔物理模型

简单塔或普通精馏塔只有一股进料，塔顶、塔釜各有一股出料。复杂精馏塔（complex distillation column）是有多股进料或有侧线出料或有能量引入、引出的精馏塔。复杂精馏包括多股进料、多股出料、中间换热和隔壁塔四种典型流程以及它们的各种结合形式。采用复杂精馏进行分离是为了节省能量和减少设备的数量。

5.1.1.1 复杂精馏塔类型

（1）多股进料

因为混合物的分离不是自发过程，必须由外界供给能量，所以将不同组成的物料加在相应浓度的塔级上在能耗上更有利。如图 5-1（a）所示，采用三股进料，表明它们进塔前已有一定程度的分离，比将它们混合成一股在塔内进行分离节省能量。如氯碱厂脱 HCl 塔，有三股不同组成的物料分别进入塔的相应浓度的级上。再如烃类裂解分离前流程中的脱甲烷塔，四股不同组成的进料分别在自上而下数第十三、十九、二十五和三十三塔级处进入塔内。在二甲醚生产中，如果将二甲醚精馏由一股进料改为汽、液多股进料，过程能耗显著降低，详见［工程案例 5-1］。

（2）侧线采出

若精馏塔除了塔顶和塔釜采出馏出液和釜液外，在塔的中部还有一股或一股以上物料采出，则称该塔具有侧线采出。精馏塔可以在提馏段设侧线采出，也可在精馏段设侧线采出［分别见图 5-1（b）和图 5-1（c）］，按工艺要求采出的物料可为液体或气体。采用侧线采出相对于普通精馏塔可减少所用精馏塔的数目。但具有侧线采出的精馏塔的操作要比普通精馏塔复杂，如裂解气分离中的乙烯塔，炼油中的常压塔、减压塔等。乙烯生产装置副产大量 C_9 芳烃馏分，采用常规精馏分离出三甲苯需要两塔流程，改用侧线出料后可以在一个塔内完成轻馏分、三甲苯和重馏分的分离，不但简化了工艺，还显著降低了能耗，详见［工程案例 5-2］。

（3）中间换热

中间换热指设中间冷凝器或中间再沸器。设有中间再沸器的精馏塔在提馏段某处抽出一股或多股料液，进入中间再沸器加热汽化后返回塔内，通过中间再沸器加入部分热量，以代

(a) 具有多股进料的脱甲烷塔　　　　(b) 具有精馏段侧线采出的精馏塔　　　　(c) 具有提馏段侧线采出的精馏塔

(d) 带中间再沸器的精馏塔　　　　(e) 带中间冷凝器的精馏塔　　　　(f) 隔壁精馏塔

图 5-1　复杂精馏塔类型

替塔釜再沸器加入的部分热量，流程如图 5-1(d) 所示。采用中间再沸器可改善分离过程的不可逆性，由于中间再沸器的温度比塔釜再沸器的温度低，因而可以利用比用于塔釜再沸器的加热介质品位低的热源，甚至可用回收热，以节省能耗费用。以一常压下分离苯和甲苯的塔为例，原料处理量为 52.6 万吨/年，进料组成分别为 0.5、0.5（均为摩尔分数，余同），塔顶产品要求苯的含量为 0.98。优化后的塔比简单塔增加了 2 个中间换热器，每年可节省费用约 9.8 万元。其年投资费用分别为 4090 元和 4018 元，按换热器 20 年的使用年限，增加的投资在 1.7 年内可收回。

设有中间冷凝器的精馏塔在精馏段抽出一股汽相物流，进入中间冷凝器被取走热量冷凝成液相，然后返回精馏塔。通过中间冷凝器加入部分冷量，以代替塔顶冷凝器的部分冷量，如图 5-1(e)。和中间再沸器一样，用中间冷凝器可以改善分离的不可逆性，提高热力学效率。由于中间冷凝温度更高，可采用较高温度的冷剂，降低了冷量的消耗，减少冷却剂的费用。使用中间再沸器或中间冷凝器的精馏，相当于多了一股侧线出料和一股进料及中间有热量引入或取出的复杂塔。

（4）隔壁精馏塔

对于三元混合物分离，采用简单塔分离序列需要两个精馏塔才能得到所有组分。而如图5-1(f) 的隔壁精馏塔（divided wall column，DWC），利用隔壁将塔从中间分隔为两部分，实现了两塔的功能，可实现对三元混合物的分离。其进料侧相当于预分离器，另一端相当于主塔。在进料侧，混合物 A、B、C 初步分离成 A-B 和 B-C 两组混合物。A-B 和 B-C 两股物流进入主塔后，塔上部将 A、B 分离，塔下部将 B、C 分离，在塔顶得到产物 A，塔底得到产物 C，中间组分 B 在塔中部浓度达到最大。同时由于主塔中又引出液体物流和汽相物流分别返回进料侧顶部和底部，为进料侧提供回流液和加热蒸汽，这样可省去塔底再沸器和塔顶冷凝器。即在经 1 个精馏塔得到 3 种纯组分的基础上，同时节省了 1 个精馏塔及其附属设备，如再沸器、冷凝器、塔顶回流泵及管道。与传统的两塔流程相比，能耗降低 30% 左右，总设备投资降低 30% 左右。

【工程案例 5-1】 两股进料二甲醚精馏节能工艺

二甲醚（DME）是一种重要的化工产品，在燃料、合成石化产品、制药、农药等领域有许多独特的用途。目前，工业上应用最为成熟的二甲醚生产工艺是甲醇气相脱水生产二甲醚，该工艺具有流程短、投资少、消耗低等优点，同时甲醇的转化率高和二甲醚的选择性高。二甲醚精馏过程是一个多组分分离过程，如图 5-2 所示，反应后的物料为二甲醚、水和甲醇的混合物，经预热甲醇后，压力为 0.95MPa，温度为 137℃，经粗二甲醚预热器冷却到67℃，经水冷器冷凝为 40℃ 的粗二甲醚进入粗二甲醚储槽，粗二甲醚经泵送入粗二甲醚预热器加热到 80℃，送入精馏塔中部，在二甲醚精馏塔塔顶采出合格的二甲醚产品（其质量分数≥99.5%），塔釜采出含有甲醇和水的混合物进入甲醇回收塔，混合物中 DME 的质量分数≤1.0%，精馏塔的热量由塔釜再沸器提供。

图 5-2　原二甲醚精馏工艺流程　　　图 5-3　改造后二甲醚精馏工艺流程

从二甲醚工艺流程和物性热力学可知，汽相粗二甲醚携带有大量的热能，一方面需要用大量的冷却水将汽相粗二甲醚冷凝成液体，另一方面，再沸器需要提供大量的热量，在精馏塔中对二甲醚进行汽化。为降低二甲醚精馏的蒸汽消耗，降低二甲醚生产成本，实现节能减排，改为精馏塔采用汽液两相多股进料的新工艺，如图 5-3 所示。图 5-4 所示为二甲醚精馏工业生产装置。出反应器的含甲醇、二甲醚和水等组分的粗二甲醚混合物，经预热后，压力为 0.95MPa，温度为 137℃，通过汽液分离器将二甲醚、甲醇、水汽液混合物分成汽液两股物料，液相进入精馏塔底部；汽相再次分成两股，一股直接进入精馏塔的下部，作为精馏塔的热源，与自上而下的液体换热，汽提液相中的二甲醚；一股经冷却器冷凝为 40℃ 的粗二甲醚，进入粗二甲醚储槽，粗二甲醚经泵送入精馏塔中部。在二甲醚精馏塔塔顶采出合格的二甲醚产品（质量分数≥99.5%），塔釜采出含有甲醇和水的组分进入甲醇回收塔，向塔釜再沸器通入适量的饱和蒸汽以保证塔顶二甲醚产品合格的同时，塔底甲醇和水的混合物中 DME 的质量分数≤1.0%。优化后的工艺较传统工艺具有更高的分离效率，过程能耗较低，系统运行十分稳定。某企业 15 万吨/年二甲醚精馏装置，按每年正常工作 7200h 计算，采用本优化工艺每年可以节约 4.3 万吨蒸汽，折合 700 多万元（蒸汽价格 180元/吨），带来了可观的经济效益。

图 5-4　二甲醚精馏工业生产装置

【工程案例 5-2】 连续两股侧线出料精馏法提取 C_9 芳烃中三甲苯馏分

乙烯装置副产的 C_9 芳烃馏分，是由裂解石脑油或轻质柴油抽提分离出 C_5 馏分、C_6～C_8 馏分后的剩余馏分，约占乙烯总产量的 10%～20%。随着中国石油化工行业的迅速发展，乙烯的生产能力逐年提高，裂解 C_9 芳烃的产量也在不断增加，如何利用这部分资源开发下游产品越来越引起人们的重视。

2015 年中国乙烯生产能力为 2700 万吨，绝大部分乙烯厂以轻质柴油和石脑油为原料，若裂解 C_9 的收率按乙烯能力的 11% 计算，则裂解 C_9 芳烃产量可达到 297 万吨。从混合 C_9 馏分中提出高含量三甲苯馏分作原料受到很多企业的重视。目前国内主要采用多次精馏法，首先采用初次精馏去掉反应产生的裂解 C_9 中的轻组分，然后采用精馏方法去掉重组分，最后得到含三甲苯 25%（均为质量分数）以上的 C_9 成分。采用的分离条件见表 5-1，分离结果见表 5-2。从表 5-2 可见，得到 19.08% 的三甲苯馏分，能量消耗为 5011.9kJ/kg，三甲苯馏分收率为 80.6%。这是由于两次精馏和两次冷凝需要消耗大量的能量，生产成本过高。

表 5-1　两次精馏工艺条件

工艺参数	初馏塔(T-1)	精馏塔(T-2)
塔顶温度/℃	≤147.5	165.1～168
塔釜温度/℃	161.1～166.5	185.6～186.4
回流比(R)	7～8	8～10
塔高/cm	120	180
原料进料位置/cm	60	50

表 5-2　两次精馏分离结果

名称	流量/(kg/h)	三甲苯含量(质量分数)/%	能耗/(kJ/kg)
原料液(F_1)	0.2880	8.2800	—
塔 T-1 顶出料	0.1296	3.5340	2434.3
塔 T-1 釜出料	0.1584	12.1631	
塔 T-2 顶出料	0.1008	19.0787	2577.6
塔 T-2 釜出料	0.0576	0.0608	
合计			5011.9

针对现有技术的上述问题，提出采用侧线出料精馏法分离裂解 C_9 芳烃，在同一精馏塔上实现分离轻馏分、三甲苯馏分及重馏分，这样不仅将两次精馏和两次冷凝改进为一次精馏和一次冷凝，减少了能量消耗，降低了成本，同时减少了设备的投资和占地面积。可以得到 25% 的三甲苯馏分，为加氢和歧化生产 C_6 芳烃等提供原料。连续两股侧线出料精馏法提取裂解 C_9 芳烃中三甲苯馏分的原料处理量为 3.0kg/h，控制塔顶回流比为（7～8）∶1，顶温≤146.3℃，侧线出料温度为 160.8～165.9℃，底温 185.6～196.7℃。在塔高为 1.8m时，精馏塔第一和第二精馏段的高度分别为 1.2m 和 0.1m；精馏塔提馏段的高度为 0.3m。侧线出料中三甲苯含量可达到 25.6%，收率达到 94%，与两次精馏工艺相比，不仅节省了45.7% 的能耗，同时简化了生产工艺。

5.1.1.2　模型塔

图 5-5 为通用模型塔（model column），该模型塔有 N 个理论级，包括一个塔顶冷凝器和一个再沸器。理论级的顺序是从塔顶向塔釜数，冷凝器为第一级，再沸器为第 N 级，除冷凝器与再沸器外每一级都有一个进料 F_j，气相侧线出料 G_j，液相侧线出料 U_j 和热量输入或输出 Q_j，并假定每一级为理论级。根据具体条件可将该塔简化成任何一个实际塔，不需要的量可定为零，它可以简化成简单精馏塔、图 5-1 中的塔型或其他类型的塔，如吸收塔。

任一平衡级 j 如图 5-6 所示，进入 j 级的进料可以是单相物流，也可以是双相物流。用 F_j 表示进料流量，$z_{i,j}$ 表示进料中 i 组分的摩尔分数，H_{Fj} 表示进料焓。

自上一级（$j-1$ 级）进入 j 级的液相流量为 L_{j-1}，组成为 $x_{i,j-1}$，温度、压力分别为 T_{j-1} 和 p_{j-1}，相应的焓用 h_{j-1} 表示。同样，自下一级（$j+1$ 级）进入 j 级的汽相流量为 V_{j+1}，组成为 $y_{i,j+1}$，温度、压力分别为 T_{j+1} 和 p_{j+1}，相应的焓用 H_{j+1} 表示。

离开平衡级 j 的汽相用 $y_{i,j}$ 表示组成，温度、压力分别为 T_j 和 p_j，相应的焓用 H_j 表示。该物流可以分为两股：一股进入上一平衡级 $j-1$，其流量用 V_j 表示；另一股为该级的汽相侧线采出，其流量用 G_j 表示。离开 j 平衡级的液相组成用 $x_{i,j}$ 表示，温度、压力分别为 T_j 和 p_j，相应的焓用 h_j 表示。该物流也可以分为两股：一股进入下一平衡级 $j+1$，其流量用 L_j 表示；另一股为该级的液相侧线采出，其流量用 U_j 表示。

由平衡级 j 通过换热器交换的热量为 Q_j。规定 Q_j 取热为正，供热为负。

图 5-5　通用模型塔

图 5-6　任一 j 平衡级

5.1.2　平衡级的理论模型

5.1.2.1　多级分离过程的平衡级

在多级分离塔中的每一级上进行的两相流体间的传质和传热现象是十分复杂的，受到很多因素的影响，把所有因素都考虑在内，获得两相间传质和传热的关系式，进而求得这两相流体的温度、压力和组成等参数是不可能的，因此常对每一分离级做如下假设：

① 在每一分离级上的每一相流体都是完全混合的，其温度、压力和组成在分离级上各处都一致，且与离开分离级的该相流体相同；

② 离开分离级的两相流体之间成相平衡。

具备这两个条件的分离级就是平衡级（equilibrium stage），在做了上面两个假设后，精馏、吸收、蒸出和萃取的多级分离过程就可以被认为是多级平衡过程。由平衡级假设引起的误差，可以进行修正，如引进级效率等。

对于应用填料塔作为分离设备的多级分离过程，可以用等板高度（HETP）的概念，把一定的填料高度折算成相应的平衡级数，仍按多级平衡过程进行计算。

5.1.2.2　多级分离过程的数学模型——MESH 方程组

多级分离过程的定态数学模型有平衡级（理论板）和非平衡级两类，前者应用广，比较成熟，本节仅讨论平衡级模型。在平衡级的严格计算中，必须同时满足 MESH 方程，它描述多级分离过程任何理想平衡级 j 达到汽液平衡时的数学模型。对于图 5-5 所示的通用模型塔，因为每一级物料进出情况基本相同，所以任意取一 j 级来代表全塔的情况，若组分数为 c，在稳态操作时可用以下一组基本方程来描述：

① 物料平衡关系（material balance），简称 **M** 方程，每一级有 c 个，共 Nc 个方程。对图 5-6 的任一 j 平衡级作组分 i 的物料衡算可得

$$L_{j-1}x_{i,j-1}-(V_j+G_j)y_{i,j}-(L_j+U_j)x_{i,j}+V_{j+1}y_{i,j+1}=-F_jz_{i,j} \tag{5-1}$$

② 相平衡关系（phase equilibrium relation），简称 **E** 方程，每一级有 c 个，共 Nc 个方程。对任一组分为

$$y_{i,j}=K_{i,j}x_{i,j} \tag{5-2}$$

③ 摩尔分数加和式（mole fraction summations），简称 **S** 方程，每一级有 2 个，共有 $2N$ 个方程。对任一级汽相或液相的摩尔分数总和应等于 1，即

$$\sum_{i=1}^{c}x_{i,j}=1 \quad \text{或} \quad \sum_{i=1}^{c}y_{i,j}=1 \tag{5-3}$$

④ 热量平衡方程（heat balance equation），简称 **H** 方程，每一级有一个，共有 N 个方程。对任一理论级作热量衡算可得

$$L_{j-1}h_{j-1}-(V_j+G_j)H_j-(L_j+U_j)h_j+V_{j+1}H_{j+1}=-F_jH_{Fj}+Q_j \qquad (5-4)$$

除 MESH 模型方程组外，必须知道 $K_{i,j}$、H_j、h_j 的关联式。

$$K_{i,j}=K_{i,j}(T_j,p_j,x_{i,j},y_{i,j}),Nc \text{ 个} \qquad (5-5)$$

$$h_j=h_j(T_j,p_j,x_{i,j}),N \text{ 个} \qquad (5-6)$$

$$H_j=H_j(T_j,p_j,y_{i,j}),N \text{ 个} \qquad (5-7)$$

5.1.2.3　分离过程的变量分析

对于有多股进料、侧线出料及有能量引入或取出的复杂塔来说，设计变量数可由总变量数减去能建立的方程数来求得。将图 5-6 的 N 个平衡级按逆流方式串联起来，并且去掉分别处于串级两端的 L_0 和 V_{N+1} 两股物流，则组合成适合于精馏、吸收和萃取的通用逆流装置。

式(5-1)～式(5-4) 共有 $N_c^u=N(2c+3)$ 个方程。装置变量总数为 $N_v^u=[N(3c+9)-1]$。其中每级物流和 G_j、U_j 和 Q_j 共为 $5(c+2)+3=5c+13$ 个变量，但串级后级间各有两股物流相连，去掉 $2(N-1)(c+2)$ 个变量，串级两端再去掉 L_0 和 V_{N+1} 两股物流后变量数少了 $2(c+2)$，并去掉 G_1 和 U_N，增加了一个串级。则

变量总数 $N_v^u=N(5c+13)-2(N-1)(c+2)-2(c+2)-2+1=N(3c+9)-1$

设计变量总数为 $N_i^u=N(c+6)-1$，包括固定设计变量数为 $N(c+3)$，其中压力等级数为 N，进料变量数为 $N(c+2)$；可调设计变量数为 $3N-1$，其中串级单元数为 1，侧线采出单元数为 $2(N-1)$，传热单元数为 N。

对于多组分多级分离计算问题，固定设计变量（进料变量和压力变量）的数值一般是必须规定的，其他设计变量（可调设计变量）规定方法有两种。

设计型问题，是设计一个新分离装置使之达到一定分离要求的计算，因此规定关键组分的回收率（或浓度）及有关参数（如精馏中的 R、回流状态等），计算平衡级数、进料位置等。

操作型问题，是在一定操作条件下分析已有分离装置性能的计算。因此规定平衡级数、进料位置及有关参数（如回流状态、R、D 等），计算可以达到的分离要求（回收率或浓度）等。

当为操作型问题时，指定下列设计变量：

① 各级 F_j，$z_{i,j}$，T_{Fj}，p_{Fj}　$N(c+2)$ 个

② 各级 p_j　N 个

③ 各级 $G_j(j=2,\cdots,N)$ 和 $U_j(j=1,\cdots,N-1)$　$2(N-1)$ 个

④ 各级 Q_j　N 个

⑤ 级数 N　1 个

上述规定的设计变量总数为 $N(c+6)-1$，前两项为固定设计变量，后三项为可调设计变量。若要规定其他变量，则可对以上的变量作相应替换，对不同类型分离，有不同典型的规定方法。在 $N(2c+3)$ 个 MESH 方程中，未知数为 $x_{i,j}$、$y_{i,j}$、L_j、V_j、T_j，其总数也是 $N(2c+3)$，故联立方程组的解是唯一的。

5.1.3　模拟计算方法

5.1.3.1　模拟计算方法开发前的准备

精馏的模型方程以及 $K_{i,j}$、h_j、H_j 的关联都是非线性的，是 T_j 和组成的隐函数，故不能直接求解，必须用迭代法。对于模型方程的解法已开发了多种，广泛应用于精馏的设计和核算中，但比较通用和成熟的算法均是操作型的。MESH 方程的各种操作型模拟计算的算法，在收敛特性和适用场合方面存在着明显的差别。这主要是各种算法在下述三方面作了不同的选择。

（1）迭代变量的选择

即选择那些在迭代过程中逐步修正而趋近解的变量作为迭代变量，其余变量则由这些迭代变量算得。

（2）迭代变量的组织

首先需要决定的是对整个方程组进行联列解，还是进行分块解。如果选定联列解，那么方程和迭代变量如何排列和对应必须选定；如果选定分块解，则需确定如何分块，哪些（个）变量与哪一块方程组相匹配，哪一块在内层解算，哪一块在外层解算等。方程分块的基本原则是各块之间应该弱交联，当然最好是互不影响。如此才能确保计算方法收敛，并具有较快的收敛速度。决定变量与方程（块）对应的原则是，在方程（块）中起主要作用的变量应该与此方程（块）相匹配。

（3）一些变量的圆整和归一的方法以及迭代的加速方法

由于对这三种方法不同的选择和安排，产生了许多模拟计算算法，这些算法在收敛的稳定性、收敛的速度和所需的计算机内存的大小等方面存在显著的差异。所以需要选择比较合适的算法。

5.1.3.2　严格计算法的种类

严格计算法大体可分为以下三类。

（1）**方程解离法**

方程解离法也称为方程撕裂法。该算法是将描述精馏过程的 MESH 方程组按类别组合，近似认为其中一部分方程式只与一部分变量相关，而另一部分方程式只与另一部分变量关系密切，从方程和与之匹配的变量分别进行求解。根据方程分组原则的不同，方程解离法又可分为：按照理论级将 MESH 方程组分组的逐级计算方法和按照方程式的类型将 MESH 方程组分组的逐次替代法。

（2）**同时校正法**

校正法是将 MESH 方程组联立求解，首先将 MESH 方程组线性化，然后通过某种同时校正（SC）法模拟各类多组元精馏分离过程，同时使用迭代方法（如 Newton 法）对其求解。多元牛顿法（或 2N 牛顿法）属同时校正法，它是用 ME 方程求出 $x_{i,j}$ 后，同时由 S 方程和 H 方程解出 T_j 和 $V_j(L_j)$。一般来说，方程解离法对计算理想和非理想性不大的体系效果好，而同时校正法则主要用于非理想体系。

以上方法主要适用于稳定工况的精馏计算。

（3）**非稳态方程计算方法**

非稳态方程计算方法则是先假设一个初始的精馏塔内的温度、汽液相流率和组成分布，然后利用不稳态或动态的物料衡算 M 方程计算，精馏过程的各个操作参数随时间而变化，逐渐趋近于稳态操作状况，最后求得达到稳定状态下的精馏塔中的温度、流率和组成分布。

该法的优点是算法简单，只要选取了合适的松弛因子，一般都能收敛，且不受初值影响，迭代的中间结果具有物理意义。如以进料组成为各级液相组成的初值时，中间结果可以被看成是由开工不稳定状态趋向稳定状态的过程。

5.1.3.3　计算类型

多级平衡过程的计算，从其计算的目的和要解决的问题来划分，又可分为设计型计算和操作型计算。

① 设计型计算　其目的在于解决完成一预定的分离任务的新过程设计问题。即在给定的进料条件（F，z_i，T，p）、塔的操作压力和回流比外，还需知道轻、重关键组分的回收率，或规定关键组分的分离要求，要求确定达到分离要求所需的理论级数、最佳进料位置和侧线采出位置。

② 操作型计算　是在已知操作条件下，分析和考察已有的分离设备的性能。通常已知平衡级数，要求确定该设备所能达到的分离程度。如精馏计算是在给定操作压力、进料情况、进料位置、塔中具有的级数和回流比下，计算塔顶、塔釜产品的量和组成，以及侧线抽出的组成和塔中的温度分布等。

为解决新装置的设计问题，需用操作型算法进行多方案计算，从中选择既满足规定分离要求又经济的结果。

典型精馏计算法优缺点比较见表 5-3。

表 5-3　典型精馏计算法优缺点比较

算法类别	优 点	缺 点	适用范围
逐级法	可用于设计型计算	需估计塔顶、塔釜组成；截断误差和累计误差大；难于在复杂塔中应用	无轻（或重）非关键组分
三对角矩阵法	用于操作型计算,没有逐级法的缺点	算法包含泡（露）点计算,因它也是迭代过程,费机时。对高度非理想系难收敛	非理想性不强的普通精馏系统
BP 法	算法简单,对初值要求不高,占用内存单元少	当临近解时,收敛速度慢,迭代次数多；当趋于解时,收敛缓慢	精馏
SR 法	算法中不包含泡（露）点计算,收敛速度快	级数多时不稳定,不适用于窄沸程精馏系统	适用吸收塔及宽沸程精馏系统
BP-SR 法	同 BP 法	只能用于吸收精馏	吸收精馏
$2N$ 牛顿-拉夫森法	收敛速度快,稳定性好,不包含泡露点计算	计算工作量大,占用内存单元多,对初值要求高	弱非理想体系的各种场合
多元牛顿-拉夫森法	收敛速度快,稳定性好	计算雅可比矩阵耗时长,计算工作量大,占用内存单元多,对初值要求高	各种场合
松弛法	对初值要求不高,稳定性好,适用范围宽	收敛速度极慢,不宜用作常规算法	各种场合

5.2 三对角矩阵法

5.2.1 计算方法和原理

此法为方程解离法中的逐次替代法，将 MESH 模型方程作适当分组，每小组方程与一定迭代变量相匹配，那些不与此组方程相匹配的迭代变量当作常量。解该小组方程得到相应的迭代变量值，它们在解另一组方程时也作为常量。当一组方程求解后，再解另一组方程。当全部方程求解后，全部迭代变量值均得到了修正，如此反复迭代计算，直至各迭代变量的新值和旧值几乎相等，即修正值很小时，才得到了收敛解。一般采用顺序收敛法求解。

（1）泡点法（bubble point method，BP 法）

BP 法的计算原理是在初步假定的汽、液流量 V、L 的情况下，沿塔高温度 T 逐级地将物料平衡（M）和相平衡（E）方程联立得一组方程，并用矩阵求解各级上的组成 $x_{i,j}$，用 S 方程求各级上新的温度 T，用 H 方程求各级上新的汽相流量 V。如此循环计算直到稳定为止。主要应用于窄沸程混合物的精馏过程。

（2）露点法（dew point method，DP 法）

DP 法的计算原理与 BP 法不同的是解 ME 方程求出新的 $y_{i,j}$，代入 S 方程求出新的 T_j，最后解 H 方程求出 V_j。由于已知 $y_{i,j}$，S 方程为露点方程，故称露点法。此法在分离含氢较多的混合物时常用。

（3）流量加和法（sum rates method，SR 法）

SR 法先由 ME 方程求出组分流率 $v_{i,j}$（或 $l_{i,j}$），后求出总流量 V_j。再由 H 方程求 T_j。应用于吸收塔、解吸塔和萃取塔。

（4）矩阵求逆法（matrix inversion method）

矩阵求逆法是采用矩阵求逆的方法解 ME 方程求出新的液相组成 $x_{i,j}$ 或气相组成 $y_{i,j}$，其他计算原理同 BP 法和 DP 法。

（5）同时校正法（simultaneously correction method，SC 法）

SC 法是通过某种迭代技术（例如 Newton-Raphson 法）求解全部或大部分 MESH 方程或与之等价的方程式。SC 法适用于非理想性很强的液体混合物的精馏过程，如萃取精馏和共沸精馏。SC 法还适用于带有化学反应的分离过程的计算，如反应精馏等。

5.2.2 泡点法（BP 法）

5.2.2.1 解三对角矩阵方程（ME 方程）求组分分布

（1）**ME 方程**

三对角矩阵法是用物料衡算方程和相平衡方程联立求解组成分布。

将式(5-2) E 方程代入式(5-1) M 方程消去 $y_{i,j}$ 得到

$$L_{j-1}x_{i,j-1} + V_{j+1}K_{i,j+1}x_{i,j+1} + Fz_{i,j} - (V_j+G_j)K_{i,j}x_{i,j} - (L_j+U_j)x_{i,j} = 0 \quad (5\text{-}8)$$

$$L_{j-1}x_{i,j-1} - [(V_j+G_j)K_{i,j} + (L_j+U_j)]x_{i,j} + V_{j+1}K_{i,j+1}x_{i,j+1} = -F_jz_{i,j} \quad (5\text{-}9)$$

令

$$A_j = L_{j-1}; B_j = -[(V_j+G_j)K_{i,j} + (L_j+U_j)];$$

$$C_j = V_{j+1}K_{i,j+1}; D_j = -F_jz_{i,j} \quad (5\text{-}10)$$

式(5-9) 变为
$$A_j x_{i,j-1}+B_j x_{i,j}+C_j x_{i,j+1}=D_j \qquad (5-11)$$

式(5-11) 虽是一通式，但塔的两端形式略有不同。

当 $j=1$ 时，即塔顶冷凝器，由于没有上一级来的液体，$A_1=L_0=0$，式(5-11) 变为
$$B_1 x_{i,1}+C_1 x_{i,2}=D_1 \qquad (5-12)$$

其中
$$B_1=-(V_1 K_{i,1}+L_1+U_1)，\quad C_1=V_2 K_{i,2}，\quad D_1=0$$

当 $j=N$ 时，即塔釜，由于没有下一级上来的蒸气，$C_N=V_{N+1} K_{N+1}=0$，式(5-11) 变为
$$A_N x_{i,N-1}+B_N x_{i,N}=D_N \qquad (5-13)$$

其中
$$A_N=L_{N-1}，\quad B_N=-(V_N K_{i,N}+W)，\quad D_N=0$$

即可得 ME 线性方程组
$$\begin{cases} B_1 x_{i,1}+C_1 x_{i,2}=D_1 & (j=1) \\ A_j x_{i,j-1}+B_j x_{i,j}+C_j x_{i,j+1}=D_j & (2\leqslant j \leqslant N-1) \\ A_N x_{i,N-1}+B_N x_{i,N}=D_N & (j=N) \end{cases} \qquad (5-14)$$

将上式方程组写成如下矩阵
$$\begin{bmatrix} B_1 & C_1 & & & & & \\ A_2 & B_2 & C_2 & & & & \\ & \cdots & \cdots & & & & \\ & & A_j & B_j & C_j & & \\ & & & \cdots & \cdots & & \\ & & & & A_{N-1} & B_{N-1} & C_{N-1} \\ & & & & & A_N & B_N \end{bmatrix} \begin{bmatrix} x_{i,1} \\ x_{i,2} \\ \vdots \\ x_{i,j} \\ \vdots \\ x_{i,N-1} \\ x_{i,N} \end{bmatrix} = \begin{bmatrix} D_1 \\ D_2 \\ \vdots \\ D_j \\ \vdots \\ D_{N-1} \\ D_N \end{bmatrix} \qquad (5-15)$$

或简写为
$$[A,B,C]\{x_{i,j}\}=\{D_j\} \qquad (5-16)$$

式中，$\{x_{i,j}\}$ 为未知量的列向量；$\{D_j\}$ 为常数项的列向量；$[A,B,C]$ 为三对角矩阵；A,B,C 为矩阵元素。式(5-15) 的系数矩阵为三对角矩阵，故称三对角矩阵方程组，即 ME 方程组可简化为三对角矩阵方程组。解此矩阵方程即可求得组成断面 $x_{i,j}$。

若 V_j、L_j、T_j（F_j，G_j，U_j）等值先固定，则 A_j、B_j、C_j、D_j 为常数。其中只有 N 个未知量 $x_{i,j}$，故能求解。经整理后，三对角矩阵法的模型方程变为式(5-14)、式(5-3) 和式(5-4)，它们各自成一块，单独求解。需要指出的是，式(5-14) 实质上需按组分再分成 c 块而依次求解。式(5-14) 和式(5-3) 同置于内层迭代求解，而式(5-4) 则置于外层迭代求解。

(2) **初值的确定**

要求解式(5-14)，需假定 V_j、L_j、T_j 等的初值，从而求出 A_j、B_j、C_j、D_j。

① T_j 初值的假定 首先确定塔顶和塔釜的温度。塔顶温度的初值可按下列方法之一确定：当塔顶为汽相采出时，可取汽相产品的露点温度；当塔顶为液相采出时，可取馏出液的泡点温度；当塔顶为汽、液两相采出时，取露点和泡点之间的某一值。塔釜温度的初值常取釜液的泡点。当塔顶和塔釜温度均假定以后，用线性内插得到中间各级的温度初值。

$$T_{j初}=T_D+\left(\frac{T_B-T_D}{N-1}\right)(j-1) \qquad (5-17)$$

式中，T_D 和 T_B 分别为塔顶和塔釜的温度。

② V_j 流率分布初值设为恒摩尔流率，对任一 j 平衡级作总物料衡算可得

$$F_j + V_{j+1} + L_{j-1} = V_j + G_j + L_j + U_j$$

$$V_{j+1} = V_j + G_j + L_j + U_j - L_{j-1} - F_j \tag{5-18}$$

对任一 j 平衡级作液相平衡可得

$$L_{j-1} + qF_j = L_j + U_j \tag{5-19}$$

式中，q 为进料的液相分率。

将式(5-19)代入式(5-18)，消去（$L_j + U_j$）可得

$$V_{j+1} = V_j + G_j - F_j(1-q) \qquad (2 \leqslant j \leqslant N-1) \tag{5-20}$$

其中

$$V_2 = (R+1)D = D + L_1$$

③ L_j 由 V_j 汽相流率求解。如图 5-7 所示，由精馏段第 j 级与塔顶作物料平衡

$$V_{j+1} + \sum_{k=2}^{j} F_k = L_j + \sum_{k=2}^{j} U_k + \sum_{k=2}^{j} G_k + D$$

$$L_j = V_{j+1} + \sum_{k=2}^{j} (F_k - G_k - U_k) - D \tag{5-21}$$

进料流量 F_j 和组成 $z_{i,j}$、侧线采出流量 G_j 和 U_j 作为设计变量通常在计算前已经给定，当各级的汽相流量 V_j

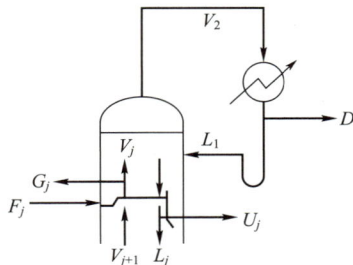

图 5-7　精馏塔塔顶

一经给定，由式(5-21)可求出液相流量 L_j 的值，当 $K_{i,j}$ 仅与 T 和 p 有关时，由各级温度的初值（在以后迭代中用前一次迭代得到的各级温度）和级压力确定；当 $K_{i,j}$ 是 T、p 和组成的函数时，除在第一次迭代中用假定为理想溶液的 $K_{i,j}$ 值，还需要对所有的 $x_{i,j}$（有时尚需 $y_{i,j}$）提供初值，以便计算 $K_{i,j}$ 值。而在以后的迭代中，使用前一次迭代得到的 $x_{i,j}$ 和 $y_{i,j}$ 计算值。可通过运算得到方程组(5-14)中各组分的系数 A_j、B_j、C_j、D_j，则式(5-14)就是一个线性方程组。也可用简捷法（FUG 法）的计算结果作为初值，使迭代计算很快收敛。

（3）三对角矩阵中求解 $\{x_{i,j}\}$ 的方法

三对角矩阵方程组的求解可用著名的托马斯的追赶法（Thomas algorithm），该法实质上就是高斯消去法（Gauss Elimination），即利用矩阵的初等变换将式(5-15)矩阵中的一对角线元素 A_j 变为零，另一对角线元素 B_j 变为 1，然后将 C_j 与 D_j 引用两个辅助参量 P_j 和 Q_j。具体步骤如下。

对于第一行 $B_1 x_{i,1} + C_1 x_{i,2} = D_1$，故

$$x_{i,1} = \frac{D_1 - C_1 x_{i,2}}{B_1}$$

令 $P_1 = \dfrac{C_1}{B_1}$ 和 $Q_1 = \dfrac{D_1}{B_1}$，则

$$x_{i,1} = Q_1 - P_1 x_{i,2}$$

即变换后的矩阵只需存储 P_1 和 Q_1。

对于第二行 $A_2 x_{i,1} + B_2 x_{i,2} + C_2 x_{i,3} = D_2$，代入 $x_{i,1} = Q_1 - P_1 x_{i,2}$，解得

$$x_{i,2} = Q_2 - P_2 x_{i,3}$$

式中，$P_2 = \dfrac{C_2}{B_2 - A_2 P_1}$，$Q_2 = \dfrac{D_2 - A_2 Q_1}{B_2 - A_2 P_1}$。

即变换后的矩阵只需存储 P_2 和 Q_2。

逐行依次进行类似的整理，对第 j 行可化成

$$P_j = \frac{C_j}{B_j - A_j P_{j-1}}, \qquad Q_j = \frac{D_j - A_j Q_{j-1}}{B_j - A_j P_{j-1}} \qquad (2 \leqslant j \leqslant N-1) \tag{5-22}$$

因此，经过上述变化后，矩阵变为下列简单的形式

$$\begin{bmatrix} 1 & P_1 & & & & \\ 0 & 1 & P_2 & & & \\ \cdots & \cdots & & & & \\ & & 0 & 1 & P_j & \\ & & & \cdots & \cdots & \\ & & & & 0 & 1 & P_{N-1} \\ & & & & & 0 & 1 \end{bmatrix} \begin{bmatrix} x_{i,1} \\ x_{i,2} \\ \vdots \\ x_{i,j} \\ \vdots \\ x_{i,N-1} \\ x_{i,N} \end{bmatrix} = \begin{bmatrix} Q_1 \\ Q_2 \\ \vdots \\ Q_j \\ \vdots \\ Q_{N-1} \\ Q_N \end{bmatrix} \tag{5-23}$$

由式(5-22) 求出各 P_j 和 Q_j，便可由式(5-23) 求出某一组分在各个级上的液相组成。即由式(5-24) 求出 $x_{i,N}$ 后，按上式逐级回代，直至算得 $x_{i,1}$ 并求得各个 $x_{i,j}$ 值。

$$x_{i,N} = Q_N \tag{5-24}$$

$$\begin{aligned} x_{i,N-1} + P_{N-1} x_{i,N} &= Q_{N-1} \\ &\vdots \\ x_{i,j} + P_j x_{i,j+1} &= Q_j \qquad (1 \leqslant j \leqslant N-1) \\ &\vdots \\ x_{i,1} + P_1 x_{i,2} &= Q_1 \end{aligned} \tag{5-25}$$

若对 c 个组分的矩阵进行求解后，即得各个级上所有组分的液相组成。追赶法的求解速度很快，一般解也正确。

5.2.2.2 用 S 方程计算新的温度分布

由上面已求得各个级的液相组成在未收敛前并不满足 S 方程，在 0.3～15 的范围内。若用这样的组成分布计算温度分布，求得的温度将失去物理意义，且不易收敛。因此，在用泡点法求温度分布之前需做归一处理，以满足 S 方程。

① 利用硬性归一的办法得 $x_{i,j}$，即圆整

$$x'_{i,j} = \frac{x_{i,j}}{\sum x_{i,j}} \tag{5-26}$$

式中，等号左侧的 $x'_{i,j}$ 为将右侧的 $x_{i,j}$ 归一化后的值。

② 用泡点法求 T_j，并同时得 $y_{i,j}$。即由各级液相组成 $x_{i,j}$，利用泡点方程可求出各级新的温度 T_j。若新的 T_j 与原假设值一致，则温度计算结束。否则，以新 T_j 作为假设值，再重复计算，直至 T_j 与原假设值 T_j 一致为止。

Wang 和 Henke 建议用如下较简单的准则作为迭代计算的收敛判据：

$$\varepsilon_T = \sum_{j=1}^{N} \left[(T_j)_k - (T_j)_{k-1} \right]^2 \leqslant 0.01N \tag{5-27}$$

5.2.2.3 用 H 方程计算各级的 V_j

将式(5-18) 任一级的总物料衡算代入 H 方程即式(5-4) 并整理得

$$V_{j+1}=\frac{(H_j-h_j)(V_j+G_j)+(h_j-h_{j-1})L_{j-1}-(H_{Fj}-h_j)F_j+Q_j}{H_{j+1}-h_j} \quad (2\leqslant j\leqslant N-1)$$

(5-28)

其中

$$V_1=D-U_1,\ L_1=RD,\ V_2=D+L_1=(R+1)D$$

收敛判据

$$\varepsilon_{\mathrm{H}}=\sum\left[\frac{(V_j)_k-(V_j)_{k-1}}{(V_j)_k}\right]\leqslant 0.01$$

(5-29)

由假定的初始值 V_1 即可求得 V_{j+1}，计算顺序从冷凝器开始，然后随着 j 的递增求得 V_N 为止。

由式(5-28) 可以求得 V_3 到 V_N 值，然后由式(5-21) 可以求得 L_j 值。若计算的 V_j 值与假设值相等，则计算结束；若不相等，则以计算所得的 V_j 值作为新的假设值重复进行计算。

也可将各级的 H 方程写出，并把它们集合在一起，得到一个二对角线矩阵方程。即分别对 L_{j-1} 和 L_j 写出式(5-21) 并代入 H 方程(5-4)，得到修正的 H 方程。

$$A'_j V_j+B'_j V_{j+1}=C'_j$$

(5-30)

式中

$$A'_j=h_{j-1}-H_j$$

(5-31)

$$B'_j=H_{j+1}-h_j$$

(5-32)

$$C'_j=\left[\sum_{k=1}^{j-1}(F_k-G_k-U_k)-D\right](h_j-h_{j-1})+F_j(h_j-H_{Fj})+G_j(H_j-h_j)+Q_j$$

(5-33)

对第 2 级到 $N-1$ 级写出式(5-30)，并把它们集合在一起，得到如下对角线矩阵方程

$$\begin{bmatrix} B'_2 & & & & & & \\ A'_3 & B'_3 & & & & & \\ \cdots & \cdots & & & & & \\ & & A'_j & B'_j & & & \\ & & & \cdots & \cdots & & \\ & & & & A'_{N-2} & B'_{N-2} & \\ & & & & & A'_{N-1} & B'_{N-1} \end{bmatrix}\begin{bmatrix} V_3 \\ V_4 \\ \vdots \\ V_{j+1} \\ \vdots \\ V_{N-1} \\ V_N \end{bmatrix}=\begin{bmatrix} C'_2-A'_2 V_2 \\ C'_3 \\ \vdots \\ C'_j \\ \vdots \\ C'_{N-2} \\ C'_{N-1} \end{bmatrix}$$

(5-34)

若 A'_j、B'_j 和 C'_j 为已知，由已知的 V_2 从式(5-35) 逐级计算 V_j 值

$$V_j=\frac{C'_{j-1}-A'_{j-1}V_{j-1}}{B'_{j-1}}$$

(5-35)

再用式(5-21) 计算相应的 L_j 值。

从上述讨论可见，三对角矩阵法的内层迭代变量是 T_j（和 $K_{i,j}$），外层为 L_j（或 V_j）。液相组成用硬性归一的方法得到。采用直接迭代法，用新值代替老值。但经验表明，为保证收敛，在下次迭代开始之前对当前迭代结果进行调整是必要的。例如应对级温度给出上、下限，当级间流率为负值时，应将其变成接近于零的正值。此外，为防止迭代过程发生振荡，应采用阻尼因子来限制，使两次迭代之间 T_j 和 V_j 值的变化小于 10%。

5.2.2.4 热负荷计算

冷凝器
$$Q_c = V_2H_2 - G_1H_1 - U_1h_1 - L_1h_1 \tag{5-36}$$

再沸器
$$Q_r = (V_N + G_N)H_N + L_Nh_N - L_{N-1}h_{N-1} \tag{5-37}$$

5.2.2.5 计算步骤

① 确定必要条件和基础数据。

② 塔顶、塔釜的温度假定在塔内温度为线性分布的温度初始值 T_j，按恒摩尔流、恒摩尔汽化假定一组初始的汽、液相负荷初值 V_j、L_j。

③ 根据假设的 T_j 计算 $K_{i,j}$，然后计算 ME 矩阵方程中的 A_j、B_j、C_j、D_j、P_j、Q_j。

④ 高斯消去法解矩阵得 $x_{i,j}$，若 $\sum x_{i,j} \neq 1$，则圆整。

⑤ 根据计算出的 $x_{i,j}$，用 S 方程试差迭代出新的温度 T_j'，同时计算 $y_{i,j}$。

⑥ 由 $x_{i,j}$、$y_{i,j}$、T_j' 计算 H_j、h_j。

⑦ 用 H 方程从冷凝器开始向下计算出各级新的汽、液相流量 V_j'、L_j'。

⑧ 用式（5-27）和式（5-29）判断是否满足收敛条件。若计算结果不能满足收敛条件，得到的 T_j'、V_j'、L_j' 值作为初值，重复③以下的步骤。计算框图见图 5-9。

【例 5-1】 某精馏塔进料流量为 100kmol/h，进料中有三个组分，其摩尔分数分别为 0.3、0.4 和 0.3，进料位置如图 5-8 所示。塔顶馏出液流量为 50kmol/h，回流比为 1，泡点进料。若按恒摩尔流假定取 V_j 初值，且假定各级各组分的 K 值如表 5-4 所示。试用托马斯法求初次迭代所得的组成断面 $x_{i,j}$。

解 因进料为泡点，按恒摩尔流假定有
$$V_4 = V_3 = V_2 = (R+1)D = 2 \times 50 = 100 \ (\text{kmol/h})$$
将 V_j 代入式（5-21）有
$$L_1 = V_2 - D = 100 - 0 - 50 = 50 \ (\text{kmol/h})$$
同样，可得各级的液相流率 L_j 如表 5-4 所示。

由进料流量及组成，求得各级各组分的 $D_{i,j} = -F_jz_{i,j}$，计算结果见表 5-5。

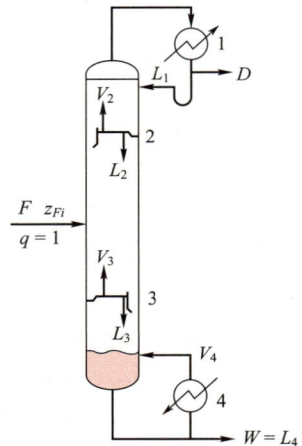

图 5-8 ［例 5-1］的精馏塔

表 5-4 ［例 5-1］各级的采出量以及汽、液相流量初值

单位：kmol/h

级序	G_j	U_j	V_j	L_j	$K_{1,j}$	$K_{2,j}$	$K_{3,j}$
1	0	50	0	50	2	1	0.5
2	0	0	100	50	2	1	0.5
3	0	0	100	150	2	1	0.5
4	0	0	100	50	2	1	0.5

表 5-5 [例 5-1] 各级各组分的 $D_{i,j}$

单位：kmol/h

级 序	组 分		
	1	2	3
1	0	0	0
2	0	0	0
3	−30	−40	−30
4	0	0	0

采用托马斯法，计算步骤如下：

对组分 1（$j=1$）

$$B_1 = -V_1 K_{1,1} - L_1 - U_1 = -50 - 50 = -100(\text{kmol/h})$$

$$P_1 = V_2 K_{1,2}/B_1 = 100 \times 2/(-100) = -2$$

$$Q_1 = D_{1,1}/B_1 = 0$$

$j=2$

$$B_2 = -(V_2 + G_2)K_{1,2} - L_2 - U_2 = -100 \times 2 - 50 = -250(\text{kmol/h})$$

$$P_2 = \frac{C_2}{B_2 - A_2 P_1} = \frac{V_3 K_{1,3}}{B_2 - L_1 P_1} = \frac{100 \times 2}{-250 - 50 \times (-2)} = -1.3333$$

$$Q_2 = \frac{D_{1,2} - L_1 Q_1}{B_2 - A_2 P_1} = 0$$

$j=3$

$$B_3 = -(V_3 + G_3)K_{1,3} - L_3 - U_3 = -100 \times 2 - 150 = -350(\text{kmol/h})$$

$$P_3 = \frac{C_3}{B_3 - A_3 P_2} = \frac{V_4 K_{1,4}}{B_3 - L_2 P_2} = \frac{100 \times 2}{-350 - 50 \times (-1.3333)} = -0.7059$$

$$Q_3 = \frac{D_{1,3} - L_2 Q_2}{B_3 - A_3 P_2} = \frac{-30}{-350 - 50 \times (-1.3333)} = 0.10588$$

$j=4$

$$B_4 = -(V_4 + G_4)K_{1,4} - L_4 - U_4 = -100 \times 2 - 50 = -250(\text{kmol/h})$$

$$x_{1,4} = Q_4 = \frac{D_{1,4} - L_3 Q_3}{B_4 - A_4 P_3} = \frac{0 - 150 \times 0.10588}{-250 - 150 \times (-0.7059)} = 0.1102$$

$j=3$

$$x_{1,3} = Q_3 - P_3 x_{1,4} = 0.10588 - (-0.7059) \times 0.1102 = 0.1837$$

$j=2$

$$x_{1,2} = Q_2 - P_2 x_{1,3} = 0 - (-1.3333) \times 0.1837 = 0.2449$$

$j=1$

$$x_{1,1} = Q_1 - P_1 x_{1,2} = 0 - (-2) \times 0.2449 = 0.4898$$

按同样步骤对第二组分和第三组分进行计算，计算结果见表 5-6。

表 5-6 [例 5-1] 计算结果（$x_{i,j}$，摩尔分数）

级 序	组 分			合 计
	1	2	3	
1	0.4898	0.4	0.1091	0.9989
2	0.2449	0.4	0.2182	0.8631
3	0.1837	0.4	0.3273	0.9110
4	0.1102	0.4	0.4909	1.0011

【例 5-2】 C_4 精馏塔，进料流量为 93kmol/h，组成如下表所示，进料温度为 70℃（液态）。全塔平衡级数为 15（包括塔顶冷凝器和再沸器），从上往下数第 8 级进料，进料压力同进料级压力。塔顶为全凝器，馏出液流量为 70.5kmol/h，回流比 $R=2.5$，塔压：冷凝器压力

$p_1 = 607.8\text{kPa}$；塔顶压力 $p_2 = 638.2\text{kPa}$；每一个平衡级压差 $\Delta p = 933.0\text{Pa}$。试用 BP 法求解温度断面 T_j，流率断面 V_j、L_j 及组成断面 $x_{i,j}$。

编号	1	2	3	4	5	6	合计
组分	$i\text{-C}_4^0$	1-C_4^0	$n\text{-C}_4^0$	反 $2\text{-C}_4^=$	顺 $2\text{-C}_4^=$	C_5	
摩尔分数	0.0023	0.0012	0.1437	0.3465	0.2763	0.2300	1.0000

解 采用赵-席德（Chao-Seader）模型计算汽、液相焓及 K 值。

初值的确定：按恒摩尔流假定设流量断面初值即

$$V_2 = V_3 = \cdots = V_{14} = V_{15} = (R+1)D = 3.5 \times 70.5(\text{kmol/h}), \quad V_1 = 0(\text{全凝器})$$

第一级温度初值取 $T_1 = 330\text{K}$，最后一级 $T_{15} = 365\text{K}$，$T_2 \sim T_{14}$ 按线性分布的假定设温度初值。

计算 K 值初值时，各级的组成均按进料级的组成取初值收敛判据：

$$\varepsilon_x = \frac{\sum\limits_{j=1}^{N} \left| \sum\limits_{i=1}^{c} x_{i,j} - 1 \right|}{N} < 0.0001$$

$$\varepsilon_T = \frac{\sum\limits_{j=1}^{N} \left[(T_j)_{k+1} - (T_j)_k \right]^2}{N} < 0.001$$

本例经 41 次迭代而收敛。收敛后冷凝器热负荷 $Q_c = 1395\text{kW}$，再沸器热负荷 $Q_r = 1426\text{kW}$。温度分布 T_j，流量分布 V_j、L_j 及物料平衡情况见表 5-7。

[例 5-2] 计算过程表明，直接 BP 法在迭代初期收敛较快。随着迭代次数的增多，收敛减慢，在接近于解时，收敛缓慢。因而在收敛精度较高时，迭代次数较多，消耗机时较长。后面介绍的 θ 法收敛能加速精馏计算。

表 5-7a [例 5-2] 精馏塔的温度断面和流量断面

级序	温度 T_j/K	气相流量 L_j/(kmol/h)	液相流量 L_j/(kmol/h)	备注
1	344.51	0	176.25	全凝器
2	354.49	246.75	171.42	
3	362.01	241.92	170.64	
4	366.42	241.14	171.21	
5	368.66	241.70	171.79	
6	369.71	242.26	172.17	
7	370.20	242.60	172.43	
8	370.43	242.76	271.68	进料级
9	375.40	249.20	274.97	
10	378.29	252.48	277.41	
11	379.85	254.91	278.87	
12	380.66	256.36	279.67	
13	381.11	257.16	280.10	
14	381.37	257.59	280.35	
15	381.54	257.83	22.5	塔釜

表 5-7b　［例 5-2］精馏塔的物料平衡

组分 i	进料流量 F_i/(kmol/h)	馏出液流量 D_i/(kmol/h)	釜液流量 W_i/(kmol/h)
1	0.2139	0.2138	0
2	0.1116	0.0924	0.0191
3	13.3641	13.3566	0.0074
4	32.2245	32.2103	0.0141
5	25.6959	11.1888	14.5072
6	21.3900	13.4381	7.9519
Σ	93.0000	70.5000	22.5000

【讨论】

① 由子程序求解 ME 方程对角矩阵的 $x_{i,j}$，若为负值均置为零。

② 对接近理想溶液的物系，采用大循环，计算速度快；对非理想溶液物系，采用 T 循环有利收敛。计算框图见图 5-9。

(a) 大循环　　　　　　　　　　　　(b) T循环

图 5-9　泡点法计算框图

③ 对于接近理想溶液体系，其对 T_j、V_j 初值要求不苛刻，T_j 按线性内插，V_j 按恒摩尔流能够达到收敛解。对于非理想物系，T_j、V_j 初值会影响是否收敛和收敛速度。但丁惠华等认为 BP 法对初值的要求不高。

④ 收敛判据不唯一。

⑤ BP 法在应用上具有局限性。当分离程度要求高时，其收敛速度明显下降，后期收敛速度变慢；对非理想性强的系统不适用，计算振荡或发散。除对初值有要求外，最主要的是

由 M 方程得到的液相组成 $x_{i,j}$ 在没有收敛前，不满足 $\sum x_{i,j}=1$ 关系式，$\sum x_{i,j}$ 可高于 15 或低于 0.3，如果将这些组成直接返回第二步运算，显然是缺乏物理意义的，结果会发散。如果将得到的这些 $x_{i,j}$ 值硬性归 1 计算，则 $x_{i,j}$ 已不再满足 M 方程，将这些不满足物料衡算的 $x_{i,j}$ 值作为下次迭代的初值，对非理想物系必然不收敛。从方程组分块求解的角度分析，对于非理想性强的系统，按各组分分块是不合适的，因为这些系统的 $K_{i,j}$ 强烈依赖于组成，各块之间通过 $K_{i,j}$ 而强交联，于是分块解不能收敛。此外，泡点法适合于窄沸程物系，不能用于吸收的计算。

【工程案例 5-3】 用三对角矩阵法进行萃取精馏分离醋酸-水体系的模拟计算

醋酸是一种重要的化工原料。在工业生产中，凡是涉及醋酸的过程，如醋酸纤维素、醋酸烷基酯类等的生产过程都会产生含醋酸的废水。萃取精馏分离醋酸水溶液的工艺流程如图 5-10 所示。首先，原料液从萃取精馏塔（Ⅰ）的中下部进入塔内，萃取剂从塔的中上部加入。在萃取精馏塔顶采出浓度很低的醋酸水溶液，塔釜采出醋酸和萃取剂的混合物，送入溶剂回收塔（Ⅱ）。在溶剂回收塔顶部得到高纯度的醋酸，塔釜得到的萃取剂与新鲜的萃取剂混合后再次送入萃取精馏塔内循环使用。

图 5-10 萃取精馏分离醋酸水溶液的工艺流程

醋酸-水是一种高度非理想性体系，醋酸不但在液相中存在较强的缔合作用，而且在汽相中即使低压情况下缔合作用也非常明显，由此在精馏计算中汽相考虑醋酸分子之间的二聚缔合，液相采用 NRTL 方程修正其非理想性，选择 N-甲基吡咯烷酮作为萃取剂，采用三对角矩阵法对萃取精馏分离醋酸-水体系进行了模拟计算并与实验数据进行验证。

采用平衡级理论模型对萃取精馏塔进行计算，全塔共设 N 个平衡级，塔顶冷凝器为第一级，塔釜再沸器为第 N 级。推导萃取精馏数学模型时假设：①萃取精馏为稳态操作；②忽略组成与温度变化对饱和液体焓和汽化潜热的影响；③塔内汽液两相为恒摩尔流；④各级汽液相主体不存在温度梯度和浓度梯度；⑤离开各级的汽液两相达到平衡状态；⑥忽略混合热，塔身绝热。采用三对角矩阵法模拟计算得出萃取精馏塔及溶剂回收塔的最佳工艺条件：萃取精馏塔为 35 级，溶剂比为 1.5，回流比为 1.5；溶剂回收塔为 5 级，回流比为 2。在上述条件下一次可使得醋酸浓度达到 99.63%（质量分数）。模拟计算结果与实验值比较见表 5-8，实验值与模拟值基本吻合。

表 5-8　三对角矩阵法模拟计算结果与实验值的比较

单位（质量分数）：/%

组分	萃取精馏塔				溶剂回收塔			
	塔顶		塔釜		塔顶		塔釜	
	模拟值	实验值	模拟值	实验值	模拟值	实验值	模拟值	实验值
水	99.93	99.78	0.39	0.17	0.37	0.84	—	—
醋酸	0.07	0.22	30.17	29.43	99.63	99.16	0.09	0.43
N-甲基吡咯烷酮			69.44	70.40			99.91	99.57

5.2.3　θ 法收敛和 C. M. B. 矩阵法

为克服三对角矩阵法的缺点，不少研究者在归一法上作了改进。

5.2.3.1　θ 法收敛

如前所述，直接 BP 法求温度断面时，由三对角矩阵法求得的 $x_{i,j}$ 在收敛之前并不满足归一方程。因此在求温度之前先用式（5-26）对 $x_{i,j}$ 进行简单归一（或称圆整）。可是经过简单归一后的 $x_{i,j}$ 并不满足物料衡算方程。为提高精馏计算的稳定性和收敛速度，霍兰（Holland）用 **θ 法**归一，使 $x_{i,j}$ 既满足归一方程，又满足物料衡算方程，大大提高了精馏计算的稳定性和收敛速度。下面介绍普通精馏塔的 θ 法收敛。

由三对角矩阵求得的组成计算值 $(x_{i,j})_{ca}$ 并不满足归一方程，在计算温度断面之前必须进行校正。经校正后的组成 $(x_{i,j})_{co}$ 既应该满足归一方程，也应该满足物料衡算方程，即

$$\sum_{i=1}^{c}(x_{i,D})_{co}=1 \tag{5-38}$$

和

$$D(x_{i,D})_{co}+W(x_{i,W})_{co}=Fz_i \tag{5-39}$$

选用适当的系数 θ，可使式（5-38）和式（5-39）同时满足。令

$$\left(\frac{x_{i,W}}{x_{i,D}}\right)_{co}=\theta\left(\frac{x_{i,W}}{x_{i,D}}\right)_{ca} \tag{5-40}$$

则由式（5-39）可导得

$$(x_{i,D})_{co}=\frac{Fz_i}{D+W\theta\left(\dfrac{x_{i,W}}{x_{i,D}}\right)_{ca}} \tag{5-41}$$

将 $(x_{i,D})_{co}$ 代入式（5-38），移项后可得泡点方程

$$f(\theta)=\sum_{i=1}^{c}\frac{Fz_i}{D+W\theta\left(\dfrac{x_{i,W}}{x_{i,D}}\right)_{ca}}-1=0 \tag{5-42}$$

可用牛顿迭代法求解 θ 值。

$$f'(\theta)=-\sum_{i=1}^{c}\frac{Fz_iW\left(\dfrac{x_{i,W}}{x_{i,D}}\right)_{ca}}{\left[D+W\theta\left(\dfrac{x_{i,W}}{x_{i,D}}\right)_{ca}\right]^2} \tag{5-43}$$

解出 θ 值后，可用式（5-41）求得同时满足式（5-38）和式（5-39）的 $(x_{i,D})_{co}$。各级校正后

的组成，用以下推导出的式（5-48）和式（5-49）计算。令

$$\left(\frac{x_{i,j}}{x_{i,D}}\right)_{co} = \eta \left(\frac{x_{i,j}}{x_{i,D}}\right)_{ca} \tag{5-44}$$

将式（5-44）改写为

$$(x_{i,j})_{co} = \eta \left(\frac{x_{i,j}}{x_{i,D}}\right)_{ca} (x_{i,D})_{co} \tag{5-45}$$

将 $\sum\limits_{i=1}^{c}(x_{i,j})_{co} = 1$ 与式（5-45）结合，可得

$$(x_{i,j})_{co} = \frac{\eta \left(\dfrac{x_{i,j}}{x_{i,D}}\right)_{ca}(x_{i,D})_{co}}{\sum\limits_{i=1}^{c}\eta\left(\dfrac{x_{i,j}}{x_{i,D}}\right)_{ca}(x_{i,D})_{co}} = \frac{(x_{i,j})_{ca}\dfrac{(x_{i,D})_{co}}{(x_{i,D})_{ca}}}{\sum\limits_{i=1}^{c}(x_{i,j})_{ca}\dfrac{(x_{i,D})_{co}}{(x_{i,D})_{ca}}} \tag{5-46}$$

令

$$p_i = (x_{i,D})_{co}/(x_{i,D})_{ca} \tag{5-47}$$

则有

$$(x_{i,j})_{co} = \frac{(x_{i,j})_{ca}p_i}{\sum\limits_{i=1}^{c}(x_{i,j})_{ca}p_i} \tag{5-48}$$

同样，可导出

$$(y_{i,j})_{co} = \frac{(y_{i,j})_{ca}p_i}{\sum\limits_{i=1}^{c}(x_{i,j})_{ca}p_i} \tag{5-49}$$

用三对角矩阵法求得 $x_{i,j}$ 后，采用 θ 法对 $x_{i,j}$ 归一的步骤如下：
① 求各组分的 $(x_{i,W}/x_{i,D})_{ca}$；
② 由式（5-42）用牛顿迭代法求得 θ 值，用式（5-41）求得 $(x_{i,D})_{co}$；
③ 求得各组分的 $p_i = (x_{i,D})_{co}/(x_{i,D})_{ca}$；
④ 由 $j=1$ 开始到 $j=N$，由式（5-48）或式（5-49）求得各级的 $(x_{i,j})_{co}$ 或 $(y_{i,j})_{co}$。

用 θ 法归一取代简单归一而进行的计算称为精馏塔的 θ 法收敛。故这里的 θ 法收敛包括三对角矩阵法求 $x_{i,j}$，对 $x_{i,j}$ 的 θ 法归一，加和方程求各级温度 T_j 及焓方程求各级流率。三对角矩阵方程、加和方程和焓方程的解法与前述相同。

用 θ 法求解［例 5-2］精馏塔，迭代次数由直接 BP 法的 41 次缩减到 6 次，所用机时只是直接 BP 法的 1/15。由此可见，θ 法收敛大大优于直接 BP 法。

5.2.3.2 C. M. B. 矩阵法

仲一高松指出用物料衡算来校正圆整后的液相组成，将顶、釜产品和各级的圆整组成予以校正，使之不仅满足 S 方程，也尽量符合 M 方程，然后再进行泡点计算，将能提高矩阵法的稳定性和收敛速度。该法称为 **C. M. B. 矩阵法**（component material balance matrix method）。

（1）塔顶、塔釜产品组成的校正

对于简单塔，在三对角矩阵法的任一次迭代中所算出的塔顶、塔釜产品组成 $x_{i,D}$ 和 $x_{i,W}$ 应满足全塔物料平衡式

$$Fz_i = Dx_{i,D} + Wx_{i,W} \tag{5-50}$$

但由于收敛前 $\sum x_{i,D}$ 和 $\sum x_{i,W}$ 不等于 1，因此圆整后的 $x_{i,D}$ 和 $x_{i,W}$ 虽然满足 $\sum x_i = 1$，却不满足式（5-50）。为使两者同时得到满足可采用以下两种校正方法。

固定圆整后的 $x_{i,\mathrm{W}}$ 值校正 $x_{i,\mathrm{D}}$

$$x'_{i,\mathrm{D}}=(Fz_i-Wx_{i,\mathrm{W}})/D \tag{5-51}$$

或固定圆整后的 $x_{i,\mathrm{D}}$ 值校正 $x_{i,\mathrm{W}}$

$$x'_{i,\mathrm{W}}=(Fz_i-Dx_{i,\mathrm{D}})/W \tag{5-52}$$

由此校正得到的塔顶、塔釜产品组成（$x'_{i,\mathrm{D}}$，$x_{i,\mathrm{W}}$）或（$x_{i,\mathrm{D}}$，$x'_{i,\mathrm{W}}$）虽然能同时满足式 (5-50) 和 $\sum x_i=1$，但 $x'_{i,\mathrm{D}}$ 或 $x'_{i,\mathrm{W}}$ 中某种组分的组成可能出现负值，失去物理意义。这时应设该组分的组成等于零，为保证 $\sum x_i=1$，$x'_{i,\mathrm{D}}$ 或 $x'_{i,\mathrm{W}}$ 需进行再校正。

（2）塔内组成分布的校正

对于简单塔，在三对角矩阵法的任一次迭代中由物料平衡矩阵所算出的 $x_{i,j}$ 必须满足精馏段或提馏段的物料平衡式

$$V_{j+1}y_{i,j+1}=L_j x_{i,j}+Dx_{i,\mathrm{D}} \qquad (2\leqslant j\leqslant n-1) \tag{5-53a}$$

$$L_j x_{i,j}=V_{j+1}y_{i,j+1}+Wx_{i,\mathrm{W}} \qquad (n\leqslant j\leqslant N-1) \tag{5-53b}$$

但由于收敛前各级 $\sum x_i$ 不等于 1，因此圆整后的 $x_{i,j}$ 并不满足以上二式。在进行下次迭代前需加以校正使之同时满足式 (5-53) 和 $\sum x_i=1$。

对精馏塔以 $x'_{i,\mathrm{D}}$ 和圆整后的 $x_{i,j}$ 为基准，按下式先校正 $y_{i,j+1}$

$$y^*_{i,j+1}=(L_j x_{i,j}+Dx'_{i,\mathrm{D}})/V_{j+1} \tag{5-54}$$

然后由 $y^*_{i,j+1}$ 通过露点求 $x^*_{i,j+1}$。

对提馏塔以 $x'_{i,\mathrm{W}}$ 和圆整后的 $y_{i,j+1}$（与圆整后的 $x_{i,j+1}$ 呈平衡）为基准，按下式先校正 $x_{i,j}$

$$x^*_{i,j}=(V_{j+1}y_{i,j+1}+Wx'_{i,\mathrm{W}})/L_j \tag{5-55}$$

以上对两段各级校正得到的 $x^*_{i,j}$ 值作为下次迭代用的液相组成分布值。

丁惠华对此进行了修正，在三对角矩阵基础上，引进组分的物料衡算，对塔两端产品的组成及塔内各级组成进行校正，使计算适用于非理想物系的精馏计算。

丁惠华教授
——国内化工领域首款工程化学模拟系统软件开发者

丁惠华（1927 年—2020 年），出生于江苏奉贤，是国内化工界享有盛名的教授之一。1948 年毕业于南开大学化工系，1949 年起先后在清华大学和大连理工大学执教。新中国成立初期，参与了新中国化工原理学科及研究室的创建工作，在相变传热、喷雾干燥等方面的研究引起了业界的广泛关注。1982 年调至山东化工学院（现更名为青岛科技大学）化学工程教研室，历任教研室主任、计算机与化工研究所名誉所长。

他参与编写的《化工传递过程》《化工原理》等教材，被全国数十所化工院校采用，其中《化工原理》获得化工部"优秀教材奖"。除教学外，还从事相变传热、喷雾干燥、计算机化工模拟计算等方面的研究工作。20 世纪 80 年代与韩方煜合作开展了 ECSS 工程化学模拟系统的研发工作。他主持的国家自然科学基金项目"工程化学模拟系统软件 ECSS"通过部级鉴定，该软件被评价为具有 80 年代国际水平的系统软件，是当时国内化工领域唯一一款自主开发的商品化模拟软件。1987 年 ECSS 工程化学模拟系统获化工部科技成果进步奖一等奖，1988 年获国家科技进步奖二等奖。

在二十世纪八九十年代，丁惠华对本教材中涉及的多组分多级分离的严格算法开展了深入研究。在《化学工程》《高校化学工程学报》等期刊上发表了20余篇有关三对角矩阵法、松弛法、CMB矩阵法以及非稳态算法的研究论文。

5.2.4 流量加和法（SR法）

5.2.4.1 计算原理

泡点法或露点法是按 ME 方程组的求解结果，通过泡点或露点计算校正 T_j，而由 H 方程的计算结果校正 V_j 和 L_j。SR 法是三对角矩阵的另一形式，采用相反校正方案的算法，即由 S 方程组校正 V_j 和 L_j，由 H 方程的计算结果校正 T_j。SR 是通过迭代进行计算，初次迭代时需给定 L_j 及 T_j，在给定 L_j 及 T_j 后可求得 V_j 及 $K_{i,j}$，然后由三对角矩阵求得 $x_{i,j}$，再由流量加和方程校核流量，热衡算方程校核温度。如新求得的 L_j 及 T_j 与初值的偏差在给定精度之内，则收敛。否则以新求得的 L_j 及 T_j 为初值，进行新一轮的计算，直至收敛。

计算的第一步与 BP 法相似，用托马斯法计算液相组成 $x_{i,j}$，但不对得到的结果归一化，而是用流量加和方程直接计算新的 L_j 值。第 $k+1$ 次迭代的液相流量加和方程为

$$(L_j)_{k+1} = (L_j)_k \sum_{i=1}^{c} x_{i,j} \tag{5-56}$$

相应的汽相流量 V_j 由包括 j 级至 N 级的总物料衡算式得到，即

$$(V_j)_{k+1} = (L_{j-1})_{k+1} - (L_N)_{k+1} + \sum_{m=j}^{N} (F_m - G_m - U_m) \tag{5-57}$$

在求得下一次迭代的汽、液相流量后，$x_{i,j}$ 由式（5-26）进行归一，相应的 $y_{i,j}$ 用式（5-2）计算，并与 $x_{i,j}$ 用同样的方法进行归一。

SR 法中用热量平衡方程求解温度。若以 E_j 表示 j 级热量平衡的偏差值，由式（5-4）可得

$$E_1 = V_1 H_1 + (L_1 + U_1)h_1 - V_2 H_2 - F_1 H_{F1} + Q_1 \tag{5-58a}$$

$$E_j = -L_{j-1}h_{j-1} + (V_j + G_j)H_j + (L_j + U_j)h_j - V_{j+1}H_{j+1} - F_j H_{Fj} + Q_j$$
$$(2 \leqslant j \leqslant N-1) \tag{5-58b}$$

$$E_N = -L_{N-1}h_{N-1} + (V_N + G_N)H_N + L_N h_N - F_N H_{FN} + Q_N \tag{5-58c}$$

在汽、液相流量 V_j 和 L_j，及其组成 $y_{i,j}$ 和 $x_{i,j}$ 给定之后，方程组式（5-58）为 T_j 非线性方程组，可用牛顿-拉弗森（Newton-Raphson）法求解。

将 E_j 按泰勒（Taylor）级数展开，并略去所有高级偏导数项可得

$$\left.\begin{aligned}
(E_1)_{k+1} &= (E_1)_k + \left(\frac{\partial E_1}{\partial T_1}\right)_k \Delta T_1 + \left(\frac{\partial E_1}{\partial T_2}\right)_k \Delta T_2 \\
(E_j)_{k+1} &= (E_j)_k + \left(\frac{\partial E_j}{\partial T_{j-1}}\right)_k \Delta T_{j-1} + \left(\frac{\partial E_j}{\partial T_j}\right)_k \Delta T_j + \left(\frac{\partial E_j}{\partial T_{j+1}}\right)_k \Delta T_{j+1} \quad (2 \leqslant j \leqslant N-1) \\
(E_N)_{k+1} &= (E_N)_k + \left(\frac{\partial E_N}{\partial T_{N-1}}\right)_k \Delta T_{N-1} + \left(\frac{\partial E_N}{\partial T_N}\right)_k \Delta T_N
\end{aligned}\right\}$$

$$\tag{5-59}$$

显然，应调整 T_j 使得 $(E_j)_{k+1}=0$。若令

$$A_j=\left(\frac{\partial E_j}{\partial T_{j-1}}\right)_k=-L_{j-1}\left(\frac{\partial h_{j-1}}{\partial T_{j-1}}\right)_k \quad (2\leqslant j\leqslant N) \tag{5-60a}$$

$$B_j=\left(\frac{\partial E_j}{\partial T_j}\right)_k=(V_j+G_j)\left(\frac{\partial H_j}{T_j}\right)_k+(L_j+U_j)\left(\frac{\partial h_j}{\partial T_j}\right)_k \quad (1\leqslant j\leqslant N) \tag{5-60b}$$

$$C_j=\left(\frac{\partial E_j}{\partial T_{j+1}}\right)_k=-V_{j+1}\left(\frac{\partial H_{j+1}}{\partial T_{j+1}}\right)_k \quad (1\leqslant j\leqslant N-1) \tag{5-60c}$$

$$D_j=-E_j \quad (1\leqslant j\leqslant N) \tag{5-60d}$$

则由式(5-59) 可得

$$
\begin{bmatrix}
B_1 & C_1 & & & & & \\
A_2 & B_2 & C_2 & & & & \\
& \cdots & \cdots & & & & \\
& & A_j & B_j & C_j & & \\
& & & \cdots & \cdots & & \\
& & & & A_{N-1} & B_{N-1} & C_{N-1} \\
& & & & & A_N & B_N
\end{bmatrix}
\begin{bmatrix}
\Delta T_1 \\
\Delta T_2 \\
\vdots \\
\Delta T_j \\
\vdots \\
\Delta T_{N-1} \\
\Delta T_N
\end{bmatrix}
=
\begin{bmatrix}
D_1 \\
D_2 \\
\vdots \\
D_j \\
\vdots \\
D_{N-1} \\
D_N
\end{bmatrix}
\tag{5-61}
$$

式中

$$\Delta T_j=(T_j)_{k+1}-(T_j)_k \tag{5-62}$$

式(5-61) 为线性方程组，其系数矩阵为三对角矩阵，可用与解 ME 方程相同的方法解得各级的 ΔT_j。解得 ΔT_j 后，下一次迭代的温度 T_j 便可由下式确定

$$(T_j)_{k+1}=(T_j)_k+\lambda\Delta T_j \tag{5-63}$$

式中，λ 为阻尼因子，λ 值一般可取 1，但是当每次迭代的函数的平方和 $\sum\limits_{j=1}^{N}\left[E_{k+1}\right]^2$ 的值最小时，λ 值最优。

5.2.4.2 计算步骤

① 输入基础数据及设计变量并计算进料焓；

② 给 L_j、T_j 初值，并由给定的初值求 V_j、$K_{i,j}$；

③ 用托马斯法求各级液相组成 $x_{i,j}$；

④ 由式(5-56) 求新的 L_j，由式(5-57) 求 V_j，判断是否收敛，如不满足式(5-29)，则重复③的步骤直至满足；

⑤ 按式(5-26) 圆整 $x_{i,j}$，由式(5-2) 计算 $y_{i,j}$ 并圆整；

⑥ 按式(5-61) 计算 ΔT_j；

⑦ 判断是否收敛，判据为

$$DT=\frac{\sum\limits_{j=1}^{N}(\Delta T_j^2)}{N}\leqslant\varepsilon_T \tag{5-64}$$

如不满足式(5-64)，则重复③至⑦的步骤直至全都满足。

SR 法的程序框图如图 5-11 所示。

图 5-11　SR 法计算框图

【例 5-3】　图 5-12 所示吸收塔中稳定汽油 $F_1 = 310 \text{kmol/h}$，粗汽油 $F_2 = 700.93 \text{kmol/h}$，压缩富气 $F_6 = 785.115 \text{kmol/h}$。取热量 $Q_3 = 697.8 \text{kW}$，$Q_5 = 603.6 \text{kW}$。塔顶压力 $p = 790.1 \text{kPa}$，各平衡级压差 $\Delta p = 3.33 \text{kPa}$。各进料温度均为 40℃，压力与塔压相等，组成见表 5-9。试用 SR 法求各级温度 T_j 与流量 L_j。

解　本例题计算中汽液平衡和焓模型选用赵-席德模型计算。由初值 $V_j = 500$，$T_j = 40℃$ 开始计算，当收敛判别式(5-29) 和式(5-64) 中 $\varepsilon_H = 0.0001$，$\varepsilon_T = 0.001$，经 10 次迭代而收敛。收敛后的温度与流率见表 5-10。

图 5-12　[例 5-3] 附图

表 5-9　[例 5-3] 各级进料的组成（摩尔分数）

编号	组分	$z_{i,1}$	$z_{i,2}$	$z_{i,6}$
1	H_2	0.0000	0.0000	0.0272
2	CH_4	0.0000	0.0000	0.0773
3	N_2	0.0000	0.0000	0.1524
4	CO_2	0.0000	0.0000	0.0931
5	C_2^0	0.0000	0.0019	0.0927
6	$C_2^=$	0.0000	0.0017	0.1108
7	C_3^0	0.0000	0.0107	0.0359
8	$C_3^=$	0.0000	0.089	0.2416
9	C_4^0	0.0127	0.0301	0.0318
10	$C_4^=$	0.0312	0.0445	0.0476
11	C_5^0	0.1749	0.0986	0.0177
12	$C_5^=$	0.2855	0.2374	0.0005
13	$C_7^0 \sim C_9^0$	0.4957	0.5562	0.0023
合计		1.0000	1.0000	1.0000

表 5-10　[例 5-3] 收敛后的 T_j、V_j、L_j

级序 j	1	2	3	4	5	6
T_j/K	320.3	313.7	316.9	317.9	314.2	317.4
$V_j/(\mathrm{kmol/h})$	423.55	472.28	583.54	625.90	654.24	729.17
$L_j/(\mathrm{kmol/h})$	243.73	1135.93	1198.27	1226.62	1301.55	1357.53

【讨论】

BP 法是以求得的浓度来决定下一循环所用的温度，适用于塔级温度主要决定于浓度而流率主要决定于热平衡，即热衡算中潜热影响大于显热影响的情况。对组分沸点相近的系统（即窄沸程物系），由于其精馏时，汽液相的总流率是由潜热差通过热平衡确定，且塔级温度受组成的影响较大，适用于该法。一般用进料的泡点和露点之差 ΔT_{DB} 作为选择 BP 法或 SR 法的判据，如果 $\Delta T_{DB} < 55\,^{\circ}\mathrm{C}$，选 BP 法较好。

SR 法可以用在组成对流率的影响大于焓平衡对流率的影响，温度主要决定于热量平衡而不是组成，以及热平衡中显热的影响较为显著的情况，沸点差较大（宽沸程）的混合物的精馏计算宜用 SR 法，此时全塔温差大，在热量平衡中显热的影响较为显著，即适用于 $\Delta T_{DB} > 55\,^{\circ}\mathrm{C}$ 的情况，且 ΔT_{DB} 值愈大，用 SR 法效果愈好。至于中等 ΔT_{DB} 区域，或用 2N-牛顿法，或用 SR 或 BP 法中的一种加 θ 收敛法。

5.3　逐级计算法

从上面介绍的矩阵算法可见，级数已知是矩阵算法的首要条件，因此是操作型算法。要开发新的精馏装置，应开发适用于多组分的设计型算法。对于任意精馏装置，只要各设计变量的数值一经指定，则其他所有条件（各级的温度、流量、组成等）均已确定。而分离装置计算中一切严格计算法的目的就是要计算出在指定的设计变量值下，分离装置其他各个变量的唯一数值。讨论简单精馏塔的情况。

5.3.1　计算内容与计算起点

5.3.1.1　计算内容

所谓**逐级计算法**（stage-by-stage calculation）就是以某一已知条件的塔顶或塔釜为计算起点，根据物料衡算、热量衡算和相平衡关系（即 MESH 关系），反复逐级计算出各级的条件和满足关键组分分离要求所需的理论级数，所以属于设计型的计算方法。

如果假定精馏段和提馏段为恒摩尔流，此时只需物料衡算和相平衡方程就可进行逐级计算，即用 MES 方程联立求解，称之为简化的逐级计算，但只能求出各级的组成、浓度分布和满足关键组分分离要求所需的理论级数。若为变摩尔流，则需加上热量衡算进行逐级计算，即用 MESH 方程联立求解，除求出各级的组成、浓度分布和满足关键组分分离要求所需的理论级数外，还可求出各级的流率分布。

5.3.1.2　计算起点

已知塔顶和塔釜产品的组成是逐级计算法的前提条件。对于二元精馏，给定的分离条件是易挥发组分在塔顶、塔釜产品中的浓度，从摩尔分数加和归一关系可得到难挥发组分的浓度。但是，对于多元精馏，给定的分离条件仍然只能是两个，例如给出关键组分在塔顶或塔釜产品中的浓度要求，其余组分在塔顶、塔釜产品中的浓度也就确定了，而不能再任意指定。这是因为为完成关键组分的分离要求，已确定了塔的分离能力。但因为塔顶、塔釜产品中含有多组分，仅指定一个组分的浓度，根据各组分摩尔分数加和等于1的限制，其余组分的浓度就很难作出适宜的估计。两端产品的浓度未确定，逐级计算的起点就有问题。所以多组分精馏计算中的逐级法，首先要估算出关键组分以外其他各个组分在塔顶、塔釜产品中的分配比。初步确定其组成，然后才能开始逐级计算。一般采用两种估算方法：一种假定为清晰分割，当各组分间的相对挥发度相差较大时才能适用；另一种是以芬斯克方程为基础的非清晰分割，它算出的是全回流时各组分的分配比，即全回流下馏出液和釜液的组成，而不是在操作回流比下的两产品组成。

所以对非理想性不大的系统，可以根据全回流下各组分的分配比作为操作回流比下的分配比，求出塔顶、塔釜产品的组成，然后开始逐级计算。

一般对塔顶、塔釜物料预分布选择采用非清晰分割法的估算，并从组成较精确的一端算起。由于是估算的，就有可能对塔的某一端的组分估计得精确些，而对塔的另一端的组分估计得差些，或者对两端的组分估计都不准确。其定性规律如下：

① 如果分离的混合物中除关键组分外，仅有轻组分存在，当分离时，轻组分只有少量在塔釜，这时只要有较小的误差就会造成相当大的相对误差，而塔顶的情况就不同，轻组分量大相对误差小。所以这种情况下，估算的塔顶组成就较精确。即当两个难挥发组分作关键组分时，以塔顶为起点向下逐级计算，各级的温度由露点决定。

② 同理，除关键组分外仅有重组分存在时，估算的塔釜组成较为精确。即当两个易挥发组分作关键组分时，以塔釜作起点向上逐级计算，各级的温度由泡点决定。

③ 若分离混合物中除关键组分外，轻重组分都存在，两端估算的组成都不会太精确，则无论从哪一端算起都有较大的误差。即当关键组分是中间组分时，可以从两端同时算起，在加料级处契合。

5.3.2　恒摩尔流计算方法

当塔内各组分汽化潜热差别不太大时，可采用恒摩尔流假定下的逐级计算法进行设计计算。

5.3.2.1　从塔顶向下计算，塔序从塔顶向下

（1）**MES 方程**

① M 方程　由精馏段任一级 n 至塔顶作组分 i 的物料衡算，可得精馏段操作线方程

$$V_{n+1} y_{i,n+1} = L_n x_{i,n} + D x_{i,D}$$

$$y_{i,n+1} = \frac{L_n}{V_{n+1}} x_{i,n} + \frac{D}{V_{n+1}} x_{i,D} \tag{5-65}$$

对恒摩尔流 $L = RD$，$V = (R+1) D$，R 可由 Underwood 法求得。

由提馏段任一级 m 至塔釜作组分 i 的物料衡算，可得提馏段操作线方程

$$y_{i,m+1} = \frac{\overline{L}_m}{\overline{V}_{m+1}} x_{i,m} - \frac{W}{\overline{V}_{m+1}} x_{i,W} \tag{5-66}$$

精馏段操作线方程
$$y_{i,n+1}=\frac{R}{R+1}x_{i,n}+\frac{x_{i,D}}{R+1}$$

提馏段操作线方程
$$y_{i,m+1}=\frac{RD+qF}{(R+1)D-(1-q)F}x_{i,m}-\frac{W}{(R+1)D-(1-q)F}x_{i,w}$$

② **E 方程** 从塔顶向下逐级计算时，通常是利用已知的汽相组成通过露点方程计算确定平衡的液相组成。故平衡级中汽液两相组成之间的关系满足相平衡方程

$$x_{i,j}=\frac{y_{i,j}}{K_{i,j}} \tag{5-67}$$

当相对挥发度对温度和组成不敏感时，可用相对挥发度关联汽液两相的平衡关系，通常选重关键组分为相对组分。

$$x_{i,j}=\frac{y_{i,j}/\alpha_{i,j}}{\sum(y_{i,j}/\alpha_{i,j})} \tag{5-68}$$

③ **S 方程**

$$\sum x_{i,j}=1 \tag{5-69}$$

（2）计算步骤

根据分离要求，由简捷法（FUG 法）确定塔顶和塔釜的物料预分配。塔顶冷凝器为分凝器时，有

$$x_{i,1}=\frac{y_{i,1}}{K_{i,1}}=\frac{x_{i,D}}{K_{i,1}}$$

若为全凝器，则
$$x_{i,1}=x_{i,D}$$

由求出的 $x_{i,1}$ 利用精馏段操作线方程式（5-65）求下一级的汽相组成 $y_{i,2}$，利用相平衡关系式（5-67），由已知的汽相组成 $y_{i,1}$ 进行露点的计算，同时确定级温度和求得与之平衡的液相组成 $x_{i,2}$，交替计算直到接近加料级组成，然后换成提馏段操作线方程式（5-66）继续逐级计算到塔釜。

5.3.2.2 从塔釜向上计算，塔序从塔釜向上

（1）**MES 方程**

M 方程：提馏段
$$x_{i,m+1}=\frac{\overline{V}_m}{\overline{L}_{m+1}}y_{i,m}+\frac{W}{\overline{L}_{m+1}}x_{i,w} \tag{5-70}$$

精馏段
$$x_{i,n+1}=\frac{V_n}{L_{n+1}}y_{i,n}-\frac{D}{L_{n+1}}x_{i,D} \tag{5-71}$$

E 方程：
$$y_{i,j}=k_{i,j}x_{i,j}=\frac{\alpha_{i,j}x_{i,j}}{\sum\alpha_{i,j}x_{i,j}} \tag{5-72}$$

S 方程：
$$\sum y_{i,j}=1 \tag{5-73}$$

（2）计算步骤

利用相平衡关系式（5-72）由已知的塔釜液相组成 $x_{i,w}$ 进行泡点温度的计算，同时确定级温度和求得与之平衡的汽相组成 $y_{i,w}$，由求出的 $y_{i,w}$ 利用提馏段操作线方程式（5-70）求上一级的液相组成 $x_{i,1}$，交替计算直到接近加料级组成，然后换成精馏段操作线方程式（5-71）继续逐级计算到塔顶。

5.3.2.3　从两头向中间计算

方法同上，但由塔顶向下计算到加料级的组成与由塔釜向上计算到加料级处的组成一般是不吻合的，因根据物料分布，塔顶产品中往往不含比重关键组分还重的组分，这样由上向下计算时，就应该在适当部位加入这些组分，才能保证在进料级处得到吻合。同时由塔釜向上计算时，也需要在适当部位加入轻组分。

5.3.3　进料级的确定和计算结束的判断

如何确定适宜的进料位置是逐级计算的关键之一，适宜的进料位置定义为达到规定分离要求所需总级数最少的进料位置。如果只从一端开始起算，那么和双组分精馏计算时一样，若算到某一级后，换操作线方程时比不改变操作线方程时精馏效果更好，则应改变操作线方程式，即该级就是进料级。可以轻、重关键组分的浓度之比作为精馏效果的准则。

5.3.3.1　从塔釜向上计算

为使分离效果好，要求轻、重关键组分液相浓度比值增加越快越好。如果

$$\left(\frac{x_L}{x_H}\right)_{j,R} < \left(\frac{x_L}{x_H}\right)_{j,S} \tag{5-74}$$

则第 $j-1$ 级不是进料级，继续作提馏段的逐级计算。如果

$$\left(\frac{x_L}{x_H}\right)_{j+1,R} > \left(\frac{x_L}{x_H}\right)_{j+1,S} \tag{5-75}$$

则第 j 级为适宜进料位置，$j+1$ 级应转换成用精馏段操作线计算 $x_{i,j}$，再由平衡关系求 $y_{i,j}$。式中，下标 L 和 H 分别表示轻、重关键组分；下标 R 和 S 分别表示用精馏段和提馏段操作线计算的结果。

计算结束判据为

$$\left(\frac{x_L}{x_H}\right)_N \geqslant \left(\frac{x_L}{x_H}\right)_D \tag{5-76}$$

5.3.3.2　从塔顶向下计算

同理为使分离效果好，要求轻、重关键组分汽相浓度比值降低得越快越好。若

$$\left(\frac{y_L}{y_H}\right)_{j,R} < \left(\frac{y_L}{y_H}\right)_{j,S} \text{ 且 } \left(\frac{y_L}{y_H}\right)_{j+1,R} > \left(\frac{y_L}{y_H}\right)_{j+1,S} \tag{5-77}$$

则第 j 级是适宜进料级，$j+1$ 级应转换成由提馏段操作线计算。

计算结束判据为

$$\left(\frac{x_L}{x_H}\right)_N \leqslant \left(\frac{x_L}{x_H}\right)_W \tag{5-78}$$

5.3.3.3　从两头向中间计算

如果从两端分别开始起算，原则上仍可用上述方法来确定进料位置，但此时由塔顶往下算所得进料级的组成与由塔釜往上算所得进料级的组成不可能一样，此时应将原估算的馏出液和釜液的组成作适当修改，重新计算，直至达到较好的吻合时为止。也可采用下面的近似法进行计算。

从塔顶向下计算的进料位置

$$\left(\frac{x_L}{x_H}\right)_n > \left(\frac{x_L}{x_H}\right)_F > \left(\frac{x_L}{x_H}\right)_{n+1} \tag{5-79}$$

取（$n+1$）为进料级。

从塔釜向上计算的进料位置

$$\left(\frac{x_L}{x_H}\right)_m < \left(\frac{x_L}{x_H}\right)_F < \left(\frac{x_L}{x_H}\right)_{m+1} \tag{5-80}$$

取（$m+1$）为进料级。

全塔理论级数 $\qquad\qquad N=n+m+1 \tag{5-81}$

若 $n+1$ 级与 $m+1$ 级的组成相差很大，则需重新估计塔顶、塔釜组成。

当进料为饱和液体或汽液混合物时，应计算到级上的液相组成接近加料中的液相组成为止。当进料为汽相时，应计算到级上的汽相组成接近进料中的汽相组成为止。前已述及，若分离混合物中除关键组分外，轻重组分都存在，两端估算的组成都不会太精确，此时无论从哪一端开始算都不理想，虽然可分别从两端开始往进料级处算，但收敛是很困难的。因此，在该情况下，逐级计算不是一个好方法，应采用其他方法。

5.3.4 变摩尔流的逐级法

若为变摩尔流率，则各级的流率不相等，即 $V_{n+1} \neq V_n$，$L_{n+1} \neq L_n$，则需再引入热量平衡式。由物料平衡式、相平衡式和热量平衡式来逐级推算求得理论级数。即由 $x_{i,n}$ 计算 $y_{i,n+1}$ 时，应用 M 和 H 方程联立求解，从而求得理论级数。

精馏段热量平衡式为

$$V_{n+1}H_{n+1} = L_n h_n + D h_D + q_c \tag{5-82}$$

$$V_{n+1} = \frac{D(h_D - h_n) + q_c}{H_{n+1} - h_n} \tag{5-83}$$

式中，h_D、h_n 和 H_{n+1} 分别为塔顶馏出液、第 n 级的液相和第 $n+1$ 级汽相摩尔热焓；q_c 为塔顶冷凝器移走的热量。

如计算从塔顶开始，可先假定第 $n+1$ 级的汽相流率 V_{n+1}，然后由精馏段操作线方程求出该级的汽相组成 $y_{i,n+1}$，从而可计算该级的汽相摩尔热焓，再利用热量衡算式（5-83）求出新的 V_{n+1}，并验证所假设的 V_{n+1} 是否正确。由塔顶向下计算至进料级，从而求得各级上的新流量 V、L。

若由塔釜向上逐级计算，则从塔釜开始，可先假定第 $m+1$ 级的液相流率 $\overline{L}_{m+1}$，然后由提馏段操作线方程求出该级的液相组成 $x_{i,m+1}$，从而可计算该级的液相摩尔热焓，再利用热量衡算式（5-85）求出新的 $\overline{L}_{m+1}$，并验证所假设的 $\overline{L}_{m+1}$ 是否正确。直至加料级为止，即可计算提馏段各级的 $\overline{L}_m$ 及 $\overline{V}_m$ 值。

提馏段热量衡算式为

$$\overline{L}_{m+1}h_{m+1} + q_r = \overline{V}_m H_m + W h_W \tag{5-84}$$

$$\overline{L}_{m+1} = \frac{W(H_m - h_W) + q_r}{H_m - h_{m+1}} \tag{5-85}$$

式中，h_W、h_{m+1} 和 H_m 分别为塔釜馏出液、第 $m+1$ 级的液相和第 m 级汽相摩尔热焓；q_r 为加入再沸器的热量。

【例 5-4】 对一含 4 种组分的溶液进行精馏，其组成如下表所示，进料状态为饱和液体。塔压为 1.36MPa。丙烷的回收率为 98%，丙烷在馏出液中的浓度为 98%（摩尔分数），回流量与进料量之比为 2。冷凝器为全凝器。假定塔内精馏段和提馏段均为恒摩尔流，且各组分的相对挥发度可看作常数，试求所需的理论级数和适宜的进料位置。

组分	丙烷	丁烷	异戊烷	正戊烷	合计
z_i（摩尔分数）	0.40	0.40	0.10	0.10	1.00

解 假定为清晰分割，则产品组成为

组　分	馏出液		釜液	
	$Dx_{i,D}$	$x_{i,D}$（摩尔分数）	$Wx_{i,W}$	$x_{i,W}$（摩尔分数）
C_3	0.392	0.98	0.008	0.013
C_4	0.008	0.02	0.392	0.653
i-C_5			0.100	0.167
n-C_5			0.100	0.167
合计	0.400	1.00	0.600	1.00

因为非关键组分在馏出液中的浓度不如它们在釜液中的浓度更准确，因此逐级计算宜从塔釜开始。

用塔釜温度时的相对挥发度和塔顶温度时的相对挥发度的平均值计算整个精馏塔。为此，要先计算塔釜温度和塔顶温度。求塔顶的温度，即求馏出液组成的露点。设 $t=43.5℃$，由烃类的 p-T-K 图查得 K_i 值，计算如下。

组分	$y_{i,D}$（摩尔分数）	假定 $t=43.5℃$		假定 $t=41℃$	
		K_i	y_i/K_i	K_i	y_i/K_i
C_3	0.98	1.1	0.8909	1.04	0.9423
C_4	0.02	0.361	0.0554	0.34	0.0588
合计	1.00		0.9463		1.0011

$t=41℃$ 时，$\sum y_i/K_i=1.0011\approx1$，故塔顶温度为 41℃。在此温度下，各组分的 α 值（取 C_4 为参考组分）为

组分	C_3	C_4	i-C_5	n-C_5
K_i	1.04	0.34	0.102	0.124
$\alpha_{i,4}$	3.059	1.00	0.300	0.365

求塔釜温度即釜液组成的泡点，计算如下

组分	$x_{i,W}$	假定 $t=110.5℃$		假定 $t=120℃$		$\alpha_{i,4}$（120℃）
		K_i	$K_i x_{i,W}$	K_i	$K_i x_{i,W}$	
C_3	0.013	3.1	0.0403	3.46	0.0450	3.174
C_4	0.653	0.98	0.6399	1.09	0.7118	1.00
i-C_5	0.167	0.74	0.1236	0.86	0.1436	0.789
n-C_5	0.167	0.62	0.1035	0.75	0.1253	0.688
合计	1.00		0.9073		1.0257	

故塔釜温度为 120℃，120℃时各组分的 α 值见上表。因塔顶、塔釜温度下的 $\alpha_{i,4}$ 值相

差不大，故可用算术平均值作为 $\alpha_{i,4平均}$，其值如下

组分	C_3	C_4	$i\text{-}C_5$	$n\text{-}C_5$
$\alpha_{i,4平均}$	3.1165	1.00	0.5445	0.5265

以 $F=1\text{mol}$ 为基准，计算塔内流率：

精馏段液相流率 $\qquad\qquad L=2F=2$

提馏段液相流率 $\qquad\qquad \overline{L}=L+F=3$

精馏段汽相流率 $\qquad\qquad V=L+D=2+0.4=2.4$

提馏段汽相流率 $\qquad\qquad \overline{V}=V=2.4$

因此，提馏段的操作线方程为

$$\overline{L}x_{i,m+1}=\overline{V}y_{i,m}+Wx_{i,W} \qquad\qquad\text{(a)}$$

上式中塔级序号是从下往上计数的。平衡关系为

$$y_{i,n}=K_{i,n}x_{i,n}$$

因为用的是相对挥发度，故改写为用相对挥发度表达的形式

$$y_{i,n}=\frac{\alpha_{i,4}x_{i,n}}{\sum \alpha_{i,4}x_{i,n}}$$

等式两边各乘 $\overline{V}$，等式右边分子分母各乘 $\overline{L}$，得出

$$\overline{V}y_{i,n}=\frac{\overline{V}}{\sum \alpha_{i,4}\overline{L}x_{i,n}}\alpha_{i,4}\overline{L}x_{i,n} \qquad\qquad\text{(b)}$$

由已知釜液浓度，根据式（b）可计算出离开塔釜而上升的蒸气（即进入第一个平衡级的蒸气）浓度。由此，利用式（a）可求得第一个平衡级上液体浓度。如此反复利用式（b）和式（a），便可求得各级的条件。下面为提馏段计算结果：

组分	$Wx_{i,W}$	$\alpha Wx_{i,W}$	$\overline{V}y_{i,W}$［由式(b)计算］	$\overline{L}x_{i,D}$［由式(a)计算］
C_3	0.008	$3.1165\times0.008=0.025$	$2.4\times0.025/0.524=0.1145$	$0.1145+0.008=0.1225$
C_4	0.392	$1.00\times0.392=0.392$	$2.4\times0.392/0.524=1.7954$	$1.7954+0.392=2.1874$
$i\text{-}C_5$	0.100	$0.5445\times0.100=0.054$	$2.4\times0.054/0.524=0.2473$	$0.2473+0.100=0.3473$
$n\text{-}C_5$	0.100	$0.5265\times0.100=0.053$	$2.4\times0.053/0.524=0.2427$	$0.2427+0.100=0.3427$
合计	0.600	0.524	2.3999	2.9999

组分	第一级			第二级		
	$\overline{L}x_i$	$\alpha_{i,4}\overline{L}x_i$	$\overline{V}y_i$	$\overline{L}x_i$	$\alpha_{i,4}\overline{L}x_i$	$\overline{V}y_i$
C_3	0.1225	0.3818	0.3117	0.3197	0.9963	0.6944
C_4	2.1874	2.1874	1.7865	2.1785	2.1785	1.5183
$i\text{-}C_5$	0.3473	0.1891	0.1544	0.2544	0.1385	0.0965
$n\text{-}C_5$	0.3427	0.1804	0.1473	0.2473	0.1302	0.0907
合计	2.9999	2.9386	2.3999	2.9999	3.4435	2.3999

组分	第三级			第四级		
	$\overline{L}x_i$	$\alpha_{i,4}\overline{L}x_i$	$\overline{V}y_i$	$\overline{L}x_i$	$\alpha_{i,4}\overline{L}x_i$	$\overline{V}y_i$
C_3	0.7024	2.1890	1.2199	1.2279	3.8268	1.6844
C_4	1.9103	1.9103	1.0646	1.4566	1.4566	0.6411

组分	第三级			第四级		
	$\overline{L}x_i$	$\alpha_{i,4}\overline{L}x_i$	$\overline{V}y_i$	$\overline{L}x_i$	$\alpha_{i,4}\overline{L}x_i$	$\overline{V}y_i$
i-C_5	0.1965	0.1070	0.0596	0.1596	0.0869	0.0383
n-C_5	0.1907	0.1004	0.0560	0.1560	0.0821	0.0361
合计	2.9999	4.3067	2.4001	3.0001	5.4524	2.3999

第四级上 x_{C_3}/x_{C_4} 的值已接近进料液相中 x_{C_3}/x_{C_4} 的值（在本题中也就是 z_{C_3}/z_{C_4} 的值），故应考虑第四级是否为最适宜的进料级。可以这样来试算，①认为第四级是进料级，第五级的组成按精馏段操作线计算，这样可以求得 $(x_{C_3}/x_{C_4})_5$ 的值；②认为第四级还不是进料级，第五级的组成仍按提馏段操作线计算，也可求得 $(x_{C_3}/x_{C_4})_5$。然后看哪一种情况算得的比值较大，便可确定第四级是否为适宜进料级。

若第四级不是进料级，则 $\left(\dfrac{x_{C_3}}{x_{C_4}}\right)_{5,S}=\dfrac{1.6844+0.008}{0.6441+0.392}=1.64$

若第四级已是进料级，因 $V=\overline{V}$，故第五级用精馏段操作线方程计算

$$Lx_{i,5}=Vy_{i,4}-Dx_{i,D}$$

因此 $\left(\dfrac{x_{C_3}}{x_{C_4}}\right)_{5,R}=\dfrac{1.6844-0.392}{0.6411-0.008}=2.04>1.64$

可见第四级作为进料级是较好的。当然，也可以考虑第三级是否合适，同样可采用该法来试算。

若第三级不是进料级，$\left(\dfrac{x_{C_3}}{x_{C_4}}\right)_{4,S}=\dfrac{1.2199+0.008}{1.0646+0.392}=0.84$

若第三级已是进料级，因 $V=\overline{V}$，故第四级用精馏段操作线方程计算

$$Lx_{i,4}=\overline{V}y_{i,3}-Dx_{i,D}$$

因此 $\left(\dfrac{x_{C_3}}{x_{C_4}}\right)_{4,R}=\dfrac{1.2199-0.392}{1.0646-0.008}=0.78<0.84$

所以第三级不是合适的进料级。

应该指出，从实用观点来说，进料级位置与最适宜位置相差不大的话，对理论级总数的影响并不会太大，故稍有偏离，并不是非常重要的事。

下面继续进行计算，但物料衡算改用精馏段操作线方程

$$Lx_{i,n+1}=Vy_{i,n}-Dx_{i,D} \tag{c}$$

组分	$Dx_{i,D}$	第五级			第六级		
		Lx_i	$\alpha_{i,4}Lx_i$	Vy_i	Lx_i	$\alpha_{i,4}Lx_i$	Vy_i
C_3	0.392	1.2924	4.0278	2.0564	1.6644	5.1871	2.2580
C_4	0.008	0.6331	0.6331	0.3232	0.3152	0.3152	0.1372
i-C_5		0.0383	0.0209	0.0107	0.0107	0.0058	0.0025
n-C_5		0.0361	0.0190	0.0097	0.0097	0.0051	0.0022
合计	0.400	1.9999	4.7008	2.40	2.00	5.5132	2.3999

组分	第七级			第八级			
	Lx_i	$\alpha_{i,4}Lx_i$	Vy_i	Lx_i	$\alpha_{i,4}Lx_i$	Vy_i	y_i
C_3	1.8660	5.8154	2.3468	1.9548	6.0921	2.3825	0.993
C_4	0.1292	0.1292	0.0521	0.0441	0.0441	0.0172	0.007
$i\text{-}C_5$	0.0025	0.0014	0.00057	0.00057	0.00031	0.00012	—
$n\text{-}C_5$	0.0022	0.0012	0.00048	0.00048	0.00025	0.00010	—
合计	1.9999	5.9472	2.39995	1.9995	6.13676	2.39992	1.00

故除再沸器外，需要近八个理论级。

如第 3 章所述，萃取精馏和共沸精馏是加入另一组分，即溶剂或共沸剂，以改善相平衡关系，因而促进进料混合物的分离。若被分离的混合物只含两个组分，则萃取精馏和共沸精馏属于三组分系统。因此它们适于逐级计算。在萃取精馏中，因溶剂是重非关键组分，而进料中的组分是关键组分，逐级计算可从塔釜开始。在以苯为共沸剂进行乙醇和水的共沸精馏中，水是轻非关键组分，而另外两个组分可以看成关键组分，因此逐级计算可以从塔顶开始。

5.4 松弛法与非平衡级模型

5.4.1 松弛法

上面讨论的精馏计算法均属描述稳定状态工况下基本方程的求解法，松弛法（relaxation method）是以不稳定状态下的物料平衡为基础进行精馏计算的方法之一。Rose 的松弛法的原则是仿照精馏过程由不稳定态趋向稳态的进程来求解，它采用非稳定态的物料衡算方程，计算时各级的起始组成可以采用进料组成，也可选择其他认为便于计算的组成。选好起始组成后，用物料衡算方法对每级进行计算，每一时间间隔计算一次，每一次计算得到一组塔级上的液相组成，每一次得到的结果与上一次得到的组成稍有不同，重复这种计算将给出一组又一组的塔级上组成，当两次或三次接连计算的结果不再变化时，表示级上的组成达到了稳定态，迭代次数代表计算过程时间。

（1）松弛法的基本方程

松弛法所用的物料衡算方程与一般操作线方程不同，它在由开始的非稳定态向稳定态变化的过程中，对某一时间间隔内每个塔级上的物料变化进行衡算。为了简化计算过程，假定塔内为恒摩尔流，每个级均为理论级，并假定无侧线采出和热量交换，则在不稳定态时，在每个时间间隔 $\Delta\tau$ 内必有累积现象发生。图 5-13 表示无侧线采出和热量交换，也无进料，即为一简单的第 j 平衡级，当该级处于不稳定状态时，由于物料进出不平衡将导致物料积累

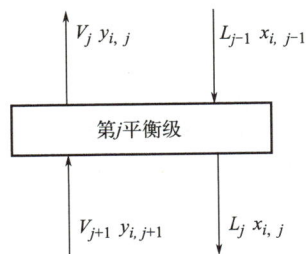

$$累积量＝进入量－排出量 \tag{5-86}$$

故在 $\Delta\tau$ 一段时间内，对第 j 级上的组分进行物料衡算

图 5-13 j 级物料示意图

$$\text{组分 } i \text{ 进入 } j \text{ 级的量} = \int_{\tau}^{\tau+\Delta\tau} (L_{j-1}x_{i,j-1} + V_{j+1}y_{i,j+1})\mathrm{d}\tau \tag{5-87}$$

$$\text{组分 } i \text{ 离开 } j \text{ 级的量} = \int_{\tau}^{\tau+\Delta\tau} (V_j y_{i,j} + L_j x_{i,j})\mathrm{d}\tau \tag{5-88}$$

$$\text{组分 } i \text{ 在 } j \text{ 级上的累积量} = E_j x_{i,j}\big|_{\tau+\Delta\tau} - E_j x_{i,j}\big|_{\tau} \tag{5-89}$$

式中，$E_j = U_j + W_j$，其中 U_j 为 j 级上的**存液量**，W_j 为 j 级上的存气量折算成存液量。

根据积分中值定理，式(5-87) 和式(5-88) 可改写为

$$\text{组分 } i \text{ 进入 } j \text{ 级的量} = (L_{j-1}x_{i,j-1} + V_{j+1}y_{i,j+1})_{\mathrm{av}}\Delta\tau \tag{5-90}$$

$$\text{组分 } i \text{ 离开 } j \text{ 级的量} = (V_j y_{i,j} + L_j x_{i,j})_{\mathrm{av}}\Delta\tau \tag{5-91}$$

根据拉格朗日（Lagrange）中值定理，式(5-89) 可改写为

$$\text{组分 } i \text{ 的累积量} = \Delta\tau \frac{\mathrm{d}(E_j x_{i,j})}{\mathrm{d}\tau}\bigg|_{\tau+\varepsilon\Delta\tau} = \Delta\tau \left(E_j \frac{\mathrm{d}x_{i,j}}{\mathrm{d}\tau}\bigg|_{\tau+\varepsilon\Delta\tau} + x_{i,j}\frac{\mathrm{d}E_j}{\mathrm{d}\tau}\bigg|_{\tau+\varepsilon\Delta\tau}\right) \tag{5-92}$$

将式(5-90)～式(5-92) 代入式(5-86)

$$(L_{j-1}x_{i,j-1} + V_{j+1}y_{i,j+1} - V_j y_{i,j} - L_j x_{i,j})_{\mathrm{av}} = E_j \frac{\mathrm{d}x_{i,j}}{\mathrm{d}\tau}\bigg|_{\tau+\varepsilon\Delta\tau} + x_{i,j}\frac{\mathrm{d}E_j}{\mathrm{d}\tau}\bigg|_{\tau+\varepsilon\Delta\tau} \tag{5-93}$$

设 E_j 不随时间变化，且 $\Delta\tau \to 0$ 时，$\dfrac{\mathrm{d}E_j}{\mathrm{d}\tau} = 0$，上式变为瞬时值。

$$L_{j-1}x_{i,j-1} + V_{j+1}y_{i,j+1} - V_j y_{i,j} - L_j x_{i,j} = E_j \frac{\mathrm{d}x_{i,j}}{\mathrm{d}\tau} \tag{5-94}$$

当时间 $=\tau$ 时，全塔各级上的 L、V、x、y 均为已知，即可由上式算出 τ 时各级上组分 i 随时间的变化率 $\dfrac{\mathrm{d}x_{i,j}}{\mathrm{d}\tau}$。

然后由拉格朗日中值定理求 j 级上组分在 $\tau+\Delta\tau$ 时的组成

$$(x_{i,j})_{\tau+\Delta\tau} = (x_{i,j})_{\tau} + \Delta\tau \frac{\mathrm{d}x_{i,j}}{\mathrm{d}\tau}\bigg|_{\tau+\varepsilon\Delta\tau} \tag{5-95}$$

Rose 等假定 $x_{i,j}$ 随时间 τ 的变化率为线性关系即

$$\frac{\mathrm{d}x_{i,j}}{\mathrm{d}\tau}\bigg|_{\tau+\varepsilon\Delta\tau} = \frac{\mathrm{d}x_{i,j}}{\mathrm{d}\tau}\bigg|_{\tau} \tag{5-96}$$

若以反复计算次数 k 代表 τ，$k+1$ 次代表 $\tau+\Delta\tau$，则由式(5-94) 及式(5-96) 可得松弛法基本方程：

$$(x_{i,j})_{k+1} = (x_{i,j})_k + \frac{\Delta\tau}{E_j}(L_{j-1}x_{i,j-1} + V_{j+1}y_{i,j+1} - V_j y_{i,j} - L_j x_{i,j})_k \tag{5-97}$$

式中，$\dfrac{\Delta\tau}{E_j} = \mu_j$ 称为**松弛系数**。Rose 指出，为避免迭代过程中各级组成发生不合理的变化，使过程不收敛，松弛系数必须选得较小，取

$$\frac{\Delta\tau}{E_j} = \frac{1}{(5\sim 10)F} \tag{5-98}$$

式中，F 为进料量。若各级的存液量相等，各级的松弛系数也可取等值，但对不同组分有时可用不同的松弛系数值。

对冷凝器：$(x_{i,j})_{k+1}=(x_{i,j})_k+\mu_j(V_2y_{i,2}-V_1y_{i,1}-L_1x_{i,1})_k$

再沸器：$(x_{i,N})_{k+1}=(x_{i,N})_k+\mu_N(L_{N-1}x_{i,N-1}-V_Ny_{i,N}-L_Nx_{i,N})_k$

进料级：$(x_F)_{k+1}=(x_F)_k+\mu_F(Fz_i+V_{F+1}y_{i,F+1}+L_{F-1}x_{i,F-1}-V_Fy_{i,F}-L_Fx_{i,F})_k$

同理，对图 5-5 所示的复杂塔可推导其松弛法基本方程为

$$(x_{i,j})_{k+1}=(x_{i,j})_k+\frac{\Delta\tau}{E_j}[L_{j-1}x_{i,j-1}+V_{j+1}y_{i,j+1}+F_jz_{i,j}-(V_j+G_j)y_{i,j}-(L_j+U_j)x_{i,j}]_k$$

(5-99)

（2）计算步骤

计算由一组初始值开始，用选定的松弛系数由松弛方程反复计算，直至得到 $(x_{i,j})_{k+1}$ 与 $(x_{i,j})_k$ 的差符合要求为止，最方便的计算是按照恒摩尔流将进料组成作为各级上液相组成的初始值，这些值也作为时间为零时的组成值，为避免由各级上存液量的变动造成较大的误差，所取时间间隔应尽量短。

计算步骤：

① 假定一组初值。

选 $\mu_j=\dfrac{\Delta\tau}{E_j}=\dfrac{1}{(5\sim10)\ F}$。

设一组各级的 $x_{i,j}$，一般设 $x_{i,j}=x_{i,F}$，泡点试差得 $y_{i,j}$。

设一组各级的 V_j 或 L_j，一般设为恒摩尔流。

② 由松弛法基本方程式(5-97)从冷凝器开始往下（或由再沸器往上）逐级计算新的 $(x_{i,j})_{k+1}$，检验

$$\frac{|(x_{i,j})_{k+1}-(x_{i,j})_k|}{(x_{i,j})_{k+1}}\leqslant\varepsilon_x\ ;1\leqslant j\leqslant N$$

(5-100)

式中，ε_x 为预先给定的计算精度。若满足精度计算结束。

③ 圆整 $(x_{i,j})_{k+1}$ 作泡点计算，即由 S 方程确定新的温度分布 $(T_j)_{k+1}$ 和汽相组成 $(y_{i,j})_{k+1}$。

④ 由 $(x_{i,j})_{k+1}$，$(T_j)_{k+1}$，$(y_{i,j})_{k+1}$ 计算焓值 H_j，h_j。

⑤ 由 H 方程计算新的 $(V_j)_{k+1}$，$(L_j)_{k+1}$。

⑥ 检验 $\qquad\dfrac{|(V_j)_{k+1}-(V_j)_k|}{(V_j)_{k+1}}\leqslant\varepsilon_v\ ;3\leqslant j\leqslant N$ (5-101)

式中，ε_v 为预先给定的计算精度。不成立则重复②～⑤。

松弛法的优点是适用于各种复杂的精馏过程，不仅对初值选定没有严格要求，而且某一组分的量发生变化时，对计算也没有太大影响，所以收敛很稳定，但必须使用计算机，即便如此，其收敛速度也太慢，因此只有其他方法无法解时，才用松弛法。

5.4.2 非平衡级模型

对多组元精馏过程进行模拟计算的数学模型，目前仍广泛应用的是平衡级精馏计算法，它有两个主要假设，即"全混级"和"平衡级"假设。而实际精馏过程很难达到理想的平衡状态，作为理论级模型基础的两个假设都不合理。为解决此问题，一般是凭借经验选取一个全塔效率的数值，将实际精馏过程的非理想性因素归并其中。虽然用级效率和 HETP 评价板式塔和填料塔的性能很方便，但存在两个严重缺陷：①影响因素复杂，预测方法至今仍不

成熟，很难与设备的结构相关联；②多组分体系中各组分的级效率或 HETP 差别很大，在塔中变化也很大，在一些极端情况下，其值可能为负值或大于 1，存在着一些难以理解的概念问题。所以尽管平衡级计算十分精确，但实际塔级效率的精度却不高，且不能给出各层实际塔级上汽液两相的组成、温度和流量。

非平衡级模型从根本上抛弃传统的"平衡级-级效率"模式，直接用传质、传热速率方程表征两相间的传递过程，避免引入级效率、HETP 等难以确定的量，可更准确预测塔内的浓度、流量和温度分布，特别是多元物系的分离过程。我国精馏分离学科创始人之一余国琮院士在国际上首次提出了大型精馏塔非平衡-非全混模拟理论。

非平衡级模型假定平衡状态仅存在于两相界面处，因此需要描述混合物性质的热力学模型。描述复杂流动类型的方法很多，通常将复杂流动类型分解成简单的理想流动类型的组合。例如，把某一相中性质不同的部分（如直径不同的液滴）看成进行对流交换的不同的相，把夹带和返混看成进出各相的附加流动。把分布不均看成不同流比的平行物流等，并常用 Fick 定律描述界面处的扩散传质过程，同时考虑主体流动引起的传质。平衡级模型只需相平衡和焓两类数据，非平衡级模型对设备进行了更全面的描述，因此需要更多的数据，见表 5-11。

表 5-11　两种模型所需物性数据和设备描述

模型	物性数据	设备描述
平衡级模型	相平衡和焓	级数及各进料和出料的位置
非平衡级模型	相平衡和焓、密度、黏度、摩擦系数、界面张力、表面积、扩散系数、热导率、传热及传质系数	级数及各进料和出料的位置、不同部分塔板的数目、塔径、板间距、溢流管的结构、孔径、传质面积、堰的高度等

理论上，非平衡级模型通过将汽液相分块，计算每块之间的传质方程和传热方程，比较符合实际过程，但是受计算能力的限制，分块不可能很多，因此精度受到一定的限制。Wesselingh 针对不同精馏塔类型，分析了相间平衡分布、大规模流、汽液相混合模式、相间传热传质阻力的影响、综合时间效率和精度确定模型形式。Higler 等在非平衡级模型的基础上使用 Zuiderweg 区/板模型研究填料精馏塔中液流分布不均的影响，通过将填料塔分层，每层划分为若干汽液相共存的腔室，腔室内的汽液相以及每层之间相邻的腔室使用非平衡级模型进行传质、传热计算。然后又将该模型拓展至汽-液-液三相精馏中，对每一个可能存在三相混合物的区域都使用了一组平衡方程，传质和传热方程使用 Maxwell-Stefan 方程建模。

许松林等提出的三维非平衡混合池模型将整个精馏塔划分成一定数目的、三维分布的混合池。在混合池内进行着非平衡的汽液传质过程，以点效率 E_{OG} 或传质系数 k_{OG} 来关联液体混合池内的汽液相实际浓度。在各个混合池之间可以表示不均匀的流动和涡流扩散。故此模型不仅可以反映传质过程的非理想性，而且还可以描述实际精馏过程存在的各种复杂的流动和混合现象，以及雾沫夹带和漏液等，从而能够逼真地模拟实际的精馏分离过程。因此，这种新的模拟方法具有明显的实际意义和广阔的发展前景。

但该模型所采用的塔级液相流速分布需要根据实验来确定，而且此模型的计算过程比较复杂，进行实际应用时一般要对模型做一些简化。鉴于上述情况，孟艾等提出一种简洁、实用的精馏过程模拟方法——非平衡级双区模型。1972 年 Bell 的实验证明工业规模的塔板边缘区域存在反向流，提出塔板边缘部分为循环流区。宋海华等的实验（塔径均为 1.2m）证明对于工业塔，尤其是直径较大的精馏塔，塔板边缘存在循环流区是一种普遍的现象，塔板中间主流区的流型接近于平推流，各点的流动速度相差较小，而其与塔板边缘的循环流区的流动速度却相差较大。

基于上述研究结果，非平衡级双区模型对精馏塔内液相和汽相的流动与混合情况做以下假设。

① 塔板上的液相可分为主流区和循环流区，液相在主流区做平推流动，在循环流区做循环流动，在两个区域之间仅存在涡流扩散。

② 塔板上的汽相是完全混合的。

③ 塔板上液相和汽相间的传质情况可以用点效率来表征。为与点效率的定义相符合但又不使计算过程过于复杂，可将做平推流动的主流区沿流动方向横截分为面积相等的 3 部分，各部分均可视为完全混合，其内部各点的点效率相等，循环流区内各点的点效率相等。

余国琮院士
——我国精馏分离学科创始人、现代工业精馏技术先行者

余国琮（1922 年—2022 年），出生于广东省广州市，中国科学院院士，著名化工专家，杰出教育家。1943 年毕业于西南联合大学化工系，1945 年起先后在美国密歇根大学和匹兹堡大学攻读硕士、博士学位。1950 年毅然返回祖国，是首批留美归来的学者之一。1952 年起在天津大学化工系工作，历任化工机械教研室主任，化工系、机械系副主任，化学工程研究所所长、名誉所长，化工学院名誉院长，精馏技术国家工程研究中心技术委员会主任。

余国琮是我国化工分离工程科学的开拓者，长期从事化工分离科学与工程研究，在精馏技术基础研究、成果转化和产业化领域进行了系统性与开创性工作。20 世纪 50 年代，他面向我国炼油工业发展重大需求，开展了大型工业精馏塔新技术研究，奠定了现代精馏技术的理论基础，形成了"具有新型塔内件的高效填料塔技术"，从而打破了国外技术的垄断，促进了我国石化工业跨越式发展。1965 年，他率领科研人员成功研制出重水分离技术，利用自主开发的"两塔法"成功提取纯度高达 99.9% 的重水，为新中国核技术起步和"两弹一星"突破作出了重要贡献。"两塔法"技术作为我国唯一的重水生产技术，一直被沿用至今。

20 世纪 80 年代初，针对将由国外引进的乙烯生产原油稳定装置用于国内原油加工不达标的问题，余国琮提出了改造方案，改造后的轻烃回收率甚至超过了原有设计指标，第一次实现应用自主技术成功改造进口成套装置，标志着我国化工分离技术在当时已达到世界领先水平。此后，余国琮及其团队运用新技术接连对我国当时引进的重要精馏塔装置进行改造升级，并建立了我国最早的精馏塔设备制造企业，不仅带动了相关行业精馏分离技术的进步，还在某些重要领域打破了国外技术的垄断，我国石化工业的发展也由此实现了突破。

5.4.3 精馏过程动态仿真

精馏过程的模型化与仿真在化工操作和工艺设计中具有重要的意义。对精馏塔进行动态数学模型的建立与仿真，不仅可以研究精馏过程在不同工况下的变化情况，而且还可以用于精馏塔的优化控制。

在精馏塔动态机理数学模型的基础上，考虑塔级液相滞液量的变化，建立了基于平衡级和非平衡级假设的精馏过程动态机理数学模型。采用平衡级假设模型进行计算时，汽液相流量分布、温度分布、液相持液量等变量取前一时刻迭代值，待求解出新的组分分布、温度分布，再求这些变量。由组分物料衡算方程确定 $x_{i,n}$ 的值，然后进行泡点或露点计算确定 T_n 的值。由于实际生产过程汽相流量的响应时间比液相流量短，因此动态模拟计算时先通过热量衡算方程计算汽相流量 V_n，通过液相流量计算公式和总物料衡算方程计算 L_n。

非平衡级考虑实际传质过程的非理想性，即离开各级的汽相混合物与级上的液体之间并不处于相平衡，假设塔级上的液体和级间的气体完全混合，利用 Murphree 汽相级效率关联各级上的汽液相的组成，根据实际级数来计算每个级的温度、汽液相流量和汽液相组分含量，并对平衡级假设的模型进行动态模拟，得到各个变量的动态特性变化曲线。模拟精馏过程中各个参数随着时间的变化逐渐趋于稳定状态的动态趋势，最后可以得到稳定状态下精馏塔中的温度、汽相流量、液相流量、汽相中组分含量以及液相中组分含量。该模拟从机理分析入手，进行合理简化，与稳态模型相比，能使各级的计算更加准确，对全塔的模拟更为逼真，模型的计算时间大大缩短，从而使模型具有比较广泛的实用性。

本章符号说明

英文

A、B、C、D——式（5-10）～式（5-11）定义的物料平衡式参数；

A'、B'、C'——式（5-30）～式（5-33）定义的热量衡算式参数；

c——组分数；

D——馏出液流率，kmol/h；

F——进料流率，kmol/h；

G——汽相侧线采出流率，kmol/h；

H_F——进料的摩尔焓，kJ/kmol；

H——气体的摩尔焓，kJ/kmol；

h——液体摩尔焓，kJ/kmol；

K——相平衡常数；

k——迭代序号；

L——液相流率，kmol/h；

N——理论级数；

R——回流比；

p——压力，Pa；

q——进料的液相分率；

Q——传热速率，kJ/h；

T——温度，K；

U——液相侧线出料流率，kmol/h；

V——汽相的流率，kmol/h；

W——釜液的摩尔流率，kmol/h；

x——液相摩尔分数；

y——汽相摩尔分数；

z——进料摩尔分数。

希文

μ——松弛系数；

α——相对挥发度；约束因子；

ε——迭代计算中允许误差；

λ——阻尼因子。

上标

L——液相；

V——汽相；

¯——提馏段。

下标

c——组分；冷凝器；

D——馏出液；

F——进料；

H——重关键组分；

i——组分；

j——平衡级序号；

k——迭代序号；

L——液相；轻关键组分； R——精馏段；

m——提馏段平衡级序号； r——再沸器；

N——第 N 级； S——提馏段；

n——精馏段平衡级序号； W——釜液。

习　题

5-1　苯、甲苯、乙苯是化学工业的重要基础原料，在生产芳烃的催化重整工艺中常以苯、甲苯、乙苯等混合物存在。由于它们的物化性质十分相近，用一般的物理和化学分析方法很难加以分离测定。设计一台操作型精馏塔，分离含苯 0.35（摩尔分数，余同）、甲苯 0.35 及乙苯 0.30 的混合液。该塔为一台板式塔，共有理论级三级，以第二级理论级为进料级。

　　塔的操作条件如下：以饱和液体进料（$q=1$），操作压力为 0.1MPa，回流比 $R=1$，塔顶出料量为 0.5 倍的进料量。试求馏出液、釜液的浓度，以及沿各理论板的浓度及温度分布。

5-2　催化裂化脱丁烷塔是石油化工中催化裂化装置的一台重要设备，设计好该台设备能提高石油产品的质量和数量，对满足国民经济发展的需要具有重要的意义。应用三对角矩阵法的泡点算法对脱丁烷塔进行模拟计算。该塔的进料中含有丙烷（1）、异丁烷（2）、正丁烷（3）、异戊烷（4）、正戊烷（5）和正己烷（6），进料组成分别为（摩尔分数）0.0110、0.1690、0.4460、0.1135、0.1205、0.1400，塔的其他有关参数示于附图中。

5-3　乙苯脱氢后的产物称为炉油，其组成为苯及甲苯 0.113，乙苯 0.479，苯乙烯 0.408（均为摩尔分数）。欲设计一精馏塔，塔顶产物为苯与甲苯，塔釜产物为苯乙烯，侧线采出液体为乙苯。要求苯乙烯的纯度 $\geqslant 0.996$，塔顶馏出液中苯乙烯 < 0.01。试确定回流比及计算各段的理论级数。已知塔顶压力为 5.921×10^{-3}MPa，塔釜压力为 0.03724MPa，进料温度为 46℃。

$Q = 30.98$GJ
$p = 1.06$MPa
$R = 2.0$

$D = 307.5$kmol/h
x_D 0.0176
     0.2698
     0.5995
     0.0104
     0.0027
     0.0000

$F = 491.5$kmol/h
泡点液体进料

x_W 0.0000
     0.0006
     0.0244
     0.2857
     0.3173
     0.3740

$Q = 32.866$GJ
$p = 1.1$MPa
$W = 184.0$kmol/h

习题 5-2 附图

5-4　严格计算法有逐级法、三对角矩阵法、流量加和法等，现已知某精馏塔进料 $F = 100$kmol/h，进料组成为：

组分	1	2	3
Fx_i	75	20	5
K_i	1	0.5	3

　　泡点进料，$N=3$，在第二级进料，塔顶为全凝器，$L_0 = L_1 = 50$kmol/h，$L_2 = L_3 = 150$kmol/h，$V_1 = V_2 = V_3 = V_4 = 100$kmol/h。试计算塔顶及塔釜的量及组成。

5-5　使用附图所示的精馏塔分离轻烃混合物。全塔共 5 个平衡级（包括全凝器和再沸器）。在从上往下数第 3 级进料，进料量为 100mol/h，原料中丙烷（1）、正丁烷（2）和正戊烷（3）的含量分别为 $z_1 = 0.3$，$z_2 = 0.3$，$z_3 = 0.4$（均为摩尔分数）。塔的各级压力均为 689.4kPa。进料温度为 323.3K（即饱和液体）。塔顶馏出液流率为 50mol/h。饱和液体回流，回流比 $R=2$。规定各级（全凝器和再沸器除外）及分配器在绝热情况下操作。试用泡点法完成一个迭代循环。

习题 5-5 附图

假设平衡常数与组分无关，可由 p-T-K 图查得。在塔的操作条件下液相和汽相纯组分的摩尔焓 h_j 和 H_j（单位 J/mol）可分别由下列多项式计算，其相应的系数列于表中。

$$H_{i,j} = A_i + B_i T_j + C_i T_j^2 ; \quad h_{i,j} = a_i + b_i T_j + c_i T_j^2$$

组分	A_i	B_i	C_i	a_i	b_i	c_i
丙烷	25451.0	-33.356	0.1666	10730.6	-74.31	0.3504
正丁烷	47437.0	-107.76	0.28488	-12868.4	64.20	0.1900
正戊烷	16657.0	95.753	0.05426	-13244.7	65.88	0.2276

5-6 用流量加和法模拟吸收塔。此塔有 6 个平衡级。操作压力为 517.1kPa，气体进料温度为 290K，流率为 1980mol/h，气体组成如下表所示。

组分	CH_4	C_2H_6	C_2H_8	$n\text{-}C_4H_{10}$	$n\text{-}C_5H_{12}$	$n\text{-}C_{12}H_{26}$
摩尔分数	0.830	0.084	0.048	0.026	0.012	0.0

吸收剂为正十二烷，进料流率为 530mol/h，进料温度为 305K。无气相或液相测线采出，也没有级间的热交换器。估计的塔顶、塔釜的温度分别为 300K 和 340K。在塔的操作条件下各组分的相平衡常数 $K_{i,j}$、气相和液相纯组分的摩尔焓 $H_{i,j}$ 和 $h_{i,j}$ 可分别由下列多项式计算

$$K_{i,j} = \alpha_i + \beta_i T_j + \gamma_i T_j^2 + \delta_i T_j^3$$
$$H_{i,j} = A_i + B_i T_j + C_i T_j^2$$
$$h_{i,j} = a_i + b_i T_j + c_i T_j^2$$

式中，T_j 为第 j 级上的温度；$K_{i,j}$、$H_{i,j}$ 和 $h_{i,j}$ 的单位为 J/mol。相应的系数列于下表。

$K_{i,j}$-T_j 关系中的系数

组分	α_i	β_i	γ_i	δ_i
CH_4	-234.728	1.48426	-0.2025×10^{-2}	0.0
C_2H_6	57.152	-0.44200	0.10536×10^{-2}	-0.495×10^{-6}
C_2H_8	45.69	-0.34860	0.8259×10^{-3}	-0.493×10^{-6}
n-C_4H_{10}	-13.43	0.10073	-0.276×10^{-3}	0.317×10^{-6}
n-C_5H_{12}	-4.9322	0.04090	-0.133×10^{-3}	0.177×10^{-6}
n-$C_{12}H_{26}$	-0.00101	0.36×10^{-5}	0.0	0.0

$H_{i,j}$-T_j 关系中的系数

组分	A_i	B_i	C_i
CH_4	1542.0	37.68	0.0
C_2H_6	8174.0	32.093	0.04537
C_2H_8	25451.0	-33.356	0.1666
n-C_4H_{10}	47437.0	-107.76	0.28488
n-C_5H_{12}	16657.0	95.753	0.05426
n-$C_{12}H_{26}$	39946.0	184.21	0.0

$h_{i,j}$-T_j 关系中的系数

组分	a_i	b_i	c_i
CH_4	-4085.14	46.053	0.0
C_2H_6	-41367.8	220.36	-0.09947
C_2H_8	10730.6	-74.31	0.3504
n-C_4H_{10}	-12868.4	64.2	0.19
n-C_5H_{12}	-13244.7	65.88	0.2276
n-$C_{12}H_{26}$	-48276.2	305.62	0.0

5-7 乙苯采用固定床加热管炉（500～600℃）脱氢，得到乙苯、苯乙烯、甲苯等（产物复杂，以其中三种主要成分来举例）。因为苯乙烯含有 C＝C 双键，主要考虑防止苯乙烯聚合，采用减压精馏使得塔釜温度尽可能低。精馏塔进料组分及其摩尔分数见下表。

编号	组分	z_i
1	甲苯	0.113
2	乙苯	0.479
3	苯乙烯	0.408

习题 5-7 附图

习题 5-8 附图

如附图所示，进料量为 100kmol/h，塔顶压力为 60kPa，进料温度为 46℃，要求乙苯侧线采出，塔顶甲苯 $\geq 99\%$，塔釜苯乙烯 ≥ 0.9960，塔顶苯乙烯 ≤ 0.010。求 R、N。

5-8 某工厂大型精馏塔，将几乎等物质的量的邻二甲苯与对二甲苯（$\alpha_{p,o}=1.15$）混合物分离为较纯的产品。因为相对挥发度接近，所以该塔约有 100 个塔级，并且采用高回流比（约为 18∶1）。目前，此塔已成为该工厂生产能力的限制，为提高该厂二甲苯分离能力，提出的一个新的流程，即在现有的大塔之前设置一个新的预分馏塔，如附图所示。预分馏塔的塔级数约为 20 级，且塔径为大塔塔径的一半。因此，可以用较低的回流比来操作。此塔将提供邻二甲苯的增浓产品和对二甲苯的增浓产品。这两股流体将分别加到原有塔中适当的新进料级上。这个流程会显著提高该工厂二甲苯分离的生产能力吗？试定性说明（不需计算）。

5-9 某多组分精馏塔的原料、产品的组成（组分 1 为轻关键组分）及各组分的相对挥发度如下表所示。已知提馏段第 m 级上升的汽相组成，提馏段操作线方程为 $x_{i,m}=0.8y_{i,m-1}+0.2x_{i,W}$，精馏段操作线方程为 $x_{i,n}=0.8y_{i,n-1}-0.2x_{i,D}$，试求离开第 $m+2$ 级的液相组成。（塔序从下往上，第 $m+1$ 级为进料级）

组分	$x_{i,F}$（摩尔分数）	$x_{i,D}$（摩尔分数）	$x_{i,W}$（摩尔分数）	$\alpha_{i,2}$	$y_{i,n}$（摩尔分数）
1	0.40	0.980	0.013	2.45	0.473
2	0.40	0.020	0.653	1.00	0.491
3	0.10	0.000	0.167	0.49	0.021
4	0.10	0.000	0.167	0.41	0.015

5-10 在常压操作的连续精馏塔中分离含甲醇 0.4 与水 0.6（均为摩尔分数）的溶液，进料流量为 100kmol/h，馏出液中甲醇的组成为 0.95，釜液中甲醇的组成为 0.04，回流比为 2.6。

试求：（1）馏出液的流量；（2）饱和液体进料时，精馏段的下降液体和提馏段的上升蒸气流量；（3）进料温度为 40℃时，提馏段下降液体流量和上升的蒸气流量；（4）用逐级法计算泡点进料时精馏段所需理论级数。在该范围内甲醇的平衡关系可近似表达为 $y=0.46x+0.545$。

温度 $t/℃$	液相中甲醇的摩尔分数	汽相中甲醇的摩尔分数	温度 $t/℃$	液相中甲醇的摩尔分数	汽相中甲醇的摩尔分数
100	0.0	0.0	75.3	0.40	0.729
96.4	0.02	0.134	73.1	0.50	0.779
93.5	0.04	0.234	71.2	0.60	0.825
91.2	0.06	0.304	69.3	0.70	0.870
89.3	0.08	0.365	67.6	0.80	0.915
87.7	0.10	0.418	66.0	0.90	0.958
84.4	0.15	0.517	65.0	0.95	0.979
81.7	0.20	0.579	64.5	0.95	1.0
78.0	0.30	0.665			

5-11 丙烷常用作发动机、烧烤食品及家用取暖系统的燃料。现采用逐级计算法设计一脱丙烷塔，工艺对脱丙烷塔操作的基本要求是希望塔内能进行传质过程。塔顶轻关键组分和塔釜

重组分能达到规定的分离纯度。已知进料量 100kmol/h，原料压力 1.0MPa，温度 50℃，组成如下表。塔操作压力 0.817MPa，回流量与进料量之比为 1.5，塔顶设全凝器，塔釜设再沸器。分离要求：塔顶异丁烷含量为 0.06，塔釜丙烷含量为 0.06。试求所需的理论塔级数和适宜的进料位置。

组分 i	C_3^0	$i\text{-}C_4^0$	$n\text{-}C_4^0$	$n\text{-}C_5^0$	合计
z_i（摩尔分数）	0.70	0.10	0.15	0.05	1.00

5-12 某精馏塔进料中含 $n\text{-}C_6^0$ 0.33，$n\text{-}C_7^0$ 0.33，$n\text{-}C_8^0$ 0.34。进料为饱和液相，流量为 100kmol/h。要求馏出液中 $n\text{-}C_7^0$ 含量不大于 0.01，塔釜液中 $n\text{-}C_6^0$ 含量不大于 0.01（均为摩尔分数），回流比 $R=4$。试用简捷计算的结果为初值，用逐级法计算第一次迭代时的组成断面。进料组成及简捷计算结果如表所示。

组分	z_i（摩尔分数）	$x_{D,i}$（摩尔分数）	$x_{W,i}$（摩尔分数）	α_i	备注
$n\text{-}C_6^0$	0.33	0.99	0.0100	5.25	$D=32.65\text{kmol/h}$
$n\text{-}C_7^0$	0.33	0.01	0.4852	2.27	$W=67.35\text{kmol/h}$
$n\text{-}C_8^0$	0.34	0.00	0.5048	1.00	

5-13 正戊烷主要用于分子筛脱附和替代氟利昂作发泡剂，也可用作溶剂，制造人造冰、麻醉剂，合成戊醇、异戊烷等。正辛烷主要用作溶剂汽油、工业用汽油的成分。有一精馏塔分离 $n\text{-}C_4$、$n\text{-}C_5$ 和 $n\text{-}C_8$ 混合物。已知：进料量 10000kmol/h，饱和液体进料；进料组成 $z_{n\text{-}C_4}=0.15$，$z_{n\text{-}C_5}=0.25$，$z_{n\text{-}C_8}=0.60$（均为摩尔分数）。分离要求 $n\text{-}C_5$ 在馏出液的回收率 99%，$n\text{-}C_8$ 在釜液的回收率 98%；塔顶采用全凝器，饱和液体回流，回流比 $L_0/D=1.0$；塔平均操作压力 200kPa。为实现上述要求，求总平衡级数和适宜进料位置。

5-14 苯（B）、甲苯（T）和异丙苯（C）是化学工业的重要基础原料，在生产芳烃的催化重整工艺中常以它们的混合物存在。由于其物化性质十分相近，用一般的物理和化学分析方法很难加以分离测定。采用精馏进行分离，其塔操作压力为 101.3kPa，饱和液体进料，其组成为 25%（均为摩尔分数）苯、35%甲苯和 40%异丙苯，进料量 100kmol/h。塔顶采用全凝器，饱和液体回流，回流比 $L/D=2.0$。假设为恒摩尔流，相对挥发度为常数 $\alpha_{BT}=2.5$、$\alpha_{TT}=1.0$、$\alpha_{CT}=0.21$。规定馏出液中甲苯的回收率为 95%，釜液中异丙苯的回收率为 96%。确定按适宜进料位置进料时的总平衡级数。

5-15 苯、甲苯、乙苯的物理性质相差微小，但由于甲苯可用作溶剂和高辛烷值汽油添加剂，乙苯可用于生产乙烯，因此对这三种物质进行分离十分必要。某进料量为 100kmol/h，组成为苯 0.35（均为摩尔分数）、甲苯 0.35、乙苯 0.3，进料状态为饱和液体的三元混合物，现采用如附图所示带有侧线出料的精馏塔在常压下分离，已知此塔具有 4 个理论级，塔顶为全凝器（由于冷凝器的编号为第一级，所以 $N=5$），加料加在编号为 3 的塔级上，在编号为 2 的塔级上有一侧线出料，出料量 $U_2=10\text{kmol/h}$，塔顶出料量 $D=40\text{kmol/h}$，回流比 $R=1$，操作压力 $p=0.103\text{MPa}$，求分

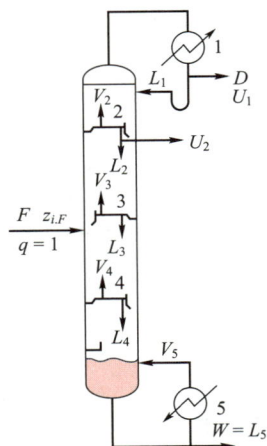

习题 5-15 附图

离后各级的浓度分布及温度分布（假定为恒摩尔流）。各组分的饱和蒸气压和温度的关系可以按安托因方程表示

$$\lg p_i^0 = A - \frac{B}{t+C}$$

其常数值如下

	A	B	C
苯	6.91210	1214.645	221.205
甲苯	6.95508	1345.087	219.516
乙苯	6.95904	1425.404	213.345

5-16 现有一分离 A、B、C 三组分的精馏塔，相对挥发度 A＞B＞C，A、B 为塔顶产品，C 为塔釜产品。按工艺要求 C 在塔顶的含量不大于 5％（均为摩尔分数），B 在塔釜的含量不大于 0.4％。当回流比 $R=20$ 时，如果正常操作该塔可满足要求。现有一操作人员在操作时所得实际数据如下：原料量 $F=100\text{kmol/h}$，原料组成为 $x_A=0.1$、$x_B=0.04$、$x_C=0.86$，塔顶产品量 $D=20\text{kmol/h}$。产品分析结果为：$x_{D,A}=0.495$，$x_{D,B}=0.185$，$x_{D,C}=0.32$；$x_{W,A}=0.001$，$x_{W,B}=0.004$，$x_{W,C}=0.995$。

试分析塔顶产品不合格的原因，并提出改进措施。

参 考 文 献

[1] 郭天民，等. 多元气-液平衡和精馏 [M]. 北京：石油工业出版社，1983：195-198，199，200-213，221-224，225-229，238-242.

[2] 徐东彦，叶庆国，陶旭梅. 分离工程（英文版）[M]. 北京：化学工业出版社，2011：117，118-120，127-128，128-139.

[3] 勒海波，徐新，何广湘等. 化工分离过程 [M]. 北京：中国石化出版社有限公司，2008：161-165，174-179.

[4] 李岩梅，胡仰栋. 烟经济方法优化设计一个带有中间换热器的精馏塔 [J]. 计算机与应用化学，2012，29（11）：1402-1404.

[5] 闫常群，隋然，华超，等. 一种新型的二甲醚精馏节能工艺优化及应用 [J]. 天然气化工：C₁化学与化工，2013，（4）：60-63.

[6] 顾正桂，姚小利，徐骏，等. 连续两股侧线出料精馏法提取裂解 C₉ 芳烃中三甲苯馏分的方法及其设备：CN 101830771 A [P]，2010-09-15.

[7] 陈洪钫，刘家祺. 化工分离过程 [M]. 2 版. 北京：化学工业出版社，2014：140-143，149-157，158-164，168-175，144-148.

[8] （美）西德尔，（美）亨利. 分离过程原理 [M]. 朱开宏，吴俊生，译. 上海：华东理工大学出版社，2007：557-560，561-573，584-596.

[9] Seader J D. Separation process principles [M]. 3rd. New York：John Wiley & Sons，2010：526-525，531-554.

[10] Mosorinac T，Savkovic-Stevanovic J. A multistage, multiphase and multicomponent process system modelling [J]. International Journal of Mathematical Models & Methods in Applied Sciences，2011，5（1）：115-124.

[11] 邓修，吴俊生. 化工分离工程 [M]. 北京：科学出版社，2013：38-39.

[12] Wang J C，Henke G E. Tridiagonal natrix for distillation [J]. Hydrocarbon Process，1966，45（8）：155-163.

[13] 丁惠华，王纯，姚平经，等. 三对角矩阵法在计算非理想系统精馏塔时的局限性 [J]. 化学工程，1981（1）：7-13.

[14] 樊冬娌，曹宇锋. 萃取精馏分离醋酸-水体系的模拟计算及实验研究 [J]. 化学世界，2014（6）：359-362.

[15] 郁浩然. 化工分离工程 [M]. 北京：中国石化出版社，1992：262-269.

[16] 丁惠华. 改进的 CMB 矩阵法 [J]. 石油化工，1984（2）：121-124.

[17] 赵德明. 分离工程 [M]. 杭州：浙江大学出版社，2011：72-79.

[18] Rose A，Sweeny R F，Schrodt V N. Continuous distillation calculations by relaxation method [J]. Industrial &

Engineering Chemistry，2012，50（5）：7-9.

［19］　Krishnamurthy R，Taylor R. A nonequilibrium stage model of multicomponent separation processes. Part Ⅰ：Model description and method of solution［J］. AIChE Journal，1985，31（3）：449-456.

［20］　李庆会，张述伟，李燕. 基于非平衡级模型的低温甲醇洗流程模拟［J］. 化工进展，2012，31：474-481.

［21］　Wesselingh J A. Non-equilibrium modelling of distillation［J］. Chemical Engineering Research ＆ Design，1997，75（6）：529-538.

［22］　Higler A，Krishna R，Taylor R. Nonequilibrium cell model for packed distillationcolumns the influence of maldistribution［J］. Industrial ＆ Engineering Chemistry Research，1999，38（10）：3988-3999.

［23］　Higler A，Chande R，Taylor R，et al. Nonequilibrium modeling of three-phase distillation［J］. Computers ＆ Chemical Engineering，2004，28（10）：2021-2036.

［24］　许松林，王树楹，余国琮. 模拟精馏过程的新方法——三维非平衡混合池模型应用［J］. 化学工程，1996，24（3）：13-16.

［25］　余国琮，宋海华，黄洁. 精馏过程数字模拟的新方法——三维非平衡混合池模型［J］. 化工学报，1991，42（6）：653-659.

［26］　孟艾，谭学富. 一种实用的精馏过程模拟方法——非平衡级双区模型［J］. 沈阳化工学院学报，2004，18（3）：190-194.

6

分离过程及设备的效率与节能

本章思维导图

```
                                                                      动量传递
                                                                      热量传递
                                              热力学不可逆性           传质传递
                                                                      不可逆化学反应
                              气                          分
            实际板与理论板    液                          离            中间换热
    全塔效率                  传    分                    过            多效精馏
    板效率      级效率定义    质    离                    程            热泵精馏
    等板高度                  设    过                    节            热耦合精馏与差压热耦合精馏
                              备    程          分离过程强化技术          隔壁塔技术
            级效率影响因素    效    及                    能            循环精馏
                              率    设
            级效率的计算方法        备
                                    的
                                    效
                                    率
            最小功            最    与                    分
            有效能            小    节                    离            分离顺序确定经验法
            净功耗            分    能                    过            复杂塔分离序列确定
            热力学效率        离                          程
                              功                          系
                                                          统
                                                          合
                                                          成
```

本章学习要求

● **掌握内容**

级效率与最小分离功定义；级效率计算机理模型方法；多组分混合物的最小分离功、净功消耗、热力学效率的计算；精馏节能的主要途径。

● **熟悉内容**

分离过程热力学分析；影响级效率的因素；分离操作的节能经验规则。

● **了解内容**

分离过程系统合成方法；分离节能技术的工业应用与发展趋势。

248 分离工程（第三版）

在分离过程中往往伴随着组分的富集，富集是稀释的逆过程，而混合和稀释过程都是一个体系熵值增大的自发过程，因此分离过程实质是一个自发过程的逆过程，是一个熵值减小的过程，所以混合物的分离必须消耗能量。能耗是大规模分离过程的关键指标，通常它占操作费用的主要部分。在工业生产中，化学工业的能耗所占比例最大，而化学工业中能耗最大者为分离操作，其中又以精馏操作的能耗居首位。工业精馏塔具有的规模经济特征，是其他分离技术无可比拟的，因此精馏技术仍将是未来工业领域均相分离技术的首选。因此，对分离过程的节能研究，确定具体混合物分离的最小能耗，寻求接近此极限能耗的实际分离过程具有重大的意义。在"碳中和""碳达峰"的目标下，如何提高精馏技术的效率和降低操作费用，以满足日益注重绿色清洁和高效能源利用的需求，成为当前精馏技术发展的重要课题之一。

节省分离过程的能耗可以从以下几方面着手：首先是选取适宜的分离方法，这是节能的关键步骤；其次是研究复杂混合物的适宜分离流程；最后确定各个具体分离操作的适宜条件和参数，以及设备的结构和尺寸等。近年来，针对传统分离过程中设备规模大、能源效率低等问题，结合过程强化理论，通过化学手段或者物理方法改变原有物系的分离特性，或者对设备的宏观尺度和微观尺度进行研究，或对精馏设备进行改进创新，开发和利用新技术，使精馏技术不断向着低成本和低能耗的方向发展。本章将针对上述有关方面节能知识、化工分离过程的分离顺序及分离方法进行讨论。

6.1 气液传质设备的效率

在各种平衡分离过程中精馏是化工生产中应用最多的操作，也是整个分离系统中能耗最大的分离操作。本节内容重点介绍气液传质分离设备中各种效率的定义，以及影响气液或液液传质设备的效率的因素。由美国化工学会（AIChE）杂志出版的 Vision 2020 对精馏技术发展的壁垒进行了评级。其中，最大的壁垒是塔板效率的准确预测。因此，对工业精馏塔设备的塔板效率进行准确预测和可靠评估仅有助于推动精馏理论向科学设计的发展，也是实现工业塔设备节能降耗的可靠途径。

6.1.1 气液传质设备级效率的各种定义和影响因素

6.1.1.1 实际板和理论板的差异

板式塔是一种塔内浓度为不连续变化的逐板接触型设备，每一塔板就是一个传质交换级，并构成多级平衡过程的一个单元。由于众多因素的限制，传质交换的两流体在一块塔板上接触后并不可能达到理论上的平衡状态，常用板效率表示板式塔传质效率的大小。

填料塔是一种塔内浓度为连续变化的微分接触型设备。常用相当于一个传质单元的高度，或一个理论板的填料高度来表示填料塔的传质效率，称为**传质单元高度**或**理论板当量高度**。讨论传质分离的级效率，就是讨论影响板式塔的板效率和填料塔的传质单元高度或理论板当量高度的各个因素及其计算方法。以板式塔来说明实际板和理论板的差异。

① 理论板假定离开该板的气、液两相达到平衡，即 $y_i = y_i^* = K_i x_i$，即该板的传质量为 $V(y_j^* - y_{j+1})$，而实际板上的传质以一定速率进行，受到塔板结构、气液两相流动情况、两相的有关物性和平衡关系的影响，离开板上每一点的气相不可能达到与其接触的液相成平

衡的浓度。

② 理论板上相互接触的气液两相完全混合，板上液相浓度均一，等于离开该板溢流液的浓度，这与塔径较小的实际板上的混合情况接近，但当塔径较大时，板上液相不会完全混合，从进口堰到出口堰浓度逐渐降低。此外，进入同一板上各点的气相浓度也不相同。

③ 实际板上气液两相存在不均匀流动，停留时间有明显差异。

④ 实际板存在雾沫夹带、漏液和液相夹带泡沫等现象。

6.1.1.2　级效率的定义

效率有多种不同的表示方法。

（1）**全塔效率** E_T（E_T tower efficiency）

全塔效率，是指达到指定分离效果所需理论级数与实际级数的比值，对板式塔又称为总板效率，最早是由 Lewis 提出并定义的。

$$E_T = \frac{N_{\text{理}}}{N_{\text{实}}} \tag{6-1}$$

式中，$N_{\text{理}}$ 为塔内所需理论级数；$N_{\text{实}}$ 为塔内实际级数。

全塔效率是将影响传质过程的动力学因素全部归结到总板效率内。板式塔内各层塔板的传质效率并不相同，总板效率简单地反映了整个塔内的平均传质效果。全塔效率很容易测定和使用，但若将全塔效率与板上基本的传质、传热过程相关联，则相当困难。全塔效率常用于工程实际中对塔设备传质效果进行整体评估。

（2）板式塔

1925 年，Murphree 提出了具体塔板上最具有直观意义的塔板效率定义，即气相或液相经过一层实际塔板前后的组成变化与假定该板为理论板时前后组成变化的比值。

① **默弗里板效率** $E_{i,M}$（$E_{i,M}$ Murphree efficiency）

默弗里板效率又称**单板效率**，是指组分 i 的气相或液相经过一层塔板前后的实际组成变化与经过该层塔板前后的理论组成变化的比值。

假定板间气相完全混合，气相以活塞流形式垂直通过液层，板上液体完全混合，其组成等于离开该板降液管中的液体组成。若以组分 i 的气相浓度表示，如图 6-1，则默弗里（Murphree）板效率为

图 6-1　板序号规定

$$E_{i,MV} = \frac{y_{i,j} - y_{i,j+1}}{y_{i,j}^* - y_{i,j+1}} \tag{6-2}$$

式中，$E_{i,MV}$ 为以气相浓度表示的组分 i 的默弗里板效率；$y_{i,j}$、$y_{i,j+1}$ 分别为离开第 j 板及第 $j+1$ 板的气相中组分 i 的摩尔分数；$y_{i,j}^*$ 为与 $x_{i,j}$ 成平衡的气相摩尔分数。

默弗里板效率也可用组分 i 的液相浓度表示

$$E_{i,ML} = \frac{x_{i,j} - x_{i,j-1}}{x_{i,j}^* - x_{i,j-1}} \tag{6-3}$$

式中，$E_{i,ML}$ 为以液相浓度表示的组分 i 的默弗里板效率；$x_{i,j-1}$、$x_{i,j}$ 分别为离开第 $j-1$ 板及第 j 板的液相中组分 i 的摩尔分数；$x_{i,j}^*$ 为与 $y_{i,j}$ 成平衡的液相摩尔分数。

一般说来，同一层塔板的 $E_{i,\mathrm{ML}}$ 与 $E_{i,\mathrm{MV}}$ 数值并不相等。对二组分溶液，易挥发组分和难挥发组分的 $E_{i,\mathrm{MV}}$（或 $E_{i,\mathrm{ML}}$）为同一数值，但对多组分溶液，不同组分的板效率是不同的。由于 E_{MV} 定义经典且直观，在定义塔板效率时被经常使用，也被广泛用来评价塔板的传质效果。需要指出的是，塔板液相入口处上升的气相组成有可能超过 $y_{i,j}^*$，从而各处混合后的气相的平均组成也有可能超过 $y_{i,j}^*$，此时由式(6-2)定义的 E_{MV} 便存在大于 100% 的情况。

② **默弗里点效率**　塔板上的气液两相是错流接触的，实际上在液体的流动方向上，各点液体的浓度可能是变化的。因为液体沿塔板流动的途径比板上的液层高度大得多，所以在液流方向上比在气流方向上更难达到完全混合。若假定液体在垂直方向上是完全混合的，则

$$E_{i,\mathrm{OG}} = \frac{y'_{i,j} - y_{i,j+1}}{y_{i,j}^* - y_{i,j+1}} \tag{6-4}$$

式中，$E_{i,\mathrm{OG}}$ 为组分 i 的默弗里点效率；$y_{i,j+1}$ 为进入液相的蒸汽浓度；$y'_{i,j}$ 为离开液面的蒸汽浓度；$y_{i,j}^*$ 为与 $x_{i,j}$ 成平衡的气相浓度。E_{OG} 定义了某一处的气、液相接触传质情况，所以 E_{OG} 必然小于 100%。但是 E_{OG} 仅能反映塔板上某一微元气液两相的真实传质效果，并不能反映塔板上总的传质效果。

(3) 填料塔

① **传质单元高度**　在用填料塔进行吸收、萃取等过程时，则常采用传质单元高度来计算填料层高度。

$$Z = H_{\mathrm{OG}} N_{\mathrm{OG}} \quad \text{或} \quad Z = H_{\mathrm{OL}} N_{\mathrm{OL}} \tag{6-5}$$

式中，N_{OG} 和 N_{OL} 分别为气相和液相总传质单元数，把填料塔分割为若干段称为对气相总推动力而言的传质单元；H_{OG} 和 H_{OL} 分别为气相和液相的总传质单元的填料层高度，m。且

$$N_{\mathrm{OG}} = \int_{y_a}^{y_b} \frac{\mathrm{d}y}{y - y^*}, \qquad N_{\mathrm{OL}} = \int_{x_a}^{x_b} \frac{\mathrm{d}x}{x - x^*} \tag{6-6}$$

分离要求越高，即组成变化愈大或推动力愈小，所需 N_{OG} 和 N_{OL} 就多。气相和液相的总传质单元的填料层高度可由式(6-7)得到

$$H_{\mathrm{OG}} = \frac{V}{K_G A a}, \qquad H_{\mathrm{OL}} = \frac{L}{K_L A a} \tag{6-7}$$

式中，K_G、K_L 分别为气相和液相总传质系数，$\mathrm{mol/(m^2 \cdot h)}$；$V$、$L$ 分别为气相和液相的流率，$\mathrm{mol/h}$；a 为填料的有效表面积，$\mathrm{m^2/m^3}$；A 为塔横截面积，$\mathrm{m^2}$。

② **等板高度**（height equivalent to a theoretical plate，HETP）　尽管填料塔内气液两相连续接触，也常常采用理论板及等板高度的概念进行分析和设计。一块理论板表示由一段填料上升的蒸气与自该段填料下降的液体互成平衡，等板高度为相当于一块理论板所需的填料高度，即

$$\mathrm{HETP} = \frac{填料高度}{理论级数} \tag{6-8}$$

显然，等板高度愈小，说明填料层的传质效率越高，则完成一定分离任务所需的填料层的总高度可降低。等板高度不仅取决于填料的类型与尺寸，而且受系统物性、操作条件及设备尺寸的影响。等板高度的计算，迄今尚无满意的方法，一般通过实验测定，或取生产设备的经验数据。当无实际数据可取时，可参考有关资料中的经验公式，此时要注意所用公式的适用范围。

对板式塔，传质区高度等于板间距乘以塔板数，因此 HETP 是两类塔共同使用的参数，

可用于板式塔和填料塔的比较。

HETP 和 H_{OG}、H_{OL} 均可在一定填料高度的填料塔中通过实验得到。

6.1.1.3 影响级效率的因素

级效率反映着流体间的传质（与传热）能否达到理想平衡的程度，影响级效率的因素十分复杂，因不同的操作过程和使用的设备而异，King 将这些因素归纳为三大类，即质量和热量的传递速率、两个相在传质交换后的分离和流体的流动形式及返混。

（1）点效率与传质间的关系

点效率可直接与各点的传质情况建立关系，点效率与气相总传质单元数的关系为

$$E_{OG}=1-e^{-N_{OG}} \tag{6-9}$$

由双膜理论可知

$$\frac{1}{N_{OG}}=\frac{1}{N_G}+\frac{1}{N_L A} \tag{6-10}$$

式中，N_{OG} 为气相总传质单元数；$A=L/(KV)$ 为吸收因子；只要求得鼓泡层的气、液传质单元数 N_G、N_L 即可求 N_{OG}，从而求出点效率。

美国化工学会（AIChE）对泡罩塔和筛板塔提出了下列经验式

$$N_G=\left[0.776+4.567h_w-2.2377F+104.84\left(\frac{L_\nu}{l_f}\right)\right]/(Sc)^{1/2} \tag{6-11}$$

式中，h_w 为溢流堰高，m；L_ν 为液相体积流率，m^3/s；l_f 为液体流程的平均宽度，m；$F=u\sqrt{\rho_G}$，为 F 因子；u 为操作气速，m/s；ρ_G 为气体密度，kg/m^3；$Sc\left(=\dfrac{\mu_G}{\rho_G D_G}\right)$ 为气相施密特（Schmide）数；μ_G 为气相黏度；D_G 为气相扩散系数。

$$N_L=(4.127\times10^8 D_L)^{1/2}(0.213F+0.15)t_L \tag{6-12}$$

式中，D_L 为溶质在液相中的扩散系数，m^2/h；t_L 为液体在板上的平均停留时间，s。

$$t_L=Z_C l/\frac{L_\nu}{l_f} \tag{6-13}$$

式中，l 为板上液体流程长度（内外堰之间的距离），m；Z_C 为板上的持液量，m^3/m^2（鼓泡面积），可按下式计算

$$Z_C=0.0419+0.19h_w+2.454\left(\frac{L_\nu}{l_f}\right)-0.0135F \tag{6-14}$$

（2）液体混合情况对板效率的影响

点效率只反映塔板上局部位置的传质效果，为了通过它来分析板效率的影响因素，还需找出板效率与点效率的关系。

如图 6-2 所示，对工业规模的筛板塔板上停留时间分布和流动形式的测定表明，沿塔板中心的液体流速比靠壁处快，而靠近塔壁处有反向流动和出现环流旋涡趋势，并随流程的增长（即塔径增大）变得更加显著。液相在板上沿流动方向的混合程度影响板效率，按液相混合情况，可将流动分为三种类型。

图 6-2 液体经过塔板的不均匀流动

① 板上液体**完全混合** 板上液相各点组成相同，并与离开该板溢流液组成相同，即各处点效率相等，并等于板效率，即

$$E_{MV} = E_{OG} \tag{6-15}$$

该式表明，塔板的气相板效率等于点效率。此处 E_{MV} 是干板 Murphree 板效率，此时并没有考虑塔板间液相的混合情况，如是否有漏液和雾沫夹带等现象。

② 液相**完全不混合**或称**活塞流** 沿液流方向无任何返混，呈活塞流，此时浓度梯度最大，Lewis 研究了板上液相完全不混合且停留时间相同的情况下，E_{MV} 和 E_{OG} 之间的关系为

$$E_{MV} = A(e^{E_{OG}/A} - 1) \tag{6-16}$$

图 6-3 是按式(6-15) 和式(6-16) 标绘的，它表明液相完全不混合，在停留时间均一的情况下，$E_{MV} > E_{OG}$，但随塔径的增大，液相不均匀流动逐渐严重，给板上传质产生不利影响。液体完全混合与完全不混合是流动和混合的两种极端情况，而实际情况总是处于两者之间，即有部分返混发生。

③ 液体**部分混合** 当 E_{OG} 相等时，活塞流的 E_{MV} 较完全混合时大，而部分混合时的板效率则介于二者之间，如图 6-4 表示三种不同混合情况，活塞流液体浓度变化最大，效率也最高。直径较小的塔板如小于 300mm，板上液体可认为处于完全混合。通常情况下，板上液体均处于部分混合的状态，即存在一定程度的返混，这种流体沿流动方向的返混，造成了过程的不可逆性的增加，降低了平均推动力，直接影响了传质效率。

图 6-3　$\boldsymbol{E}_{MV}$ 和 $\boldsymbol{E}_{OG}$ 之间的关系

图 6-4　不同返混情况下板上浓度变化

AIChE 模型仅仅考虑了液相停留时间均一条件下纵向混合（与液流方向平行）的影响，用扩散方程描述混合造成的易挥发组分由高浓度处向低浓度处的转移，并引入涡流扩散系数 D_E 作为模型参数，使得扩散模型造成的结果与实际混合的结果等效。其推导结果为

$$\frac{E_{MV}}{E_{OG}} = \frac{1 - e^{-(\eta + Pe)}}{(\eta + Pe)\left(1 + \dfrac{\eta + Pe}{\eta}\right)} + \frac{e^{\eta} - 1}{\eta\left(1 + \dfrac{\eta}{\eta + Pe}\right)} \tag{6-17}$$

式中，$Pe = \dfrac{l^2}{D_E t_L}$ 为彼克来（Peclet）数；D_E 为涡流扩散系数，m^2/s。D_E 和 η 分别定义如下

$$(D_E)^{0.5}=0.00378+0.0171u_G+3.68\left(\frac{L_v}{l_f}\right)+0.18h_w \tag{6-18}$$

$$\eta=\frac{Pe}{2}\left[\left(1+\frac{4E_{OG}}{PeA}\right)^{1/2}-1\right] \tag{6-19}$$

式中，u_G 为气相鼓泡速度，$m^3/(s \cdot m^2)$（鼓泡面积）；其他参数定义与前几式定义相同。

假设整个塔板的 N_{OG} 是常数，以 Pe 为参数将式（6-17）中的 E_{MV}/E_{OG} 对 E_{OG}/A 作图，见图 6-5，很明显，**$Pe=0$ 完全混合**，**$Pe=\infty$ 完全不混合**，相应于图 6-3 所示的两种情况，分别为 E_{MV}/E_{OG} 的下限和上限曲线。部分混合介于两曲线之间。

以上的研究均假设进入塔板的气体是完全混合的，这一假设条件，对较小直径的塔是适用的。对于工业上常用的板式塔，气体既不是完全混合，也不是完全不混合，而是介于二者之间即气体部分混合。

图 6-5　求 E_{MV}/E_{OG} 值的图解线

（3）**雾沫夹带**

两个相在传质交换后的分离，对塔设备当气速较高时造成雾沫夹带，它使一部分重组分含量较高的液相直接随同气相进入上一层塔板，从而降低了上一层塔板上轻组分的浓度，抵消了部分分离效果，降低了板效率。也可认为是级间液体返混，柯尔本推导其关系得湿板效率为

$$E_a=\frac{E_{MV}}{1+\dfrac{eE_{MV}}{1-e}} \tag{6-20}$$

式中，e 为单位液体流率的**雾沫夹带量**（夹带分率），对不同的塔型，可用图 6-6 和图 6-7 估算 e。

图 6-6 泡罩塔板和筛板塔板的液泛极限 $K_v = u_F \sqrt{\dfrac{\rho_G}{\rho_L - \rho_G}}$

图 6-7 雾沫夹带关联图

由 $\dfrac{L}{V}\sqrt{\dfrac{\rho_G}{\rho_L}}$ 和板间距查图 6-6 得 K_ν，再通过 $K_\nu = u_F\sqrt{\dfrac{\rho_G}{\rho_L-\rho_G}}$ 求得液泛气速 u_F，并由此计算泛点百分率 $= u/u_F$，查图 6-7 得雾沫夹带量。

柯尔本在推导时假设板上液体完全混合，塔的操作线与平衡线相平衡。国内学者也提出和发展了若干理论模型。在余国琮院士主持下，天津大学长期以来致力于大型塔板效率放大研究。在涡流扩散连续性方程基础上，相继开发了描述塔板效率的二维/三维定数混合池模型、三维非平衡混合池模型以及停留时间模型等，处于世界领先水平。

6.1.2 级效率的计算方法

效率是设计中最重要的基础数据之一，因其受许多因素影响，虽进行了广泛实验研究和理论分析，至今还难以正确可靠地预测。

6.1.2.1 经验关联

（1）奥康奈尔（O'Connell）关系曲线

奥康奈尔整理了大量工业精馏塔数据，并给出了估算全塔效率公式(6-20)，绘制了曲线（图 6-8）。

图 6-8　精馏塔的全塔效率

$$E_T = 0.49(\alpha\mu_L)^{-0.245} \tag{6-21}$$

或
$$E_T = -0.164\ln x + 0.468 \quad (x \leqslant 1)$$
$$E_T = -0.0687\ln x + 0.443 \quad (x > 1)$$
$$x = \alpha\sum\mu_{L,i}x_i$$

式中，μ_L 为全塔平均温度下进料的黏度，mPa·s；α 为相对挥发度。

（2）Van Winkle 关系式

$$E_{MV} = 0.07Dg^{0.14}Sc^{0.25}Re^{0.08} \tag{6-22}$$

式中，Dg 为表面张力数，$Dg = \sigma_L/(\mu_L U_\nu)$，其中 μ_L 为液体黏度（N·s/m²），U_ν 为空塔气速（m/s），σ_L 为液体表面张力（N/m）；Sc 为液体 Schmidi 数，$Sc = \mu_L/(\rho_L D_{LK})$，其中 D_{LK} 为液体中轻关键组分的扩散率（m²/s），ρ_L 为液体密度（kg/m³）；Re 为 Reynolds

数，$Re = h_w U_v \rho_V / (\mu_L F_A)$，其中 h_w 为堰高（mm），ρ_V 为气体密度（kg/m^3），F_A 为开孔率。

（3）**HETP**

常用的一些填料的 HETP 经验值如下：乱堆填料 HETP 一般为 0.45～0.6m；鲍尔环 25mm 的 HETP 为 0.3m，38mm 的 HETP 为 0.45m，50mm 的 HETP 为 0.6m；规整填料如金属丝网波纹填料 CY 型的 HETP 为 0.125～0.166m、BX 型的 HETP 为 0.2～0.25m，麦勒派克填料的 HETP 为 0.25～0.33m。

6.1.2.2 机理模型

AIChE 法是机理模型的代表，该法考虑了影响板效率的各主要因素，液相和气相的传质性能，塔板的设计参数，液相和气相的流率，板上液体的混合程度，被公认为是比较反映实际情况的预测板效率的方法。

首先由式(6-11) 和式(6-12) 分别计算出板上的气相传质单元数 N_G 和液相传质单元数 N_L，从而由式(6-10) 求出气相总传质单元数 N_{OG}，并由式(6-9) 求出点效率 E_{OG}，再计算板上液相返混程度，查图 6-5 得干板效率 E_{MV}，最后从图 6-6、图 6-7 求雾沫夹带量并按式(6-20) 求湿板效率 E_a。

6.2 分离过程的最小分离功

混合物的分离必须消耗外能。能耗是大规模分离过程的关键指标，它通常占操作费用的主要部分。因此，确定具体混合物分离的最小能耗，了解影响能耗的因素，寻求接近最小能耗的分离过程是很有意义的。

6.2.1 分离过程的最小功

物质的混合是不可逆过程，可自发进行，体系的熵总是增加的。而混合物的分离是不能自发进行的，为了实现分离，就必须以消耗外功作为补偿。如果组成分离过程的每个过程均是理想可逆过程，则所消耗的功最小，称为最小功（minimum work）。最小功是分离过程所消耗能量的最低界限，它仅取决于欲分离混合物及分离所得产品的组成、压力、温度。只有当分离过程完全可逆时，分离消耗的功才是最小的。完全可逆指：①体系内所有的变化过程是可逆的；②体系只与温度为 T_0（绝对温度）的环境进行可逆的热交换。

参考图 6-9 所示的连续稳定分离系统。在此系统中，将若干流入的单相物流 j 在无化学反应的情况下，分离成多股单相物流 k，这些流出物流的组成与流入物流不同，且彼此也不相同。设物流的摩尔流率为 n，摩尔组成为 z_i，摩尔焓为 H，摩尔熵为 S，传入系统的总热量流率为 Q，系统对环境做功为 W。若忽略过程引起的动能、位能、表面能和其他能量的变化，则按热力学第一定律

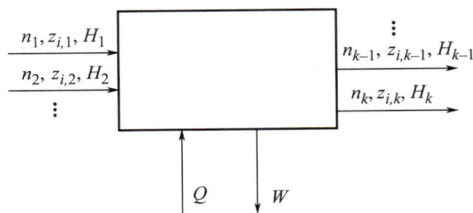

图 6-9 普通的分离过程

$$\sum_{\text{出}} n_k H_k - \sum_{\text{进}} n_j H_j = Q - W \tag{6-23}$$

对于等温可逆过程，进出系统的物流与环境的温度均为 T，根据热力学第二定律

$$Q = T \left(\sum_{\text{出}} n_k S_k - \sum_{\text{进}} n_j S_j \right) \tag{6-24}$$

式中，$\sum\limits_{\text{进}} n_j S_j$ 和 $\sum\limits_{\text{出}} n_k S_k$ 分别为进入和流出系统的物流的熵总和。将式（6-24）代入式（6-23），可得到在等温条件下稳定流动的分离过程所需最小功的表达式

$$-W_{\min, T} = \sum_{\text{出}} n_k H_k - \sum_{\text{进}} n_j H_j - T \left(\sum_{\text{出}} n_k S_k - \sum_{\text{进}} n_j S_j \right) \tag{6-25}$$

即

$$-W_{\min, T} = \Delta H - T(\Delta S) \tag{6-26}$$

由自由焓定义 $G = H - TS$，式（6-25）也等于物流的自由焓增量

$$-W_{\min, T} = \sum_{\text{出}} n_k G_k - \sum_{\text{进}} n_j G_j \tag{6-27}$$

一个混合物的摩尔自由焓由各组分的偏摩尔自由焓即化学位加和得到

$$G = \sum_i z_i \mu_i \tag{6-28}$$

在温度 T 时，化学位与组分逸度的关系式为

$$\mu_i = \mu_i^0 + RT(\ln \hat{f}_i - \ln \hat{f}_i^0) \tag{6-29}$$

若进、出物流中同一组分具有相同的基准态，则将式（6-27）、式（6-28）和式（6-29）相结合，得到用逸度表示的最小功为

$$-W_{\min, T} = RT \left[\sum_{\text{出}} n_k \left(\sum z_{i,k} \ln \hat{f}_{i,k} \right) - \sum_{\text{进}} n_j \left(\sum z_{i,j} \ln \hat{f}_{i,j} \right) \right] \tag{6-30}$$

分离的最小功表示了分离过程耗能的最低限。在大多数情况下，实际分离过程所需能量是最小功的若干倍。为了使实际分离过程更为经济，要设法使能耗尽量接近于最小功。最小分离功的大小标志着物质分离的难易程度，在综合评价不同的设计方案时，最小功具有重要的意义。

（1）分离理想气体混合物

对于遵循理想气体定律的气体混合物，$z_i = y_i$ 和 $\hat{f}_i = y_i p$，则式（6-30）简化为

$$-W_{\min, T} = RT \left[\sum_{\text{出}} n_k \left(\sum_i y_{i,k} \ln y_{i,k} \right) - \sum_{\text{进}} n_j \left(\sum_i y_{i,j} \ln y_{i,j} \right) \right] \tag{6-31}$$

对于将混合物分离成纯组分的情况，上式可进一步简化。例如将组分 A 和 B 构成的二元气体混合物在进料温度和压力下分离成纯 A 和纯 B 气体产品，式（6-31）简化为如下的无量纲最小功

$$\frac{-W_{\min, T}}{n_F RT} = -(y_{A,F} \ln y_{A,F} + y_{B,F} \ln y_{B,F}) \tag{6-32}$$

式中，下标 F 表示进料。比较式（6-31）与式（6-32），可以看出，若双组分混合物的分离产品不是两个纯组分，而只是浓度与原料不同的两个双组分混合物时，则需要的最小功必定小于分离成纯组分产品时所需的最小功。

【例 6-1】 设空气中含氧 21%（体积分数），若在 25℃常压下将空气可逆分离成 95%O_2 的气氧和 99%N_2 的气氮，计算分离 1kmol 空气的最小功。若分离为纯氧和纯氮，计算所需最小功。

解 设产品气氧为 1，气氮为 2，氧为 A，氮为 B。

（1）计算分离产物1、2为纯产品需最小功

设产品气氧的量为 x，对分离前后的氧气作物料衡算

$$1 \times 0.21 = 0.95x + 0.01(1-x)$$

$$x = 0.213 \text{kmol}$$

所以产品气氮的量为0.787kmol，产品1、2的氧、氮出料量如图6-10。

图6-10 氧-氮分离过程

由式（6-31）

$$-W_{\min,T} = RT\left[\sum_{出} n_k \left(\sum_i y_{i,k} \ln y_{i,k}\right) - \sum_{进} n_j \left(\sum_i y_{i,j} \ln y_{i,j}\right)\right]$$

$$= 8.314 \times 298 \times [0.213 \times (0.95 \times \ln 0.95 + 0.05 \times \ln 0.05) + 0.787 \times (0.01 \times \ln 0.01 + 0.99 \times \ln 0.99) - (0.21 \times \ln 0.21 + 0.79 \times \ln 0.79)]$$

$$= 1059.4 (\text{kJ/kmol})$$

（2）计算分离空气为纯 N_2、纯 O_2 所需最小功。由式（6-32）

$$\frac{-W_{\min,T}}{n_F RT} = -(y_{A,F} \ln y_{A,F} + y_{B,F} \ln y_{B,F})$$

$$-W_{\min,T} = -n_F RT(y_{A,F} \ln y_{A,F} + y_{B,F} \ln y_{B,F})$$

$$= -8.314 \times 298 \times (0.21 \times \ln 0.21 + 0.79 \times \ln 0.79) = 1273.4 (\text{kJ/kmol})$$

可见，分离成非纯产品时所需最小功小于分离成纯组分产品时所需的最小功。

（2）分离低压下的 液体混合物

对于接近或者低于环境压力下等温分离液体混合物的情况，式（6-30）中 $z_i = x_i$ 和 $\hat{f}_i = \gamma_i x_i p_i^0$，$\gamma_i$ 是液相活度系数，p_i^0 是饱和蒸气压。于是式（6-30）简化为

$$-W_{\min,T} = RT\left\{\sum_{出} n_k \left[\sum_i x_{i,k} \ln(\gamma_{i,k} x_{i,k})\right] - \sum_{进} n_j \left[\sum_i x_{i,j} \ln(\gamma_{i,j} x_{i,j})\right]\right\} \quad (6-33)$$

由该式可看出，$-W_{\min}$ 也不受压力和相对挥发度的影响，但与活度系数有关。

对于二元液体混合物分离成纯组分液体产品，式（6-33）简化为

$$-W_{\min,T} = -RTn_F[x_{A,F} \ln(\gamma_{A,F} x_{A,F}) + x_{B,F} \ln(\gamma_{B,F} x_{B,F})] \quad (6-34)$$

除温度以外，最小功仅决定于进料组成和性质，若溶液为正偏差，γ_i 大于1的混合物所需理论分离最小功比理想溶液的分离最小功小；反之，溶液为负偏差，由于不同组分间作用力大于同组分分子间的作用力，更难分离，所以所需最小功比理想溶液的最小功大。由式（6-34），当 $\gamma_{A,F} x_{A,F} = 1$ 和 $\gamma_{B,F} x_{B,F} = 1$ 时，说明体系为完全不互溶，其分离功为零，即 $-W_{\min,T} = 0$，此外，等温分离功总是大于零的。

若在等温等压下将进料混合物分离成不纯产物，其所需最小功应由式（6-34）再减去将这些不纯产物分离成纯产物的最小功。

从上述分析可以看出，分离理想溶液与分离理想气体混合物所需的最小功是相同的，最小功与压力以及被分离组分的相对挥发度无关。

6.2.2 非等温分离和有效能

当分离过程的产品温度和进料温度不同时，不能用自由焓的增量来计算最小功，而应根据有效能的概念计算最小功。

有效能 B 的定义为

$$B = H - T_0 S \tag{6-35}$$

式中，T_0 为环境的热力学温度；S 为熵；H 为焓。

对于类似于图 6-9 的连续稳态过程，从热力学第一定律得到以下能量衡算式。

$$\sum_{出} n_k H_k - \sum_{进} n_j H_j = Q - W_s \tag{6-36}$$

式中，Q 为从温度为 T 的热源向过程传递的热量；W_s 为过程对环境所做的轴功。

根据热力学第二定律建立上述过程的熵平衡，它可以精确地衡量过程的能量效用。

$$\sum_{进} n_j S_j - \sum_{出} n_k S_k + \frac{Q}{T} + \Delta S_{产生} = 0 \tag{6-37}$$

式中，$\Delta S_{产生}$ 是由不可逆过程而引起的熵变。设 T_0 是环境温度，可以任意从它取出或给它热量。通常规定海洋、河水或大气的环境温度。用 T_0 乘式（6-37）并与式（6-36）合并，得

$$\sum_{出} n_k (H_k - T_0 S_k) - \sum_{进} n_j (H_j - T_0 S_j) + T_0 \Delta S_{产生} = \left(1 - \frac{T_0}{T}\right) Q - W_s \tag{6-38}$$

根据流动系统物流有效能的定义，得稳态下的有效能平衡方程

$$\sum_{出} n_k B_k - \sum_{进} n_j B_j + T_0 \Delta S_{产生} = \left(1 - \frac{T_0}{T}\right) Q - W_s \tag{6-39}$$

式中，有效能 B 是温度、压力和组成的函数。由卡诺循环可知，等式右侧第一项是热量 Q 自温度 T 的热源向温度为 T_0 的环境传热所产生的等当功，即

$$W_e = \left(1 - \frac{T_0}{T}\right) Q \tag{6-40}$$

由式（6-39）可知，系统的净功消耗 $-W_净$（总功）为等当功和环境对系统做的轴功之和。

$$-W_净 = W_e - W_s = \sum_{出} n_k B_k - \sum_{进} n_j B_j + T_0 \Delta S_{产生} = \Delta B_{分离} + T_0 \Delta S_{产生} \tag{6-41}$$

当过程可逆进行时，$\Delta S_{产生} = 0$，可得最小分离功

$$-W_{min,T_0} = \Delta B_{分离} \tag{6-42}$$

该式表明，稳态过程最小分离功等于物流的有效能增量。由有效能定义，有效能增量可表示为

$$-W_{min,T_0} = \Delta B_{分离} = \Delta H - T_0 \Delta S \tag{6-43}$$

按式（6-43）计算分离过程的最小功时，可先分别计算出 ΔH 及 ΔS。例如把理想气体混合物分离为纯组分时，ΔH 及 ΔS 可按下列公式计算

$$\Delta H = \sum_i x_{i,F} \int_{T_F}^{T_i} c_{pi} \mathrm{d}T \tag{6-44}$$

$$\Delta S = \sum_i x_{i,F} \left(\int_{T_F}^{T_i} \frac{c_{pi}}{T} \mathrm{d}T - R \ln \frac{p_i}{x_{i,F} p_F} \right) \tag{6-45}$$

式中，c_{pi} 为组分 i 的定压比热容；T_F，p_F 分别为进料混合物的温度和压力；T_i，p_i 分别为分离后纯组分 i 的温度和压力。

6.2.3 净功消耗

通常，分离过程所需的能量多半是以热能的形式而不是功的形式提供的。在这种情况下，最好以过程所消耗的 **净功** 来计算消耗的能量。

净功耗（net work consumption）是指离开系统的热量送入一个可逆热机所做功与输入系统热量送入可逆热机所做功之差。图 6-11 展示精馏分离的这一过程，输入系统的温度为 T_R，热量为 Q_R，供一台可逆热机，同时在 T_C 温度下热量 Q_C 移出系统，也供一台可逆热机，

图 6-11 普通精馏塔分离过程示意图

它们能得到的功分别为 $Q_R \left(1 - \dfrac{T_0}{T_R} \right)$ 和 $Q_C \left(1 - \dfrac{T_0}{T_C} \right)$，所以该过程的净功耗为

$$-W_净 = Q_R \left(1 - \frac{T_0}{T_R} \right) - Q_C \left(1 - \frac{T_0}{T_C} \right) \tag{6-46}$$

若分离过程不耗机械功，且产物与原料之间热焓差与输入热量相比可忽略，则 $Q_R \approx Q_C = Q$，此时净功耗

$$-W_净 = Q T_0 \left(\frac{1}{T_C} - \frac{1}{T_R} \right) \tag{6-47}$$

由上式可知，精馏过程因 $T_R > T_C$，所以精馏过程净功耗总是正值。

应当指出，最小分离功是可逆分离过程的极限功耗，实际分离过程的净功耗都大于它，且净功耗只是代表输入热量的分离过程的功耗，若分离过程还消耗机械功，还需要加到式 (6-46) 中。

6.2.4 热力学效率

分离过程的热力学效率（thermodynamic efficiency）定义为可逆过程消耗的最小功与实际过程的净功耗之比。

$$\eta = \frac{-W_{\min, T_0}}{-W_净} = \frac{\Delta B_分离}{-W_净} \tag{6-48}$$

实际分离过程是不可逆的，所以热力学效率必定小于 1。不同类型的分离过程，其热力学效率各不相同。一般来说，只靠外加能量的分离过程（如精馏、结晶、部分冷凝），热力学效率相对高一些；具有能量分离剂和质量分离剂的分离过程（如共沸精馏、萃取精馏、萃取和吸附等）热力学效率相对较低；而速率控制的分离过程（如膜分离过程）则更低。

【例 6-2】 对于某丙烯-丙烷精馏塔，若泡点进料，进料量 $F=272.16kmol/h$，进料焓 $H_F=1740.38kJ/kmol$，进料熵 $S_F=65.79kJ/(kmol \cdot K)$，塔顶馏出液量 $D=159.21kmol/h$，$H_D=12793.9kJ/kmol$，$S_D=74.69kJ/(kmol \cdot K)$，塔底釜液量 $W=112.95kmol/h$，$H_W=3073.37kJ/kmol$，$S_W=66.10kJ/(kmol \cdot K)$，假设环境温度 $T_0=294K$，计算：(1) 再沸器负荷（冷凝器负荷 $Q_C=32401526kJ/h$）；（2）有效能变化；（3）当再沸器温度 $T_R=377.6K$，冷凝器温度 $T_C=305.4K$ 时的净功耗；(4) 热力学效率。

解 （1）作全塔热量衡算 $FH_F+Q_R=DH_D+WH_W+Q_C$，得

$$Q_R=159.21\times12793.9+112.95\times3037.37+32401526-272.16\times1740.38$$
$$=34307851.94 \ (kJ/h)$$

（2）已知 $T_0=294K$

$$B_D=H_D-T_0S_D=12793.9-294\times74.69=-9164.96 \ (kJ/kmol)$$

同理

$$B_W=H_W-T_0S_W=3073.37-294\times66.10=-16360.03 \ (kJ/kmol)$$
$$B_F=H_F-T_0S_F=1740.38-294\times65.79=-17601.88 \ (kJ/kmol)$$

故

$$\Delta B_{分离}=\sum_{出}n_kB_k-\sum_{进}n_jB_j$$
$$=159.21\times(-9164.96)+112.95\times(-16360.03)-272.16\times(-17601.88)$$
$$=1483508.99 \ (kJ/h)$$

（3）由式(6-47) 得

$$-W_净=34307851.94\times\left(1-\frac{294}{377.6}\right)-32401526\times\left(1-\frac{294}{305.4}\right)=6386213.05kJ/h$$

（4）由式(6-48) 得

$$\eta=\frac{1483508.99}{6386213.05}=23.23\%$$

6.3 分离过程的节能

精馏过程的节能可通过减少过程热损失、充分回收余热、减少本身对能量的需求和提高热力学效率等方法实现。

根据上一节的分析，分离过程如果沿着可逆过程进行，其消耗的功最小。因此，对精馏过程在总体工艺流程中进行热集成，提高分离过程的可逆性，是精馏过程节能的主要方法之一。

6.3.1 分离过程热力学分析

分离过程所需最小功即 $\Delta B_{分离}$ 是由原料和产物的组成、温度和压力所决定的。欲提高分离过程的热力学效率，主要是设法降低过程的净功耗 $W_净$。从热力学角度看，就是降低过程的不可逆性，使过程尽量接近可逆过程。精馏过程热力学不可逆性主要由以下原因引起：

① 过程中存在压力梯度的动量传递；
② 过程中存在温度梯度的热量传递或不同温度物流的直接混合；
③ 存在浓度梯度下的传质传递或不同化学位物流的直接混合；
④ 还可能存在不可逆化学反应。

因此，如果降低流体流动过程产生的压降，减小传热过程的温度差，减小传质过程的两相浓度与平衡浓度的差别，都将使精馏过程的净功消耗降低。

图 6-12 是二元混合物精馏过程常用的 y-x 图，平衡线表示汽液传质可以完全可逆地进行，由不可逆性引起的损耗功为零。图 6-12(a) 表示一般的精馏过程，操作线上某点离开平衡线的距离表示塔的某一截面处的不可逆程度，图中阴影部分面积反映了实际过程的不可逆程度，即精馏过程由于不可逆性而引起的能量损耗。图 6-12(b) 表示在最小回流比时的不可逆损失，此时在进料截面处汽液处于平衡状态，推动力为零，但在塔内其他任意截面处，$y^* > y$ 差值就是传质推动力，不可逆性仍然存在，但在最小回流比时，不可逆性程度较小，即图中阴影部分面积较一般精馏过程的阴影面积要小，所以能耗也较小。

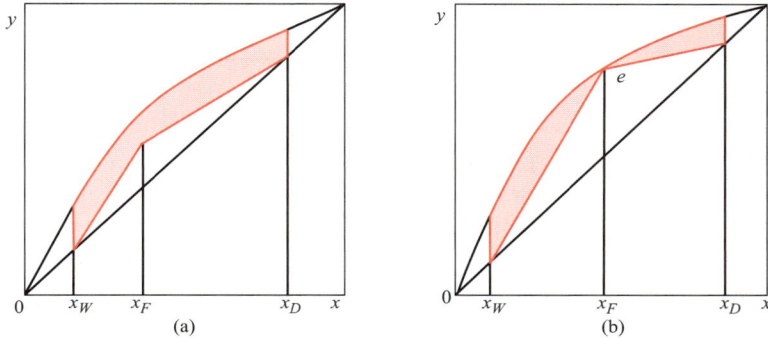

图 6-12　精馏过程不可逆损失

在精馏过程的设计和操作中，节能措施很多，这里主要从热力学角度分析，介绍几种重要的节能途径，如中间换热、多效精馏、热泵等在精馏中的应用。

6.3.2　中间换热节能

普通精馏塔冷凝和加热分别集中在塔顶和塔釜进行，因此是很强的热力学不可逆过程。设置中间换热器可有效降低这种不可逆性，从而提高精馏塔的热力学效率。在精馏塔内，温度自塔顶向塔釜逐渐升高，如能在塔中部设置中间冷凝器（intermediate condenser）（图 6-13），就可以用较高温度的冷却剂。在裂解深冷分离塔中，意味着可以应用较价廉的冷源，节省有效能。如果在塔的中部设置中间再沸器，对于高温塔，则可以应用较低温位的加热剂，在深冷分离塔中，则可以回收温度较低的冷量。对塔釜再沸器来说（以塔釜再沸器为基准），中间冷凝器是回收热量，中间再沸器是节省热量；而对于塔顶冷凝器来说（以塔顶冷凝器为基准），中间冷凝器是节省冷量，中间再沸器是回收冷量。将中间换热方式归类于过程技术节能，是因为原来的精馏塔没有变化，只不过增设的中间换热改变了操作线斜率，利用了低品位能源。对于二元精馏，应用 y-x 图上的图解法可以清楚地表明：中间换热器的使用，使操作线向平衡线靠拢，提高了塔内分离过程的可逆程度。因为中间再沸器与塔顶间的温差、中间冷凝器与塔釜间的温差都将小于塔顶与塔釜间的温差，减少了实际功耗或有效能消耗，达到了节能的目的。

中间换热器的热负荷需适当选择，一般保持塔在最小回流比时的恒浓区仍在进料级处，使全塔保持较高的可逆程度。这样，在进料级处级间的汽液两相流量与无中间冷凝器和中间再沸器时的一样，于是简单精馏塔的塔顶冷凝器的热负荷近乎等于有中间冷凝器时两台冷凝器的热负荷之和；同样，简单精馏塔塔釜再沸器的热负荷也近乎等于有中间再沸器时两台再

(a) 流程图　　　　　　　(b) x-y 图解

图 6-13　带有中间冷凝器和中间再沸器的精馏塔

沸器的热负荷之和。此外中间换热器的添加会引起进、出中间换热器的物料之间塔级效率的降低，故欲达到同样的分离要求和维持原回流比，必须增加塔级数。值得注意的是，可逆性提高的好处并不是表现在总的热负荷有所减小，而是在于降低了能量的降级损失。而且由于所需塔级数的增加和换热设备增加，设备投资还需增加。因此，在生产过程中必须要有适当温位的加热剂或（和）冷却剂与其相匹配，并需有足够大的热负荷值得利用，再加上塔顶和塔釜的温度差要相当大，才会取得经济效益。

【工程案例 6-1】　脱甲烷塔增设中间换热

在乙烯生产装置中，脱甲烷塔的任务就是将裂解气中的氢气、甲烷以及其他惰性气体与 C_2 及 C_2 以上组分进行分离，脱甲烷塔的关键组分是甲烷和乙烯。脱甲烷塔系统消耗冷量占分离部分总冷量消耗的 42%。因此脱甲烷塔的操作效果对产品（乙烯、丙烯）回收率、纯度以及经济性的影响最大，所以在分离设计中，工艺的安排、设备和材质的选择都是围绕脱甲烷塔系统考虑的，重点就是脱甲烷塔的节能。

（1）脱甲烷塔增设中间冷凝器

脱甲烷塔增设中间冷凝器多股进料与中间回流相结合的逐级分凝流程如图 6-14 所示，进料经一级冷凝，$-29\,℃$ 的凝液作脱甲烷塔的第一股进料。气体经二级冷凝，$-62\,℃$ 的凝液作第二股进料。气体经第二个进料冷凝器（$-101\,℃$ 乙烯冷剂）冷凝，$-96\,℃$ 气液混合物作第三股进料。同时从塔中间引出一股气体进入中间冷凝器，与进料气体汇合冷凝后，气液混合物回流入塔。此种情况，中间回流与第三股进料结合起来，而第二个进料冷凝器与中间冷凝器结合为一个设备。

从塔顶气来看，经节流膨胀，自身制冷而降温到 $-107\,℃$。因为采取了中间回流，减少了塔顶回流量，塔顶可省去外来冷剂制冷的冷凝器，只需设自身制冷换热器已能满足负荷要求。由于节流膨胀，自身制冷温度低，所以从塔顶气中还可以回收一部分乙烯，故降低乙烯损失，收到了明显的节能效果。

（2）脱甲烷塔增设中间再沸器

由于脱甲烷塔提馏段的温度比压缩后经初步预冷的裂解气温度低，所以可用此裂解气作为中间再沸器的热剂，而裂解气回收了脱甲烷塔的冷量，降温到进料所需温度而进入塔内，如图 6-15 所示。这样可一举两得，收到节约能量之效果。

图 6-14 中间冷凝器产生中间回流的脱甲烷流程

图 6-15 脱甲烷塔中间再沸器流程简图
1—脱甲烷塔提馏段；2—中间再沸器

表 6-1 为脱甲烷塔设置中间再沸器的经济比较，从表 6-1 中的数据可以看出，从减少精馏系统的有效能损失的角度来看，带有中间换热器的非绝热精馏更适合于塔的顶、底温差大的精馏塔，由于这时热量的降级较大，因此采用中间再沸器和中间冷凝器就比较有价值。据报道乙烯精馏塔采用中间再沸器和中间冷凝器后，可以降低该塔 17% 的能耗，这相当于节约了制冷总能耗的 6%。

表 6-1 脱甲烷塔设置中间再沸器的经济比较

项目	设中间再沸器	无中间再沸器	项目	设中间再沸器	无中间再沸器
精馏段级数	90	90	塔径(精馏段/提馏段)/m	5.5/4.9	5.5/5.5
提馏段级数	45	28	塔造价/元	5.1×10^6	4.8×10^6
冷凝器负荷/(GJ/h)	142.4	142.4	换热器造价/元	3.8×10^6	3.7×10^6
中间再沸器负荷/(GJ/h)	52.8	0	冷冻系统造价/元	-0.1×10^6	0
塔釜再沸器负荷/(GJ/h)	52.8	105.5	总造价/元	8.8×10^6	8.5×10^6
塔高/m	74.4	66.8	操作费用/元	4.15×10^6	4.77×10^6

6.3.3 多效精馏

为降低能耗，加热剂最高温度略高于塔釜温度，冷却温度略低于塔顶温度。而实际上，最方便廉价的冷却剂是水或空气，最常用的加热剂是水蒸气。但是，这些热剂或冷剂很难符合上述要求，导致精馏塔无谓地多消耗不少有效能。为此，可以采用**多效精馏**（multiple effect distillation），只要精馏塔塔釜和塔顶温度之差比实际可用的加热剂和冷却剂间的温差小很多，就可以考虑多效精馏。

多效精馏的原理类似于**多效蒸发**，是通过扩展工艺流程来节减精馏操作能耗的，它是以多塔代替单塔。多效精馏系统由若干压力不同的精馏塔组成，而且依压力高低的顺序，相邻两个塔中的高压塔塔顶蒸气作为低压塔再沸器的热源，除压力最低的塔外，其余各塔塔顶蒸气的冷凝潜热均由精馏系统自身回收利用，在整个流程中只有第一效加入新鲜蒸汽，在最后一效加入冷却介质，中间各塔则不再需要外加蒸汽和冷却介质，因此多效精馏充分利用了冷热介质之间过剩的温差。尽管总能量降级和单塔一样，但它不是一次性降级，而是逐塔降低的。每个塔的塔顶、塔釜温差减小，降低了有效能损失，从而达到节能目的。但多效精馏的投资费用高于常规精馏，其操作的基本方式如图 6-16 所示。不论采用哪种方式，其精馏操作所需的热量与单塔精馏相比较，都可以减少 30%～40%。粗甲醇的提纯主要依靠精馏过程实现，为了降低废水中甲醇和杂醇油的含量，一般采用多效精馏。有学者针对四塔双效精馏工艺研究发现，高压塔的能耗占整个流程总能耗的 40%左右，通过在高压塔和常压塔之间引入一个中压塔，形成热集成的五塔多效精馏工艺，相比四塔双效精馏工艺节能 33.6%。

图 6-16　多效精馏操作的基本方式

多效精馏的节能结果受许多因素的影响，其中主要是被分离物系的性质、易挥发组分的含量、效数以及工艺流程等，随着效数增加，能耗降低，但效数过多，设备投资过大而且操作困难，故实际应用中较多采用双效精馏。若被分离物系中易挥发组分含量太低，可回收利用的塔顶蒸气冷凝潜热太少，就不宜采用多效精馏。

许良华等提出一种带有中间热集成的精馏塔序列的流程，通过中间换热器将高压塔的精馏段与低压塔的提馏段进行局部热集成，它可有效降低两塔所需的压力差，即降低两塔的温度差，使塔釜加热温度下降或使塔顶冷凝温度提高，进而提高系统的热力学效率，即提高有效能利用率。

【工程案例6-2】 多效精馏的应用

（1）空气分离的方法

空气分离的方法可分为低温和非低温两种，其中非低温空气分离方法包括吸附、膜分离、化学分离法。由于目前在大规模制取氧、氮气液产品，尤其是高纯度产品方面，低温分离法具有无法取代的竞争优势，而且只有低温分离法才具有可同时生产氩等稀有气体产品的能力，故低温法在空气分离的工业应用中占据非常重要的地位。低温空气分离的主精馏塔是典型的双效精馏塔，下塔操作压力为600kPa左右，上塔接近常压。两塔连接部分的冷凝蒸发器，将下塔顶部的氮气冷凝，同时将上塔底部的液氧蒸发。

（2）环己酮和环己醇的双效精馏分离

图6-17所示的是环己酮和环己醇的双效精馏分离，流程中第一塔主要在塔顶脱除原料中较轻杂质，第二塔将环己酮和环己醇分离。

图 6-17　环己酮和环己醇的双效精馏

图6-17(a)为板式塔情况，两塔总能耗为23.2MW；图6-17(b)为采用规整填料后的情况，第一塔分离效率提高，回流比减小，能耗降低，重组分收率提高，塔顶温度降低。第二塔全塔压降降低，塔釜温度降低，分离效率提高，使塔顶温度降低。两塔之间就有可能利用第一塔塔顶物料蒸气作为第二塔塔釜热源，从而两塔总能耗只需5.2MW。与板式塔情况相比，节能达78%。

（3）甲醇-水体系的分离

甲基叔丁基醚是由过量甲醇与异丁烯反应生成的，过量的甲醇通过水洗的方法从未反应的异丁烯中分离出来进行回收。针对传统甲醇回收工艺的高能耗问题，有学者进行了分离甲醇-水体系的双效、三效和四效精馏工艺流程的比较。

多效精馏分离甲醇-水工艺的主要任务是通过优化计算，确定各塔压力分布以及各塔塔顶甲醇的蒸出量，保证相邻两塔塔顶和塔釜的传热温差及热量匹配。做出以下两点规定：
①高压塔塔顶蒸气所释放的潜热应等于相邻低压塔塔釜物料汽化所需的热量，考虑各效热损

失为 2%，计算出各效塔顶甲醇的蒸出量。②高、低压塔塔顶和塔釜物流的传热温差应高于 10℃，确定各塔的操作压力。以能耗最低为目标函数、各塔顶甲醇蒸出量为决策变量，确定了各种回收工艺的最佳条件（包括塔压分布）。结果表明，随着精馏效数的增加，不仅具有产能高、产品质量好、能耗低的优点，而且塔顶冷却水和塔釜蒸汽消耗量减少，分离能耗降低，节能效果好。对于高浓度的甲醇-水体系的分离，进料中甲醇含量越高，采用多效精馏的节能效果越明显。该工艺与单塔精馏工艺相比，甲醇浓度分别为 70%、80% 和 85%（摩尔分数）时其三效顺流与三效逆流精馏工艺的节能分别为 57.8%、57.5%、58.0% 和 54.5%、54.9%、54.5%，由此确定分离甲醇-水体系的最佳方案为三效顺流精馏工艺。

6.3.4 热泵精馏

将温度较低的塔顶蒸汽经压缩后作为塔釜再沸器的热源，称为**热泵精馏**（heat pump distillation）。图 6-18 中给出了三种典型的热泵精馏流程，其中流程（a）利用外部工作流体进行操作；流程（b）对塔顶蒸气进行直接压缩，升温后作为塔釜加热剂；流程（c）将塔釜液进行节流闪蒸后作为塔顶冷却介质，本身汽化，再经压缩后回入塔釜。对比三种流程可见：流程（a）所选用的工作流体，可以在压缩特性、汽化热（大则循环气量小）等方面有更优良的性质，但需用两台换热器，且为确保一定的传热推动力，要求压缩升温较高。当塔顶蒸气或釜液蒸气有较好的压缩特性和较大汽化热时，宜选用后两种流程。考虑到冷凝和再沸热负荷的平衡以及方便控制，在流程中往往设有附加冷却器或加热器。

图 6-18　热泵精馏流程

热泵精馏是靠消耗一定机械能来提高低温蒸气的能位而加以利用的，因此消耗单位机械能回收的热量是一项重要经济指标。显然，对于沸点差小的混合物分离，应用热泵精馏效果会更好。对于沸点差较大物系的分离，可以采用双塔式热泵精馏流程（图 6-19），以取得较显著的经济效益。

间接式热泵精馏的优点是：①适用于热敏产品、腐蚀性介质及塔内介质不适合采用直接压缩的塔；②节省操作费用；③采用定型的标准系统。其缺点是：①由于大多数制冷剂的操作温度范围限制在 130℃ 以下，对于较高温度下的操作，载热介质的选择受到限制；②与直接热泵精馏相比较，多一个热交换器（即蒸发器），压缩机需要克服较高的温度差和压力差，因此，其效率较低。

数据不足及一次性投资较大是热泵系统推广的障碍。提高热泵的热效率和使工质输出热量的温度达到200℃或更高，提高热泵的能效比，是热泵技术努力的方向。

多效精馏和热泵精馏工艺在精馏过程中都起到了一定节能的作用，能耗系数越大，节能效果越显著，但适用条件和应用环境因素有区别：①当无废热可利用时，对于年总费用，热泵精馏低于多效精馏，多效精馏低于常规精馏。②当有足够废热可利用时，对于大规模生产年总费用，常规精馏低于热泵精馏，热泵精馏低于多效精馏；对于小规模生产年总费用，常规精馏低于多效精馏，多效精馏低于热泵精馏。当无废热利用时，热泵精馏的年总费用最低，但热泵精馏的电能消耗为多效精馏的十多倍，而且热泵精馏的操作比多效精馏复杂。

图 6-19　双塔式热泵精馏流程

【工程案例 6-3】　热泵精馏的工业应用

（1）丙烯-丙烷的分离

气体分馏装置在化工企业中的地位是非常重要的，其操作水平和经济效益直接影响化工企业的经济效益。丙烯-丙烷分离塔是气体分馏装置的重要生产单元，得到的产品丙烯是重要的化工原料。由于丙烯和丙烷的沸点相接近，组分间相对挥发度较小，采用常规精馏方法时，设计的塔可高达90m，塔级数可在200级以上，回流比大于10，还要进行加压或者制冷等操作，所以能耗很高。由于能源价格上涨和新技术的不断开发利用，人们对这个问题越来越重视，相应出现了一系列新方法。美国UCC公司曾报道了丙烯-丙烷精馏系统的热泵精馏与传统精馏过程的比较数据，见表6-2。表中数据表明，采用热泵精馏比传统精馏技术每年可节约成本15.1万美元。

表 6-2　丙烯-丙烷热泵精馏与传统精馏节能效果比较

项目	热泵精馏	传统精馏	项目	热泵精馏	传统精馏
塔顶压力/MPa	0.81	1.9	冷却水量/(m³/h)	204	568
塔顶温度/℃	15.6	55.6	公用工程费/(万美元/年)	28.5	43.6
热泵出口温度/℃	57.2	—	蒸汽费/(万美元/年)	—	37.2
塔釜温度/℃	23.9	62.8	电费/(万美元/年)	26.2	—
再沸器负荷/(kJ/h)	$2.3×10^7$	$2.3×10^7$	冷却水费/(万美元/年)	2.3	6.4
蒸汽耗量/(kg/h)	—	$2.3×10^7$	节省费用/(万美元/年)	15.1	—
热泵耗电/kW	2.050				

（2）异丁醛与正丁醛的分离

丁辛醇是随着石油化工、聚氯乙烯材料工业以及羰基合成工业技术的发展而迅速发展起来的。羰基合成法是最主要的丁辛醇生产技术。丙烯羰基合成生产丁辛醇工艺过程：丙烯氢甲酰化反应，粗醛精制得到正丁醛和异丁醛，正丁醛和异丁醛加氢得到产品正丁醇和异丁醇；正丁醛经缩合、加氢得到产品辛醇。图 6-20 所示为异丁醛（IBAD）与正丁醛（NBAD）的分离，图 6-20（a）所示为常规精馏，图 6-20（b）所示为板式塔热泵精馏，图 6-20（c）所示为规整填料塔热泵精馏。由图 6-20 可见，常规精馏能耗 9600kW，板式塔热泵精馏能耗 1560kW，规整填料塔热泵精馏能耗仅 920kW，热泵精馏节能效果明显。

图 6-20　热泵精馏与常规精馏的比较

6.3.5　热耦合精馏

按照传统设计的常规精馏系统，各塔分别配备再沸器和冷凝器，如图 6-21 所示的三组分的两种常规精馏流程。此流程由于冷、热流体通过换热器管壁的实际传热过程是不可逆的，为保证过程的进行，需要有足够的温差，温差越大，有效能损失越多，则热力学效率就越低。热耦合精馏就是基于此而研究出的一种新型的节能精馏。它兼有热耦合及设备集成的特点，不仅使能耗降低还可以减少设备投资，是一种重要的精馏强化技术。

图 6-21　三组分常规精馏流程

如图 6-22 所示，其中 1 为主塔，2 为副塔。从主塔引出气相回流和液相回流，在副塔内完成正常精馏塔的气液相接触，使副塔避免使用冷凝器和再沸器，实现了热量的耦合，故称为热耦合精馏。

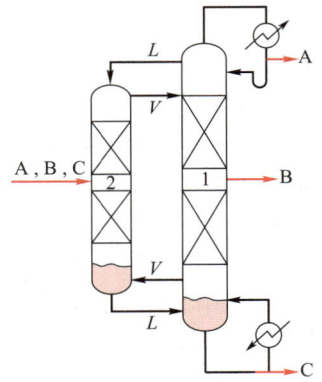

图 6-22　热耦合精馏流程

热耦合精馏在热力学上是最理想的系统结构，既可节省能耗，又可节省设备投资。经计算表明，热耦合精馏比两个常规塔精馏可节能 20%～40%。所以，在 20 世纪 70 年代能源危机时，这种新型节能精馏技术受到西方国家的广泛注意，并进行了许多研究。但是，由于主、副塔之间汽液分配难以在操作中保持设计值，且分离难度越大，其对汽液分配偏离的灵敏度越大，操作就越难以稳定。由于控制问题和缺少设计方法，热耦合精馏并未在工业中获得广泛应用。只有沸点接近的易分离物系才推荐采用热耦合精馏，但也要注意精心设计，以保证主、副塔中的汽液流量达到要求。从近年来的发展趋势看，热耦合精馏仍然被看作是具有发展和应用潜力的精馏技术。

6.3.6　差压热耦合精馏技术

热耦合精馏技术无论从流程还是设备来说，仍摆脱不了精馏过程中所需要的塔顶冷凝液体回流和塔釜再沸蒸气上升操作的限制。由于主精馏塔塔顶温度低于塔釜温度，塔顶冷凝器和塔釜再沸器之间不能简单地进行匹配换热，也就不能实现完全的热耦合。由此开发了一种新型的差压热耦合低能耗精馏过程。

差压热耦合低能耗精馏过程包括常压-加压和常压-减压两种方案。常压精馏塔的操作压力与常规单塔相同，而减压精馏塔采用降压操作以降低塔釜温度，在常压-减压方案中，减压塔塔顶蒸气经过压缩进入常压精馏塔，通过减压操作可以使塔釜物料的温度低于常压精馏塔塔顶物料的温度，这样就可以利用常规精馏塔塔顶蒸气的潜热来加热减压精馏塔塔釜的再沸器，进行两塔的完全热耦合，可有效降低系统蒸汽消耗，进而实现精馏过程的大幅度节能。

差压热耦合精馏流程如图 6-23 所示，图中"2"为常规精馏塔，"3"为减压精馏塔。经

图 6-23　差压热耦合精馏流程

1—进料；2—常压精馏塔；3—减压精馏塔；4—主再沸器；5—压缩机；
6—辅助冷凝器；7—辅助再沸器；8—回流储罐

过常压精馏塔分离后的塔釜液相物料在压差推动下进入减压精馏塔顶部；减压精馏塔顶部出来的蒸气通过压缩机加压后进入常压精馏塔釜作为上升蒸气；减压精馏塔塔釜出来的液相一部分可作为产品采出，另一部分与常压精馏塔塔顶出来的蒸气在主换热器中进行换热并部分汽化，形成减压精馏塔塔釜所需的再沸蒸气，若冷凝负荷小于主再沸器负荷时，需要同时开启辅助再沸器；常压精馏塔塔顶蒸气经过换热后得到部分或全部冷凝液，当冷凝负荷大于主再沸器负荷时，需开启该部分冷凝液流经的辅助冷凝器，从而常压精馏塔塔顶所需要的回流和采出的冷凝液进入回流储罐，从回流储罐中流出的冷凝液一部分作为产品采出，另一部分作为常压精馏塔的塔顶回流液体。

在操作过程中，若减压精馏塔塔釜物料再沸器所需热量大于常压精馏塔塔顶冷凝所能提供的热量时，则需要同时开启辅助再沸器，使得减压精馏塔釜出来的液相的一部分与外部换热来满足减压精馏塔釜上升蒸气所需要的全部热量；而若减压精馏塔上升蒸气所需热量小于常压精馏塔塔顶冷凝所能提供的热量，则需要同时开启辅助冷凝器，使得常压精馏塔塔顶蒸气经过主再沸器冷却后的物料与外部换热来降低该股物料的温度，以降低至常压精馏塔塔顶所需回流液体的温度。因而，在实际操作达到稳定运行后，辅助冷凝器和辅助再沸器一般不会同时开启，根据热量匹配可选择其一作为辅助能源设备，若流程设计中常压精馏塔塔顶冷凝和减压精馏塔塔釜再沸蒸气可以完全匹配，则两个辅助设备均无需开启。差压热耦合低能耗精馏与现有热耦合精馏技术相比，具有以下几方面优点。

① 差压热耦合精馏过程的常压精馏塔塔顶冷凝的负荷可以与减压精馏塔塔釜再沸器的负荷相匹配，实现热耦合精馏，匹配换热。

② 与常压的单塔精馏过程不同，差压热耦合精馏过程的常压精馏塔塔顶上升蒸气能够用于加热减压精馏塔塔釜物料，满足塔釜再沸器的要求。

③ 热量消耗是精馏操作中的主要能耗所在，用差压降温手段可以实现最小的热量消耗，甚至实现冷热负荷完全匹配，热量消耗为零。而实现该目的的手段仅仅是在设备中增加一台压缩机，该动力消耗相对于原有的热量消耗小很多。

【工程案例 6-4】 丙烯-丙烷分离的差压热耦合节能精馏技术

丙烯-丙烷的分离方法有高压法、低压法和低压热泵法。采用高压法时塔顶温度高于 45℃，可以直接用冷却水进行冷凝，但是高压法分离需要的塔级数多，且回流比很大；采用低压法，丙烯和丙烷的相对挥发度增大，可以减少回流比和理论级数，但是塔顶温度太低，不能采用冷凝水直接进行冷凝，需要其他冷剂，这样无疑要增加投资及能耗；如果采用热泵法，节能最高可达 88%，但是需要增加 20% 左右的投资，而且热泵精馏存在流程复杂、操作困难的缺点。

以一个工业规模的丙烯-丙烷气体分离系统为典型进行计算，主要条件如下：进料量为 16832kg/h（约 15 万吨/年），进料温度为 40℃，进料组成为丙烷 25.8%、丙烯 74%、乙烷等组分 0.2%（均为质量分数），分离要求为实现塔顶产品丙烯含量大于 99%。现有常规流程精馏塔共需要 200 理论级，进料位置在第 146 级。若要实现产品质量要求，模拟得到该精馏塔操作条件为：塔顶温度为 43.4℃，压力为 1800kPa，塔釜温度为 58.7℃，压力为 2100kPa。

利用差压热耦合低能耗精馏技术，对丙烯-丙烷分离过程进行模拟。将精馏分离分割为常压精馏和减压精馏两个塔，常压精馏塔的理论级为 145，塔顶压力为 1800kPa，塔釜压力为 2000kPa，塔顶温度为 43.4℃；减压精馏塔的理论级是 55，塔顶压力为 1100kPa，塔釜压力为 1200kPa，塔釜温度为 33.7℃，进料位置在减压精馏塔的适当部位。本模拟条件下常压精馏塔塔顶冷凝提供的热量要大于减压精馏塔塔釜上升再沸蒸气所需要的热量，开启辅助冷凝器使得通过主再沸器的冷凝流股再一次冷凝达到常压分馏塔顶液相回流要求。

常压精馏过程塔顶压力低，塔釜压力高，塔顶富含轻组分，塔釜富集重组分，因此塔顶温度总是低于塔釜温度，塔顶蒸气的潜热无法被塔釜再沸器利用，也就不能进行能量的匹配。差压热耦合精馏则通过将常压精馏塔分割为常压精馏和减压精馏两个精馏塔，再沸器在减压精馏塔塔釜。由于常压精馏塔塔顶蒸气的温度要高于减压精馏塔塔釜再沸器的温度，这样减压精馏塔的再沸器就可以用常压精馏塔塔顶的蒸气来加热，实现了完全的热耦合，减压精馏塔顶的汽相通过压缩机回到常压精馏塔的塔釜。由此可以看出精馏过程主要能耗集中在热量和动力消耗上，而差压热耦合低能耗精馏过程需要的仅是压缩机的动力消耗，因此总能耗可降低92.3%。真正实现了用精馏塔顶蒸气的潜热加热塔釜再沸器的目的，实现了能量真正的匹配，大幅度降低了精馏过程的能耗。

6.3.7　多级冷凝工艺

多级冷凝在工程中十分常用，主要采用二级冷凝。在一些情况下，用于工艺的改进和优化，可以达到很好的节能效果。下面是二级冷凝在催化裂化（FCCU）吸收稳定系统工艺改进中的一个应用实例。

吸收稳定系统中，传统的吸收-解吸有单塔和双塔两种流程。在传统的双塔流程双股进料工艺中，同样组成但温度不同的物料分两股进入塔的不同部位，扰乱了塔内气液相组成剖面，冷、热进料之间的部分存在轴向返混，使得推动力下降，塔板效率严重降低。此外，大量气液混合进料先冷却到40℃左右以后，冷凝汽油的一部分再经稳定汽油加热，然后作为热进料进入解吸塔。这个"先冷却后加热"的过程从本质上讲是一种能量损耗。因此在改进新工艺中加入二级冷凝。另外，在解吸塔的中部增设了中间再沸器，不仅可充分利用稳定汽油的余热，而且可以使解吸塔底部再沸器的负荷大幅度降低。新工艺如图6-24所示。

图 6-24　新工艺流程

以催化加工量为 180 万吨/年的某炼油厂为例，并以干气中 C_{3+} 组分含量为 1.5%（摩尔分数）作为比较基准，对两种流程进行了模拟分析，能耗比较如表 6-3 所示。

表 6-3　两种流程的解吸塔冷负荷、热负荷及能耗比较

序号	项目	双塔流程	新流程	节能
1	平衡罐前冷却负荷/(GJ/h)	-20.985	-12.177	41.97%
2	吸收塔一段中间取热量/(GJ/h)	-0.9	-2.52	
3	吸收塔二段中间取热量/(GJ/h)	-0.36	-1.08	
4	冷负荷总计/(GJ/h)	-22.245	-15.777	29.08%
5	解吸塔进料预热器热负荷/(GJ/h)	8.502	0	
6	解吸塔底再沸器热负荷/(GJ/h)	23.61	14.01	40.66%
7	解吸塔底中间再沸器热负荷/(GJ/h)	0	11.409	
8	解吸塔底再沸器蒸汽消耗/(t/h)	11.691	6.936	40.66%

由表 6-3 比较可以看出，通过采用两级冷凝工艺，大幅度降低了平衡罐前的冷却负荷，而且避免了原流程中先冷却后加热的耗能过程，显著减少了不必要的能耗；二级冷凝可以使凝缩油中 C_2 含量明显减少，从而解吸塔内负荷降低，解吸效果增强。二级冷凝具备了冷热两股进料的优点，但其冷、热两股进料的组成不同，有效地避免了返混。另外，采用解吸塔中部加设再沸器的工艺，不仅可充分利用稳定汽油的余热，而且可以使解吸塔底部再沸器的负荷大幅度降低。新流程与传统双塔流程相比，平衡罐前冷却负荷约减少了 41.97%，总冷负荷亦占有很大的优势。热负荷按蒸汽耗量计算，新流程可节约 40.66%。

6.3.8　隔壁塔技术

如图 5-1(f) 所示，隔壁精馏塔是在传统精馏塔的内部安置一块竖直隔板，将精馏塔分为 4 个部分：隔板进料一侧为预精馏区，侧线采出一侧为侧线精馏区，隔板之上为公共精馏区，隔板之下为公共提馏区。其中，公共精馏区、侧线精馏区和公共提馏区构成了主塔区。从本质上，精馏过程是物理有效能转化为扩散有效能的过程，同时伴随物理有效能的降价损失。热力学第二定律分析显示，精馏过程的高耗能主要表现为再沸器输入热量使用效率的低下，再沸器输入的能量大部分转移给塔顶冷凝器的冷凝剂，而真正提供给物流有效能的部分很少。精馏塔的热力学效率在 5%～15%，最高能达到 30%。

精馏过程的节能可通过减少过程热损失、充分回收余热、减少本身对能量的需求和提高热力学效率等方法实现。通过传热传质的同时耦合，隔壁塔的过程热力学效率得到提高，从而实现能耗的减少。Kaibel 等在对多组元精馏过程的集成研究中，进行了详尽的有效能分析，提出如图 6-25 所示的热熔与温度的关联图，直观地说明了精馏过程的能耗组成。图中区域 1 表示实现物流分离的扩散有效能，也就是进出精馏体系的物流有效能的差值；区域 2 表示未使用中间再沸器，整个供热量处在最高温度水平而导致的有效能的损失；区域 3 表示未使用中间冷凝器，整个移热量处在最低温度水平而导致的有效能的损失；区域 4 表示由实际过程需要高出理论最低值 20% 的蒸汽所导致的有效能的损失；区域 5 表示由压降导致的供热和移热的温差的提升所导致的有效能的损失；区域 6 和区域 7 分别表示再沸器和冷凝器由于传热需要温差作为推动力而导致的有效能的损失；区域 8 表示在分离过程中进料混合熵需要额外付出大约 30% 的熵造成的有效能的损失。

图 6-25　精馏塔能耗的近似表示

相比于传统精馏塔，隔壁塔直接从主塔引出部分物流，作为预分馏塔的汽液相回流，实现了完全热耦合，同时由于预分馏塔进入主塔时的浓差极小，从而大大减小了区域 2、区域 3 和区域 8 所表述的有效能的损失，热力学效率得到了提高。

6.3.9　循环精馏技术

循环精馏技术是一种基于过程强化理论的新型精馏技术，通过改变传统精馏塔内部汽液相连续逆流的操作模式和结合精馏塔内件的创新，控制汽液两相分别在精馏塔内呈现周期性单独流动。这种技术通过采用汽液两相交替循环操作使汽液两相分离推动力最大化和液体返混程度最小化，以达到提升分离效率、降低能耗和提高设备处理量的效果。

循环精馏可以通过可控循环操作或分步周期操作两种方法来实现。一般情况下，一个可控循环操作周期包含蒸气流动期和液体流动期两个阶段，其工作原理如图 6-26 所示。在蒸

(a) 蒸气流动周期(VFP)　　　(b) 液体流动周期(LFP)　　　(c) 下一个蒸气流动周期

图 6-26　循环精馏的工作原理

气流动期中，上升的蒸气会抵消液体重力的影响，阻止液体向下流动，此时塔内没有液体的流动，蒸气自下而上通过塔板与液体进行传质。而液体流动期中，蒸气流动被切断，液体在重力的作用下向下流动进入下一级塔板，理想状态下相邻塔板间无液体混合。由于塔板上和塔板间液体无返混且汽液均匀流动，汽液相分离的推动力最大，进而提高了分离效率，降低了能耗。

近年来，循环精馏技术在中试规模装置上的应用范围正在扩大到炼油、石油化工、制药、生物燃料等行业。

6.3.10　有关分离操作的节能经验规则

分离过程常常在进料或其他操作条件变化时，其产品的分离程度会高于所需要的程度。对于精馏塔，这时常可以简单地用降低回流比和蒸发量来处理。而当设备在减负荷下操作时，则要多消耗能量。例如，为了保证精馏塔级能在有效范围内操作就需要增加蒸发量。表6-4 为降低分离过程能耗的一些方法经验法则。

表6-4　降低分离过程能耗的一些方法经验法则

序　号	法　　　则
1	如果进料混合物中有多相存在,则首选采用机械分离
2	避免热量、冷量或机械功的损失;采用合适的绝热措施;避免排出大量热的或冷的产品、质量分离剂等
3	避免做过于安全的设计和(或)没有必要使分离过度的实际操作;对于生产能力变动的装置,则寻求有效调节范围的设计
4	寻求有效的控制方案,以降低不稳定操作时的过量能耗和减少由能量积累所引起的相互影响对过程的干扰
5	在过程构成中寻求有效能最大者(或成本费用最大者)作为首要对象,通过过程的改进以降低能耗
6	在相际转移时,优先分离掉转移量少的而不是转移量多的组分
7	使用的换热器要适当,换热器如果较贵,就要寻找传热系数较高的
8	尽力减小质量分离剂的流量,只要选择性可以达到要求,优先选择 K_1 大的分离剂
9	只要好用,优先选择分离因子高的方案
10	避免将不相同组成温度的物流混合设计
11	分清不同形式的能量以及不同温度水平的冷量和热量的价值差别;加进和引出热量要使其温度水平接近于所需要的或所具有的值;尽量有效地利用热源和热阱之间的整个温差,例如多效蒸发
12	对于在较小温差下输入热量来进行分离的过程,可以考虑使用热泵中机械功的可能性
13	适当采用分级或逆流操作,以降低分离剂用量
14	当分离因子相差不大时,优先选用能量分离剂过程,而其次选质量分离剂过程,同时,如有必要分级,则优先考虑平衡过程,其次才考虑速率控制过程
15	在能量分离剂过程中,优先选择那些相变化潜热较低的分离剂
16	如果压降在能耗方面占重要地位,应设法寻找能够降低压降的有效的设备内件

有效能是一个状态函数，把过程中所有组分的有效能放在一起，过程物流有效能的改变决定了过程净功耗。改进那些有效能损失最多的工序，在降低能量需求方面将最有收获。一种类似的方法是着眼于改进过程中价格最高的组成部分，以降低总费用。

6.4　分离过程系统合成

化工生产过程中通常包含多组分混合物的分离操作，如原料的预处理、产品分离提纯以及废物处理等。对于化工厂，分离过程在全厂的投资费和操作费中占很大比重，改进分离过程的设计与操作是非常重要的，如何选择最合理的分离方法，确定最优的分离序列，以降低其各项费用，是分离序列合成的目的。在工业上，分离过程系统合成（synthesis of separation process system）所取得的实际效益仅次于换热器网络的合成。

分离序列的合成问题可综述如下：给定一进料流股，已知它的状态（流量、温度、压力和组成），系统化地设计从进料中分离出所要求的产品的过程，并使系统费用最小。设计者面临两个问题，一是找出最优的分离序列和每一个分离器性能，二是对每一个分离器找出其最优的设计变量值，如结构尺寸、操作参数等。

6.4.1 分离顺序数

多组分分离顺序的选择是化工分离过程常遇到的问题。目前广泛采用有一个进料和两个产品的分离塔，称为简单分离塔。当用这类塔构成的塔系分离多组分混合物时，就涉及先分离哪个组分，后分离哪个组分的问题，因而除了分离方法的选择外，还必须对分离塔的排列顺序做出决策。此外，在简单分离塔功能的基础上，由多段进料、侧线采出、侧线汽提和热耦合等方式所构成的复杂塔及其塔系也在多种化工工艺中采用。它与简单塔相比，在操作和控制上较复杂，但在节能和热能综合利用上有明显优点。

将简单分离塔进料中各组分按相对挥发度的大小顺序排列，当轻、重关键组分为相邻组分，且二者的回收率均很高时，可认为是清晰分割。为使问题简化，假设分离顺序中各塔均为清晰分离塔，并且进料的某一组分只出现在一个产品流中。对于分离四组分混合物为四个纯的单一组分产品的情况，则需要三个塔和五种不同的分离流程，如图 6-27 所示。若将含有 c 种组分的混合物分离成 c 种产品，就需要 $c-1$ 个塔。由 $c-1$ 个塔可能构成的顺序数 S_c

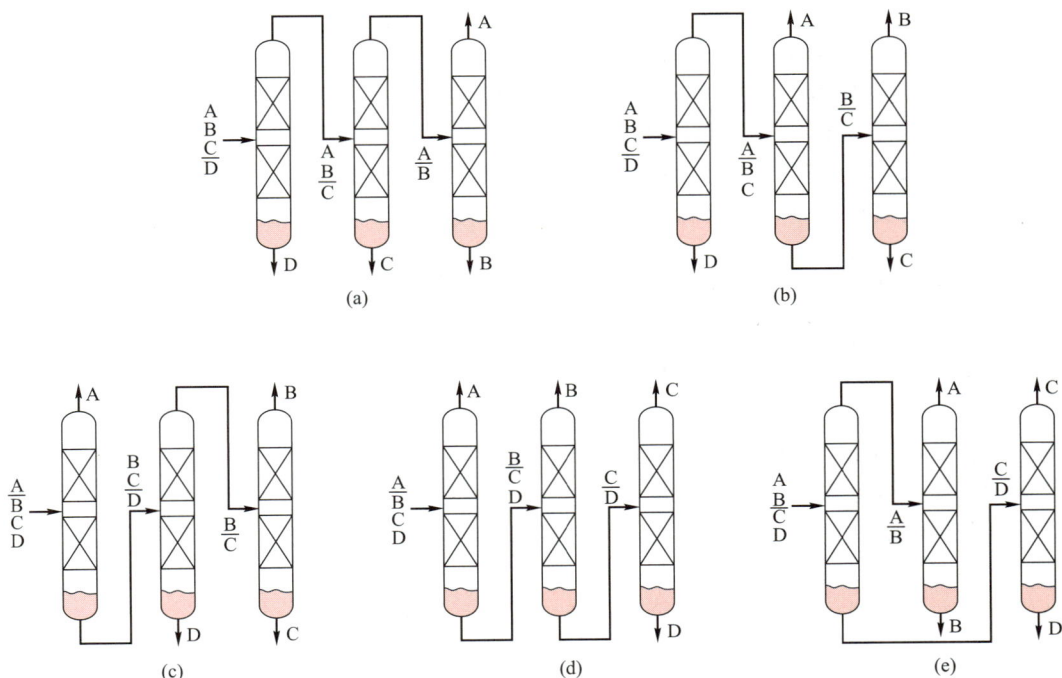

图 6-27 分离四组分混合物的五种流程
（未标注共沸器和冷凝器）

的计算公式可以这样导出：对顺序中的第一个分离塔，其进料含有 c 种组分，可以有 $c-1$ 种不同的分法。若第一个塔的塔顶产品含有 j 种组分，将这一产品继续进行分离可能有的分离顺序数用 S_1 表示。塔釜产品有（$c-j$）种组分，用 S_{c-j} 表示其分离顺序数，S_1 与 S_{c-j} 相乘而得第一分离塔一种分离法的分离顺序数为 S_1S_{c-j}。故对 $c-1$ 种不同分法的分离顺序总和为

$$S_c = \sum_{j=1}^{c-1} S_j S_{c-j} \tag{6-49}$$

逐步推算获得各 S 值：对 $c=2$，已知只能有一种分离顺序，从式（6-49）可得 $S_2 = S_1S_1 = 1$ 和 $S_1 = 1$。对 $c=3$，$S_3 = S_1S_2 + S_2S_1 = 2$。依次类推，可得表 6-5 中对于 $c \leqslant 11$ 的顺序数。可以看出，顺序数随组分数或产品流的增加而急剧增加。顺序数也可从如下的公式得到

$$S_c = \frac{[2(c-1)]!}{c!(c-1)!} \tag{6-50}$$

表 6-5　用简单分离塔分离时的分离塔数和分离顺序数

组分数 c	2	3	4	5	6	7	8	9	10	11
各顺序中的分离塔数	1	2	3	4	5	6	7	8	9	10
顺序数 S_c	1	2	5	14	42	132	429	1430	4862	16796

以上是就一种简单分离方法而说的，若要考虑多于一种方法的分离情况，例如考虑采用质量分离剂的萃取精馏或共沸精馏，上述式（6-49）或式（6-50）所代表的问题就大为复杂化。在一定情况下，总顺序数 S 按下式估算

$$S = T^{c-1} S_c \tag{6-51}$$

式中，**T** 为所考虑的不同分离方法数。

例如若 $c=4$，所考虑的分离方法为普通简单精馏、用苯酚的萃取精馏、用苯胺的萃取精馏及用甲醇的萃取精馏，一共四种方法，则从式（6-51）得到可能的顺序数 $S_c = 4^{4-1} \times 5 = 64 \times 5 = 320$，即可能的顺序数为只考虑普通简单精馏时的 64 倍。如果还要考虑由于采用分离剂而引起的其他问题，如分离剂的回收和循环使用，以及对分离塔产品进行混调以得最后产品所需要的浓度等，都会使可能的顺序数增加更多。

对用非清晰分离生产混合产品，流程除包括清晰精馏塔、非清晰精馏塔外，还可以引入旁路（bypass）、分割（split）及混合（blend）等操作来减少分离成本，寻找最佳分离流程。目前求解此类问题的方法主要有**图解法**、**经验法**和**数学法**三种。图解法的优点是形象直观，省去大量计算工作，但因采用图形近似表示物流操作，所以很难快速求解大型复杂分离系统；经验法可用以寻找分离序列，大多数经验法不需要数学背景和计算技巧，既可手工计算，也可以加入专家系统之中，但缺点是经验内容互相矛盾或重叠，有时很难给出准确定义，足以制约经验法的使用；数学法以严格准确的数学模型为特征，但非清晰分离系统中流程结构复杂多变，设备总数繁多，大规模组合优化特性和复杂的非线性建模和求解则是瓶颈和障碍，导致计算量大且不一定能找到全局最优解。

6.4.2　分离顺序的合成方法

将多组分物料分离成多个纯组分产品需要采用多个塔，这些塔如何排列，哪个组分首先被分出，这就是本节需要研究的问题，合理的流程安排对节能起着重要作用。

实际分离问题的可能分离序列往往很大，要从中选出最优序列是十分困难的。因此，人们提出了种种方法，以尽量缩小搜索空间，提高合成过程的效率。

分离序列合成的方法主要可分为三类：①试探合成；②调优合成；③最优化合成。

最优化合成和试探合成适用于无初始方案下的分离序列合成，试探合成得到的分离序列有时是局部最优解和近似最优解。因此，其中大多数方法必须与调优法结合，派生出一些方法，如试探调优法。调优法只适用于有初始方案时的合成问题。初始方案的产生可依赖于试探法或现有生产流程，因此调优法更适于对老厂技术改造和挖潜革新。本节主要针对有序试探合成方法进行讨论。

有序试探法首先把试探规则按照重要程度排成顺序，主要的排在前面，然后按顺序使用这些规则，逐步合成出分离序列，这在一定程度上解决了应用试探规则时出现矛盾的情况。

Nadgir 和 Liu 把试探规则分成四大类：①分离方法（M）试探规则，主要是对某一特定的分离任务，确定最好采用哪一类分离方法；②设计（D）试探规则，主要决定最好采用的某个特定性质的分离顺序；③组分（S）试探规则，根据被分离组分性质上的差异而提出的规则；④组成（C）规则，表示进料组成及产品组成对分离费用的影响。下面对这四种规则略加介绍。

（1）M 规则

M_1 规则：在各种分离方法中，优先采用能量分离剂的方法，其次才考虑采用质量分离剂的方法。若采用质量分离剂，应在下一级分离中将其除去，并且不能用一种质量分离剂来分离另一种质量分离剂。

M_2 规则：尽量避免采用真空精馏、冷冻操作。当关键组分间的相对挥发度 $\alpha_{LK,HK} <$ 1.05 时，则不宜采用普通精馏，而应考虑采用质量分离剂的分离方法；如果精馏塔塔顶冷凝器需用制冷剂，可以考虑以吸收或萃取替代精馏；如果精馏需用真空操作，可以考虑用萃取替代。因真空精馏和冷冻操作耗能高，有时宁可在加压和较高的温度下操作，因为这样处理可能会更经济。

（2）D 规则

D 规则是指产品集合中元素最少的分离序列最有利。当产品全是单一组分时，不存在这个问题。但当产品包括两个或多个多元产品时，应当选择能产生最少产品集合的流程，这是因为产品集合最少，分离序列中分离剂的数目也最少，因此总费用降低。

（3）S 规则

S_1 规则：首先分离出具有腐蚀性和毒性的组分，以降低对后续设备及操作条件过高的要求。将料液中热稳定性差、腐蚀性组分和能发生化学反应的组分首先分离出来，对保证产品质量、提高收率、延长操作周期和节省设备投资都有利。

S_2 规则：最后处理难分离和分离要求高的组分。为了提高产品纯度，可以增加塔级数而保持回流比不变。此时如果带有非关键组分，上升蒸气量将增大，因为回流量将随 D 的增大而增大。V 的增大和塔级数的增加将使设备费加大。因此对纯度要求高的组分的分离，希望在没有非关键组分存在的情况下进行，即放在分离序列的最后。

最困难的分离放到分离序列最后进行，是因为当 α 接近 1 时，所需 R_{min} 很大，R 也必然很大，相应的再沸器和冷凝器的热负荷也大。如果此时还存在轻组分或（和）重组分，塔釜和塔顶的温差将增大，按照式(6-47)，精馏的净功耗加大，不经济，故放到最后分离，才能节省净功耗。根据这一规则的理由，也就很易理解最容易的分离首先进行的规则了。

（4）C 规则

C_1 规则：规定应将进料中含量最多的组分首先分离出去。含量最多的组分分出后，就避免了这个组分在后继塔中的多次蒸发、冷凝，减小了后继塔的负荷，这样比较经济。

C_2 规则：指出等摩尔分割最有利。在精馏塔中，塔顶的上升蒸气量由塔顶回流量决定，当塔顶馏出量 D 远小于塔釜出料量 W 时，则精馏段液、汽相流量的比值 L/V 接近 1。也就是说，为了保证提馏段的分离，精馏段的回流量将远远超过分离的需要。当 W 远小于 D 时也是这样，因此当 D 和 W 接近时，精馏段和提馏段所要的回流比比较平衡。所需要的能耗最小。若难以判断哪一种分离最接近一分为二，则可选择具有最大易分离系数（C_{ES}）处为分离点。

$$C_{ES} = f\Delta \tag{6-52}$$

式中，Δ 代表欲分离两个组分的沸点差，Δ 也可按 $\Delta = (\alpha - 1) \times 100$ 计算；f 代表产品摩尔流量的比值。

$$f = D/W \qquad (D \leqslant W)$$
$$f = W/D \qquad (D > W)$$

式中，D、W 分别为塔顶、塔釜产品的摩尔流量。

以上规则可用表 6-6 表示，这七条规则的重要性按下列次序排列：$M_1 > M_2 > D > S_1 > S_2 > C_1 > C_2$。应用时先使用前面的规则，再依次使用，只有当前面规则不适用时，才考虑使用下一条规则，前一条规则优先于后一条，后面的规则服从前面的规则。

表 6-6　选择塔序排列的经验规则

类别		经验规则
M	M_1	优先使用能量分离剂的方法
	M_2	尽可能避免采用真空精馏及冷冻操作
D		选择能产生最少产品集合的分离顺序
S	S_1	首先移除腐蚀性和危险性的组分
	S_2	将最困难的分离放在分离顺序的最后
C	C_1	先分离出含量最多的组分
	C_2	优先采用等摩尔分割或 C_{ES} 数值最大的分割

【例 6-3】 将下列混合物分离成较纯的单组分物流，进料组成如下表，其中组分 E 具有毒性，试用有序试探法选出一种最佳简单分离顺序。

组分	进料摩尔流率/(kmol/h)	相对挥发度	要求产品的含量(摩尔分数)
A	10	3.58	含 A 94%
B	10	2.17	含 B 94%
C	10	1.86	含 C 94%
D	15	1.00	含 D 94%
E	30	0.412	含 E 94%

解　根据 S_1 规则和 C_1 规则，E 为有毒气体且含量最多，应首先将其分离，所以第一步应分离组分 E；B、C 组分间相对挥发度最小，相对最难分离，根据 S_2 规则，B、C 组分最后分离；A 为最易分离的物体，所以第二步应分离组分 A。具体分离顺序如图 6-28 所示。

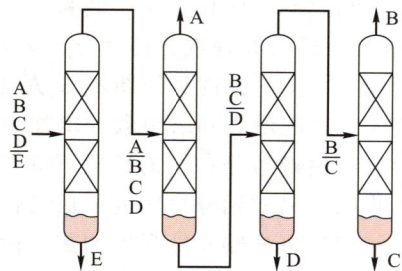

图 6-28　［例 6-3］附图

　　浆态床一步法制备的二甲醚产物中主要含二甲醚（DEM）、H_2、CO、CO_2、N_2、CH_3OH 和 H_2O 共 7 种物质。因为 H_2、CO、N_2 是制取二甲醚的原料气，且沸点远低于产物，所以可以先把它们作为一种物质分离出去。问题就简化为分离成二氧化碳（A）、二甲醚（B）、甲醇（C）和水（D）4 种纯组分，故可能的分离序列有 5 种。如图 6-27 所示。

　　应用 Aspen Plus 模拟二甲醚精馏过程，并在满足进料物流组分和产品组分相同的情况下研究不同分离序列精馏过程中热量损耗和㶲损耗，计算结果分别见表 6-7 和表 6-8。

表 6-7　分离序列的热量分析

分类	进料物流 Q_{nf} /(MJ/h)	产品物流 Q_{ne} /(MJ/h)	系统与外界 Q_{nq}/(MJ/h)						热量损耗 Q_{nk} /(MJ/h)	热效率 η_q/%
			冷凝器		再沸器		过程换热			
			入口	出口	入口	出口	入口	出口		
图 6-27(a)	456933.5	420646.6	4880.3	20685	226059	196079	2331	9880.4	42913.4	53.22
图 6-27(b)	456933.5	420646.6	3957.7	16774	233850	292837	2507	10625.8	46364.3	52.68
图 6-27(c)	456933.5	420646.6	3222.6	13658	384648	333637	9417	39915.3	46364.2	43.00
图 6-27(d)	456933.5	420646.6	11608	49199	729785	633003	12607	53434.3	54650.8	30.33
图 6-27(e)	456933.5	420646.6	13513.8	57276	575912	499536	6309	25763.9	49445.7	34.90

表 6-8　分离序列的㶲分析

分类	进料物流 Q_{nf} /(MJ/h)	产品物流 Q_{ne} /(MJ/h)	系统与外界 Q_{nq}/(MJ/h)						㶲损耗 Q_{nk} /(MJ/h)	㶲效率 η_q/%
			冷凝器		再沸器		过程换热			
			入口	出口	入口	出口	入口	出口		
图 6-27(a)	493501.2	481773.8	55482	59610.5	256740	160846	26794	28657	101630.6	50.79
图 6-27(b)	493501.2	481773.8	44883	48340.7	278200	174290	28501	30622	110058.5	50.03
图 6-27(c)	493501.2	481773.8	36636	39362.3	430068	269434	107064	115030	161668.9	39.62
图 6-27(d)	493501.2	481773.8	131966	141785	734965	460450	143326	153990	265759.2	28.11
图 6-27(e)	493501.2	481773.8	153633	165063	580000	363366	68430	73705	211655.7	32.64

　　从表 6-7 可以看出，通过热量分析计算得出热量损耗最小的分离序列为图 6-27(a) 分离序列，其热量损耗值为 42913.4MJ/h，热效率为 53.22%，与图 6-27(d) 分离序列相比，热量损耗降低 11737.4MJ/h，热效率提高了 75.46%。表 6-8 的㶲分析计算得出㶲损耗最小的分离序列也为图 6-27(a) 分离序列，其㶲损耗值为 101630.6MJ/h，㶲效率为 50.79%，与图 6-27(d) 分离序列相比，㶲损耗降低了 164128.6MJ/h，㶲效率提高了 80.68%。很明显二甲醚精馏不同分离序列能耗不同的原因是进料组分的物性和分离顺序的不同导致分离难易程度和高品质能量利用率的不同，为此只有综合考虑所分离物系的具体特性、能耗等因素，才能找到经济合理的分离序列。综合比较分析得出分离顺序为先分离水，再分离甲醇，最后分离二氧化碳和二甲醚，分离的节能效果最显著。

6.4.3　复杂塔的分离顺序

　　前述简单分离顺序是传统的分离方案。尽管用经验法和更严格的塔序合成技术可确定较好甚至是最优的塔序，但其热能的消耗仍然是比较大的。基于节能和热能综合利用的考虑，在简单分离塔原有功能的基础上加上多段进料、侧线出料、预分馏、侧线精馏、侧线提馏和热耦合等组合方式构成复杂塔及包括复杂塔在内的塔序，力求降低能耗。

图 6-29 表示出用精馏法分离三元物系的各种方案。组分 A、B、C 不形成共沸物，其相对挥发度大小顺序为 $\alpha_A > \alpha_B > \alpha_C$。方案（a）和（b）为简单分离塔序，图 6-29 收入这两个方案的目的是便于其他方案与其比较。

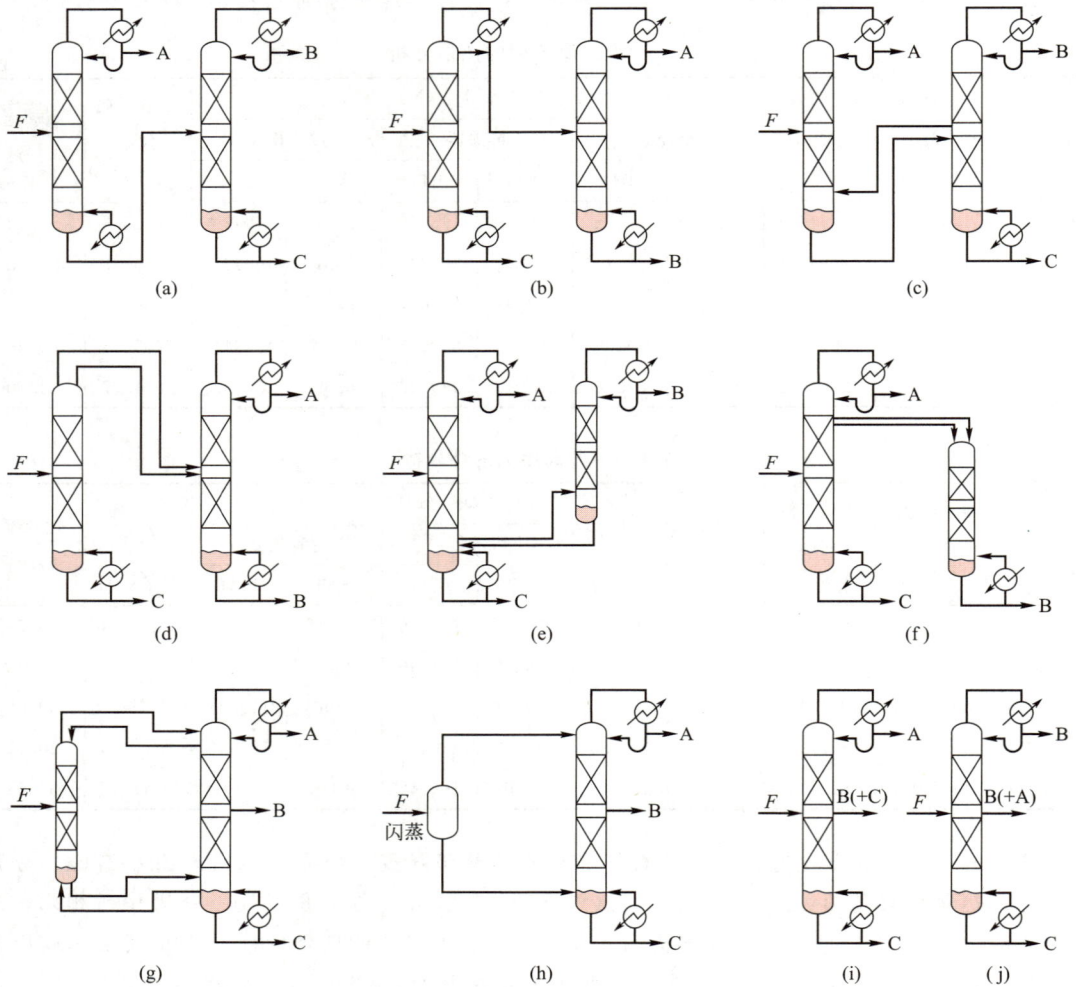

图 6-29　用精馏法分离三组分混合物的各种方案

方案（a）为简单分离塔序，在第一个塔中将组分 A 与其他两个组分分离。应用条件：A 的含量远大于 C。

方案（b）类似于方案（a），为简单分离，在第一个塔中将组分 C 与其他两个组分分离。应用条件：A 的含量远小于 C。

方案（c）中第一塔的作用及应用条件与方案（a）的相似，但再沸器被省掉了。釜液送往后继塔作为进料，上升蒸汽由后继塔返回第一个塔提馏段，该耦合方式的优点是节省了一个再沸器，可降低设备费。缺点是开工和控制比较困难。

方案（d）为类似于方案（c）的耦合方式对方案（b）的修正，其作用及应用条件与方案（b）的相似。该耦合方式的优点是节省了一个冷凝器，可降低设备费。缺点同方案（c）。

方案（e）为在主塔（即第一塔）的提馏段以侧线采出中间馏分（B+C），再送入侧线精馏塔提纯，塔顶得到纯组分B，塔釜液返回主塔。应用条件：当B的含量较少而A的含量远大于C时。

方案（f）与方案（e）的区别在于侧线采出口在精馏段，故中间馏分为A和B的混合物，侧线提馏塔的作用是从塔釜分离出纯组分B。应用条件：当B的含量较少而A的含量远低于C时。

方案（g）为热耦合系统（亦称Petyluk塔），第一塔起预分馏作用。由于组分A和C的相对挥发度大，可实现完全分离。组分B在塔顶、釜均存在。该塔不设再沸器和冷凝器，而是以两端的蒸气和液体物流与第二塔沟通起来。在第二塔的塔顶和塔釜分别得到纯组分A和C。产品B可以按任何纯度要求作为塔中侧线得到。如果A-B或B-C的分离较困难，则需要较多的塔级数。热耦合塔的能耗是最低的，但开工和控制比较困难。当B的含量高，而A和C两者的含量相当时，则热耦合方案（g）常是可取的。

方案（h）与方案（g）的区别在于A-C组分间很容易分离，故用闪蒸罐代替第一塔即可，简化成单塔流程。

方案（i）与其他流程不同，采用单塔和提馏段侧线出料。采出口应开在组分B浓度分布最大处。该法虽能得到一定纯度的B，却不能得到纯B。方案（h）与方案（i）的区别为从精馏段侧线采出。当C的含量少，同时（或者）C和B的纯度要求不是很严格时，则方案（i）是有吸引力的。

方案（j）与方案（i）类似，采用单塔和精馏段侧线出料。采出口应在组分B浓度分布最大处。当A的含量少，同时（或者）A和B的纯度要求不是很严格时，方案（j）是有吸引力的。

根据研究和经验可推断，这些方案还必须与方案（b）（C的含量远大于A时）和方案（a）（C的含量比A少或相仿时）加以比较。

应该指出，上述分析不限于一个分离产品中只含有一个组分的情况，它也适用于将不论多少组分的混合物分离成三种不同产品的分离过程。此外，对于具有更多组分系统，可能的分离方案数量将按几何级数增加，选择塔序的问题变得十分复杂。

【例 6-4】 混合醇的组成和相对挥发度为

组　　分	乙醇（E）	异丙醇（i-P）	正丙醇（n-P）	异丁醇（i-B）	正丁醇（n-B）
摩尔分数/%	25	15	35	10	15
相对挥发度	2.09	1.82	1.0	0.677	0.428

要求每种醇产品的纯度均为98%（摩尔分数），试确定较好的精馏塔序。

解　（1）根据相对挥发度数据得

$$\alpha_{E,i-P} = 2.09/1.82 = 1.15$$

可见，乙醇与异丙醇的分离是最困难的。按 S_1 规则确定这两个组分在塔Ⅱ中分离。按规则 C_2 确定塔Ⅰ为 i-P 和 n-P 的切割塔。按 C_1 和 C_2 规则确定塔Ⅲ用于分离 n-P 和 i-B。流程如图 6-30 所示。

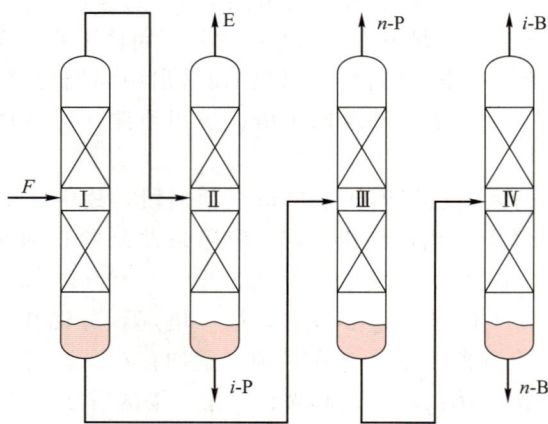

图 6-30 ［例 6-4］附图 a

（2）塔Ⅰ和塔Ⅱ的排列顺序同（1），然后用热耦合方式完成其余组分的分离，流程如图 6-31 所示。

图 6-31 ［例 6-4］附图 b

多组分混合物精馏分离序列数具有随组分数增加呈爆炸性增长的特性，传统方法不适合用于过多组分的精馏分离序列优化综合。近年来，随机优化算法被广泛应用到过程综合中，其中模拟退火算法能在同一策略下实现对两种不同类型变量的同步优化，可在问题建模时直接利用现有的精馏过程分析、设计和评价方法，从而可避免具体的 MINLP 模型建立及其处理等复杂工作。同时，通过增加记忆功能和引进并行技术，提高了传统模拟退火算法的效率，更适宜于复杂过程系统综合问题的求解。国内外学者提出一种新的分离序列数学表达方式，即模拟退火算法表达分离序列，并通过计算实例证明。但应用模拟退火算法，需要大量的数学理论和计算技术，较少的人为干预，可以系统地合成分离序列，有十分广泛的应用前景。何喜辉采用遗传模拟退火算法以相对费用函数作为评价函数，以十组分烃类混合物 4862 个精馏分离序列为研究对象，进行精馏分离序列优化综合。首先由初始种群经过遗传操作产生下一代群体，然后对每个个体进行模拟退火过程产生用于遗传操作的下一代群体，可有效用于精馏分离序列优化综合用智能优化算法对其优化。

此外，针对考虑中间换热器的精馏序列合成问题，袁希钢等提出了基于随机优化策略的能量集成非清晰精馏序列合成方法。

分离技术创新不仅可以改善产品质量和提高生产效率，还可以降低生产成本和能源消耗。因此，为了推动我国化工行业的可持续发展，对分离与纯化技术的创新势在必行。近年来，我国在化工分离技术集成创新方面取得了重大进展，突破了多项"卡脖子"技术。其中，具有代表性的技术是甲醇制烯烃（MTO）烯烃分离工艺的开发。一直以来，国际上成熟的烯烃分离工艺为 Lummus 的前脱丙烷后加氢工艺、KBR 的前脱丙烷后加氢分离工艺、UOP 的前脱乙烷配合 PSA 分离工艺。随着 MTO 技术在国内的快速发展，为打破国外技术垄断，惠生工程（中国）有限公司坚持走技术研发自主创新之路，历经十余年开发了具有完全自主知识产权的"前脱丙烷-预切割-油吸收"烯烃分离新技术。最早提出用油吸收法处理 MTO 反应产物，开创了油吸收 MTO 烯烃分离技术的先河，填补了国际 MTO 烯烃分离技术领域的空白。同时，首次将预切割技术应用于 MTO 反应产物分离过程，并且独辟蹊径地开发了可以实现传质传热同时进行的降膜换热微分吸收器，有效提高了乙烯产品回收率。采用惠生工程 MTO 烯烃分离技术，烯烃回收率大于 99.8%，综合能耗比传统深冷工艺降低 10% 以上。与国内外其他技术相比，惠生工程 MTO 烯烃分离技术可将乙烯回收率提高 1% 以上，同时减少 25% 的吸收剂用量，具有流程简单、能耗低、产品回收率高等优点（具体见［工程案例 6-6］）。

【工程案例 6-6】

Wison 烯烃分离流程如图 6-32 所示。MTO 产品气经压缩、水洗、碱洗后送至三相分离器分离，凝液相送至凝液汽提塔，气相干燥后送至脱丙烷塔。凝液汽提塔中大部分 C_4 及 C_4 以上组分被分离出来送至脱丁烷塔，其他组分返回至产品气压缩机三段入口进行循环。脱丙烷塔顶物流送至预切割塔，预切割塔底物流送至脱乙烷塔，塔顶气体送至油吸收塔，用吸收剂吸收 C_2 及更重组分，塔顶分离出甲烷和氢，油吸收塔底部出口的吸收液送到预切割塔顶部进行再生。脱乙烷塔顶物流经乙炔转化器、乙烯精馏塔分离出合格乙烯产品，塔底物流送至丙烯精馏塔分离出合格丙烯产品。

图 6-32　Wison 烯烃分离流程

该流程特点是：脱丙烷塔采用单塔形式，在脱丙烷前增设凝液汽提塔，减轻脱丙烷塔负荷；丙烯冷剂采用7℃、−6℃、−24℃、−40℃四个温位等级，脱丙烷塔塔顶冷凝器用−6℃丙烯冷剂，脱乙烷塔塔顶冷凝器用−24℃丙烯冷剂，油吸收塔塔顶冷凝和乙烯精馏塔冷凝器采用−40℃丙烯冷剂；油吸收塔塔顶采用丙烯精馏塔底的丙烷作为吸收剂。核心技术是在传统"油吸收"工艺之前增加了一个非清晰分割的预切割塔，在油吸收过程中应用了传质和传热同时进行的降膜换热器。

本章符号说明

英文

A——塔横截面积，m^2；

B——有效能，J/mol；

C_{ES}——最大易分离系数；

c_p——定压比热容，J/(mol·K)；

D——精馏塔顶摩尔流率，kmol/h；扩散系数；

E_M——默弗里板效率；

E_{OG}——塔板上某点处的默弗里点效率；

E_T——全塔效率；

e——单位液体流率的雾沫夹带量；

F——进料流率，kmol/h；

f——逸度；分离中产品摩尔流量的比值；

G——摩尔自由焓，J/mol；

H——摩尔焓，J/mol；

HETP——等板高度，m；

L——液相流率，kmol/h；

$N_{理}$——塔内所需理论级数；

$N_{实}$——塔内实际级数；

n——物质的量，mol；

p——压力，kPa；

Q——热量，J/mol；

q——精馏中进料热状况；

R——精馏回流比；普适气体常数；

S——摩尔熵，J/(mol·K)；分离顺序数；

T——温度，K；

V——汽相流率，kmol/h；

W——功，J/mol；精馏中塔釜摩尔流率，kmol/h；

x——液体混合物组成，摩尔分数；

y——气体混合物组成，摩尔分数；

z——进料混合物组成，摩尔分数。

希文

α——相对挥发度；

γ——活度系数；

Δ——欲分离两个组分的沸点差；

η——热力学效率；

μ——化学位，J/mol；黏度；

σ——表面张力，N/m。

上标

0——标准状态；

*——平衡状态。

下标

0——环境；

D——塔顶；

F——进料；

G——气相；

i——组分i；

j——塔板序号；

L——液相；

min——最小；

OG——气相总计；

OL——液相总计；

s——轴；

V——气（汽）相；

W——塔釜。

习 题

6-1 乙烯产量是衡量一个国家石油化工发展水平的重要标志之一，工业上所用的乙烯主要是从乙烯装置裂解气体里分离出来的，为节能需了解分离过程中耗能的情况。现对含乙烯32.4%（摩尔分数）的乙烯-乙烷混合物于2MPa压力下进行精馏，塔顶为纯乙烯，温度为239K，塔釜为纯乙烷，温度为260K，正常操作下，塔釜加入热量为8800kJ/kg（乙烯），试计算：（1）分离净功耗；（2）热力学效率。

6-2 试求环境温度下，将下表所示的石油液化气中碳三碳四气体分离的过程最小功。

组 分	C₂	C₃	n-C₄	n-C₅	n-C₆	合计
进料/(kmol/h)	30	200	370	350	50	1000
产品 1/(kmol/h)	30	192	4			226
产品 1/(kmol/h)		8	366	350	50	774

6-3 丙烯是三大合成材料的基本原料，主要用于生产聚丙烯、丙烯腈、异丙醇、丙酮和环氧丙烷等，现有一工厂预提纯丙烯，需将含丙烯80%（均为摩尔分数）和丙烷20%的料液在常压下分离为含丙烯99.6%和5%的两股产品，试求分离最小功。设料液和产品均处于环境温度298K，料液可以视作理想溶液。

6-4 苯、甲苯和二甲苯沸点相近，难于分离，因此如果要采用精馏分离，必须考虑能量的消耗问题，现需要将含苯58.65%（均为摩尔分数）、甲苯30.0%和二甲苯11.35%的料液于常压下分离为两股产物，塔顶产物含99.5%和甲苯0.5%，塔釜产物含苯0.5%、甲苯72.0%和二甲苯27.5%，试求分离最小功。设料液和产物均处于环境温度298K，并均可视作理想溶液。

6-5 某班级的学生在做实验时发现乙醇-苯-水系统在101.3kPa、64.86℃下形成共沸物，并得到其共沸组成（均为摩尔分数）为22.8%乙醇（1）、53.9%苯（2）和23.3%水（3），利用共沸点汽相平衡组成与液相组成相等这样的有利条件，计算在64.86℃等温分离该共沸混合液成为三个纯液体产物所需的最小功。

6-6 空气是常见的混合物，包含各种气体，气体的扩散是熵增自发的过程，但若将空气中的组分进行分离则是非自发的，现设空气中含氧21%（均为体积分数），若在25℃下将空气可逆分离成95% O_2 的气氧和99% N_2 的气氮，计算该分离最小功。

6-7 某连续分离过程，在0.101MPa、21.3℃的环境下，欲将含60%（均为摩尔分数）丙烯的丙烯-丙烷混合物分离成99%的丙烯产品和95%的丙烷产品，分离过程及产品均处于该环境的温度及压力下，试计算分离最小功。

组 分	$C_3^=$	C_3^0
进料组成(摩尔分数)	0.6	0.4
塔顶出料组成(摩尔分数)	0.99	0.01
塔釜出料组成(摩尔分数)	0.05	0.95

6-8 利用化工模拟软件对甲醇和水多效精馏热集成精馏分离系统进行稳态模拟计算。已知甲醇-水混合物温度为330K，流量为3600kmol/h；组成为甲醇60%（均为摩尔分数），水40%；分离要求为塔顶精馏液中甲醇含量为99.9%，塔釜馏出液中水含量为99.9%。低压塔和高压塔的理论级可以取32级，进料位置分别为19级和18级。低压塔压力为0.06MPa，高压塔压力为0.53MPa，每级压降取0.0007MPa。

6-9 裂解气的组成丰富，含有丙烷、异丁烷、正丁烷等，分离得到的烷烃在工业上有的可以作为燃料，有的可以作为常用溶剂，还有的可以作为中间体，现将一烃类混合物送入精馏装置进行分离，各组分的流率见下表：

组分	丙烷	异丁烷	正丁烷	戊烷	己烷	庚烷	合计
流率/(kmol/h)	10	10	10	10	10	10	60

要求产品的指标：丙烷馏分——含丙烷 94%（均为摩尔分数）；异丁烷馏分——含异丁烷 94%；正丁烷馏分——含丁烷 94%；戊烷馏分——含戊烷及以上 94%。试比较可行的分离方案。

6-10 某反应器流出的是 RH_3 烃的各种氯化衍生物的混合物、未反应的烃和 HCl。根据如下数据，用经验法设计两种塔序并作必要解释。注意：HCl 具有腐蚀性。

组分	HCl	RH_3	RCl_3	RH_2Cl	$RHCl_2$
流率/(kmol/h)	52	58	16	30	14
α	4.7	15.0	1.0	1.9	1.2
纯度要求(摩尔分数)/%	80.0	85.0	98.0	95.0	98.0

6-11 用普通精馏塔分离来自加氢单元的混合烃类，进料组成和相对挥发度数据如下表所示，试确定两个较好的流程。

组分	丙烷	1-丁烯	正丁烷	2-丁烯	正戊烷
进料流率/(kmol/h)	10.0	100.0	341.0	187.0	40.0
相对挥发度	8.1	3.7	3.1	2.7	1.0

6-12 某设计院接到的任务是将以下的物料进行分离提纯，以得到厂方需要的产品。

序号	组分	x_F(摩尔分数)/%	α_I	α_{II}	$(C_{ES})_I$	$(C_{ES})_{II}$	正常沸点/℃
A	丙烷	1.47					−42.1
			2.45		2.163		
B	1-丁烯	14.75					−6.3
			1.18	1.37	3.485	3.29	
C	正丁烷	50.3					−0.5
			1.03	1.70	1.510	35.25	
D	反-2-丁烯	15.62					0.9
E	顺-2-丁烯	11.96					5.7
			2.5		9.406		
F	正戊烷	5.9					36.1

要求得到的产品为高纯度的 A、C、F 和混合丁烯 B、D、E。试用有序试探法合成出优化的或接近优化的分离序列。α_I 代表普通精馏时的相对挥发度；α_{II} 代表用 96% 的糠醛水溶液进行萃取精馏时的相对挥发度。

参 考 文 献

[1] Kunesh J G，Kister H Z，Lockett M，et al. Distillation：Still towering over other options [J]. Chemical Engineering Progress，1995，91 (10)：43-54.

[2] Kiss A A. Distillation technology-still young and full of breakthrough opportunies [J]. Journal of Chemical Technology & Biotechnology，2014，89 (4)：479-498.

[3] Cortes Garcia G E，van der Schaaf J，Kiss A A. A review on process intensification in HiGee distillation [J]. Journal of Chemical Technology & Biotechnology，2017，92 (6)：1136-1156.

[4] 陈洪钫，刘家祺. 化工分离过程 [M]. 2 版. 北京：化学工业出版社，2014：187-202，225-231，231-243，244-250.

[5] 邓修，吴俊生. 化工分离工程 [M]. 北京：科学出版社，2013：78-91，273-275，277-280，281-294.

[6] （美）西德尔，（美）亨利. 分离过程原理 [M]. 朱开宏，吴俊生，译. 上海：华东理工大学出版社，2007：312-323.

[7] AIChE. Bubble-tary design manual [M]. New York：America Institute of Chemical Engineers，1958.

[8] Nallasamy M. Turbulence models and their applications to the prediction of internal flows：A review [M]. Computers & Fluids，1987，15 (2)：151-194.

[9] Hayden J G，O'Connell J P. A generalized method for predicting second virial coefficients [J]. Industrial & Engineering Chemistry Process Design and Development，1975，14 (3)：209-216.

[10] 张龙. 用于计算全塔效率的新关联式 [J]. 石油化工，1991，20 (2)：122-123.

[11] Ludwig E E. Applied process design for chemical and petrochemical plants [M]. Houston：Gulf Publishing，1995.

[12] Schweitzer P. Handbook of separation technique for chemical engineers [M]. New York：McGraw Hill，1997.

[13] Haselden G G. Gas separation fundamentals [J]. Gas Separation & Purification，1989，3 (4)：209-215.

[14] 余国琮. 传质分离过程的强化、节能与创新 [J]. 化工学报，2012，63 (1)：1-2.

[15] 费维扬，罗淑娟，赵兴雷. 化工分离过程强化的特点及发展方向 [J]. 现代化工，2008，28 (9)：1-4.

[16] 李凤莲，任瑞平，邹雪梅. 化工精馏高效节能技术开发及应用 [J]. 化工管理，2014 (18)：162-162.

[17] 李军，卢英华. 化工分离前沿 [M]. 厦门：厦门大学出版社，2011：15-29.

[18] 许良华，陈大为，罗祎青，等. 带有中间热集成的精馏塔序列及其性能 [J]. 化工学报，2013，64 (7)：2503-2510.

[19] Zhang J，Liang S，Feng X. A novel multi-effect methanol distillation process [J]. Chemical Engineering and Processing：Process Intensification，2010，49 (10)：1031-1037.

[20] 杨德明，王颖，谭建凯，等. 基于热耦精馏的三组分混合烷烃分离工艺 [J]. 石油化工，2015，44 (7)：862-866.

[21] 李萱，李洪，高鑫，等. 热耦合精馏工艺的模拟 [J]. 化工进展，2016，35 (1)：48-57.

[22] 李洪，李鑫钢，罗铭芳. 差压热耦合蒸馏节能技术 [J]. 化工进展，2008，27 (7)：1125-1128.

[23] 张吕鸿，刘建宾，李鑫钢，等. 一种改进的差压热耦合精馏流程 [J]. 石油学报：石油加工，2013，29 (2)：312-317.

[24] Kaibel D I G，Bla D I E，Köhler D I J. Gestaltung destillativer Trennungen unter Einbeziehung thermodynamischer Gesichtspunkte [J]. Chemie Ingenieur Technik，1989，61 (1)：16-25.

[25] 杨晨阳，朱怀工，蔡旺锋，等. 循环精馏技术研究进展 [J]. 化工进展，2024，43 (3)：1109-1117.

[26] Bîldea C S，Pătruţ C，Jørgensen S B，et al. Cyclic distillation technology—A mini-review [J]. Journal of Chemical Technology & Biotechnology，2016，91 (5)：1215-1223.

[27] 王晓红，李玉刚. 非清晰精馏序列综合研究进展 [J]. 计算机与应用化学，2008，25 (2)：249-252.

[28] 藏志伟，杨巨生，黄伟. 二甲醚精馏分离序列的能耗分析 [J]. 华中师范大学学报：自然科学版，2015，49 (3)：406-410.

[29] Rong B G，Errico M. Synthesis of intensified simple column configurations for multicomponent distillations [J]. Chemical Engineering & Processing，2012，62 (6)：1-17.

[30] 张少珍. 精馏分离序列综合优化 [D]. 天津：天津大学，2009.

[31] Floudas C A，Paules G E. A mixed-integer nonlinear programming formulation for the synthesis of heat-integrated distillation sequences [J]. Computers & Chemical Engineering，1988，12 (6)：531-546.

［32］ 何喜辉 . 基于遗传模拟退火算法的精馏分离序列优化综合 ［D］. 哈尔滨：哈尔滨工业大学，2009.

［33］ 袁海鸥，叶方俊，张硕，等 . 考虑中间换热器的能量集成精馏序列合成 ［J］. 化工学报，2023，74（2）：796-806.

［34］ 杨路，刘硕士，罗小艳，等 . MTO 烯烃分离过程的多目标操作优化 ［J］. 化工学报，2020，71（10）：4720-4732.

［35］ 徐庆海 . 解析 MTO 烯烃分离技术的自主创新之路 ［J］. 清洁煤与能源，2018，6（3）：21-25.

［36］ 陈昇，曹新波，赵梦，等 . MTO 前脱丙烷分离流程模拟及优化 ［J］. 化工进展，2019，38（7）：3473-3481.

7

其他分离方法

📚 **本章思维导图**

```
        基本概念
        吸附平衡                              液液萃取特点
        吸附机理        吸附        液液         萃取剂选择
        吸附设备与流程              萃取         萃取流程
                        其他                    超临界萃取
                        分
                        离
                        方
        离子交换树脂结构  法                     超滤和微滤
        离子交换树脂性能  离子       膜           反渗透
        离子交换原理     交换       分离          电渗析
        离子交换工艺              气体膜分离
```

✈ **本章学习要求**

● **掌握内容**

　　固定床吸附器操作特性、吸附流程、变温吸附、变压吸附；离子交换的原理及其流程；膜分离原理与膜组件；超临界萃取的原理及其流程。

● **熟悉内容**

　　膜的种类和特点；反渗透，超滤，电渗析的原理；浓差极化现象。

● **了解内容**

　　膜分离、超临界萃取的工业应用与发展。

随着化工生产与技术的发展，对分离技术要求越来越高，分离难度也越来越大。为了适应这些要求，新的分离方法和流程正在不断被开发出来。

7.1 吸附

固体物质表面对气体或液体分子的吸着现象称为**吸附**（adsorption），其中的固体物质称为**吸附剂**，被吸附的物质称为**吸附质**。在吸附过程，气体或液体中的分子、原子或离子扩散到固体吸附剂表面，与其形成键或微弱的分子间力。

7.1.1 吸附的基本概念

7.1.1.1 吸附现象

吸附是利用多孔性固体吸附剂处理流体混合物，使其中所含的一种或数种组分吸附于固体表面上，以达到分离的目的。通常，吸附分离过程包括吸附和解吸（或再生）两部分。解吸的目的是回收被吸附的有用物质或使吸附剂恢复原状重复吸附操作，或两者兼而有之。所以选择性吸附继而再生是分离气体或液体混合物的基础。

吸附过程也属于平衡级分离过程。所有可用于平衡级过程的技术包括单级分离和多级分离对吸附操作都可适用。此外，固体吸附剂颗粒床层固定不动的特点，使得在吸附操作中可能采用半连续法，而这样的方法在液-液或气-液两流体相接触的平衡过程中是不大常用的。

吸附过程是非均相过程，气体或液体为被吸附物，与固相吸附剂接触，流体（气体或液体）分子从流体相被吹附到固体表面，从吸附开始到吸附平衡状态，意味着系统的自由能降低，而表示系统无规则程度的熵也是降低的。按照热力学定律，自由能变化 ΔG、焓变化 ΔH 及熵变化 ΔS 应满足如下关系

$$\Delta G = \Delta H - T \Delta S \tag{7-1}$$

式中，ΔG、ΔS 均为负值，则 ΔH 肯定为负值。因此说明吸附过程是个放热过程，其所放出的热量，就称吸附物在此固体吸附剂表面上的**吸附热**。

7.1.1.2 物理吸附与化学吸附

根据吸附剂表面与被吸附物质之间作用力的不同，吸附可分为两种类型，即**物理吸附**与**化学吸附**。

物理吸附是由分子间的引力引起的，通常称为范德瓦耳斯力。因此，物理吸附又称作范德瓦耳斯吸附。这一类吸附的特征是吸附质与吸附剂不发生作用；吸附过程进行得极快，参与吸附的各相间的平衡时常瞬间达到。对于这一类的吸附，当气体的压力降低或系统的温度升高时，被吸附的气体可以很容易从固体表面逸出，而不改变气体原来的性状，故吸附与脱附为可逆过程。工业上的吸附操作正是依靠这种可逆性，进行吸附剂的再生、被吸附物质的回收和混合物的逐级提浓分离的。

化学吸附是固体表面与被吸附物质间化学键力起作用的结果。化学吸附具有选择性，其吸附速率大都较慢。升高温度可以大大地提高吸附速率。这一类的吸附是不易脱附的，脱附往往需要很高的温度，且所释出气体往往已发生了化学变化，不再呈现原有性状，故其过程大都是不可逆的。

物理吸附和化学吸附的特征比较见表 7-1。

表 7-1 物理吸附与化学吸附的特征比较

吸附性能	吸附类型	
	物理吸附	化学吸附
作用力	分子引力即范德瓦耳斯力	剩余化学价键力
选择性	一般没有	有
形成吸附层	单分子层或多分子层均可	只有单分子层吸附
吸附热	≤4.9kJ/mol	83.7～418.7kJ/mol
吸附速度	快,几乎不需要活化能	较慢,需要一定的活化能
温度	放热过程,低温有利于吸附	温度升高,吸附速度增加
可逆性	可逆	不可逆

乙烯是重要的石油化工基础原料,吸附分离法具有能耗低、无腐蚀及易于自动化等优点,在降低能耗和成本方面具有很大潜力。张永春等研究了乙烯的物理吸附和化学吸附的作用机理,并对这两种吸附方式进行了比较分析,以期为在大规模工业生产中实现乙烯的吸附分离技术提供依据。

7.1.1.3 吸附剂

吸附剂的种类很多,但常用的是活性炭、沸石分子筛、活性氧化铝、硅胶等。

（1）活性炭和活性炭纤维

活性炭（activated carbon）是具有高比表面积和发达孔隙结构的碳材料制品,具有优异的吸附性能和良好的稳定性,被广泛应用于石油化工、食品、医药乃至航空航天等领域,并已成为人们日常生活中不可或缺的材料。活性炭通常被认为是无定形碳,主要由已石墨化的活性炭微晶和未石墨化的非晶炭质构成其基本炭质。常规活性炭的比表面积一般为 500～1500m^2/g。

活性炭本身是非极性的,但在制造过程中,处于微晶体边缘的碳原子由于共价键不饱和而易与其他元素结合,如与氢、氧等结合形成各种含氧官能团（又称表面氧化物）,如羧基、羟基、羰基等,而使活性炭具有微弱的极性。所以,活性炭不仅可以除去水中的非极性吸附质,还可吸附极性溶质,甚至某些微量的金属离子及其化合物。

传统活性炭通常以煤炭、石油焦等不可再生资源为原料,其灰分含量较高,孔隙结构的发育和可持续应用受限。生物质作为一种极具潜力的可再生资源,来源丰富,具有价格低廉、热稳定性高、碳含量高和孔隙结构发达等特点,是一种良好的煤炭原料替代品。

活性炭纤维（activated carbon fibers）是继粒状活性炭和粉状活性炭之后的第三代活性炭,被作为固体吸附材料广泛应用在污水处理、空气净化、储氢、溶剂回收、医药、载体、防毒、湿法冶金等方面。活性炭纤维的比表面积主要来源于纤维上的微孔结构,活性炭纤维的吸附机理可由微孔吸附容积填充理论来解释。

（2）沸石分子筛

沸石分子筛一般是用 $M_{2/n}O \cdot Al_2O_3 \cdot ySiO_2 \cdot wH_2O$ 式表示的含水硅酸盐,其中 M 为 IA 和 IIA 族金属元素,多数为钠与钙,n 表示金属离子的价数,y 与 w 分别表示 SiO_2 与 H_2O 的分子数。

分子筛结构中有许多孔径均匀的孔道与排列整齐的孔穴,这些孔穴不但提供了很大的比表面积,而且它只允许直径比孔径小的分子进入,而比孔径大的分子则不能进入,从而使大小及形状不同的分子分开，起到筛选分子的作用，故称分子筛。根据孔径大小和 SiO_2 与 Al_2O_3 分子比的不同，分子筛可分为几种不同的型号，见表 7-2，工业上可根据不同的需要进行选用。

表 7-2　几种常用的分子筛

型　　　号	SiO_2/Al_2O_3 （分子比）	孔径/10^{-10} m	典型化学组成
3A（钾 A 型）	2	3～3.3	$\frac{2}{3}K_2O \cdot \frac{1}{3}Na_2O \cdot Al_2O_3 \cdot SiO_2 \cdot 4.5H_2O$
4A（钠 A 型）	2	4.2～4.7	$Na_2O \cdot Al_2O_3 \cdot 2SiO_2 \cdot 4.5H_2O$
5A（钙 A 型）	2	4.9～5.6	$0.7CaO \cdot 0.3Na_2O \cdot Al_2O_3 \cdot 2SiO_2 \cdot 4.5H_2O$
10X（钙 X 型）	2.3～3.3	8～9	$0.8CaO \cdot 0.2Na_2O \cdot Al_2O_3 \cdot 2.5SiO_2 \cdot 6H_2O$
13X（钠 X 型）	2.3～3.3	9～10	$Na_2O \cdot Al_2O_3 \cdot 2.5SiO_2 \cdot 6H_2O$
Y（钠 Y 型）	3.3～6	9～10	$Na_2O \cdot Al_2O_3 \cdot 5SiO_2 \cdot 8H_2O$
钠丝光沸石	3.3～6	～5	$Na_2O \cdot Al_2O_3 \cdot 10SiO_2 \cdot 6～7H_2O$

由于分子筛晶体内的孔道很小，吸附作用力很强，脱水活化后又有很大的空间，而且晶体空间内表面高度极化，从而又可根据被分离分子的物理化学性质不同把它们分离开来，因此，分子筛的分离效应基于以下两方面：

① 分子筛效应，依据分子的形状及其直径的大小来筛选分子；

② 临界直径，比分子筛孔径小的分子，虽然都能进入毛细孔内，但由于这些分子的极性、不饱和度与空间结构不同，出现吸附强弱和扩散速度的差异，分子筛优先吸附的是不饱和分子、极性分子和易极化分子，这样就达到了分离的目的。

分子筛吸附水后可用加热的方法使分子筛再生，也可以用氮、氢或甲烷等气体经过加热后作为分子筛的再生载气。

（3）活性氧化铝

活性氧化铝的化学式是 $Al_2O_3 \cdot nH_2O$，为无定形的多孔结构物质，一般由氧化铝的水合物（以三水合物为主）经加热、脱水和活化而得，孔径主要为 20～50Å（$1Å = 10^{-10}$ m），典型的比表面积为 200～500m^2/g。

活性氧化铝是一种极性吸附剂，一般用于脱除气体和液体中的水分，可脱至小于 1×10^{-6}（质量分数），活性氧化铝表面上具有高官能团密度，这些官能团为极性分子的吸附提供了活性中心。活性氧化铝具有适中的吸附表面积、较大的平均孔径和大孔体积，因此，颗粒内部的传质速率较快。

（4）硅胶

硅胶是一种坚硬的由无定形 SiO_2 构成的多孔结构的固体颗粒，其分子式是 $SiO_2 \cdot nH_2O$。用硫酸处理硅酸钠水溶液生成凝胶，所得凝胶用水洗去硫酸钠后，进行干燥，便得到硅胶。根据制造过程条件的不同，可以控制微孔尺寸、空隙率和比表面积的大小。一般典型的硅胶吸附剂孔径为 10～400Å，比表面积为 830m^2/g。工业用的硅胶有粒状、球状、其他加工成型的形状和粉状等四种。硅胶是极性吸附剂，易于吸附水和甲醇等极性物质，主要用于气体和液体的干燥。

（5）其他吸附剂

除了上述常用的四类吸附剂外，还有一些新型吸附剂。

① 吸附树脂　它是带有巨型网状结构的合成树脂，如苯乙烯和二乙烯苯的共聚物、聚苯乙烯、聚丙烯酸酯等，主要用于处理水溶液，如废水处理、维生素分离等。

② 活性黏土　天然的膨润土或其他黏土经硫酸或盐酸处理，然后经洗涤、干燥、粉碎而得，主要用于油品脱色，一般使用一次就废弃。

③ 离子交换纤维　以聚丙烯腈纤维为原料，采用化学改性法制备。纤维状功能材料具有吸附速率快、过滤层阻力小且能以多种形状使用、再生性能好等优点，主要用于处理重金属废水。

④ 生物炭　指在缺氧条件下，生物质热裂解产生的一种产物，属于黑炭的一种。主要组成元素为碳、氢、氧、氮等，含碳量多在70%（质量分数）以上。其原料来源广泛，农业废弃物及工业有机废弃物、城市污泥等都可作为其原料。生物炭具有疏松多孔、比表面积大的特点，且生物炭表面官能团包括羧基酚、羟基、酸酐等多种基团，这些特征使生物炭具有良好的吸附特性，能够强烈吸附环境介质中的有机污染物，消减其环境风险。

7.1.2　吸附平衡与吸附机理

7.1.2.1　吸附平衡

（1）吸附平衡

在吸附过程中，吸附分子的吸附与解吸是一个平衡可逆过程，即吸附质在吸附剂表面被吸附的同时，还存在着吸附质分子由于热运动而脱离吸附剂表面的解吸过程。在等温、等压条件下，当吸附速率与解吸速率相等时，吸附质在吸附剂表面的浓度与在溶液中的浓度均不再改变，此时即达到了吸附的平衡状态，称为吸附平衡。当吸附达到平衡时，吸附质在溶液中的残余浓度称为平衡浓度，而在吸附剂上的浓度称为吸附量，它表示吸附剂吸附吸附质的能力。

（2）吸附等温线

当吸附达到平衡时，对于给定的吸附剂与吸附质，其吸附量与温度及气体的压力有关。在恒定的温度下，吸附达到平衡后，吸附质在吸附剂和溶液中有一定的分配，即吸附量与平衡浓度之间存在着函数关系，这种函数关系用图来表示就是吸附等温线（adsorption isothem）。

① 吸附等温线的类型　实验结果表明不同吸附条件下的吸附等温线各异，但也具有一定规律。这里将现有的吸附等温线归纳为五种类型，如图7-1所示。

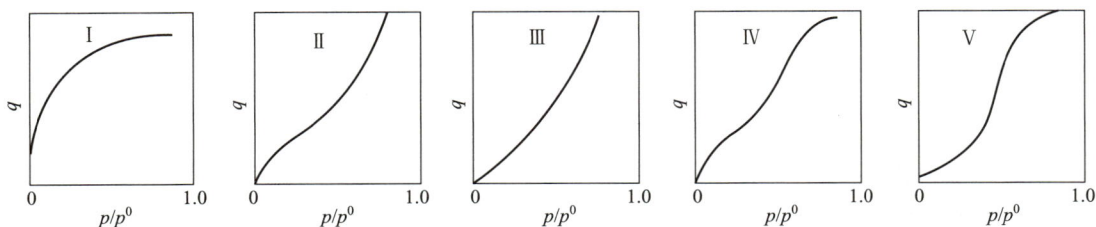

图 7-1　吸附等温线的类型

Ⅰ型　通常表示吸附质分子在吸附剂表面只吸附一层，即可用朗格缪尔方程加以描述，故称为朗格缪尔型。这种吸附有明显的饱和现象。一般发生在浓度较低和孔径小于 $30\overset{\circ}{A}$ 时的吸附中。如 $-193{}^\circ\!C$ 时 N_2 在活性炭上的吸附。

Ⅱ型　反 S 等温线，是一般的物理吸附，吸附质在吸附剂表面的吸附不限于单分子层，可为多层吸附。如发生在孔径大于 50Å 时的多分子层吸附，且第一层的吸附热大于液化热。如-195℃时 N_2 在硅胶上的吸附。

Ⅲ型　反朗格缪尔型，它与Ⅱ型相仿，比较少见，它发生在吸附质的吸附热与其汽化热大致相等的情况下。如 78℃时溴在硅胶上的吸附。

Ⅳ型　与Ⅱ型相对应，只是孔径有限，出现吸附饱和现象。如 50℃时苯在 FeO 上的吸附。

Ⅴ型　与Ⅲ型相对应，也会出现吸附饱和现象。如 100℃时水蒸气在活性炭上的吸附。类型Ⅳ和类型Ⅴ反映了在吸附过程中产生的毛细管凝聚作用的影响。

② 温度对吸附等温线的影响　因为吸附是放热过程，所以在一定平衡压力下，吸附温度愈低，吸附质的平衡吸附量愈大，吸附等温线距横坐标愈远；反之，吸附温度愈高，吸附等温线愈靠近横轴。

③ 吸附滞留现象　以上所述各类吸附等温线都是完全可逆的，就是说吸附等温线上的任一点所代表的平衡状态既可以由新鲜吸附剂进行吸附达到，也可以从已吸附了吸附质的吸附剂脱附达到。但在实际情况下，有时在某一段吸附等温线上，由吸附所达到的某一平衡点与由脱附达到的该点不是同一个平衡状态，如图 7-2 所示。这种现象称为"吸附滞留现象"。在任何情况下，如果发现有滞留现象产生，则对应于同一吸附量其吸附的平衡压力一定高于脱附的平衡压力。

图 7-2　吸附滞留现象

（3）吸附等温式

吸附等温线的数学表达式叫作吸附等温式。不同类型的吸附等温线反映了吸附剂吸附过程的不同机理，因此提出了多种吸附理论和表达吸附平衡关系的吸附等温式。然而对实际固体吸附剂，由于复杂的表面和孔结构，很难符合理论的吸附平衡关系，因此还提出很多经验的、实用的方程。

① **弗罗因德利希**（Freundlich）**等温式**　图 7-1 中第一类型的吸附等温线通常可用 Freundlich 经验公式来表达

$$q=Kp^{1/n} \tag{7-2}$$

式中，q 为吸附质在吸附剂相中的浓度；p 为吸附质在流体相中的分压；K，n 分别为与吸附剂和吸附质以及温度等有关的经验常数，其数值应由实验确定。

n 值一般大于 1，n 值越大，其吸附等温线与线性偏离越大，变成非线性等温线。可以将式（7-2）改写为对数式

$$\lg q=\lg K+\frac{1}{n}\lg p \tag{7-3}$$

该直线方程式中截距为 $\lg K$，斜率为 $1/n$。由此可求得这两个经验常数。K 值越大，$1/n$ 越小，说明吸附可在相当宽的浓度范围内进行。Freundlich 等温式较适用于低浓度下的吸附。水处理中污染物质的浓度都是相对较低的，此公式因简单、方便而获得普遍采用。

② **朗格缪尔**（Langmuir）**等温式**　朗格缪尔等温式的前提假设条件是：固体吸附剂表面是均匀的；吸附为单分子层吸附；被吸附的相邻分子间无相互作用力。在这些条件下，吸附为理想吸附，从而得出

$$q = q_m \frac{Kp}{1+Kp} \tag{7-4}$$

式中，q 和 q_m 分别为吸附剂的吸附容量和单分子层最大吸附容量；p 为吸附质在气体混合物中的分压；K 为 Langmuir 常数，与温度有关。

上式中 q_m 和 K 可以从关联实验数据得到。可将上式改写为倒数式

$$\frac{1}{q} = \frac{1}{q_m K p} + \frac{1}{q_m} \tag{7-5}$$

由式(7-5)可知 $1/q$ 与 $1/p$ 成直线关系。由此直线的截距和斜率可求出常数 q_m 和 K 的值。如在等温情况下，煤岩不同压力的吸附解吸现象基本上符合 Langmuir 等温吸附方程。

③ **BET**（Brunaner、Emmett、Teller）等温式　如果假设吸附剂表面吸附的单分子层分子的附着力比吸附质分子之间的内聚力大很多，并在吸附剂表面产生化学吸附形成络合物，可假定分子层在表面不能自由移动。

Brunaner、Emmett、Teller 提出的 BET 模型认为，被吸附的分子不能在吸附剂表面自由移动，吸附层是不移动的理想均匀表面。其吸附可以是多层吸附，层与层之间的作用力是范德瓦耳斯力。各层水平方向的分子之间不存在相互作用力，即在第一层吸附层上面，可以吸附第二层、第三层……不等到上一层吸附饱和就可以进行下一层的吸附。各吸附层之间存在着动态平衡，即每一层形成的吸附速率和解吸速率相等。单分子层可由向空的表面吸附或双层分子层解吸产生，吸附速率与吸附有效面积的大小和分子碰击表面的频率有关。恒温下基于气体动力学理论，得出多层物理吸附的 BET 吸附等温方程为

$$q = \frac{Cq_m \left(\frac{p}{p^0} \right)}{\left(1 - \frac{p}{p^0} \right) \left[1 + (C-1) \frac{p}{p^0} \right]} \tag{7-6}$$

式中，p 为吸附质的平衡压力；p^0 为吸附温度下吸附质的饱和蒸气压；C 为与吸附热有关的常数。

当吸附质的平衡压力 p 远比饱和蒸气压小时，即 $p^0 \gg p$，则

$$q = \frac{Cq_m \left(\frac{p}{p^0} \right)}{1 + C \left(\frac{p}{p^0} \right)} \tag{7-7}$$

取 $K = C/p^0$，则式(7-7)变成 Langmuir 方程，即 Langmuir 方程是 BET 方程的特例。

【例 7-1】　吸附温度为 296K 时纯甲烷气体在活性炭上的吸附平衡实验数据如下：

$q/[\text{cm}^3(\text{标准状态})CH_4/\text{g 活性炭}]$	45.5	91.5	113	121	125	126	126
$p = p_{CH_4}/\text{kPa}$	275.8	1137.6	2413.2	3757.6	5240.0	6274.2	6687.9

拟合数据为：(a) Freundlich 方程；(b) Langmuir 方程。哪个方程拟合更好些？

解　将等温方程线性化，使用线性方程回归方法得到常数。

(a) 拟合式(7-2)得到 $K = 8.979$，$n = 3.225$，故 Freundlich 方程为

$$q = 8.979 p^{0.3101}$$

(b) 拟合式(7-4)导出线性公式

$$\frac{p}{q}=\frac{1}{q_{m}K}+\frac{p}{q_{m}}$$

拟合该式得到 $1/q_m=0.007301$，$\dfrac{1}{q_m K}=3.971$，故 $q_m=137.0$，$K=0.001838$。Langmuir 方程为

$$q=\frac{0.2553p}{1+0.001838p}$$

利用两个等温线预测的 q 值如下：

p/kPa	$q/[cm^3(标准状态)CH_4/g$ 活性炭$]$		
	实验值	Freundlich	Langmuir
276	45.5	51.3	46.1
1138	91.5	79.6	92.7
2413	113	100.5	111.8
3758	121	115.3	119.7
5240	125	127.8	124.1
6274	126	135.2	126.1
6688	126	137.9	126.7

故 Langmuir 方程拟合更好些。

【工程案例 7-1】 活性炭纤维吸附石化废水中苯酚的吸附平衡

苯酚存在于石油化工、焦化、制药、印染等行业排放的废水中，是一种生物难降解的毒性有机污染物，因此含酚废水的处理方法备受关注。除了传统的生化法，含酚废水的处理方法主要有高级氧化法、吸附法等。吸附法是一种传统且高效的分离方法，吸附剂主要有活性炭、活性炭纤维、沸石分子筛和离子交换树脂等，其中活性炭与活性炭纤维对有机物具有较强的吸附能力。目前，以活性炭纤维为吸附剂吸附有机污染物的研究已有大量报道，图 7-3 所示为活性炭纤维吸附设备。

图 7-3　活性炭纤维吸附设备

石化废水主要来源于原油电脱盐过程，废水经初步除油、沉降处理。其中各组分含量为苯酚 125.0mg/L，石油类 108.0mg/L，硫化物 0.16mg/L，氨-氮 14.83mg/L，废水 pH 值 7.0 左右，废水中主要的金属离子为 Na^+、Mg^{2+}、Ca^{2+}，其含量分别为 480.5mg/L、16.6mg/L、80.4mg/L。吸附试验表明活性炭纤维对废水中的硫化物与氨-氮几乎不吸附，对苯酚、石油类物质有良好的吸附作用。

以活性炭纤维为吸附剂，研究了活性炭纤维对石化废水中苯酚的吸附平衡及动力学。分别在 25℃、40℃、55℃及 65℃下测定了吸附平衡等温线，采用 Langmuir、Freundlich 等温方程对吸附平衡数据进行了拟合，结果表明吸附平衡数据更符合 Langmuir 方程。体系温度从 25℃、40℃、55℃升高到 65℃时，活性炭纤维对苯酚的吸附能力并不完全随温度升高而降低。其苯酚的吸附过程符合拟二级动力学方程。

7.1.2.2　吸附速率

（1）**吸附速率**的定义

当含有吸附质的流体（气体或液体）与吸附剂接触时，吸附质将被吸附剂吸附，单位时间内被吸附的吸附质的量称为吸附速率（kg/s）。吸附速率是吸附过程设计与生产操作的重要参数。在废水处理中，吸附速率决定了废水和吸附剂的接触时间。吸附速率越快，所需的接触时间就越短，吸附设备容积也可以越小。

吸附速率与体系性质（吸附剂、吸附质及其混合物的物理化学性质）、操作条件（温度、压力、两相接触状况）以及两相组成等因素有关。对于一定体系，在一定操作条件下，两相接触吸附质被吸附剂吸附的过程如下：开始时吸附质在流体相中的浓度较高，在吸附剂上的含量较低，离平衡状态远，传质的推动力大，吸附速率快。随着吸附过程的进行，流体相中吸附质的浓度下降，吸附剂上吸附质的含量增高，吸附速率逐渐降低，经过很长时间，吸附质在两相间接近平衡，吸附速率趋近于零。

上述吸附过程为非稳态过程，其吸附速率可以表示为吸附剂上吸附质的含量、流体相中吸附质的浓度、接触状况和时间等的函数。

（2）**吸附机理**

吸附速率决定于吸附剂对吸附质的吸附过程。多孔吸附剂对溶液中吸附质的吸附过程基本上可分为三个连续阶段：第一阶段称为颗粒外部扩散（又称为膜扩散）阶段，吸附质从溶液中扩散到吸附剂表面；第二阶段称为孔隙扩散阶段，吸附质在吸附剂孔隙中继续向吸附点扩散；第三阶段称为吸附反应阶段，吸附质被吸附在吸附剂孔隙内的表面上。一般而言，吸附速率主要由膜扩散速率或孔隙扩散速率来控制。

（3）**吸附的传质速率方程**

根据上述机理，对于某一瞬间，按拟稳态处理，吸附速率可以分别用外扩散、内扩散或总传质速率方程表示。

① 外扩散传质速率方程　吸附质从流体主体扩散到吸附剂颗粒外表面是典型的流体与固体壁面间的传质过程，传质速率方程如下

$$\frac{\partial q}{\partial \theta} = k_F a_P (c - c_i) \tag{7-8}$$

式中，q 为吸附剂上吸附质的含量，kg 吸附质/kg 吸附剂；θ 为时间，s；$\dfrac{\partial q}{\partial \theta}$ 为每千克吸附剂的吸附速率，kg/(s·kg)；a_P 为吸附剂的比表面积，m^2/kg；c 为流体相中吸附质的平均浓度，kg/m^3；c_i 为吸附剂外表面上流体相中吸附质的浓度，kg/m^3；k_F 为吸附剂流体相侧的传质系数与流体物性、颗粒几何特性、两相接触的流动状况以及温度、压力等操作条件有关，有一些计算式可供使用，m/s。

② 内扩散传质速率方程　从吸附剂外表面通过颗粒上的微孔向吸附剂内表面扩散的过程比外扩散复杂得多。吸附质在微孔中的扩散有两种形式——沿孔截面的扩散和沿孔表面的表面扩散。前者根据孔径大小又有三种情况：当孔径远较吸附质分子的平均自由程大时的分子扩散；当孔径远较分子平均自由程小时的纽特逊（Knudsen）扩散；介于这两种情况之间时的表面扩散。

按照内扩散机理进行内扩散速率的计算是很困难的，所以通常把内扩散过程简单地处理成从外表面向颗粒内的传质过程，而传质速率用下列传质方程表示

$$\frac{\partial q}{\partial \theta}=k_s a_P (q_i - q) \qquad (7-9)$$

式中，q 为吸附剂上吸附质的平均含量，kg/kg；q_i 为吸附剂外表面上吸附质的含量，kg/kg，它与此处吸附质在流体相中的浓度 c 呈平衡；k_s 为吸附剂固体相侧的传质系数，kg/(s·m^2)。

根据内扩散的机理可知，k_s 与吸附剂的微孔结构性质、吸附质的特性以及吸附过程持续的时间等多种因素有关。在吸附初期，吸附质刚从孔口向内扩散，吸附质到达内表面的路程短，内扩散快，k_s 大。随着吸附的进行，内扩散路程愈来愈长，内扩散速率减慢，k_s 小。k_s 必须由实验测定。

③ 总传质速率方程　实际上吸附剂外表面处的浓度 c_i 与 q_i 无法测定，因此通常按拟稳态处理，将吸附速率用总传质方程表示

$$N=\frac{\partial q}{\partial \theta}=K_F a_P (c - c^*) \qquad (7-10)$$

$$=K_s a_P (q^* - q) \qquad (7-11)$$

式中，c^* 为与吸附质含量为 q 的吸附剂呈平衡的流体中吸附质的浓度，kg/m^3；q^* 为与吸附质浓度为 c 的流体相呈平衡的吸附剂上的吸附质的含量，kg/kg；K_F 为以 $\Delta c = c - c^*$ 表示推动力的总传质系数，m/s；K_s 为以 $\Delta q = q^* - q$ 表示推动力的总传质系数，kg/(s·m^2)。

对于稳态过程，从流体传递到吸附剂外表面的速率应等于从吸附剂外表面传递到吸附剂内的速率，所以

$$N=\frac{\partial q}{\partial \theta}=K_F a_P (c - c^*)=K_s a_P (q^* - q)$$
$$=k_F a_P (c - c_i)=k_s a_P (q_i - q) \qquad (7-12)$$

如果在操作规程的浓度范围内吸附平衡为直线

$$q - q_i = m(c - c_i) \qquad (7-13)$$

则根据式(7-13) 可得

$$\frac{1}{K_F}=\frac{1}{k_F}+\frac{1}{m k_s} \qquad (7-14)$$

$$\frac{1}{K_s}=\frac{m}{k_F}+\frac{1}{k_s} \qquad (7-15)$$

上面两式表示吸附过程的总传质阻力为外扩散与内扩散的分传质阻力之和。

若内扩散很快，过程为外扩散控制，q_i 接近 q，则

$$K_F \approx k_F \qquad (7-16)$$

若外扩散很快，过程为内扩散控制，c 接近于 c_i，则

$$K_s \approx k_s \qquad (7-17)$$

一般来说，内扩散的速率较慢，吸附过程常常是内扩散控制。对于气相吸附，有时吸附质沿孔壁的表面扩散很快，例如用硅胶吸附水蒸气，用活性炭吸附氢化物，此时内扩散速率可能与外扩散速率为同样数量级，甚至可能是外扩散控制。在吸附的初始阶段，或者使用细颗粒吸附剂，内扩散途径短，内扩散快，外扩散也可能是决定总传质速率的主要步骤。

7.1.2.3　影响吸附的因素

（1）吸附剂的影响

吸附剂的结构决定其理化性质，理化性质对吸附的影响很大。一般要求吸附容量大，吸

附速率快和机械强度好。吸附容量除外界条件外，主要与表面积有关。比表面积越大，空隙度越高，吸附容量就越大。吸附速率主要与颗粒度和孔径分布有关。颗粒度越小，吸附速率就越快。孔径适当，有利于吸附物向孔隙中扩散。一般是极性分子（或离子）型的吸附剂容易吸附极性分子（或离子）型的吸附质，非极性分子型的吸附剂容易吸附非极性分子型的吸附质。

（2）溶剂的影响

单溶剂与混合溶剂对吸附作用有不同的影响。一般吸附物溶解在单溶剂中易被吸附，溶解在混合溶剂（无论是极性与非极性混合溶剂还是极性与极性混合溶剂）中不易被吸附。所以一般用单溶剂吸附，用混合溶剂解吸。

（3）溶液 pH 值的影响

溶液 pH 值影响某些化合物的离解度，从而影响其水溶性。各种溶质吸附的最佳 pH 值，常常通过实验决定。如有机酸类溶于碱，胺类物质溶于酸，所以，有机酸在酸性下及胺类在碱性下较易为非极性吸附剂所吸附。

（4）温度的影响

吸附反应通常是放热的，因此温度越低对吸附越有利。但在废水处理中一般温度变化不大，因而温度对吸附过程影响很小，实践中通常在常温下进行吸附操作。

（5）共存物质的影响

共存物质对主要吸附物质的影响比较复杂。有的能相互诱发吸附，有的能相当独立地被吸附，有的则能相互起干扰作用。但许多资料指出，某种溶质都以某种方式与其他溶质争相吸附。因此，当多种吸附质共存时，吸附剂对某一种吸附质的吸附能力要比只含这种吸附质时的吸附能力低。悬浮物会阻塞吸附剂的孔隙，油类物质会浓集于吸附剂的表面形成油膜，它们均对吸附有很大影响。因此在吸附操作之前，必须将它们除去。

（6）接触时间

吸附质与吸附剂要有足够的接触时间，才能达到吸附平衡。吸附平衡所需时间取决于吸附速率，吸附速率越快，达到平衡所需的时间越短。

7.1.3　吸附分离过程

根据待分离物系中各组分的性质和过程的分离要求（如纯度、回收率、能耗等），选择适当的吸附剂和解吸剂，采用相应的工艺过程和设备来完成分离。

常用的吸附分离设备有：吸附搅拌槽、固定床吸附器、移动床和流化床吸附塔。吸附分离过程的操作分类一般是以固定床吸附为基础的。若以分离组分的多少分类，可分为单组分和多组分吸附分离；以分离组分浓度的高低分类，可分为痕量组分脱除和主体分离；以床层温度的变化分类，可分为不等温（绝热）操作和恒温操作；以进料方式分类，可分为连续进料和间歇的分批进料等。

7.1.3.1　搅拌槽

搅拌槽用于液体的吸附分离。将要处理的液体与粉末状（或颗粒状）吸附剂加入搅拌槽中，在良好的搅拌下，固液形成悬浮液，在液固充分接触中吸附质被吸附。搅拌槽吸附适用于溶质的吸附能力强、传质速率为液膜控制和脱除少量杂质的场合。搅拌槽吸附有三种操作方式：

① 间歇操作　液体和吸附剂经过一定时间的接触和吸附后停止操作，用直接过滤的方法进行液体与吸附剂的分离；

② 连续操作　液体和吸附剂连续地加入和流出搅拌槽；

③ 半间歇半连续操作　液体连续流进和流出搅拌槽，在槽中与吸附剂接触，而吸附剂保留在槽内，逐渐消耗。

对于上述三种操作方式，应从搅拌槽结构和操作上保证良好的搅拌，使悬浮液处于湍流状态，达到槽内物料完全混合。对半连续操作，在悬浮区域以上有清液层，以便采出液体。

搅拌槽吸附操作是典型的级操作，通常为间歇分批操作，可以单个操作，也可以设计成多级错流或多级逆流流程，但多级操作的装置复杂，步骤繁多，实际上很少采用。

搅拌槽吸附操作多用于液体的精制，例如脱水、脱色、脱臭等。价廉的吸附剂使用后一般弃去。如果吸附质是有用的物质，可以用适当溶剂或热空气或蒸汽来解吸。对于溶液脱色过程，吸附质一般是无用物，可以用燃烧法再生，循环使用。

7.1.3.2　固定床吸附器

固定床吸附器是装有颗粒状吸附剂的塔式设备。固定床循环操作由两个主要阶段组成。在吸附阶段，物料不断地通过吸附塔，被吸附的组分留在床中，其余组分从塔中流出。吸附过程可持续到吸附剂饱和为止。然后是解吸（再生）阶段，用升温、减压或置换等方法将被吸附的组分解吸下来，使吸附剂再生，并重复吸附操作。

固定床吸附器结构简单，操作方便，是吸附分离中应用最广泛的一类吸附器。例如从气体中回收溶剂蒸气、气体净化和主体分离、气体和液体的脱水以及难分离有机液体混合物的分离等。

（1）固定床吸附器的操作特性

当流体通过固定床吸附剂颗粒层时，随着流体的不断通过，床层中吸附质的含量不断增高，其在床层中的分布不断变化，相应的流体在床层中不同位置处的组成也不断发生变化。因此固定床内流体中溶质的吸附是非稳态传质过程。

固定床吸附器的分析以建立流出物浓度-时间曲线为基础。该曲线是吸附器几何尺寸、操作条件和吸附平衡数据的函数，称为**透过曲线**（breakthrough curve）。

吸附质初始浓度为 c_0 的进料连续流过装填有新鲜或再生好的吸附剂的床层，经过一定时间，部分床层为吸附质所饱和，吸附能力已为零，部分床层则建立了浓度分布即形成吸附波，随着时间的推移，吸附波向床层出口方向移动。如图 7-4 所示，在时间 t_1，吸附质首先出现在床层出口端的流出物中。而对应于流出物中可允许的最大浓度 c_b 所需要的时间 t_b 为透过时间，c_b 为**破点浓度**（break through point concentration）。当流动继续进行，则吸附波逐渐移动到达床层出口，t_e 为床层被吸附质饱和所需的时间即饱和时间，此时床层中全部吸附剂与进料中吸附质的浓度达到平衡状态，吸附剂失去吸附能力，必须再生。从 t_1 到 t_e 的时间

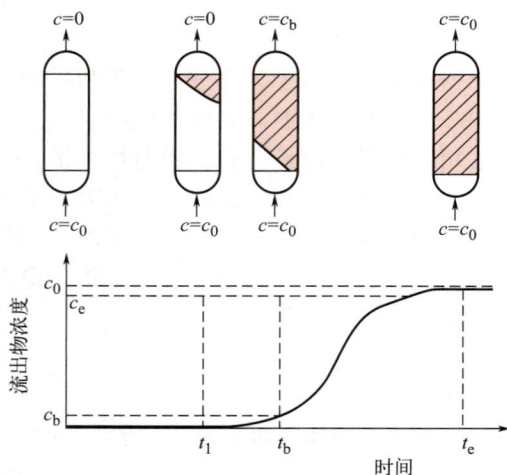

图 7-4　吸附透过曲线

周期对应于床层中吸附区或传质区的长度，它与吸附过程的机理有关。很容易看出，透过曲线以上的面积表示了保留在床层中吸附质的数量。饱和区所处的状态对应于吸附等温线上的一点。

由于透过曲线易于测定，因此可以用它来反映床层内吸附负荷曲线的形状，而且也可以较准确地求出破点。如果透过曲线比较陡，则说明吸附速率较快。影响透过曲线形状的因素较多，除吸附剂和吸附质的性质外，其他参数如温度、压力、浓度、pH 值、移动相流速、流速分布、流动状况等，设备和吸附剂的尺寸大小，以及吸附剂在固定床层中的装填方法等都会产生不同程度的影响。

（2）固定床吸附流程

① 双器流程　因为吸附剂需要再生，所以为使吸附操作连续进行，至少需要两个吸附器轮换循环使用。图 7-5 所示的 A、B 两个吸附器，A 正在吸附，B 正在进行再生。当 A 达到破点之前，B 再生完毕，下一个周期是 B 进行吸附，A 进行再生。对于吸附速率快，透过曲线陡的情况可采用这种流程。

② 串联流程　当体系的透过曲线比较平坦，吸附传质区比较长时，如采用上述双器流程，流体只在一个吸附器中进行吸附操作，达到破点时很大一部分吸附剂

图 7-5　双器流程

未达饱和，利用率很低，这种情况宜采用两个或更多个吸附器串联使用。图 7-6 所示为两个吸附器串联使用的流程，流程中共有三个吸附器。图中加料先进入 A，然后经 B 进行吸附，C 再进行再生。此时吸附传质区可以从 A 延伸到 B，这个操作一直可进行到从 B 流出的流体达到破点为止。接着将 A 转入再生，C 转入吸附，而加料则先进入 B、再进入 C。转入再生操作的 A 可以接近饱和。

图 7-6　串联流程

③ 并联流程　当处理的流体量很大时，往往需要很大的吸附器，设备制造与运输都有困难，此时可以采用几个吸附器并联使用的流程，图 7-7 所示为两个吸附器并联使用的流

图 7-7　并联流程

程，图中 A、B 并联吸附，C 进行再生，下一阶段是 A 再生，B、C 吸附，再下一阶段是 A、C 吸附，B 再生，以此类推。

在上述三种流程中，再生时均用产品的一部分作为再生用气体，实际上根据过程的具体情况，可以用其他介质再生。例如用活性炭来去除空气中的有机溶剂蒸气时，常用水蒸气再生。再生气（水蒸气＋有机蒸气）冷凝成液体，再行分离。

7.1.3.3　模拟移动床

模拟移动床（simulated moving bed）分离技术是 20 世纪 60 年代兴起的一种连续逆流色谱分离技术。它可以提高固定相的利用率与产品纯度，在提高产品收率的同时也可以减小解吸剂的消耗，近年来在手性药物、石油化工分离等领域的应用受到越来越广泛的关注。

模拟移动床是利用吸附原理进行液体分离操作的传质设备。它是以逆流连续操作方式，通过变换固定床吸附设备的物料进出口位置，产生相当于吸附剂连续向下移动，而物料连续向上移动的效果。这种设备的生产能力和分离效率比固定床吸附器高，又可避免移动床吸附剂磨损、碎片或粉尘堵塞设备或管道以及固体颗粒缝间的沟流。

模拟移动床把固定床吸附器分为许多段（常为 24 段），段内装有吸附剂，段间液体不能直接流通。每段均装有进出口管道（进出两用），由中央控制装置控制其进出。24 个进出口中的 20个只起段间联系的作用，另四个供四股物料的进入或流出，某一瞬间的物料进出口位置见图 7-8。把整个吸附床层分成了四个区，各区距离不等，每段相际传质也不同。如 A 脱附区液体中含有A 与 D，此区是用 D 使 A 脱附。B 脱附区是用A 及 D 使 B 脱附。由上述两区之间的出料口所引出的吸附液只含 A 与 D，而且 A 的浓度也较大。A 吸附区是使原料中 A 与 B 分离，因此在A 吸附区上部取出的吸余液中不含 A 而只含 B与 D。若吸附剂固定不动，则随着时间的推移，

图 7-8　模拟移动床工作原理

固相中被分离组分的浓度将自下而上逐渐变大。模拟移动床则是利用一定的机构（如旋转阀），使四个物料的进出口以与固相浓度的变化同步的速度上移。这样，构成一闭合回路，其总的结果与保持进出口位置不动，而固体吸附剂在吸附器中自上而下移动的效果基本相同。

【工程案例 7-2】 固定床吸附器中的 CO_2 吸附特性

化石能源的大量开采和使用导致全球变暖进一步加剧，因此 CO_2 减排越来越引起全世界的关注。其捕集与封存技术被认为是有效的解决方案之一，吸附法分离 CO_2 技术具有投资少、操作简单、能耗低等优点，在 CO_2 气体分离领域中具有广阔的应用前景。

以 13X-APG 粒状沸石为吸附剂，采用固定床吸附实验装置系统测定 CO_2 的吸附穿透曲线，研究 CO_2 动态吸附性能，并考察吸附气体温度及流量、吸附剂颗粒大小的影响，获得了吸附过程中吸附床的温度变化。

固定床吸附 CO_2 的实验装置如图 7-9 所示，实验系统包括固定床吸附器（又称吸附床）、气体供应系统、温度控制及测量系统。固定床吸附器为一内径 30mm、长 280mm 的不锈钢筒体，床内填充球形颗粒 13X-APG 沸石，填充高度为 50mm；为稳定并均匀分布进入吸附床的气流，在吸附床两端各装填直径 6mm 的惰性颗粒玻璃珠 105mm，并用厚度 2mm 的筛板隔开吸附剂和玻璃珠，此外，为考察吸附热的影响，吸附床用绝热材料包覆。

图 7-9 吸附装置示意图

在此实验装置中，讨论了进口气体温度、气体流量、吸附剂粒径的影响。结果表明：气体温度的升高提前了 CO_2 吸附穿透点，并显著降低了吸附剂的吸附量；吸附气体体积流量的增加导致吸附速率增大，但对吸附量影响较小，吸附过程是内扩散控制过程。2mm 粒径吸附剂的吸附量可以达到 91.21mg/g，是 5mm 粒径吸附量的 2.1 倍，但小粒径吸附剂在吸附过程中的温升也较大，达到 18.7℃。因此，采用小粒径吸附剂，加强吸附过程中的散热，降低固定床吸附器的工作温度，才能有效地提高固定床吸附性能。

7.1.3.4 变温吸附

变温吸附利用吸附剂的平衡吸附量随温度升高而降低的特性，采用常温吸附、升温脱附的操作方法，目前普遍被用于挥发性有机废气的净化处理。变温吸附原理可由图 7-10 形象地说明，循环操作在两个平行的固定床吸附器中进行，其中一个在环境温度附近吸附溶质，而另一个在较高温度下解吸溶质，使吸附剂床层再生。

尽管仅靠溶质的汽化而不用清洗气也可以达到解吸的目的，但当床层冷却时部分溶质蒸气会再吸附，所以最好还是使用清洗剂脱除解吸的吸附质。解吸温度一般都比较高，但不能高到引起吸附剂性能变坏的程度。变温吸附最好应用于脱除原料中的低浓度杂质。在这种情况下，吸附和解吸均可在接近恒温的条件下进行。变温吸附理想循环包括以下四步：①在 T_1 温度下吸附至达到透过点；②加热床层至 T_2；③在 T_2 温度下解吸达到低吸附质负荷；④冷却床层至 T_1。实际循环操作没有恒温这一阶段。作为循环的再

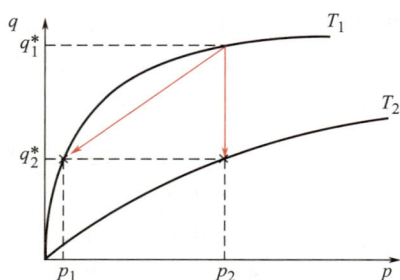

图 7-10 　变温和变压吸附原理

生阶段，第②和③两步是结合在一起的，床层被加热的同时，用经预热的清洗气解吸，直至进出口温度接近为止。第①和④两步也是同时进行的，床层冷却后期即开始进料，因此吸附基本上在进料流体温度下进行。

由于加热和冷却需要时间，故变温吸附的循环周期较长，通常需要几小时或几天。循环时间越长，所需床层越长，则吸附过程床层利用率越高。当传质区比较长时，物料只在一个吸附器中进行吸附操作，达到穿透点时很大一部分吸附剂未达饱和，床层利用率低，这种情况宜采用两个床串联吸附的流程。

7.1.3.5　变压吸附

（1）变压吸附循环

变压吸附分离过程是 1958 年开发的一种在恒温下通过改变压力以达到吸附-脱附循环的操作方法。在一定压力下气体组分吸附，减压下被吸附组分解吸，放出该气体组分，吸附剂得到再生。变压吸附一般在常温下进行，可将气体混合物本体分离取得纯组分，如从空气中分离氧、氮；也可将不纯气体组分脱除以精制气体，还可以把原料气体中的杂质（如水分和二氧化碳等）作为预处理去除与原料气的本体吸附分离同时进行，从而简化了工艺流程。

变压吸附分离过程具有如下优点：

① 产品的纯度高，特别是氢、氮和甲烷等中的杂质几乎可全部除去。例如，氢气的分离精制，可得到纯度为 99.999%（体积分数）的纯氢。

② 一般在室温和不高的压力下操作，其设备简单。床层再生时不需要外加热源，再生容易，可以连续进行循环操作。

③ 可单级操作，原料气中的几种组分可在单级中脱除，原料中的水分和 CO_2 等不需要预先处理，同时分离其他组分如 H_2、CH_4 等。

④ 吸附剂的寿命长，对原料气的质量要求不高，装置操作容易，操作弹性大，如进料气体组成和处理量波动时，很容易适应。

变压吸附是在接近等温条件下依据吸附量随压力的变化特性而实现的吸附过程。最简单的变压吸附和变真空吸附是在两个并联的固定床中实现的，如图 7-11 所示，与变温吸附不同，它不用加热变温的方式，而是靠消耗机械功提高压力和造成真空完成吸附分离循环。一个吸附床在某压力下吸附，而另一个吸附床在较低压力下解吸。

具有两个固定床的变压吸附循环如图 7-12 所示，每个床在两个等时间间隔的半循环中交替操作：①充压后吸附；②放压后吹扫。实际上分四步进行。

图 7-11　变压吸附循环

图 7-12　变压吸附循环步骤

原料气用于充压，流出产品气体的一部分用于吹扫。在图 7-12 中，1 床进行吸附，离开 1 床的部分气体返至 2 床吹扫用，吹扫方向与吸附方向相反。

变压吸附和变真空吸附分离受吸附平衡或吸附动力学的限制，这两种类型的控制在工业上都是重要的。例如，以沸石为吸附剂分离空气，吸附平衡是控制因素，氮比氧和氩的吸附性能更强。从含氩 1%（均为体积分数）的空气中能生产纯度大约 96% 的氧气。当使用碳分子筛作为吸附剂时，氧和氮的吸附等温线几乎相同，但是氧比氮的有效扩散系数大得多。因此可生产出纯度 > 99% 的氮气产品。

（2）变压吸附分离操作的主要影响因素

① 吸附组分和不纯物质的种类　采用变压吸附技术处理原料气时，首先应考虑是分离还是精制。本体分离指从原料混合气中分离得到 20%～80%（均为体积分数，余同）含量的产品，例如空气分离得到富氧或富氮。气体精制为脱除 5%～20% 含量之间的次要气态组分，脱除很少量的不纯物质，例如空气干燥，床层经过再生后应能进行吸附阶段几小时甚至几天。主体分离通常吸附阶段时间较短，一般在 30s～5min，在吸附剂未完全饱和及不纯物未透过以前，床层就需要再生。

在选择吸附剂时，首先要确定在气体原料中要吸附的组分。在空气分离中，用沸石分子筛作吸附剂，氧气是不吸附组分穿透床层排出，而氮气吸附在床层中，经解吸再生作为产品放出。用 5A 分子筛作吸附剂时，虽然产品氮气的纯度可达 98%～99%。因氮气不吸附，富氧的最高纯度只能约为 95%。改用另一种优先吸附进料中主要组分的吸附剂，如炭分子筛优先吸附氧，则所得富氧中氧气的纯度可提高，也可以同时使用沸石分子筛和炭分子筛使富氧和富氮的纯度都得到提高。在精制和分离氢时，硅胶、活性氧化铝和活性炭对分离烷烃有效是常用的吸附剂，可得纯度很高的氢气。

② 床层操作压力和清洗　变压吸附分离操作选用的压力取决于原料气体压力的大小和产品组分的性质。如果原料气体在低压下已能分离，而不吸附的气体产品需要较高的压力，此时最好在低压下操作，最后仅压缩气体产品至所指定的压力。如果气体产品是可吸附的组分，得到的产品压力较低时可以重新加压，或利用降压阶段的气体清洗床层使气体产品解吸并同时升压。进料气体内组分的吸附性能较强，床层的间隙空间限制了强吸附组分回收率的提高。

③ 床层温度和热效率　气体组成在吸附时放热，解吸时是吸热过程，使变压吸附操作中吸附塔床层的局部温度不断波动，导致分离效果变差。最好是床层在接近恒温的条件下分离，可采用的办法是缩短循环周期的时间和减少每一循环中的气体处理量。在工业的变压吸

附干燥装置上，最低的床层波动温度为 10℃ 以下。但是，在浓度较高的混合气体主体分离时，由于吸附组分浓度大，床层温度的波动较大。当大直径的吸附塔散热困难接近于绝热操作时，床层的温度波动最大。解决或改进的方法是尽力缩短循环周期时间，使床层在接近恒温下操作以改进分离效果。

（3）吸附塔的升压和吸附塔数

变压吸附分离装置所需要的吸附塔数目往往由要求的气体产品规格，如产品种类、纯度和回收率，或是恒压下原料气体的流率、浓度组成所允许波动的范围等各种因素所决定。一般，多塔的变压吸附装置能更好地利用低纯度的原料气，产品的纯度和回收率较高，单位产品消耗的能量较少，操作的适应性较大，但是吸附塔数目愈多，操作愈复杂，设备投资和操作费用愈高。最终需视产品的价格（要求的回收率）、能耗、操作费用和设备投资的关系而决定。

【工程案例 7-3】 采用变压变温吸附技术回收聚氯乙烯生产中的精馏尾气

聚氯乙烯生产中的精馏尾气中的氯乙烯及乙炔如不加以回收，不仅是一种浪费，同时也会造成严重的环境污染。各企业引进或开发了各种精馏尾气回收技术，如活性炭吸附、膜分离和变压变温吸附技术。变压吸附是用专用的吸附剂加压吸附、减压解吸，此法的优点是工艺流程短，操作弹性大，产品纯度易控制调节，可全自动操作，排空尾气中氯乙烯含量可以控制为小于 $36mg/m^3$，吸附剂使用寿命长。但吸附时间短，吸附量少。而变压变温吸附技术的尾气吸附量较大，且是在变压吸附技术的基础上变压脱吸之后，又进行升温脱吸，使脱吸进行得更彻底，从而使吸附剂吸附时间延长可长达 6h 以上，是尾气吸附量较大的技术，其缺点是仍需冷却用水、脱吸时需用蒸汽。

某厂聚氯乙烯生产中的精馏尾气变压变温吸附工艺流程见图 7-13，工业生产装置见图 7-14。由 3 台吸附塔、尾气缓冲罐、原料气缓冲罐、成品冷却器、真空泵等组成。3 台吸附塔始终有 1 台处于吸附状态，其余 2 台处于再生的不同阶段。3 台吸附塔的整个吸附与再生工艺切换均通过 36 台程控阀门来实现。来自精馏尾凝器压力为 0.5MPa 的尾气，经压力调节阀后进入原料气缓冲罐，再进入正处于吸附状态的吸附塔中。在原料气经过装有选择性吸附剂的填料层时，全部的氯乙烯及少量的氮气、氢气和乙炔气体被吸附在吸附剂内，经吸附后的剩余气体（其中，氯乙烯含量小于国家排放标准）从吸附塔顶排出。

图 7-13　变压变温吸附工艺流程

吸附塔在吸附一定时间之后，系统会自动转入下一塔内进行吸附，或吸附后尾气中氯乙烯含量经检测接近或超过国家标准时，转用另一台吸附塔吸附，脱吸主要由 2 部分组成，平压升温脱吸及升温抽真空脱吸。

脱吸后进行反吸，其目的是将塔内残留的含有较多氯乙烯的气体反吹到待吸附的塔中，经待吸附塔吸附之后由塔顶排放，由于脱吸之后塔的吸附剂温度较高，需在壳程中通入冷却水，把冷却塔及吸附剂冷却到合适的温度，等待下一循环过程。在

图 7-14　变压变温吸附工业生产装置

反吹及冷却完成后，为了使吸附塔可以在平稳地切换到下一次吸附的过程中不发生压力波动，需用其他吸附塔的排空气将塔压力升至吸附压力，该过程不仅使吸附塔升压，为下一次吸附工作做准备，同时，也使吸附剂内的微量氯乙烯向吸附塔下端移动，有利于下次排出合格的气体。

在聚氯乙烯生产过程中变压变温尾气吸附系统的投入使用，不但解决了精馏尾气超标排放对环境的污染问题，做到了达标排放，同时还变废为宝，把排空的尾气中低含量的氯乙烯直接变为高浓度的氯乙烯，回收到氯乙烯气柜。

7.2　离子交换

离子交换（ion exchange）是应用离子交换剂进行混合物分离和其他过程的技术。离子交换剂是一种带有可交换离子的不溶性固体，利用离子交换剂与不同离子结合力的强弱，可以将某些离子从水溶液中分离出来，或者使不同的离子得到分离。

离子交换过程是液、固两相间的传质与化学反应过程。在离子交换剂内外表面上进行的离子交换反应通常很快，过程速率主要由离子在液、固两相的传质过程决定。该传质过程与液、固吸附过程相似。例如传质机理均包括外扩散和内扩散，离子交换剂也与吸附剂一样使用一定时间后接近饱和而需要再生。因此离子交换过程的传质动力学特性、采用的设备形式、过程设计与操作均与吸附过程相似，可以把离子交换看成是吸附的一种特殊情况，前述吸附中基本原理也适用于离子交换过程。近年来，随着离子交换技术的不断发展，尤其是交换速度快、交换容量高、机械强度大和化学稳定性好的大孔离子交换树脂的广泛应用，离子交换树脂在废水处理领域的应用范围不断扩大，越来越显示出它的优越性，因而被广泛应用于处理工业废水。

7.2.1　离子交换树脂的结构与分类

7.2.1.1　离子交换树脂的结构

离子交换树脂是指带有可交换离子的不溶性固体高聚物，实际为高分子酸、碱或盐。离子交换树脂都不溶于一般的酸、碱溶液以及任何有机溶剂，如酒精、丙酮、苯等。从结构上

说，属于具有网状、既不溶也不熔的交联体型高分子化合物。单个颗粒是具有多孔结构的海绵体，在固定的网络骨架上连接着许多带极性、能离解出离子的功能基，功能基固定在网络骨架上不能自由移动。随着条件的改变，这种离子可以与其周围溶液的其他离子互相交换，所以叫作可交换离子。

由于交换基团的亲水性，在水溶液中它很易离解，因此离子交换树脂实际又可分为三个部分，现以强酸性阳离子树脂为例加以说明，参见图7-15。

① 骨架（或称母体，以 R 表示） 如上所述它是高分子聚合物，并不参加交换反应，但是，它起着极其重要的母体作用，即在它的表面挂着"交换基团"（或称功能基团）。如果把一粒树脂加以放大，便可发现其内部是庞大的三维网状空间结构，其上下左右含着许多由"母体"和"交换基团"组成的单元，使离子交换作用能深入其内部空隙表面。

图 7-15　阳离子交换树脂结构模型示意图

② 惰性离子（—SO_3^-） 系交换基团的一个组成部分，它与骨架紧密结合，极不易扩散。视引入交换基团的性质不同，惰性离子可能是阳离子，也可能是阴离子。

③ 活动离子（或称可交换离子 H^+） 树脂与水溶液接触后，惰性离子和活动离子之间的"连接链"减弱而离解

$$R—SO_3^+H^- \longrightarrow R—SO_3^- \cdots H^+$$

活动离子可在较大范围内自由移动，并能扩散到溶液相，但它又有因静电引力所引起的靠近惰性离子的一种趋势。在离子交换中，把活动离子靠近惰性离子的趋势，称为"亲和力"。亲和力的大小与离子交换的选择性有着十分密切的关系。

7.2.1.2　离子交换树脂的分类

根据交换基团的成分，可把离子交换树脂分成两大类：一类是含有酸性基团的能与溶液中阳离子进行交换的树脂，称为阳离子交换树脂，如含有—SO_3H、—PO_3H_2、—COOH 等酸性基团的树脂；另一类是含有碱性基团的能与溶液中阴离子进行交换的树脂，称为阴离子交换树脂，如含有—$N(CH_3)_3OH$、—NH_2 等碱性基团的树脂。

根据交换基团酸、碱性的强弱，又可进一步把树脂分成如下几类。

（1）阳离子交换树脂

① 强酸性阳离子交换树脂（含官能团—SO_3H、—CH_2SO_3H 等）；

② 中等酸性阳离子交换树脂（含官能团—PO_3H_2 等）；

③ 弱酸性阳离子交换树脂（含官能团—COOH、—OH、—CH_2OH 等）。

（2）阴离子交换树脂

① 强碱性阴离子交换树脂［含官能团—$N(CH_3)_3OH$、—$N(CH_3)_2C_2H_4OH$ 等］；

② 弱碱性阴离子交换树脂（含官能团—NH_2、—NHR、—NR_2 等，其碱性依次为：—NR_2＞—NHR＞—NH_2）。

此外，尚有一些其他树脂，如选择性交换特定离子的螯合树脂 [含螯合官能团—CH_2N $(CH_2COOH)_2$、—$CH_2N(CH_3)(CH_2CHOHCHOH \cdot CHOHCHOHCH_2OH)$]、两性树脂（含强酸-弱碱、弱酸-强碱和弱酸-弱碱型）、氧化还原树脂（含官能团—CH_2SH）等。

根据离子交换树脂的孔型分类。由于制造工艺的不同，离子交换树脂内部形成不同的孔型结构。常见的产品有凝胶型树脂和大孔型树脂两种。

（1）凝胶型树脂

这种树脂具有均相高分子凝胶结构，所以统称凝胶型离子交换树脂。球体中没有毛细孔，通道为高分子链间的间隙。其孔径的大小与树脂的交联度和膨胀度有关。交联度愈大，孔径就愈小。当树脂处于水合状态时，大分子链舒伸，链间距离增大，凝胶孔就扩大；树脂干燥失水时，凝胶孔就缩小。反离子的性质、溶液的浓度及 pH 值的变化都会引起凝胶孔孔径的改变。

凝胶孔的特点是孔径极小，一般在 300nm 以下。它只能通过直径很小的离子，直径较大的分子通过时，则容易堵塞孔道而影响树脂的交换能力。

（2）大孔型树脂

这种树脂在制造过程中，由于加入致孔剂，因而形成大量的毛细孔道，所以称为大孔型树脂。在大孔树脂的球体中同时存在凝胶孔和毛细孔。其中毛细孔的体积一般为 0.5mL/g 左右，孔径从几百到几十万纳米，比表面积从几到几百平方米每克。由于这样的结构，大孔型树脂可以使直径较大的分子通行无阻，所以用它去除水中高分子有机物具有良好的效果。

（3）离子交换树脂的命名

离子交换树脂产品的型号主要由三位阿拉伯数字组成，第一位数字表示产品交换基团的性质，称为分类代号（表 7-3）；第二位数字代表骨架的组成，称为骨架代号；第三位数字为顺序号，用以区别交换基团或交联剂等的差异。凝胶型树脂的交联度是在型号后用"×"连接的阿拉伯数字表示，但大孔树脂在型号前标以符号"D"加以区别，它不需标明交联度。

表 7-3　分类代号及骨架代号

代　号	0	1	2	3	4	5	6
分类代号	强酸性	弱酸性	强碱性	弱碱性	螯合性	两性	氧化还原性
骨架代号	苯乙烯系	丙烯酸系	酚醛系	环氧系	乙烯吡啶系	脲醛系	氯乙烯系

例如，001×7 即为凝胶型强酸性苯乙烯系阳离子交换树脂，交联度为 7%；D111 即为大孔型弱酸性丙烯酸系阳离子交换树脂。为贮存和运输安全，生产厂家都把强型树脂转变成盐型。例如，把强酸性阳树脂转变成 Na 型；强碱性阴树脂转变成 Cl 型。对弱型树脂，则大多保持 H 型或 OH 型。

7.2.2　离子交换树脂的性能

7.2.2.1　离子交换树脂的物理性能

（1）交联度

合成树脂时，表示交联剂如二乙烯苯含量的百分数即称为树脂的交联度。在商品树脂中，通常为 8%～12%（质量分数）。交联度直接影响树脂的诸多性质。交联剂含量越高，树脂就越坚固，即机械强度越大，在水中不易溶胀。而交联剂含量低，交联度降低，树脂变得柔软，网眼结构粗大，溶剂或离子易渗透到树脂内部，容易溶胀。因此，交联度低的树脂达到交换平衡的速度就快，比较大的离子也能很好地被吸附，但它的缺点是机械强度差，对各种离子吸附选择性小。

（2）粒度

树脂粒度可以用有效粒径和均匀系数表示。树脂粒度的大小，对离子交换水处理有较大影响。粒度大，交换速度慢；粒度小，树脂的交换能力大，但通过树脂层的压力损失就大。另外，树脂粒度相差很大，将使小颗粒树脂堵塞大颗粒树脂间的空隙，造成水流不匀和水流阻力增大，这种情况还会影响反洗流速，流速过大，会冲走小颗粒树脂；流速过小，不能松动大颗粒树脂。一般树脂的粒径在 0.3～1.2mm 范围。

（3）密度

单位体积树脂的质量称为离子交换树脂的密度。离子交换树脂的密度可分为干态密度和湿态密度两种。水处理中树脂都是在湿态下使用，故采用湿态密度。具有实际意义的密度是湿真密度和湿视密度。

① 湿真密度 （true density in wet state） 指树脂在水中经过充分膨胀后，树脂颗粒的密度，即单位真体积（不包括树脂颗粒间空隙的体积）内湿态离子交换树脂的质量，单位是 g/mL 或 kg/L。

$$湿真密度 = \frac{湿树脂的质量}{湿树脂的真体积}$$

湿态离子交换树脂是指吸收了平衡水分，并经离心法除去了外部水分的树脂。离子交换树脂的反洗强度、分层特性与湿真密度有关。一般湿真密度在 1.04～1.30g/mL （或 kg/L）之间，且阳树脂的湿真密度大于阴树脂的湿真密度。湿真密度是影响树脂实际应用性能的一个指标。

② 湿视密度 （bulk density in wet state） 指树脂在水中充分膨胀后的堆积密度，即单位湿体积内紧密的无规律排列的湿态离子交换树脂的质量，单位是 g/mL 或 kg/L。

$$湿视密度 = \frac{湿树脂的质量}{湿树脂的堆体积}$$

湿树脂的堆体积是指离子交换树脂以紧密的无规律排列方式在量器中占有的体积，包括树脂颗粒的固有体积及颗粒间的空隙体积。湿视密度是用来计算离子交换器中装载树脂时所需湿树脂量的主要数据。此值一般在 0.6～0.85g/mL （或 kg/L）之间。

（4）含水率

树脂的含水率是指在水中充分膨胀的湿树脂中所含水分的百分数。

$$含水率 = \frac{湿树脂的质量 - 干树脂的质量}{湿树脂的质量} \times 100\%$$

含水率和树脂的类别、结构、酸碱性、交联度、交换容量、离子形态等有关。它可以反映离子交换树脂的交联度和网眼中的孔隙率。树脂含水率愈大，表示树脂的孔隙率愈大，其交联度愈小。因此，在树脂的使用过程中，可通过含水率变化了解树脂性能的变化。一般树脂的含水率在 40%～60% （质量分数）之间，所以，在贮存树脂时，冬季应注意防冻。

（5）转型膨胀率

转型膨胀率指离子交换树脂从一种单一离子型转为另一种单一离子型时体积变化的百分数。例如，树脂在交换和再生时，体积都会发生变化，经长时间不断地胀缩，树脂会发生老化现象，从而影响树脂的使用寿命。

（6）**耐磨性**

树脂颗粒在使用中，由于相互摩擦和胀缩作用，会产生破裂现象，所以耐磨性是影响其实用性能的指标之一。一般，树脂应能保证每年的耗损不超过 3%～7%。

7.2.2.2 离子交换树脂的化学性能

（1）**酸碱性**

离子交换树脂是一种不溶性的高分子电解质，在水溶液中能发生电离。例如：各种离子交换树脂在水溶液中电离时发生的反应分别为

$$RSO_3H \longrightarrow RSO_3^- + H^+$$
$$RCOOH \longrightarrow RCOO^- + H^+$$
$$RNR_3OH \longrightarrow RNR_3^+ + OH^-$$

上述电离过程，使水溶液呈酸性或碱性。其中强型（强酸性或强碱性）离子交换树脂的电离能力强，其离子交换能力不受溶液 pH 值的影响；而弱型（弱酸性或弱碱性）离子交换树脂的电离能力弱，在水溶液 pH 值低时，弱酸性树脂不能电离或部分电离，该树脂在碱性溶液中有较强的电离能力；相反，弱碱性树脂在酸性溶液中有较强的电离能力。表 7-4 列出了不同类型离子交换树脂能有效地进行电离交换反应的 pH 值范围。

表 7-4 **各类离子交换树脂的有效 pH 值范围**

树脂类型	强酸性阳离子交换树脂	弱酸性阳离子交换树脂	强碱性阴离子交换树脂	弱碱性阴离子交换树脂
有效 pH 值的范围	0～14	4～14	0～14	0～7

离子交换树脂也能进行水解反应，若其水解后树脂的交换基团为弱酸或弱碱性时树脂的水解度就较大，例如

$$RCOONa + H_2O \longrightarrow RCOOH + NaOH$$
$$RNH_2Cl + H_2O \longrightarrow RNH_2OH + HCl$$

所以，具有弱酸性基团和弱碱性基团的离子交换树脂的盐型容易水解。

（2）**选择性**

离子交换树脂对水中各种离子的交换能力是不相同的，即有些离子易被离子交换树脂吸附，但也易被解吸，这种性能称为离子交换树脂的选择性。一般情况下，离子交换树脂优先交换那些化合价较高的离子，即化合价越大的离子被交换（吸附）的能力越强；在同价离子中则优先交换原子序数大的离子，即通常在碱金属及碱土金属的离子中，其原子序数越大，则被交换（吸附）的能力越强。选择性会影响树脂的交换和再生过程，在实际应用中是一个重要的化学性能。

（3）**交换容量**

交换容量表示离子交换树脂的交换能力，即可交换离子量的多少，通常用单位质量或单位体积的树脂所能交换离子的物质的量（摩尔）表示。交换容量是离子交换树脂最重要的性能指标。

① **全交换容量** 指单位质量的离子交换树脂中全部离子交换基团的数量。其单位通常以 mmol/g 表示。

② **工作交换容量**　指一个周期中单位体积树脂实现的离子交换量，即单位体积树脂从再生型离子交换基团变为失效基团的量。影响工作交换容量的主要因素有：树脂种类、粒度、原水水质、出水水质、终点控制以及交换运行流速、树脂层高度、再生方式等。

7.2.3　离子交换原理

利用质量作用定律解释离子交换平衡规律，既简单又具有实际应用价值。现以阳离子交换为例，若 $R^- A^+$ 代表阳离子交换树脂，R^- 表示固定在树脂上的阴离子基团，A^+ 为活动离子，电解质溶液中的阳离子以 B^{n+}，表示，则离子交换反应为

$$n R^- A^+ + B^{n+} \rightleftharpoons R_n^- B^{n+} + n A^+$$

若电解质溶液为稀溶液，各种离子的活度系数接近于 1，又假定离子交换树脂中离子活度系数的比值为一常数，则交换反应的平衡关系可用下式表示

$$K = \frac{[A^+]^n [R_n^- B^{n+}]}{[B^{n+}][R^- A^+]^n}$$

式中，右边各项均以离子浓度表示，由于对活度系数作了上述假定，所以 K 值不应视作一个固定的常数，因此把它称为平衡系数。不过在稀溶液条件下，可近似地看作常数。

上式表明，K 值越大，吸着量越大，也就是说，溶液中的 B^{n+} 的去除率就越高。根据 K 值的大小，可以判断离子交换树脂对某种离子吸着选择性的强弱，所以又把 K 值称离子交换平衡选择系数。根据 K 值大小，可排出各种树脂对某些离子的交换顺序如下：

磺酸型阳离子交换树脂

$Fe^{3+} > Al^{3+} > Ca^{2+} > Ni^{2+} > Cd^{2+} > Cu^{2+} > Co^{2+} > Zn^{2+} > Mg^{2+} > Na^+ > H^+$

羧酸型阳离子交换树脂

$H^+ > Fe^{3+} > Al^{3+} > Ba^{2+} > Sr^{2+} > Ca^{2+} > Ni^{2+} > Cd^{2+} > Cu^{2+} > Co^{2+} > Zn^{2+} > Mg^{2+} > UO_2^{2+} > K^+ > Na^+$

401 螯合型树脂

$Cu^{2+} > Pb^{2+} > Fe^{3+} > Al^{3+} > Cr^{3+} > Ni^{2+} > Zn^{2+} > Ag^+ > Co^{2+} > Cd^{2+} > Fe^{2+} > Mn^{2+} > Ba^{2+} > Ca^{2+} > Na^+$

强碱性阴离子交换树脂

$Cr_2 O_7^{2-} > SO_4^{2-} > NO_3^- > CrO_4^{2-} > Br^- > SCN^- > OH^- > Cl^-$

弱碱性阴离子交换树脂

$OH^- > Cr_2 O_7^{2-} > SO_4^{2-} > CrO_4^{2-} > NO_3^- > PO_4^{3-} > MoO_4^{2-} > HCO_3^- > Br^- > Cl^- > F^-$

影响离子交换平衡的主要因素有：交换树脂的性质、溶液中平衡离子（交换离子）的性质、溶液的 pH 值、溶液的浓度和温度等。在交换过程中，应注意掌握控制这些因素，以达到预期的交换效果。

7.2.4　离子交换的操作

7.2.4.1　离子交换法操作分类

离子交换法的装置和单元操作方式分类如下：离子交换装置可分为静态装置与动态装置。动态装置包括固定床和连续床。

（1）**静态交换**

静态交换，即将交换树脂与所需处理的溶液在静态或搅动下进行交换。这种操作必须重复多次才能使反应达到完全，方法简单但效率低，生产实用价值不大，只适用于实验室。

静态法的应用范围虽远不及动态法，但对于以交换平衡为中心的各种物理化学性能的测定，却是必不可少的重要操作。例如交换平衡常数、交换容量、离子的活度、络合离子的离解常数、离子或分子的自扩散速度的测定以及滴定曲线的制作和树脂催化作用的研究等，都可应用静态操作来达到。

（2）**动态交换**

动态交换，即离子交换树脂或溶液在流动状态下进行交换，离子交换反应是可逆的，动态交换能把交换后的溶液及时和树脂分离，从而大大减少了逆反应的影响，使交换反应不断地顺利进行，并使溶液在整个树脂层中进行多次交换，即相当于多次间歇操作，由于它与静态法的间歇操作相比，效率要高得多，故在生产上广为应用。动态交换又可分为固定床和连续床两种。

7.2.4.2　离子交换工艺过程与设备

（1）离子交换工艺过程的基本步骤

利用离子交换树脂的分离过程一般按三步循环进行。

① 料液（含有欲除去的反离子 A）与离子交换树脂 RB 进行交换反应，离子交换树脂 RB 的反离子 B 被料液中的反离子 A 取代，至树脂上反离子 A 接近饱和反应不宜再进行为止。

② 离子交换树脂的再生。饱含了反离子 A 的离子交换树脂用含反离子 B 的溶液使其再生，还原成原始形态 RB。

③ 再生的离子交换树脂的清洗。再生完成的树脂床层中含有再生溶液，需用清水洗净，然后才能供下一循环重新使用。

在设计离子交换过程和选取树脂时，既要考虑交换反应过程，也要考虑再生过程。

（2）离子交换过程的设备与操作方式

离子交换过程为液固相间的传质过程，与液固相间的吸附过程十分相似，所以它所用的设备、操作方法和设备设计与吸附过程类似。前一节吸附中讲到的有关内容原则上均可用于离子交换过程。

离子交换过程所用设备也有搅拌槽、流化床、固定床、连续床和移动床等形式。操作方法也有间歇式、半连续和连续式三种。

① **搅拌槽**　搅拌槽是带有多孔支持板的筒形容器，离子交换树脂置于支撑板上，间歇操作。操作过程如下。

a. 交换　将液体放入槽中，通气搅拌，使溶液与树脂均匀混合，进行交换反应，待过程接近平衡时，停止搅拌，将溶液排出。

b. 再生　将再生液放入，通气搅拌，进行再生反应，待再生完全，将再生废液排出。

c. 清洗　通入清水，搅拌，洗去树脂中存留的再生液。然后进行下一个循环操作。

这种设备结构简单，操作方便，反应后的排出液与反应终了时饱和了欲分离的反离子的树脂接触，分离效果较差，适用于小规模分离要求不高的场合。

② **固定床**　固定床离子交换，即将树脂装填在交换柱内，欲处理的溶液不断流过树脂层，离子交换的各项操作步骤均在柱内进行。

固定床的优点是交换效率高、设备少、操作简单，既能用于大型装置，也能用于小型装置。但一般的固定床存在以下缺点：

a. 由于树脂层固定在床中，当出水不合格时，上部树脂虽已饱和，但下层树脂仍有交换能力，故下层树脂不能充分利用，以致树脂用量增大；

b. 一旦出水不合格，全部树脂都需进行再生，并且上部树脂的再生产物会污染下部树脂，这样就要多消耗再生剂；

c. 由于树脂层固定不动，运行中逐渐被压实，空隙率减小，水流通过树脂层的阻力越来越大，以致出力降低；

d. 在非连续生产的场合，再生过程的操作要历时 2～4h，增加了贮水箱容积或交换柱的备用系数，从而增加投资。

针对固定床存在的问题，提出了半连续式和连续式的离子交换新工艺。

③ **连续床**　连续式离子交换装置目前有两种形式：一是移动床，二是流动床。

a. 移动床　移动床是一种半连续式的离子交换装置，其工作原理可由图 7-16 来说明。它一般由交换塔、再生塔和清洗塔三个装置组成。在交换塔内，被处理的原水由下往上逆向交换，处理后的水由上部取走。若把塔内树脂由下往上分成 R_A、R_B、R_C 三层，则交换经过一定时间后，R_A 首先饱和，R_B 仍有交换能力，R_C 则为新鲜树脂，此时不等 R_B、R_C 全部失效，而只将饱和层 R_A 立即输送到再生塔中。再生液由再生塔的下部往上通过树脂

图 7-16　连续床工作原理

层，再生废液从上部排出。再生好的树脂通过缩口下落到清洗塔。清洗水由清洗段下部往上通过树脂层，从上部排出。与此同时，交换塔内树脂层 R_A 的位置空了，由树脂层 R_B 下落来填补。同样，树脂层 R_C 依次下落填补 R_B 的位置，而早已再生清洗完毕的新鲜树脂，靠水压送到 R_C 的位置，处理继续进行。待树脂层 R_B 失效，再按上述程序移动。

移动床的特点是交换塔内树脂失效一层立即移出塔外去再生清洗，不让它在交换塔内徒占位置。树脂在再生塔、清洗塔内再生清洗完毕后，再送回交换塔。从一层失效树脂移出再生到下一层，失效树脂移出再生的时间间隔，称为移动床的一个交换周期。移动床在一个交换周期结束后，要停产 1～2min，使树脂落床，故称为半连续式离子交换装置。

移动床的优点：一是把树脂层压缩到最小限度，交换流速可大大提高，充分发挥了树脂层的作用；二是再生塔中采用了自下而上的流动方向，把反冲洗和再生两个工序结合起来，使再生洗脱液及时排掉，以获得较高的再生效率。

移动床的缺点是树脂的磨损较大，这是因为树脂不断在各塔间移送。但由于树脂的装填量较固定床少，因而二者的树脂绝对损耗量仍然相近。

b. 流动床　如果设想把图 7-16 中的再生塔和清洗塔内的树脂同样也分成 R_1、R_2、R_3 三层，在再生塔中树脂由上往下降落，再生液由下往上流动，经过一定时间后，再生塔中最下层 R_3，经历了由 R_1 到 R_3 的再生，并在下部与新鲜的再生液接触，达到了完全再生。R_2 还未充分再生，R_1 则刚开始。这时不等 R_2、R_1 全部再生，先把 R_3 送到清洗塔。同样，把

清洗塔中树脂也分成三层，清洗一定时间后，R_1 首先合格，先把 R_1 送到交换塔填补 R_A 原来的位置，这样移动又加快了。再进一步设想，如果把三个塔内的树脂分成几层，并按照上述程序连续地移动，这就成为全连续式离子交换装置——流动床。

流动床的特点是树脂在塔内既不是经常固定，也不是时常移动，而呈一个流动状态，即边交换，边再生，边清洗，所以它是全连续式的离子交换装置。流动床在给水处理中应用较广，并已有定型产品，在废水处理中也有所采用，如铀矿山废水处理。

（3）离子交换柱的操作过程

生产中应用离子交换法处理水，一般都是在如图 7-17 所示的离子交换柱中进行的。离子交换法的单元操作分交换、反洗、再生及正洗四个过程。现以交换除盐为例，叙述各个工艺过程的目的和要求。

① 交换　就是生产过程，通常都用正向交换，即原水自上往下流过树脂层，使水得到净化。此时开入口阀及出口阀，其余阀门关闭。当出水水质将要不合格时，就需停止生产，进行再生。

图 7-17　固定床离子交换柱的操作过程

② 反洗　目的在于冲松离子交换树脂层，并排除树脂碎末及积存于其中的悬浮物及气泡，使再生液能较好地渗入树脂层，提高再生效率。一般以前级水自下往上反向冲洗。此时开反洗进水阀和反洗排水阀，其余关闭。反洗时应尽量加大流量，以不至于冲掉树脂为准。反洗强度一般控制在 $3.0 \sim 5.0 L/(m^2 \cdot s)$。反洗时阳树脂的膨胀度应不小于 50%，阴树脂的膨胀度应不小于 80%（最好 100%）。反洗直至出水不浑为止。反洗历时 $15 \sim 20 min$。

③ 再生　目的在于恢复树脂的交换能力，又称为洗脱。反洗完毕后，为防止加入的再生液被冲淡，再生前应放去反洗剩水，但要保持树脂面上留有 10cm 左右水深，以免空气进入树脂层，并开启空气阀排气。再生时再生液由上往下流动，再生废液（洗脱液）流至地沟。此时开再生液入口阀和正洗排水阀，其余关闭。

④ 正洗　目的在于洗净残余的再生产物，再生后要立即正洗。一般以前级水自上往下正洗。此时开正洗阀及正洗排水阀，其余关闭。正洗的最初阶段，实际是再生过程的继续。此时再生液以稀释状态和树脂接触，所以正洗流速开始应小些。经过 15min 左右，正洗流速可增至接近交换流速。正洗至出水基本符合要求为止。正洗历时与正洗耗水量与正洗流速有关。为降低设备耗水量，可用后期正洗废水配制再生液，或用作其他交换柱的反洗用水。

7.2.4.3　离子交换树脂的再生

离子交换反应是一种可逆反应。当交换到达终点（如交换出水水质失效或树脂不能对某种离子进行继续吸附），此时停止交换，可以利用可逆反应的特点，用适当的化学药剂配成较高浓度的溶液，加入树脂中进行搅拌或缓缓通过树脂层，将树脂上被吸附的离子洗脱下来，从而使树脂重新恢复交换能力。

（1）用酸、碱再生

这是在离子交换中最常用的再生方法，根据对洗脱液成分的要求，常可采用 H_2SO_4 溶液、HCl 溶液来洗脱失效的阳离子交换树脂，用 NaOH 溶液或其他碱溶液来洗脱失效的阴离子交换树脂。

例如用弱酸 110 树脂吸附镍达到饱和后，可用硫酸溶液再生获得 $NiSO_4$ 洗脱液。

（2）用中性盐再生

对弱酸、弱碱树脂，用酸、碱再生可获得很好的再生效果，但对强酸、强碱树脂，用酸、碱再生的效果就相当差。如果用中性盐来代替酸、碱进行再生，则这类树脂的洗脱效果就可以大大提高。如强酸树脂，在用 $NaCl$、Na_2SO_4 作再生剂时，出于 Na^+ 的亲和力大于 H^+ 的亲和力，再生剂用量可明显减少，即可获得较高的再生效率。

（3）用络合剂洗脱再生

许多金属阳离子可以呈简单的阳离子形式存在，也可以呈复杂的结合阴离子形式存在。当一种金属阳离子被络合成阴离子的形式之后，便失去阳离子的交换特性，而表现出阴离子的交换特性。因此，当一种原来交换亲和力很高的金属阳离子被阳树脂吸附之后，可用适当的络合剂来洗脱再生，使之变成络合阴离子而不再被阳树脂所吸附，从而达到洗脱的目的。

（4）用破坏树脂上的络合离子方法再生

与上面情况相反，阴树脂上的络合阴离子若被破坏成简单的金属阳离子，它就失去了阴离子的交换特性而不再被阴树脂交换吸附。在镀金废水处理中，用丙酮加少量 HCl 的混合液从强碱树脂上洗脱金 $[Au(CN)_2^-]$；在镀银废水处理中，用 H_2SO_4 溶液从强碱树脂上洗脱铜 $[Cu(CN)_3^-]$，都属这种类型。

7.3 液液萃取

液液萃取（liquid-liquid extraction）作为分离和提取物质的重要单元操作之一，在石油、化工、湿法冶金、原子能、医药、生物、新材料和环保领域中得到了越来越广泛的应用。

在液液萃取过程中，一种液态溶液（水相或有机相）中的一个或多个组分（溶质）被萃取进第二种液态溶液（有机相或水相），而上述两种溶液是不互溶或仅仅是部分互溶的。所以，萃取过程是溶质在两种液相之间重新分配的过程，即通过相际传递来达到分离和提纯的目的。

7.3.1 液液萃取过程的特点

同精馏和吸收过程相比，虽然同属化工分离单元过程，但萃取过程具有以下特点：

① 萃取过程中相互接触的两相均为液相，在萃取设备中此两相应先进行充分接触，以加强并完成传质过程，然后又必须依靠两相之间的密度差或外界输入能量进行两相的分离。

② 萃取过程中的两液相间的密度差、界面张力以及两液相的黏度等物理性质是十分重要的因素，水相和有机相对设备材质的亲和性有时也是一个重要的考虑因素。

③ 在萃取过程中，轴向混合的影响严重。轴向混合是指导致两相流动的非理想性并使两相在萃取设备内的停留时间分布偏离活塞流动的现象。由于液液萃取过程通常有两相密度差小、黏度和界面张力大等特点，因此轴向混合对过程的不利影响比在精馏和吸收过程中更为严重。据报道，对于大型的工业萃取塔，有时多达 $60\%\sim80\%$ 的塔高是用来补偿轴向混合的不利影响的。

7.3.2 萃取剂的选择和常用萃取剂

萃取剂必须具备两个特点：

① 萃取剂分子中至少有一个功能基。通过它，萃取剂可以与被萃取物质结合成萃合物。常见的功能基有 O、P、S、N 等原子。有的萃取剂还含有两个或两个以上的功能基，例如

2-甲基-8-羟基喹啉（结构式），其中 O 和 N 均为功能基。

② 作为萃取剂的有机溶剂的分子中必须有相当长的烃链或芳香环。这样，可使萃取剂及萃合物容易地溶解于有机相。一般认为萃取剂的分子量在 350～500 之间较为适宜。

工业上选用萃取剂时，还应综合考虑以下各点：

① 选择性好。对要分离的一对或几种物质，其分离系数 $\beta_{A/B}$ 或 $\beta_{C/B}$ 要大。

② 萃取容量大。单位体积或单位质量的萃取剂所能萃取物质的饱和容量要大。

③ 化学稳定性强。要求萃取剂不易水解，加热时不易分解，能耐酸、碱、盐、氧化剂或还原剂的作用，对设备的腐蚀性要小。

④ 易与原料液相分层，不产生第三相和不发生乳化现象。

⑤ 易于反萃取或分离。要求萃取时与被萃取物的结合能力适当，当改变萃取条件时能较容易地将被萃取物从萃取剂相中反萃取到另一液相内，或易于用蒸馏（精馏）或蒸发等方法将萃取剂相与被萃取物分开。

⑥ 操作安全。要求萃取剂无毒性或毒性小，无刺激性，不易燃（闪点要高），难挥发（沸点要高和蒸气压要小）。

⑦ 经济性。要求萃取剂的原料来源丰富，合成制备方法容易，价格便宜，在循环使用中损耗要尽量少。

萃取剂大致可以分为以下 4 类：①中性络合萃取剂，如醇、酮、醚、酯、醛及烃类；②酸性萃取剂，如羧酸、磺酸、酸性磷酸酯等；③螯合萃取剂，如羟肟类化合物；④离子对（胺类）萃取剂，主要是叔胺和季铵盐。

7.3.3 萃取流程

根据单级萃取过程的不同组合，可有多种多级萃取流程。

① **错流流程** 是实验室常用的萃取流程。如图 7-18（a）所示，两液相在每一级上充分混合，经一定时间达到平衡，然后将两相分离。通常，在每一级都加入溶剂，新鲜原料仅在第一级加入。萃取相从每一级引出，萃余相依次进入下一级，继续萃取过程。

② **逆流萃取** 是工业上广泛应用的流程，如图 7-18（b）所示，溶剂 S 从串级的一端加入，原料 F 从另一段加入，两相在各级内逆流接触，溶剂从原料中萃取一个或多个组分。如果萃取器由若干独立的实际级组成，那么每一级都要分离萃取相和萃余相。如果萃取器是微分设备，则在整个设备中，一相是连续相，而另一相是分散相，分散相在流出设备前积聚。

图 7-18 萃取流程

③ **分馏萃取**　两个不互溶的溶剂相在萃取器中逆流接触，使原料混合物中至少有两个组分获得较完全的分离。如图 7-18(c) 所示，溶剂 S 从原料 F 中萃取一个（或多个）溶质组分，另一种溶剂 W 对萃取液进行洗涤，使之除去不希望有的溶质，实际上洗涤过程提浓了萃取液中溶质的浓度。洗涤段和提取段的作用类似于连续精馏塔的精馏段和提馏段。

7.3.4　液液萃取过程的计算

Kremser 首先提出 **集团法**，该方法仅提供用来关联分离过程的进料和产品组成与所需级数的关系，而不考虑各级温度与组成的详细变化。平均吸收因子法和平均有效吸收因子法就是用于多组分吸收和蒸出过程计算的集团法。对于逆流萃取过程，也有相应的集团法。

图 7-19 为逆流萃取塔的示意图，平衡级由塔顶向下数，若溶剂密度比进料液小，则溶剂 V_{N+1} 从塔釜加入，进料 L_0 从塔顶加入。

组分 i 的分配系数为

$$m_i = \frac{y_i}{x_i} = \frac{v_i/V}{l_i/L} \tag{7-18}$$

图 7-19　逆流萃取塔

式中，y_i 为组分 i 在溶剂或萃取相中的摩尔分数；x_i 为组分 i 在进料或萃余相中的摩尔分数；v_i 为组分 i 在溶剂或萃取相中的流率；l_i 为组分 i 在进料或萃余相中的流率。

定义萃取因子 ε 为

$$\varepsilon_i = \frac{m_i V}{L} \tag{7-19}$$

ε_i 的倒数为

$$u_i = \frac{1}{\varepsilon_i} = \frac{L}{m_i V} \tag{7-20}$$

定义 Φ_U 为溶剂中组分 i 进入萃余相中的分数，相应于吸收单元中平均有效因子法所得计算公式，可得到

$$\Phi_U = \frac{v_{N+1} - v_1}{v_{N+1}} = \frac{u_e^{N+1} - u_e}{u_e^{N+1} - 1} \tag{7-21}$$

$$1 - \Phi_U = \frac{u_e - 1}{u_e^{N+1} - 1} \tag{7-22}$$

式中

$$u_e = [u_N(u_1 + 1) + 0.25]^{1/2} - 0.5 \tag{7-23}$$

定义 Φ_E 为进料中组分 i 被萃取的分数，则

$$\Phi_E = \frac{l_0 - l_N}{l_0} = \frac{\varepsilon_e^{N+1} - \varepsilon_e}{\varepsilon_e^{N+1} - 1} \tag{7-24}$$

式中

$$\varepsilon_e = [\varepsilon_1(\varepsilon_N + 1) + 0.25]^{1/2} - 0.5 \tag{7-25}$$

为计算 ε_1、ε_N、u_1 和 u_N，需用下式估计离开第一级的萃余相流率 L_2 和从第 N 级上升的萃取相流率 V_N

$$V_2 = V_1 \left(\frac{V_{N+1}}{V_1}\right)^{1/N} \tag{7-26}$$

$$L_1 = L_0 + V_2 - V_1 \tag{7-27}$$

$$V_N = V_{N+1} \left(\frac{V_1}{V_{N+1}} \right)^{1/N} \tag{7-28}$$

存在于萃取塔进料和溶剂中的某一组分，在萃取液中的流率 v_1，可用 Φ_U 和 Φ_E 表示

$$v_1 = v_{N+1}(1 - \Phi_U) + l_0 \Phi_E \tag{7-29}$$

该组分总的物料平衡为

$$l_N = l_0 + v_{N+1} - v_1 \tag{7-30}$$

式(7-20)~式(7-30)可采用质量单位或摩尔单位。由于在绝热萃取塔中温度变化一般都不大，因此一般不需要焓平衡方程，只有当原料与溶剂有较大温差或混合热很大时才需考虑。

【例 7-2】 以二甲基甲酰胺（DMF）的水溶液（W）作溶剂，从苯（B）和正庚烷（H）的混合物中萃取苯。图 7-20 为萃取塔示意图，已知条件均标于图上，平衡级数为 5。各组分在操作条件下的平均分配系数为

组分	H	B	DMF	W
m_i	0.0264	0.514	12.0	449

试用集团法估算萃取液与萃余液流率及组成。

解 假设萃取液流率 $V_1 = 1113.1\,\text{kmol/h}$

由式(7-26)~式(7-28)，得到

$$V_2 = 1113.1 \times \left(\frac{1000}{1113.1} \right)^{1/5} = 1089.5\ (\text{kmol/h})$$

$$L_1 = 400 + 1089.5 - 1113.1 = 376.4\ (\text{kmol/h})$$

$$V_5 = 1000 \times \left(\frac{1113.1}{1000} \right)^{1/5} = 1021.7\ (\text{kmol/h})$$

$$L_5 = L_0 + V_6 - V_1 = 400 + 1000 - 1113.1 = 286.9\ (\text{kmol/h})$$

由式(7-19)、式(7-20)、式(7-23)、式(7-25)得到

图 7-20 ［例 7-2］附图

组分	ε_1	ε_5	u_1	u_5	ε_e	u_e
H	0.078	0.094	12.8	10.6	0.079	11.6
B	1.52	1.83	0.658	0.546	1.63	0.575
DMF	35.5	42.7	0.0282	0.0234	38.9	0.0235
W	1327.7	1598.9	7.5×10^{-4}	6.25×10^{-4}	1456.96	6.2×10^{-4}

由式(7-21)、式(7-24)、式(7-29)、式(7-30)得到

组分	Φ_U	Φ_E	萃余液 l_5/(kmol/h)	萃取液 v_1/(kmol/h)
H	1	0.079	276.3	23.7
B	0.56	0.965	3.5	96.5
DMF	0.0235	1	17.63	732.37
W	6.2×10^{-4}	1	0.15	249.85
合计			297.58	1102.42

计算值 V_1 和假设值较接近，不再迭代。本例计算结果见图 7-21。

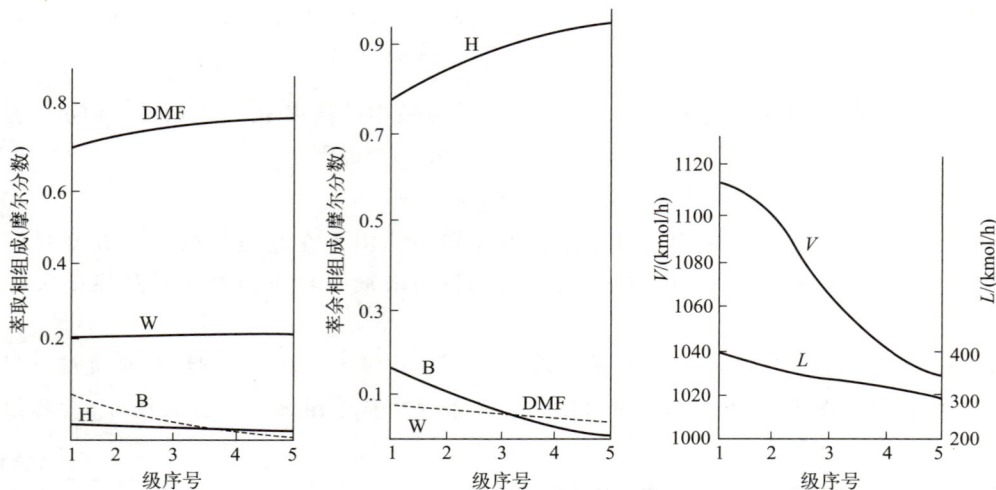

图 7-21 ［例 7-2］计算结果

7.3.5 超临界萃取

超临界流体萃取（supercritical fluid extraction，SCF）是利用流体在临界点附近所具有的特殊溶解性能进行萃取的一种化工分离技术。

7.3.5.1 超临界流体萃取过程的特征

（1）超临界流体的基本性质

通常看到的物质有三种状态，即固态、液态和气态。所谓超临界流体是指物质的温度和压力分别超过其临界温度（T_c）和临界压力（p_c）时的流体。处于临界点状态的物质可实现液态到气态的连续过渡，两相界面消失，汽化热为零。超过临界点的物质，不论压力多大都不会使其液化。在超临界状态下的流体，具有接近于液体的密度和类似于液体的溶解能力，同时还具有类似于气体的高扩散性、低黏度、低表面张力等特性。因此SCF具有良好的溶剂特性，很多固体或液体物质都能被其溶解。常用的SCF有二氧化碳、乙烯、乙烷、丙烯、丙烷和氨等，其中以二氧化碳最为常用。一些浸出溶剂的沸点与临界特性见表 7-5。

表 7-5　一些浸出溶剂的沸点与临界特性

溶剂	沸点/℃	临界温度 T_c/℃	临界压力 p_c/MPa	临界密度 ρ_c/(g/cm³)
乙烯	−103.9	9.2	5.03	0.218
二氧化碳	−78.5	31.0	7.38	0.468
乙烷	−88.0	32.2	4.88	0.203
丙烯	−44.7	91.8	4.62	0.233
丙烷	−44.5	96.6	4.24	0.217
氨	−33.4	132.4	11.3	0.235
正戊烷	36.1	197	3.37	0.237
水	100	374.4	22.4	0.326

（2）二氧化碳的超临界特性

二氧化碳为最常用的超临界流体，特征主要如下：①密度接近液体，黏度比液体低接近气体，扩散能力约为液体的 100 倍；②临界压力和临界温度较低；③通过对压力、温度的简单调节，可以使它的密度发生高低变化，具有良好的分离选择性；④可以在较低温度下进行操作，同时它又是惰性气体，被萃取物很少发生热分解或氧化等变质现象，特别适合于热不稳定物质和天然物质的分离；⑤不燃、无毒、无味无臭，特别适合于食品成分的分离；⑥不存在溶剂残留问题；⑦容易取得，价廉。

7.3.5.2 超临界萃取的典型流程

利用 SCF 的溶解能力随温度或压力改变而连续变化的特点，可将超临界萃取过程大致分为两类，即等温变压流程和等压变温流程。前者是使萃取相经等温减压，后者是使萃取相经等压升（降）温，结果都能使 SCF 丧失对溶质的溶解能力，达到分离溶质与回收溶剂的目的。等温减压流程见图 7-22。

图 7-22　超临界萃取流程

①→②$T\downarrow$进料萃取；②→③$p\downarrow$分离出料；③→①$T\uparrow p\uparrow$溶剂回收

将二氧化碳气体压缩升温达到溶解能力最大的状态点①（即 SCF 状态），然后加到萃取器中与被萃取物料接触。由于 SCF 有很高的扩散系数，故传质过程很快就达到平衡。此过程维持压力恒定，则温度自然下降，密度必定增加，到状态点②，然后萃取物流进入分离器，进行等温减压分离过程，到状态点③，这时 SCF 的溶解能力减弱，溶质从萃取相中析出，SCF 再进入压缩机进行升温加压，回到状态点①，这样只需要不断补充少量溶剂，过程就可以周而复始。

7.3.5.3 超临界萃取的应用

目前，已经工业化应用的超临界萃取流程有：从烟草中提取尼古丁、从土壤中除去多环芳烃、用超临界 CO_2 流体提取辣椒红色素、废水工业中用 SCF 萃取有机物、天然气田中用 SCF 溶解固体硫、玉米秸秆快速热裂解生物油的分离提质、减压渣油混合油分离，尤其是对煤的分子结构、脱硫、制取氢气以及煤液化的研究等。将超声提取技术、膜分离技术、超临界流体萃取技术进行了耦合并应用于青蒿素的生产工艺中。

随着超临界流体技术研究的不断深入以及应用领域的不断拓展，新型超临界流体技术如超临界流体色谱、超临界流体化学反应、超临界流体干燥、超临界流体沉析等技术的研究都取得了较大进展，显示了超临界流体萃取技术良好的应用前景。

7.4 膜分离

膜分离（membrane separation）技术是指在某种驱动力的作用下，利用膜对混合物中各组分的选择透过性能的差异，实现物质分离的技术。膜分离方法的驱动力可以是膜两侧的压力差、电位差或浓度差。膜分离过程中的物质迁移现象是一种不可逆的传质过程。常见的膜分离法主要有：微孔过滤、超滤、反渗透、渗析、电渗析、渗透汽化、液膜分离等。

7.4.1 膜分离概述

7.4.1.1 膜的定义及膜分离

膜可定义为两相之间的一个不连续区间，这个区间的三维量度中的一度和其他两度相比要小得多。膜的分离作用是借助膜对不同物质的选择渗透作用使混合物分离。

7.4.1.2 膜的种类及结构

用于分离的膜按其物态分有固膜、液膜及气膜三类。目前大规模工业应用的多为固膜，液膜已有中试规模的工业应用，主要用在废水处理中，气膜分离尚处于实验室研究中。固膜以高分子合成膜为主，近年来，无机膜材料，特别是陶瓷膜，因其化学性质稳定、耐高温、机械强度高等优点，发展势头迅猛，正进入工业应用。特别是在微滤、超滤、膜催化反应及高温气体分离中的应用，充分展示了它的优点。

根据膜的性质、来源、相态、材料、用途、分离机理、结构、制备方法等的不同，膜有不同的分类方法。按膜的形状分为平板膜、管式膜和中空纤维膜。管式膜由于流动状态好，对进料预处理要求低，因而仍在许多领域中广泛应用。中空纤维膜直径通常为 $25\sim200\mu m$，具有 $1m^2$ 膜面积的膜组件通常需 1000m 以上纤维。

按膜孔径的大小分为多孔膜和致密膜。按膜的结构分为对称膜、非对称膜和复合膜。

（1）对称膜

膜两侧截面的结构及形态相同且孔径与孔径分布也基本一致的膜称为对称膜。对称膜可以是疏松的微孔膜或致密的均相膜，膜的厚度大致在 $10\sim200\mu m$ 范围内，但其在膜截面方向（即渗透方向）的结构都是均匀的。致密的对称膜主要用于实验室中研究膜材料或膜的性质。由于这种膜的通量太低，很少有工业应用。

（2）非对称膜

非对称膜由致密的表皮及疏松的多孔支撑层组成，膜上下两侧截面的结构及形态不相同，致密层厚度约为 $0.1\sim0.5\mu m$，支撑层厚度约为 $50\sim150\mu m$。在膜过程中，渗透通量一般与膜厚度成反比，由于非对称膜的表皮比致密膜的厚度（$10\sim200\mu m$）薄得多，故其渗透通量比致密膜大得多。非对称膜有相转化膜及复合膜两类，前者皮层与支撑层为同一种材料，通过相转化过程形成非对称结构，后者表皮层与支撑层由不同材料组成，通过在支撑层上进行复合浇铸、界面聚合、等离子聚合等方法形成超薄表皮层。

（3）复合膜

复合膜实际上也是一种具有表皮层的非对称膜，但表皮层材料与致密皮层可以用化学或物理等方法在非对称膜的支撑层上直接复合制得。复合膜由于可对起分离作用的表皮层和支撑层分别进行材料和结构的优化,可获得性能优良的分离膜。

7.4.1.3　膜材料

膜材料是发展膜分离技术的关键问题之一。按材料的性质区分,膜分离材料主要有高分子材料和无机材料两大类。

膜分离过程对膜材料的要求主要有:具有良好的成膜性能和物化稳定性,耐酸、碱、微生物侵蚀和耐氧化等。反渗透、纳滤、超滤、微滤用膜最好为亲水性,以得到高水通量和抗污染能力。气体分离,尤其是渗透蒸发,要求膜材料对透过组分优先吸附溶解和优先扩散。电渗析用膜则特别强调膜的耐酸、碱性和热稳定性。膜萃取等过程要求膜耐有机溶剂。

（1）**天然高分子材料**

主要是纤维素的衍生物,有醋酸纤维、硝酸纤维和再生纤维等。纤维素酯类膜是应用最早、截留能力强、目前应用最多的膜,主要用于反渗透、超滤、微滤等。

（2）**合成高分子材料**

市场上大部分膜为合成高分子膜,种类很多,如聚砜、聚丙烯腈、聚酰亚胺、聚酰胺、聚烯类和含氟聚合物等。芳香聚酰胺类和杂环类膜材料目前主要用于反渗透。聚酰亚胺是近年开发应用的耐高温、耐化学试剂的优良膜材料。聚砜是超滤、微滤膜的重要材料。由于其性能稳定,机械强度好,是许多复合膜的支撑材料。聚丙烯腈也是超滤、微滤膜的常用材料,它的亲水性使膜的水通量比聚砜大。聚砜是最常用的材料之一,主要用于超滤膜,耐温（70～80℃）、耐 pH 变化（pH 为 1～13）,但耐压能力较低。聚酰胺膜的耐压能力较强,使用寿命长,常用于反渗透。

（3）**无机材料**

无机膜多以金属、金属氧化物、陶瓷、多孔玻璃为材料制成。无机膜耐高温和腐蚀,机械强度高,耐溶剂,耐生物降解,有较宽的 pH 适用范围。但其制法完全不同于有机膜,且制造困难,价格昂贵,成本比有机膜高十倍以上,目前膜市场中无机膜只占 2%～3%。

7.4.1.4　膜组件

将膜、固定膜的支撑材料、间隔物或管式外壳等组装成的一个单元称为膜组件。膜组件的结构及形式取决于膜的形状,工业上应用的膜组件主要有中空纤维式、管式、螺旋卷式、板式等四种形式。管式和中空纤维式组件也可以分为内压式和外压式两种。

（1）**板式膜组件**

板式膜组件与平板式压滤机相近。板式膜组件使用平板膜,它由导流板、膜和多孔支撑板交替重叠组成。图 7-23 为一种板式膜组件的示意图。支撑板的两侧表面有孔缝,其内腔有供透过液流通的通道,支撑板的表面与膜相贴,对膜起支撑作用。导流板起料液的导流作用。在膜组件中,液体处于高速流动以减轻浓差极化。

板式膜组件的优点是组装方便;膜的清洗更换比较容易;料液流通截面较大,不易堵塞。缺点是对密封要求高,结构不紧凑。

图 7-23　板式膜组件

（2）**管式膜组件**

管式膜组件分为有直径较大的多孔支撑管的管状膜和无支撑的中空纤维膜。有支撑的管状膜分内压式和外压式，单管式和管束式。内压单管式的管状膜装在多孔的不锈钢或者用玻璃纤维增强的塑料管内，此时加压下的料液从管内流过，透过膜所得产品收集在管子外侧。也可将若干根膜管组装成管束状。外压式管式膜与上述情况相反，由于需要耐压外壳，一般少用。

管式、毛细管式和中空纤维式皆为管状膜，差别主要是直径不同。管式膜直径＞10mm；毛细管式膜直径在 $0.5 \sim 10$mm 之间；中空纤维膜直径＜0.5mm。管状膜直径越小，则单位体积的膜面积越大。

中空纤维膜根据使用时膜两侧压差的大小，可分为粗、细两种，细的中空纤维外径 $20 \sim 250 \mu$m，用于反渗透；粗的中空纤维外径 $0.5 \sim 2$mm，用于超滤等操作压差小的过程。

中空纤维膜一般均制成列管式，它由很多根纤维（多达几十万甚至几百万根）组成。这类膜器的特点是：设备紧凑，单位设备体积内的膜面积大（高达 $16000 \sim 30000$m^2/m^3）。缺点是膜容易堵塞，不易清洗，原料液的预处理要求高，换膜费用高。膜器结构如图 7-24 所示。

（3）**卷式膜组件**

卷式膜组件用平面膜卷制而成。其结构与螺旋板式换热器类似（图 7-25）。在两片膜中夹入一层多孔支撑材料，将两片膜的三边密封，再在膜上铺上一层隔网，将该多层材料卷绕在多孔管上，整个组件装入圆筒形耐压容器中。使用时料液沿隔网流动，与膜接触，透过膜的透过液沿膜袋内的多孔支撑流向中心管，然后导出。

图 7-24　管式膜组件图

图 7-25　螺旋卷式反渗透膜组件

目前该类膜器在反渗透中应用比较广泛，大型组件直径 0.3m、长 0.9m，图 7-25 为螺旋卷式反渗透膜组件。卷式膜器结构紧凑，单位体积膜面积很大，透水量大，设备费用低；缺点是浓差极化不易控制，易堵塞，不易清洗，换膜困难。

7.4.2　超滤和微滤

超滤（ultrafiltration）和微滤（microfiltration）是通过膜的筛分作用将溶液中大于膜孔的大分子溶质截留，使这些溶质与溶剂及小分子组分分离的膜过程。膜孔的大小和形状对分离起主要作用，一般认为膜的物化性质对分离性能影响不很大。

7.4.2.1　基本理论

（1）基本原理

超滤和微滤都是在静压差的推动力作用下进行的液相分离过程，在一定的压力作用下，当含有高分子溶质（A）和低分子溶质（B）的混合溶液流过膜表面时，溶剂和小于膜孔的低分子溶质（如无机盐）透过膜，成为渗透液被收集；大于膜孔的高分子溶质（如有机胶体）则被膜截留而作为浓缩液被回收。通常，能截留分子量 500 以上、10^6 以下分子的膜分离过程称为超滤；只能截留更大分子（通常被称为分散颗粒）的膜分离过程称为微滤。

超滤将液体混合物分成滤液和浓缩液两部分：原料液中的溶剂和小于超滤膜孔径的小分子溶质透过膜上微孔成为滤液或透过液；大于膜孔径的大分子溶质则被截留在高压侧构成浓缩液。所以超滤和微滤对微粒的截留机理是筛分作用，决定膜的分离效果的是膜的物理结构、孔的大小与形状。

超滤所用的膜为非对称性膜，其表面活性层有孔径 1～20nm 的微孔，所用压差 0.1～0.5MPa。由于超滤膜表层的孔不规则和不均一，很难准确确定孔径，所以通常均用它能截留的物质的分子量来定义超滤膜孔的大小，称为膜的截留分子量。一般定义能截留 90% 的物质的分子量为膜的截留分子量。

微滤所用的膜为微孔膜，平均孔径 0.025～10μm，所用压差为 0.01～0.2MPa，可以将细菌、微粒、亚微粒、胶团等不溶物除去，滤液纯净。

（2）浓差极化与膜污染

① 浓差极化　超滤过程中在水透过膜的同时，大分子溶质被截留而在膜表面处积聚，形成被截留的大分子溶质的浓度边界层（图 7-26），这就是超滤过程的浓差极化。当过程达到稳态时，取边界层内平行于膜面的截面 I 和膜的透过液侧表面 II 间为系统作溶质的物料衡算，得

$$J_V c = J_V c_F - D \frac{dc}{dx} \qquad (7\text{-}31)$$

从边界层的边缘（$x=0$）到膜表面（$x=\delta$）积分得浓差极化式

图 7-26　超滤过程的
浓差极化

$$\frac{c_m - c_F}{c_b - c_F} = \exp\left(\frac{\delta J_V}{D}\right) = \exp\left(\frac{J_V}{k}\right) \qquad (7\text{-}32)$$

式中，D 为溶质的扩散系数，m^2/s；c_b、c_m、c_F 为相应位置的溶液浓度，$kmol/m^3$；$k = D/\delta$ 为溶质的传质系数，m/s。

由于浓差极化，膜表面处溶质的浓度高，可以导致溶质截留率的下降和渗透通量降低。

超滤过程中，通常渗透通量较大，但大分子物质的扩散系数小，传质系数小，所以浓差极化现象往往较严重，膜表面处溶质的浓度比主体高得多，以致达到饱和而形成凝胶层，这时溶质的截留率增大，但却导致渗透通量的严重降低。

微滤的浓差极化表现为微粒在膜面上沉积，与一般过滤类似，如果采用终端过滤，沉积层的厚度将随透过液量的增加成比例地增厚，因此渗透通量将很快下降。为了克服这一困难，通常采用错流过滤。

② 膜污染　膜污染是指料液中的某些组分在膜表面或膜孔中沉积导致膜渗透流率下降的现象。组分在膜表面沉积形成的污染层将产生额外的阻力，该阻力可能远大于膜本身的阻

力而使渗透流率与膜本身的渗透性无关；组分在膜孔中沉积，将造成膜孔减小甚至堵塞，实际上减小了膜的有效面积。

总之，浓差极化和膜污染都将使膜渗透流率下降，导致超滤和微滤过程无法进行较长时间的稳定操作，从而使该技术在化工、生化过程和食品加工等极有应用价值的领域内不能充分发挥作用。对它的控制措施有：①预先过滤除去料液中的大颗粒；②增加流速，减薄边界层厚度，提高传质系数；③选择适当的操作压力，避免增加沉淀层的厚度和密度；④制膜过程中对膜进行修饰，使其具有抗污染性；⑤定期对膜进行反冲和清洗。

7.4.2.2　影响渗透通量的因素

下面是超滤过程影响渗透通量的因素。

（1）操作压差

压差是超滤过程的推动力，对渗透通量产生决定性的影响。图 7-27 表示了渗透通量与操作压差的关系，R_m 为膜阻。当超滤纯水时，渗透通量与压差成正比。当过滤溶液时，在较小的压差范围内，渗透通量随压差仍保持正比增加关系。当压差较高时，由于浓差极化以及膜面污染、膜孔堵塞等原因，随着操作压差的增加，渗透通量的增长逐渐减慢，当膜面形成凝胶层时渗透通量趋于定值，此后通量不再随压差而变，此时的通量称为临界渗透通量。

由图 7-27 还可看出，料液浓度 c_b 对操作特性有很大影响，料液浓度高，在较低压差时，渗透通量与压差就不再保持成正比的增长关系，而且在较低的压差下已达到临界值，临界渗透通量较低。从上述分析可得出结论，实际超滤操作压力应控制在接近临界渗透通量时的压差，即实际超滤操作应在接近临界渗透通量下操作。过高的压力不仅无益而且有害。

图 7-27　渗透通量与操作压差的关系

（2）料液流速

工业超滤装置多采用错流操作，料液与膜面平行流动。流速高，边界层厚度小，传质系数大，浓差极化减轻，膜面处的溶液浓度较低，有利于渗透通量的提高。但流速增加，料液流过膜器的压降增大，能耗增大。采用湍流促进器、脉冲流动等可以在能耗增加较少的条件下使传质系数得到较大提高。

（3）温度

温度高，料液黏度小，扩散系数大，传质系数高，有利于减轻浓差极化，提高渗透通量。因此只要膜与料液的物化稳定性允许，应尽可能采用较高的温度。

7.4.2.3　操作流程

超滤的特点是操作压差较低，膜器的具体结构比较简单，因此超滤用膜组件可以采用板式、螺旋卷式、管式和中空纤维等。

超滤有两类操作流程：间歇式和连续式。

间歇操作适用于小规模间歇生产过程。将一批料液置于槽中，用泵加压后送往膜组件，连续排出渗透液，滤余液则返回槽中。过程持续到滤余液浓度达到预定值为止。间歇操作又分开式回路和闭式回路两种，后者可减少泵的能耗，尤其是料液需经预处理时更为有利。

连续超滤操作常用于大规模生产产品的处理。闭式回路循环的单级连续过程效率较低，可采用将几级循环回路串联起来。

微滤过程主要采用板式膜器，对于水净化，常用褶皱式筒形过滤器。

7.4.3 反渗透

反渗透（reverse osmosis）是利用反渗透膜选择性地只透过溶剂（通常是水）的性质，对溶液施加压力克服溶剂的渗透压，使溶剂从溶液中透过反渗透膜而分离出来的过程。

反渗透膜能截留水中的各种无机离子、胶体物质和大分子溶质，从而取得纯水。也可用于大分子有机物溶液的预浓缩。由于反渗透过程简单，能耗低，已经大规模应用于海水和苦咸水淡化、锅炉用水软化和废水处理，并与离子交换结合制取高纯水。目前其应用范围正在扩大，开始用于乳品、果汁的浓缩以及生化和生物制剂的分离和浓缩。

反渗透过程的实现必须满足两个条件：

① 高选择性（对溶剂和溶质的选择透过性）和高透过通量（一般是透水）；
② 操作压力必须高于溶液的渗透压。

7.4.3.1 基本原理

反渗透的原理：当用一个半透性膜分离两种不同浓度的溶液时，膜仅允许溶剂分子通过。由于浓溶液中溶剂的化学位低于它在稀溶液中的化学位，稀溶液中的溶剂分子会自发地透过半透膜向浓溶液中迁移。

渗透是由于化学位梯度存在而引起的自发扩散现象。如图 7-28(a) 所示，在左右半池分别放置纯水和盐水溶液，中间被只能透过纯水的半透膜隔开，在一定温度和压力下，设纯水的化学位为 $\mu^0_{(T,p_1)}$，则盐溶液中水的化学位

$$\mu_{(T,p_1)} = \mu^0_{(T,p_1)} + RT\ln a \tag{7-33}$$

式中，a 为溶液中水的活度，纯水的 $a=1$，而溶液中 a 一般小于 1，即 $RT\ln a < 0$，故 $\mu_{(T,p_1)} < \mu^0_{(T,p_1)}$。

图 7-28　渗透、平衡与反渗透

由于纯水的化学位高于溶液中水的化学位，引起纯水向溶液方向渗透，并不断增加溶液侧的压力，这时溶液中水的化学位也随之增加。当溶液中水的化学位与纯水的化学位相等时，渗透达到动平衡状态 [图 7-28(b)]。此时膜两侧的压力差称为渗透压，即 $p_2 - p_1 = \pi$。

如果在溶液上施加大于渗透压的压力，溶液中的水向纯水方向传递，这种在压力作用下使渗透现象逆转的过程称为反渗透。因溶质不能通过半透膜，故反渗透过程将使池右侧溶液失去水而增浓 [图 7-28(c)]。

实际的反渗透过程，透过液并非纯水，其中多少含有一些溶质，此时过程的推动力为

$$\Delta p = (p_2 - p_1) - (\pi_2 - \pi_1) \tag{7-34}$$

式中，π_1 和 π_2 分别为原液侧与透过液侧溶液的渗透压。

由此可见，为了进行反渗透过程，在膜两侧施加的压差必须大于两侧溶液的渗透压差。一般反渗透过程的操作压差为 2~10MPa。

7.4.3.2 反渗透过程工艺流程

根据料液的情况、分离要求以及所有膜器一次分离的分离效率高低等不同，反渗透过程可以采用不同工艺流程。

图 7-29 是一级一段连续式操作流程，料液一次通过膜组件即为浓缩液而排出。通常为了减轻浓差极化的影响，料液流过膜面时应保持较高的流速，因为透过膜的渗透通量较小，单个膜组件的料液流程又不可能很长，所以料液通过膜组件一次的浓缩率较低，对盐水淡化而言，即水的利用率很低。这种流程在工业上较少采用。

为了提高料液的浓缩率，可以采用部分浓缩液循环的流程（图 7-30）。此时经过膜组件的料液浓度高，在截留率保持不变的情况下，透过的水质有所下降。

图 7-29　一级一段连续式操作流程　　　　图 7-30　一级一段循环式操作流程

为了提高料液的浓缩率，还可以采用多个膜组件串联操作的方法。图 7-31 为一级多段连续式流程。同理也可设计出一级多段循环式流程。另外还有多级式流程，不再赘述。

图 7-31　一级多段连续式操作流程

【工程案例 7-4】　膜分离技术工业应用案例

（1）海水淡化及纯净水生产

海水淡化及纯净水生产主要是除去水中所含的无机盐，常用的方法有离子交换法、蒸馏法和膜法（反渗透、电渗析）等。膜法淡化技术有投资费用少、能耗低、占地面积小、建造周期短、易于自动控制、运行简单等优点，已成为海水淡化的主要方法。

近年来，我国建设了大量的海水淡化工程和工业污水处理工程。图 7-32 所示为二级反渗透海水淡化系统工艺流程，图 7-33 所示为反渗透海水淡化工业生产装置。

（2）乳清加工

乳清中的乳清蛋白、大豆低聚糖和盐类排放到自然水体会造成污染，若回收利用则变废为宝。在乳清蛋白的回收中，最普遍采用的工艺是利用超滤对乳清进行浓缩分离，通过超滤

图 7-32　二级反渗透海水淡化系统工艺流程

图 7-33　反渗透海水淡化工业生产装置

分离可以获得蛋白质含量在 $35\%\sim85\%$ 的乳清蛋白粉。此外，引入超滤和反渗透组合技术，可以在浓缩乳清蛋白的同时，从膜的透过液中除掉乳糖和灰分等，乳清蛋白的质量明显提高。

（3）膜集成技术深度处理石化污水循环使用工艺

膜集成技术在处理石化排放水方面，在我国西北某石化动力厂对其排放的污水进行了一年的连续试验考察，取得了较好的试验结果。

① CMF 工艺流程。连续微滤（CMF）的工作原理是以中空纤维微滤膜为中心的处理单元，配以特殊设计的管路、阀门、自清洗单元、加药单元和自控单元等，形成闭合回路连续操作系统，使处理液在一定压力下通过微滤膜过滤，达到物理分离的目标。CMF 工艺流程如图 7-34 所示。

该系统采用了一种新的外压中空纤维膜清洗工艺方法。在清洗过程中，反洗液由膜元件的滤过液出口进入外压中空纤维膜内侧，由内向外进行反向渗透清洗；与此同时，在膜元件的原液入口端鼓入压缩空气，对中空纤维膜的外壁进行空气振荡和气泡擦洗，压缩空气在中空纤维膜的外壁与膜元件壳体之间的空间内上升，与反向渗透清洗共同作用，将膜表面的污染物冲下，随洗后的液体与空气从膜组件的排污口排出。

这种自清洗方法可以有效地对中空纤维微滤膜实现在线清洗，从而达到连续生产的目的。工作过程是通过给水泵将污水压入 CMF 膜元件中，经过调压阀调节系统内压力使产水

图 7-34　CMF 工艺流程

量达到要求，但是压力不能超过 0.1MPa，污水经过膜组件得以净化，供反渗透进行进一步的净化处理。

②RO工艺流程。反渗透（RO）的工作原理是含各种离子的水在加压（大于渗透压）状态下，高速流过 RO 膜表面，其中一部分水分子和极少量的离子通过膜，而另一部分水和大量的离子被截留，使水被淡化。工作过程是用动力将 CMF 所产净水注入 RO 膜组件中去，再由增压泵进行加压，由调压阀调节压力，使所产水的产量达到要求为止，所产净水用作生产循环用水，污水再回到传统工艺的调节池进行处理。RO 工艺流程如图 7-35 所示。

图 7-35　RO 工艺流程

③膜集成技术的工艺流程。膜集成技术处理石化工业污水的工艺流程如图 7-36 所示。在工作状态下，排放水通过动力作用进入带有气体擦洗-反冲洗系统的中空纤维膜装置的 CMF 系统，反渗透系统脱 COD_{Cr}（化学需氧量）和脱盐处理净化水最终进行循环使用。连续微滤反冲洗水悬浮物含量高，浊度大；反渗透浓水有机物含量较高，分子量较小，不易凝聚，用微滤难以去除，因而把这些水再回到传统污水工艺处理。

图 7-36　膜集成技术处理石化工业污水的工艺流程

④ 深度处理石化工业排放水的回收率。膜集成技术深度处理石化工业排放水的回收率情况见表 7-6。从表 7-6 可知，膜集成系统的总产水率为 39.3%，显得较低，主要原因是中试的处理规模偏小，使 CMF 和 RO 单个装置产水率较低，若规模扩大，CMF 装置产水率达到 95%，RO 装置产水率达到 80%，其总的产水率可望达 76% 以上。CMF 的反冲洗水和 RO 的浓水回到前面传统废水处理系统再处理，使整个系统的回收率可进一步提高。

表 7-6　膜集成系统深度处理石化污水工艺循环水的回收率

过程	流量/(L/h)				水产率/%
	浓水	净水	反冲水 1	反冲水 2	
CMF	2002	1687	2300	3000	84.3
RO	820	717			46.62
总产水率/%		39.3	系统回收率/%		≥90

⑤ 膜集成技术处理石化工业排放水回用水的成本预算。以在石化企业动力厂的试验设备为依据，算出来的循环水的成本为 4.08 元/吨，显得较高，主要原因是小型中试系统的产水率低，能源的利用率过低，若整个系统规模扩大，总投资和产水比就会相对降低。若产水量达到 10t/h 时，总投资 60 万元左右，设备投资只提高了 3 倍，吨成本折旧部分降低了 70%。耗电量吨成本也有所降低，经测算后月用水每吨成本为 1.80 元，从经济角度考虑，每吨排放水收费约 0.35 元，每吨自来水费用 1.5~2.0 元，合计共 1.85~2.35 元/吨。与回用水成本相比差不多，从经济上是可以接受的。而社会效益更是显著的，即节约了水资源，同时减轻了环境污染。

（4）废水处理

废水资源化具有开发淡水资源与保护环境双重目的。除了脱盐与纯水的制备外，反渗透膜应用最多的就是在废水处理领域，而且绝大多数是对废水的深度处理，所以往往还要结合其他的预处理工艺。

如科威特建立 17418m³/h 规模的超大型反渗透装置用于污水回用。此外，反渗透也开始应用于水中微量无机污染物（主要包括一些重金属离子）和有机污染物的去除，以及一些工业生产废水的处理，例如制药废水、石油化工废水和炼钢废水等。反渗透膜应用于这些领域时，主要是通过电荷斥力和空间排阻作用来移除水中的这些化合物，然而废水中各种杂质含量较高，膜表面容易形成沉积层，造成膜性能急剧下降，所以膜污染和预处理系统设计将会是反渗透系统在应用到这些领域时应该重点关注的方面。

【工程案例 7-5】　反渗透膜在废水处理方面的应用

反渗透膜过滤技术是一种高效、低能耗和易操作的液体分离技术，同传统的水处理方法相比处理效果好，尤其是在电厂循环排放污水、印染废水、重金属废水、矿场酸性废水、垃圾渗滤液和城市污水处理等方面有广泛的应用，图 7-37 所示为反渗透膜在废水处理方面的生产装置。

（1）电厂循环排放污水处理

电厂循环冷却水系统消耗水量大，占到纯火力发电厂用水的 80%，占热电厂用水的 50% 以上，如果使其直接排放，不仅会污染环境，也会造成能源的浪费。对循环排放水进行回收处理，产品水作为循环补充水或锅炉补给水系统的水源，既不会对环境造成污染，也可以节约能源。如北京京丰天然气燃机联合循环电厂选用荷兰诺芮特公司生产的 SXL-

图 7-37 反渗透膜在废水处理方面的生产装置

225FSFC0.8mm 中空纤维超滤膜元件和陶氏公司生产的 BW30-400-FR 聚酰胺复合反渗透膜对电厂循环排污水进行处理，超滤反渗透系统从 2004 年 10 月投运以来各种分析数据显示，超滤出水水质完全满足反渗透进水要求，产水浊度小于 0.02NTU，产水密度污染指数（SDI）小于 0.7；反渗透系统一直运行良好，截留率 97%，产水量 68m³/h，产水电导率小于 40μS/cm，回收率大于 60%。

（2）印染废水处理

印染废水具有高 COD、高色度、高盐度等特点，传统的处理技术已经较难达到排放要求，印染行业用水量大，随着水资源日益短缺和水费不断上涨，废水回用技术正在逐步推广，反渗透膜不仅可有效去除有机物、降低 COD，且具有很好的脱盐效果，使得脱除 COD、脱色、脱盐能在一步完成，其出水品质高，能直接回用于印染环节，同时浓水可回流至常规工序处理，实现废水零排放和清洁生产。曾杭成等采用超滤和反渗透双膜技术处理实际印染废水，研究结果表明，反渗透产水可达到城市工业用水回用标准，也可回用于大部分印染工序。反渗透膜的产水化学耗氧量（COD）均小于 10mg/L，电导率小于 80μS/cm，其对有机物和无机盐的去除率分别可达 99% 和 93% 以上。

（3）重金属废水处理

用反渗透技术处理含重金属的废水不需投加药剂，能耗低，设备紧凑，易实现自动化，且不改变溶液的物理化学性质。Mohsen-Niaa 等采用 CSM 公司生产的 RE2012-100 反渗透膜（截留率 96%），可以有效脱除废水中的 Cu^{2+} 和 Ni^{2+}，通过加入螯合剂 Na_2EDTA，对 Cu^{2+} 和 Ni^{2+} 截留率可以达到 99.5%。铬是皮革工业最常用和有效的化学试剂，但是铬是具有高毒性的重金属，因此必须除去。传统的沉淀法可以将制革废水的三价铬含量由 2700～5500mg/L 降至 30mg/L 左右，但是不能满足环境排放标准（液体工业，总铬 0.5～2.5mg/L、六价铬 0.1mg/L；饮用水，总铬 10μg/L）。Covarrubias 等利用 FAU 陶瓷反渗透膜处理制革废水，对制革废水中三价铬的去除率大于 95%。Bodalo 用 6 种反渗透膜对皮革工业的废水进行处理，结果表明，反渗透膜可以有效地脱除皮革工业废水中的铬和有机物。

（4）矿场酸性废水处理

由于强烈的化学和生物氧化作用，当降水或地下涌水流经采矿场及废石场后，产生大量含 Cu^{2+}、Fe^{2+}、Fe^{3+} 及其他金属离子的酸性废水。目前常用的矿山酸性废水治理方法有中和法、萃取法、人工湿地、微生物法以及膜处理方法等。通过反渗透法处理矿山酸性废水，不仅可以实现废水达标排放，还能有效富集废水中的金属资源。陈明等用反渗透工艺处理金铜矿山酸性废水，结果表明，通过两段反渗透处理，水回收率可达 36.79%，透过液可达到排放标准。浓缩液用硫化沉淀浮选法处理，得到含铜量为 26.3% 的铜渣，铜回收率可达 74%。

（5）垃圾渗滤液处理

城市垃圾填埋厂的垃圾渗滤液主要来源于降水和垃圾本身的内含水，是一种成分复杂的高浓度有机废水，对其进行处理十分必要。传统处理方法主要是生物法。但其生化效果差，处理效率低。利用膜技术可以有效去除垃圾渗滤液中的各种有害物质，达到国家排放标准。Bohdziewicz 等对波兰南部城市琴斯托霍瓦 Sobuczyna 垃圾场的垃圾渗滤液进行了分析，将此垃圾渗滤液合成溶液后，用向上厌氧污泥生物反应器（UASB）进行处理，溶液 COD、BOD（生物需氧量）、氨氮、氯的质量浓度分别降为 960mg/L、245mg/L、196mg/L 和 2350mg/L，不能满足环境排放要求。对 UASB 的流出液用 SEPA CF-HP 和 RO-DS3SE 聚酰胺反渗透处理，渗透液的 COD、氨氮、氢及氯的浓度均远远低于排放标准。

（6）城市污水处理

杨树雄等采用超滤（UF）-反渗透（RO）-连续电去离子膜块（EDI）联合工艺对城市污水处理厂二级出水进行深度处理，其出水水质可满足大连泰山热电厂 440t/h 超高循环流化床锅炉对其化学补给水的水质要求，并能保证大连泰山热电厂超高压锅炉用水的安全性和可靠性。本系统一级、二级反渗透膜组件分别采用美国陶氏公司生产的 BW30-365FR 抗污染复合反渗透膜和 BW30-400FR 复合反渗透膜，单根膜脱盐率均达 99.6%。

7.4.4 电渗析

电渗析（electrodialysis）是在直流电场作用下，利用离子交换膜的选择渗透性，产生阴阳离子的定向迁移，达到溶液分离、提纯和浓缩的传递过程。

电渗析是目前所有膜分离过程中唯一涉及化学变化的分离过程（电极反应）。在脱盐等领域与其他方法相比，电渗析能有效地将生产过程与产品的分离过程融合起来，在节能和促进传统技术的升级方面具有很大的潜力，具有其他方法不能比拟的优势。

7.4.4.1 电渗析的基本原理

离子交换膜是一种由高分子材料制成的具有离子交换基团的薄膜。在膜的高分子链上，连接着一些可以发生离解作用的活性基团。例如，磺酸型阳膜中的活性基团—SO_3H，季铵型阴膜中的活性基团—$N(CH_3)_3OH$，它们在水溶液中能离解出 H^+ 和 OH^-。

产生的反离子（如 H^+，OH^-）进入水溶液，阳膜中带负电荷的固定基团吸引溶液中带正电荷的离子，而排斥溶液中带负电荷的离子。同理，阴膜中带正电荷的固定基团吸引溶液中的阴离子，而排斥阳离子。因此离子交换膜具有选择性。

如图 7-38 所示，在两电极间交替放置着阴离子膜和阳离子膜，在两膜所形成的隔室中充入含离子的水溶液（如 NaCl 水溶液），接上电源

图 7-38　电渗析过程示意图

后，溶液中带正电荷的阳离子在电场作用下向阴极方向运动，这些离子很容易穿过阳膜，但被阴膜所挡住。同样，溶液中带负电荷的阴离子在电场的作用下向阳极运动，并通过阴膜，而被阳膜所阻挡，这种与膜所带电荷相反的离子穿过膜的现象称为反离子迁移，其结果使图 7-38 中的 2 和 4 隔室中离子浓度增加，与其相间的第 3 阳室离子浓度下降，分别引出浓缩的盐水和淡水。

从上述分析可得到电渗析过程脱除溶液中离子的基本条件为：①直流电场使溶液中的阳、阴离子作定向运动，阳离子移向阴极，阴离子移向阳极；②离子交换膜的选择性透过，使溶液中的离子作反离子迁移。

电渗析器的主体部分膜组件，由大量的离子交换膜和隔板按一定的格式相间叠加而成（图 7-39）。

图 7-39　电渗析器基本组成形式

1—压紧板；2—垫板；3—电极；4—垫圈；5—导水、极水板；6—阳膜；
7—淡水隔板；8—阴膜；9—浓水隔板

7.4.4.2　电渗析中的传递过程

在电渗析器中发生的多种传递过程如下。

① 反离子迁移　是电渗析中的主要传递过程。

② 同性离子迁移　即与膜的固定基团带相同电荷的离子透过膜的现象。由于离子交换膜的选择透过度不可能达到 100%，故产生这种迁移现象。但与反离子迁移相比，数量是很少的。

③ 电解质的浓度扩散　由于膜两侧浓缩室与淡水室的浓度差，而产生电解质由浓缩室向淡水室的扩散。这种扩散速度随浓缩室侧浓度的提高而增加。

④ 水的渗透　随着电渗析的进行，淡水室中水含量逐渐升高，由于渗透压的作用，淡水室中的水将向浓水室渗透。两室浓度差越大，水的渗透量也越大，从而使淡水大量损失。

⑤ 渗漏　出于膜两侧的压力差，造成高压侧溶液向低压侧渗漏。

⑥ 水的电渗析　极化时，中性水离解成 OH^- 和 H^+，从淡水室透过膜进入浓缩室。以上过程中只有反离子迁移产生脱盐作用。其他过程的发生，将使电渗析的效果变坏，工作效率降低，电耗增加。故必须选择合适的离子交换膜，合适的操作条件和电渗析器，加以抑制和改善。

7.4.4.3　电极反应和电极电位

在电渗析器的浓、淡隔室及膜中，导电是离子型的，在电极上则变为电子型，存在于溶液中的离子在电极表面上得到或失去电子，产生氧化、还原反应，这就是电极反应。以食盐水溶液为例，其电极反应为：

阳极

$$H_2O \Longleftrightarrow H^+ + OH^- \qquad Cl^- - e^- \longrightarrow [Cl](初生态氯)$$

$$2OH^- - 2e^- \longrightarrow H_2O + [O](初生态氧)$$

$$\downarrow \qquad\qquad\qquad \downarrow$$

$$\frac{1}{2}O_2 \uparrow \qquad \frac{1}{2}Cl_2 \uparrow$$

阴极

$$H^+ + Cl^- \Longleftrightarrow HCl$$

$$H_2O \Longleftrightarrow H^+ + OH^-$$

$$2H^+ + 2e^- \longrightarrow H_2 \uparrow$$

$$Na^+ + OH^- \Longleftrightarrow NaOH$$

电极反应的结果使阳极室的 OH^- 减少，极水呈现酸性，并产生氧气和氯气，对电极造成强烈的腐蚀，故电极材料应考虑耐腐蚀性。在阴极室，由于 H^+ 减少，极水呈碱性，当极水中有 Ca^{2+}、Mg^{2+} 和 HCO_3^- 等离子时，则生成 $CaCO_3$、$Mg(OH)_2$ 等水垢，结集在阴极上，同时阴极室还有氢气排出，为保证电渗析器正常运行，需向极室通入极水，以便不断排除电极反应的产物。

7.4.4.4　电渗析器流程

电渗析器多采用板框式。它的左右两端分别为阴阳电极室，中间部分自左向右为很多个依次由阳膜、淡化室隔板、阴膜、浓缩室隔板构成的组件。

为减轻电渗析器浓差极化，电流密度不能很高，水的流速不能低，故水流通过淡化室一次能够除去的离子量是有限的，因此用电渗析器脱盐时应根据原水含盐量与脱盐要求采用不同流程。

图 7-40 为二级电渗析器，含盐原水经淡化室淡化一次后，再串联流经另一组淡化室淡化，以提高脱盐率。

为达到较高的脱盐率，可将电渗析器设计为三级连续操作的流程。

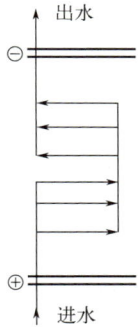

图 7-40　二级电渗析器

7.4.5　气体膜分离

气体膜分离（gas permeation）是以分压差为推动力，根据气体分子通过膜的渗透率不同而进行气体组分分离。气体渗透可以采用无孔的致密膜，其分离选择性不在分子的大小，而在于不同组分分子渗透通过膜的速率的快慢。

7.4.5.1　基本原理

膜法气体分离的基本原理是根据混合气体中各组分在压力的推动下透过膜的传递速率不同，从而达到分离目的。对不同结构的膜，气体通过膜的传递扩散方式不同，因而分离机理也各异。目前常见的气体通过膜的分离机理有两种：①气体通过多孔膜的微孔扩散机理；②气体通过非多孔膜的溶解-扩散机理。

按照简单的溶解-扩散模型，气体组分透过膜的步骤是：①在膜的高压侧，气体混合物中的渗透组分溶解在膜表面上；②溶解在膜表面上的组分从膜的高压侧通过分子扩散传递到膜的低压侧；③在膜的低压侧表面，组分解吸到气相。所以，气体透过致密膜是溶解、扩散和解吸过程。

7.4.5.2　影响渗透通量与分离系数的因素

（1）膜材质

用作制备气体渗透膜的聚合物很多，有醋酸纤维素、聚酰胺、聚砜、甲基硅橡胶和聚碳酸酯等，可制成平面膜或中空纤维膜。渗透用高分子膜，膜体没有孔道。由于高分子链热振动，随机地形成小于 1nm 的间隙作为透过气体分子的通道。为了提高渗透通量或分离系数可以对膜进行改质。例如对聚合物接枝、连桥，使较大分子的扩散系数有明显降低，从而提高氢对其他气体的渗透系数比值。除高分子膜外，金属-有机骨架材料、玻璃膜等无机膜也用作气体渗透膜。

（2）膜的厚度

膜的活性层厚度小，渗透通量大。减小膜厚的方法是采用复合膜，由起分离作用的超薄膜与多孔基膜构成复合体，活性表面层厚度小于 50nm（500Å），使渗透通量提高。

（3）温度

温度对气体在高分子膜中的溶解度与扩散系数均有影响。一般说温度升高，溶解度减小，而扩散系数增大，但比较而言，温度对扩散系数的影响更大，所以渗透通量随温度的升高而增大。

（4）压力

膜两侧的压力差是气体膜分离的推动力，压差越大，通量愈大。实际操作压差受能耗、膜强度和设备制造费用等的限制，需综合考虑确定。

7.4.5.3　气体膜分离应用

气体分离膜大多使用中空纤维或卷式膜组件，针对聚合物膜难以达到高效分离的要求，且存在渗透选择性和渗透通量互为制约的关系，阻碍了进一步的发展，国内学者将金属-有机骨架材料用于气体膜分离，被认为具有潜在的应用前景。气体膜分离已经广泛用于合成氨工业，炼油工业和石油化工中氢的回收、富氧、富氮，工业气体脱湿技术，有机蒸气的净化与回收，酸性气体脱除等领域，取得了显著的效益。目前 CO_2 是造成全球气候变暖的主要温室气体，缓解全球变暖的关键是减少碳排放。作为减少碳排放的方案之一，碳捕获受到了国际社会特别是发达国家的关注，而气体膜分离技术作为碳捕获方案被国际社会认为是最有发展潜力的脱碳方法之一。

气体膜分离技术目前广泛用于石油化工节能降耗，如氢气分离膜和有机蒸气分离膜在回收利用含烃石化尾气上，耐溶胀性能、高选择性和高渗透性等新挑战也随之出现。此外，提高膜分离过程模拟优化的准确性、强化膜分离过程与其他分离技术的结合、降低综合分离工艺的内耗、提高分离效率等也是气体膜分离技术在进一步推广应用中面临的重要问题。

7.4.6　液膜分离

7.4.6.1　概述

液膜分离（liquid membrane separation）是将第三种液体展成膜状以分隔两个液相，由于液膜的选择透过性，因此原料液中的某些组分透过液膜进入接受液，实现三组分的分离。

液膜分离过程是由三个液相所形成的两个相界面上的传质分离过程，实质上是萃取与反萃取的结合。所以液膜分离又称液膜萃取。

液膜是分隔两个液相的第三液相，它与被分隔液体的互溶度极小，否则液膜就会因溶解而消失。当原料液为水溶液时，用有机液体（主要是烃类）作液膜；当原料液为有机液体时，用水溶液作液膜。液膜与固体膜不同，它没有一定的形状，只是在一定条件下展开并保持膜状。分离操作所用的液膜，有三种形式（图7-41）。

(a) 液滴膜　　　　　　(b) 乳液膜　　　　　　(c) 支撑液膜

图 7-41　液膜的形式

（1）**液滴膜**

液膜以液滴的包裹层形式处于两个液相之间，被包裹的相称为内相，处于液膜外的相称为外相。内外相是水溶液、膜相为有机液时，称为油包水型（W/O）液滴；反之，水相构成液膜时，称为水包油型（O/W）液滴。液滴形成的过程是：内相液先在膜相液层中分散成液滴，此液滴通过界面进入外相液层时，自然形成液滴。液滴的直径一般为1～5mm。液滴膜的稳定性差，比表面积小，仅用于实验研究。

（2）**乳液膜**

乳液膜的基本情况与液滴膜相同。差别仅在于乳液膜的内相分散成许多微液滴，悬浮在膜相液中，构成乳状液。微液滴的直径为1～100μm，乳状液液滴直径为0.5～2mm。乳液膜实际上可以看成一种"水-油-水"型（W/O/W）或"油-水-油"型（O/W/O）的双重乳状液高分散体系。将两个不相溶的液相通过高速搅拌或超声波处理制成乳状液，然后将其分散到第三种液相（连续相）中，就形成了乳状液膜体系。

（3）**支撑液膜**

如果液体能润湿某种固体物料，它就在固体表面分布成膜。微孔材料制成的膜片或中空纤维，用膜相溶液浸渍后，就形成固体支撑的液膜。聚四氟乙烯、聚丙烯制成的微孔膜，用以支撑有机液膜；滤纸、醋酸纤维素微孔膜和微孔陶瓷，可支撑水膜。支撑液膜的形状、面积和厚度，取决于支撑材料。

液膜分离物系的外相、膜相和内相，相当于萃取-反萃取物系的原料液、萃取剂和反萃剂。萃取剂是由萃取反应剂、稀释剂（溶剂）和调节剂所组成。膜相液既要有萃取剂的功能又要有成膜的功能。它由载体、膜溶剂、表面活性剂和稳定剂所组成。

膜溶剂是膜相液的主体，占总量的90%以上。它相当于萃取剂中的稀释剂。膜溶剂是一些常用的有机溶剂［如中性油（烷烃、二甲苯、辛醇）和四氯化碳等］，还有水。

载体是运载溶质穿过液膜的物质，它相当于萃取剂中的萃取反应剂。它与所分离溶质之间的化学反应具有良好的选择性。

膜增强剂通过提高膜相溶液的黏度，增强液膜的稳定性。常用的有甘油和聚胺等。

7.4.6.2 影响液膜传质的因素

（1）液膜溶液的组成

通常对于组成液膜的主要成分，如表面活性剂、膜溶剂、添加剂都必须认真地加以选择，确定其相应的配比。液膜溶液的组成通常为表面活性剂 $1\%\sim5\%$，添加剂 $1\%\sim5\%$，而膜溶剂则占 90% 以上。

① 膜溶剂　膜溶剂是构成液膜的主要成分。根据不同的分离体系及工艺要求，必须选择适当的膜溶剂。如分离烃类应采用水膜，而分离水溶液中的重金属离子则用中性油、烃类等作膜溶剂。

膜溶剂的黏度是物性选择中的重要参数。黏度的大小直接影响膜的稳定性、膜的厚度和膜相传质系数，从而直接影响分离效果。

为了增加膜的稳定性，可以在膜溶剂中加入适当的其他溶剂。如水包油乳化液膜可添加甘油，油包水液膜可添加石蜡油和其他矿物油。

② 表面活性剂　液膜内的表面活性剂不仅对液膜的稳定性起决定作用，而且对渗透物通过液膜的扩散速率也有显著的影响。

表面活性剂的加入能明显改变液体的表面张力和两相的界面张力。不同类型的表面活性剂对物质透过液膜的扩散速率存在不同的影响。表面活性剂的浓度对液膜的稳定性影响很大。随表面活性剂浓度的提高，由于乳状液膜的稳定性增大，分离效果提高。

③ 添加剂（流动载体）　为了特定的分离目的，选用适当的添加剂是十分必要的。添加剂应易溶于膜相而不溶于相邻的溶液相，在膜的一侧与待分离的物质络合，传递通过膜相在另一侧解络。添加剂的加入不仅可能增加膜的稳定性，而且在选择性和溶质渗透速度方面起到十分关键的作用。

（2）液膜分离工艺条件对分离效果的影响

① 搅拌速度　搅拌速度包括制乳时的搅拌速度及乳液与待分离体系两相接触分离时的搅拌速度。

在制乳阶段，通过搅拌输入外加能量，使内包相解吸液呈微滴状分散到膜相中去。此时一般搅拌速度愈大，形成乳液滴的直径愈小，一般采用 $2000r/min$ 的速度即可达到制备稳定乳状液膜的要求。

当连续相与乳液接触时，加入搅拌使乳液与待分离溶液充分接触，提供尽可能大的膜表面积。这里，搅拌速度有其最佳的范围，搅拌速度过快，液膜容易破裂；搅拌速度过慢，则难以实现乳液相的分散。

② 接触时间　接触时间是指在适当的搅拌速度下，料液与液膜互相混合接触的时间。由于液膜体系两相接触界面积大、液膜薄、渗透快等原因，两相往往在较短时间即可达到分离要求。若进一步延长接触时间，分离效果并无提高，相反可能会使少量液膜破裂，分离效果反而下降。

③ 料液的浓度和酸度　液膜分离特别适用于低浓度物质的分离提取，一般浓度范围可以从 10^{-6} 到 $1\%\sim2\%$（质量分数）。若料液浓度较高，一级处理达不到要求时，可以采用多级处理。采取逆流操作时效果更好。一般在使用液膜技术处理废水时，为达到排放标准和简化其操作，往往要求废水浓度有一定的上限。

料液中的酸度即 pH 值对液膜分离效果的影响是不容忽视的。一些分离过程在一定的 pH 值下进行时，待分离物质能与膜相中的载体形成络合物而进入液膜相，取得明显的分离效果。然而 pH 值条件不能满足时，这类过程则难以进行。

④ 操作温度 液膜分离操作一般是在常温或料液温度下进行的。提高温度虽然可能加快传质速率，但降低了液膜的黏度，增大了膜相的挥发性，甚至可促进表面活性剂的水解，从而降低液膜的稳定性和分离效果。

7.4.6.3 液膜分离设备

液膜分离所用的设备，取决于所用液膜类型。

（1）采用支撑液膜的设备

支撑液膜所用的支撑物有聚砜、聚四氟乙烯、聚丙烯和纤维素的微孔膜，制成平膜、毛细管和中空纤维。微孔平面膜构成的支撑液膜分离装置，采用板框式结构。微孔管状膜和中空纤维膜构成的支撑液膜分离装置，采用管壳式结构。

（2）采用乳液膜的设备

用乳液膜分离的流程由制乳、萃取和破乳设备组成，在制乳器内，将内相液加到配制好的膜相液中，用强烈的搅拌制成内相分散很细的乳状液。然后将外相作连续相，乳状液作分散相，在通常的萃取设备中操作。从萃取器出来的乳状液，经破乳器分离成单独的膜相液和内相液，膜相液返回制乳器循环使用。当分离水溶液中溶质时，原料水溶液作为外相，经萃取后成为萃余液。从破乳器分离出来的内相，是富集了被萃取组分的反萃液。

图 7-42 为两类液膜的制备示意图。

(a) 支撑液膜(SLM)

(b) 乳化液膜(ELM)

图 7-42 两类液膜的制备示意图

液膜分离技术由于其过程具有良好的选择性和定向性，分离效率很高，因此，它的研究和应用广泛。例如：

① 烃类混合物的分离。这类工艺已成功用于分离苯-正己烷、甲烷-庚烷、庚烷-己烯等混合体系。

② 含酚废水、含氰废水及有毒重金属废水的处理。含酚废水产生于焦化、石油炼制、合成树脂、化工、制药等工厂。采用液膜分离技术处理含酚废水效率高、流程简单。采用油包水型乳液膜，以 NaOH 水溶液作为内相，除酚率可达 99％。

③ 从铀矿浸出液中提取铀。

总体来说，液膜分离技术还处于实验室研究及中间工厂试验阶段，液膜分离要在工业上得到广泛应用，还有很多问题需要解决，如乳状液膜分离技术具有传质效率高、选择性强等优点，在湿法冶金、废水处理、生物医药、化学传感器以及纳米材料合成等领域拥有广阔的应用前景。但要实现工业化，还必须解决液膜溶胀、液膜稳定性和破乳工艺等问题。只有达到很高的溶剂回收率，很多仅在技术上可行的液膜工艺，才能在工业实际中得到应用。

本章符号说明

英文

a——活度；萃取传质比表面积，m^2/m^3；

a_P——吸附剂的比表面积，m^2/kg；

c——物质的浓度，$kmol/m^3$；

c_F——进料中溶质的浓度，kg/m^3；

D——扩散系数，m^2/s；

J——渗透通量，$kg/(m^2 \cdot h)$，$kmol/(m^2 \cdot s)$；

J_V——溶剂的通量，$m^3/(m^2 \cdot s)$；

K——吸附中的总传质系数，m/s 或 $kg/(s \cdot m)$；Freundlich 经验常数；Langmuir 常数；

K_F——以 $\Delta c = c - c^*$ 表示推动力的总传质系数，m/s；

K_s——以 $\Delta q = q^* - q$ 表示推动力的总传质系数，$kg/(s \cdot m^2)$；

k——分传质系数，m/s；

k_F——吸附剂流体相侧的传质系数，m/s；

k_s——吸附剂固体相侧的传质系数，$kg/(s \cdot m^2)$；

L——萃余相流率，m^3/s；

m——分配系数；

n——Freundlich 特征常数；

p——压力；吸附质总压；纯气体吸附时吸附质在气体混合物中的分压，Pa；

p_i——汽相中组分 i 的分压，Pa；

p^0——吸附温度下吸附质饱和蒸气压，Pa；

q——吸附剂的吸附容量，kg/kg 或 $mmol/g$；

q_m——吸附剂单分子层吸附的最大吸附容量，kg/kg；

T——温度，K；

t——时间，s；

t_b——穿透时间，s；

t_e——饱和时间，s；

V——汽相流率，mol/h；萃取相流率，m^3/s；

x——萃余相浓度；液相组成；

y——萃取相浓度；气相组成。

希文

Δ——差值；

ε——萃取因子；

δ——膜厚，m；

ρ——密度，kg/m^3；

μ——化学位，J/mol；

π——渗透压，Pa；

θ——时间，s。

上标

0——纯物质，饱和状态；

$*$——平衡状态。

下标

c——临界值；

F——进料；吸附的流体相侧；

i——原料液侧表面；吸附侧外表面；

m——膜；最大值；

0——初始态；

1——原料液主体；

2——透过液侧表面。

习 题

7-1 固定床是在进行多相过程的设备中，若有固相参与，且处于静止状态时，设备内的固体颗粒物料床层。吸附器是装有吸附剂实现气-固吸附和解吸的设备。固定床吸附器则是二者的有机整合，在固定床吸附器中，如何利用透过曲线判断吸附剂的吸附性能？

7-2 学生通过实验室一组活性炭批量试验，完成从水溶液中去除农药的初步研究。在 10 个 500mL 三口烧瓶中，各注入 250mL 浓度为 515mg/L 的农药溶液。其中 8 个烧瓶中各加入不同质量的粉末活性炭，另外两个为不加活性炭的空白样，每个烧瓶在密闭的情况下，在 25℃下振荡 8h，然后分离上清液并分析农药残留浓度，结果如下表，试确定吸附等温线。

瓶号	1	2	3	4	5	6	7	8
农药浓度/(μg/L)	58.2	87.3	116.4	300	407	786	902	2940
活性炭剂量/mg	1005	835	641	491	391	298	290	253

7-3 吸附净化技术是一种成熟的化工单元过程，早已用于各种有机溶剂的回收，尤其是活性炭吸附法已经在印刷、电子、喷漆、胶黏剂等行业，用于对甲烷、苯、二甲苯、四氯化碳等有机溶剂的回收。于 296K 下纯甲烷气体被活性炭吸附，实验室数据如下表，试确定 Freundlich 和 Langmuir 型等温线。

p/MPa	0.276	1.138	2.413	3.758	5.240	6.274	6.688
q/(cm³/g)	45.5	91.5	113	121	125	126	126

7-4 颗粒活性炭分为定型和不定型颗粒。主要以椰壳、果壳和煤质为原料，经系列生产工艺精加工而成。用下列颗粒活性炭（GAG）吸附实验数据确定 Freundlich 和 Langmuir 等温式系数。在间歇吸附试验中采用液体体积为 1L，溶液中吸附质的初始浓度为 3.37mg/L，于 7 天后达到平衡。

GAG 质量/g	0.000	0.001	0.0100	0.100	0.500
溶液中吸附质的平衡浓度 C_e/(mg/L)	3.37	3.27	2.77	1.86	1.33

7-5 在一定条件下，硅胶与被分离物质之间产生作用，这种作用主要是物理和化学作用两种。物理作用来自硅胶表面与溶质分子之间的范德瓦耳斯力；化学作用主要是硅胶表面的硅羟基与待分离物质之间的氢键作用。110℃下纯苯蒸气在硅胶上的吸附数据如下表所示。分别用 Freundlich 方程和 Langmuir 方程进行拟合，并说明哪个等温线方程与数据拟合最好。

吸附量×10⁵/(mol/g)	2.6	4.5	7.8	17.0	27.0	78.0
苯分压/MPa	$5.0×10^{-5}$	$1.0×10^{-4}$	$2.0×10^{-4}$	$5.0×10^{-4}$	$1.0×10^{-3}$	$2.0×10^{-3}$

7-6 离子交换是借助于固体离子交换剂中的离子与稀溶液中的离子进行交换，以达到提取或去除溶液中某些离子的目的，是一种属于传质分离过程的单元操作，离子的交换速度是离子交换的重要指标。请回答：离子交换速度有什么实际意义？影响离子交换速度的因素有哪些？交联度的大小对离子交换树脂有何影响？

7-7 以二氯甲烷（DCM）为溶剂，用逆流萃取法从二甲基甲酰胺（DMF）、二甲胺（DMA）和甲酸（FA）水溶液中回收 DMF，操作条件见附图(a)，在操作条件下除 DMF 外的其他组分的分配系数可认为是恒定的，见下表。DMF 的分配系数曲线见附图(b)。试用集团法估算萃取液与萃余液的流量及组成。

组分	MC	FA	DMA	W
m（分配系数）	40.2	0.005	2.2	0.003

习题 7-7 附图

7-8　超临界 CO_2 萃取的特点决定了其应用范围十分广阔。如在医药工业中，可用于中草药有效成分的提取、热敏性生物制品药物的精制及脂质类混合物的分离；在食品工业中，啤酒花的提取、色素的提取等；在香料工业中，天然及合成香料的精制；在化学工业中，混合物的分离等。说明在超临界萃取中 CO_2 作为溶剂的主要特征是什么。

7-9　某工厂采用超滤分离聚乙烯醇水溶液，由于浓差极化现象，透过通量降低，试分析应采取哪些措施以减少浓差极化现象。

7-10　膜分离是在 20 世纪初出现、20 世纪 60 年代后迅速崛起的一门分离新技术。目前已广泛应用于各领域产生了巨大的经济效益和社会效益，成为当今分离科学中最重要的手段之一，此外化工中还有许多别的分离方法，弄清楚每一种分离方法的特点与应用范围，才能选择合适的方法实现低能耗完成分离要求，因此请尽可能全面地说明膜分离与下列操作的不同。(1) 吸附和脱附；(2) 精馏；(3) 液液萃取；(4) 萃取精馏。

7-11　厚 $2\mu m$、孔径为 $1nm$ 的二氧化碳-玻璃膜被用在 $100℃$ 下从 CO 中分离 H_2。该膜对氢气和一氧化碳的渗透率分别为 $6.7×10^{-14} mol \cdot m/(m^2 \cdot s \cdot Pa)$ 和 $2.34×10^{-16} mol \cdot m/(m^2 \cdot s \cdot Pa)$。如果 H_2 和 CO 的分压推动力分别为 $1654800Pa$ 和 $551600Pa$。试计算通过膜的速率。

7-12　利用反渗透膜组件脱盐，操作温度为 $25℃$，进料侧的水中 NaCl 含量为 1.8%（质量分数），压力为 $6.896MPa$，渗透侧的水中 NaCl 的含量为 0.05%（质量分数），压力为 $0.345MPa$。所采用的特定膜对水和盐的渗透系数分别为 $1.0859×10^{-4} g/(cm^2 \cdot s \cdot MPa)$ 和 $16×10^{-6} cm/s$，假设膜两侧的传质阻力可忽略，水的渗透压可用 $\pi = RT\sum m_i$ 计算，其中 m_i 为水中溶解离子或非离子物质的摩尔体积，试分别计算出水和盐的通量。

参　考　文　献

[1]　赵德明. 分离工程 [M]. 杭州：浙江大学出版社，2011：241-259，260-269.

[2]　邓修，吴俊生. 化工分离工程 [M]. 北京：科学出版社，2013：371-383，184-250.

[3]　李军，卢英华. 化工分离前沿 [M]. 厦门：厦门大学出版社，2011：37-99，260-284，125-177.

[4]　Thomas W J，Crittenden B. Adsorption technology and design [M]. Elsevier Science & Technology Books，1998.

［5］ （英）理查森，（英）哈克.化学工程 第2卷 B 分离过程［M］.大连：大连理工大学出版社，2008：970-1052，1053-1076.

［6］ 张芳芳，丁玉栋，朱恂，等.13X-APG 粒状沸石在固定床吸附器中的 CO_2 吸附特性［J］.热科学与技术，2013，12（1）：14-19.

［7］ Shivaji S. Pressure swing adsorption［J］. Industrial & Engineering Chemistry Research，2002，41：1389-1392.

［8］ Zagorodni A A. Ion exchange materials properties and applications［M］. Oxford：Elsevier Science，2007.

［9］ 戴猷元.液液萃取化工基础［M］.北京：化学工业出版社，2015.

［10］ 陈洪钫，刘家祺.化工分离过程［M］.2版.北京：化学工业出版社，2014：282-287.

［11］ Herrero M，Mendiola J A，Cifuentes A，et al. Supercritical fluid extraction：Recent advances and applications［J］. Journal of Chromatography A，2010，1217（16）：2495-2511.

［12］ Seader J D. Separation process principles［M］. 3rd. New York：John Wiley & Sons，2010：713-773.

［13］ 魏刚.化工分离过程与案例［M］.北京：中国石化出版社，2009：213-232.

［14］ 任建新.膜分离技术及其应用［M］.北京：化学工业出版社，2005.

［15］ Pandey P，Chauhan R S. Membranes for gas separation［J］. Progress in Polymer Science，2001，26（6）：853-893.

附录

名词术语中英文对照

第1章 绪论

adsorbent *n.* 吸附剂

aromatic *adj.* 芳香族的

azeotrope *n.* 共沸物；共沸混合物；恒沸物

azeotropic distillation 恒沸精馏

batchwise *adj.* 分批的

benzene *n.* 苯

by-products 副产品

centrifugal force 离心力

complexing agent 络合剂；复合剂

compound *n.* 化合物；混合物

compressor *n.* 压缩机

cyclohexane *n.* 环己烷

element *n.* 元素

energy separating agent 能量分离剂

entropy *n.* 熵

ethylene glycol 乙二醇

extractive distillation 萃取精馏

gradient *n.* 梯度

hydrocarbon *n.* 烃类

immiscible *adj.* 不互溶的；不互混的

inherent separation factor 固有分离因子

intermediate *n.* 中间体

ion exchange 离子交换

mass separating agent 质量分离剂

membrane *n.* 膜

permeate *vt.* 渗透，透过；*vi.* 透入；*n.* 渗透物

polar *adj.* 极性的

polymer *n.* 聚合物

purification *n.* 净化；提纯

pump *n.* 泵

qualitatively *adv.* 定性地

refining *n.* 炼制；提炼

separating agent 分离剂

separation factor 分离因子

shaft-work 轴功

spontaneous *adj.* 自发的

stripping *n.* 汽提；解吸

thermodynamics *n.* 热力学

vaporization *n.* 蒸发

vinyl acetate 醋酸乙烯酯

volatile *adj.* 挥发性的

第2章 多组分分离基础

activity *n.* 活度

activity coefficient 活度系数

adiabatic *adj.* 绝热的

adjacent component 相邻组分

analogous *adj.* 类似的

batch distillation 间歇式蒸馏

bubble point 泡点

butanol *n.* 丁醇

chloroform *n.* 氯仿；三氯甲烷

compressibility factor 压缩因子

condense *vt.* 浓缩；冷凝

continuous distillation 连续蒸馏

critical temperature 临界温度

design variable 设计变量

deviation *n.* 偏差

dew point 露点

divider *n.* 分配器

dynamic *n.* 动力，动态；*adj.* 动态的，动力学的

ethane *n.* 乙烷

ethanol 乙醇

ethyl acetate 乙酸乙酯

ethylene *n.* 乙烯

evaporate *vt.* 蒸发

extensive variable 广度变量

extract *vt.* 提取

flash distillation 闪蒸

fugacity *n.* 逸度

fugacity coefficient 逸度系数

homogeneous phase 均相

intensive variables 强度变量

isobutane *n.* 异丁烷

isobutylene *n.* 异丁烯

isopentane *n.* 异戊烷

isomer *n.* 同分异构体

isothermal *adj.* 等温的

iterative *adj.* 迭代的

maximum-boiling azeotrope 最高沸点恒沸物

methane *n.* 甲烷

minimum-boiling azeotrope 最低沸点恒沸物

molar fraction 摩尔分数

multistage *adj.* 多级的

nonideality *n.* 非理想性

nonpolar *adj.* 非极性的

partial condensation 部分冷凝

partial vaporization 部分汽化

partial molar volume 偏摩尔体积

phase-rule 相律

pinch point 夹点

propylene *n.* 丙烯

propane *n.* 丙烷

reflux *n.* 回流

reflux ratio 回流比

solvent *n.* 溶剂

steady-state 稳态

ternary *adj.* 三元的

throttling valve/nozzle 节流阀

total condenser 全凝器

total reflux 全回流

volatility *n.* 挥发性

xylene *n.* 二甲苯

第 3 章 精馏

approximate calculation 近似计算

azeotrope *n.* 共沸物

binary azeotrope 二元共沸物

constant molar overflow 恒摩尔流

constant concentration region 恒浓度区

cymene *n.* 甲基异丙基苯

decanter *n.* 分层器；倾析器

depropanizer *n.* 脱丙烷塔

dissolved salt 溶盐

distributed component 分配组分

entrainer *n.* 夹带剂

extractive distillation 萃取精馏

heterogeneous azeotrope 非均相恒沸物

homogeneous azeotrope 均相恒沸物

key component 关键组分

multicomponent distillation 多组分精馏

negative deviation 负偏差

non-key component 非关键组分

non-distributed component 非分配组分

pentane *n.* 戊烷

positive deviation 正偏差

potassium acetate 乙酸钾

pressure-swing distillation 变压精馏

residue curve 剩余曲线

salting out 盐析

salting in 盐溶

sharp separation 清晰分割

ternary azeotrope 三元恒沸物

toluene *n.* 甲苯

第 4 章 气体吸收和解吸

absorption *n.* 吸收

absorption factor 吸收因子

absorptivity *n.* 吸收率

alkaline *adj.* 碱性的

chemical absorption 化学吸收

concentration *n.* 浓缩

countercurrent *n.* 逆流

hydrochloric acid 盐酸

hydrogen chloride 氯化氢

inert gas 惰性气体

latent heat 潜热

packed tower 填料塔

physical absorption 物理吸收

regeneration *n.* 再生

saturation vapor pressure 饱和蒸气压力

sensible heat 显热

solubility *n.* 溶解度

solute *n.* 溶质

solvent *n.* 溶剂

stripping *n.* 解吸

thermal effect 热效应

turbulence *n.* 湍流

wetted wall column 湿壁塔

第 5 章　多组分多级分离的严格计算

convergence *n.* 收敛

entrainment *n.* 雾沫；夹带

Gaussian elimination 高斯消去法；高斯消元法

implicit function 隐函数

interstage *adj.* 级间的

irreversibility *n.* 不可逆性

linear interpolation 线性插值

matrix inversion 矩阵求逆

normalize *vt.* 归一化

simultaneous correction 同时校正（法）

tridiagonal-matrix algorithm 三对角矩阵算法

truncation error 截断误差

第 6 章　分离过程及设备的效率与节能

acetone *n.* 丙酮

available energy 有效能；可用能

brine *n.* 盐水；海水

bubble-cap plate 泡罩塔板

centrifugal pump 离心泵

crystallization *n.* 结晶

desalination *n.* 脱盐作用

dielectric constant 介电常数

diffusivity *n.* 扩散率；扩散性

dimensionless group 无量纲群

dipole *n.* 偶极；偶极子

downcomer *n.* 降液管

exergy *n.* 有效能

heat pump 热泵

irreversible *adj.* 不可逆的

ideal plate 理论板

isobaric *n.* 等压线

methyl formate 甲酸甲酯

multi-effect distillation 多效蒸馏

murphree efficiency 默弗里板效率

overall efficiency 全塔效率

plug flow 活塞流

reverse osmosis 反渗透

sieve plate 筛板

tetrahydrofuran *n.* 四氢呋喃

thermally coupled distillation 热耦精馏

第 7 章　其他分离方法

acetic acid 醋酸；乙酸

acrylic resin 丙烯酸树脂

adsorbate *n.* 吸附物

adsorbent *n.* 吸附剂

adsorption *n.* 吸附作用

aluminosilicate *n.* 硅铝酸盐

amorphous *adj.* 无定形的

amphoteric *adj.* 两性的

anion *n.* 阴离子

bicarbonate *n.* 碳酸氢盐；酸式碳酸盐

breakthrough curve 透过曲线

butyl acetate 乙酸丁酯

carbonate *n.* 碳酸盐

carbonylation *n.* 羰基化作用

cation *n.* 阳离子

composite membrane 复合膜

concentration polarization 浓差极化

crosslink *n.* 交联

cumene *n.* 异丙基苯

dehydrate *vt.* （使）脱水

desiccant *n.* 干燥剂

desorption *n.* 解吸附

diffusion coefficient 扩散系数

diffusion resistance 扩散阻力

dimethyl carbonate 碳酸二甲酯

dimethyl terephthalate 对苯二甲酸二甲酯

dissociation *n.* 电离

distribution coefficient 分配系数

dynamic equilibrium 动态平衡

dynamic exchange 动态交换

ester *n.* 酯

esterification *n.* 酯化作用

ether *n.* 醚

etherification *n.* 醚化作用

ethylene glycol 乙二醇

ethylene terephthalate 对苯二甲酸乙二酯

fluidization *n.* 流体化

hexanol *n.* 己醇

hollow-fiber membranes 中空纤维膜（组件）

hydration *n.* 水合作用

hydrogen peroxide 过氧化氢

hydrolysis *n.* 水解作用

hydrophilic *adj.* 亲水的；吸水的

hydrophobic *adj*. 疏水的

hysteresis loop 滞后回线

impregnation *n*. 浸渍

induced dipole 感应偶极子；诱导偶极

inflexion *n*. 拐点

ion-exchange resins 离子交换树脂

ionization *n*. 电离；离子化

isoamylene *n*. 异戊烯

isobutene *n*. 异丁烯

isopropyl acetate 醋酸异丙酯

isotherm *n*. 等温线

lignin *n*. 木质素

liquid holdups 持液量

lubricating oil 润滑油

macropore *n*. 大孔

mesopore *n*. 中孔；介孔

micropore *n*. 微孔

molecular sieve 分子筛

nitric acid 硝酸

osmotic *adj*. 渗透的

paraffin *n*. 石蜡；烷烃

permeate *n*. 渗透物；透过物

pervaporation *n*. 全蒸发；渗透蒸发

phenol *n*. 苯酚

phenolic resin 酚醛树脂

physisorption *n*. 物理吸附

polyethyleneglycol *n*. 聚乙二醇

polystyrene *n*. 聚苯乙烯

pressure swing adsorption 变压吸附

raffinate *n*. 萃余液

regeneration *n*. 再生

retentate *n*. 截留物；滞留物

reverse osmosis 反渗透

semipermeable *adj*. 半透性的

sensible heat 显热

silicic acid 硅酸

solution-diffusion mechanism 溶解-扩散机理

spiral-wound membrane 螺旋卷膜（组件）

static exchange 静态交换

supercritical fluid 超临界流体

zeolite *n*. 沸石